高等学校实验教学示范中心系列教材

U0736147

大学物理实验教程

（第二版）

主 编 徐世峰

副主编 王 珩 孙景超

中国教育出版传媒集团

高等教育出版社 · 北京

内容简介

　　本书是依据《理工科类大学物理实验课程教学基本要求》(2023年版),结合沈阳航空航天大学物理实验课程教学改革和实践经验,在历年所用物理实验教材的基础上,吸收了前沿的物理学科知识编写而成的。

　　全书共分七章,第一章绪论介绍了物理实验的地位、作用、目的和任务;第二章介绍了测量误差、不确定度及数据处理的基本知识;第三章和第四章主要介绍了物理实验的基本方法和常用物理实验仪器;后三章按照基础性实验、综合性和设计性实验、研究性实验分类,编写了涉及力学、热学、电磁学、光学、近代物理学等的54个实验项目。每个实验项目揭示了实验现象背后的物理原理,阐述了物理实验的思想与方法,侧重于提高学生的动手实践能力和科学创新能力。

　　本书可作为普通高等学校大学物理实验课程的教材,也可作为从事物理实验教学的教师和其他专业工程技术人员的参考书。

图书在版编目(CIP)数据

　　大学物理实验教程 / 徐世峰主编;王珩,孙景超副主编. --2版. --北京:高等教育出版社,2024.12.
ISBN 978-7-04-062609-4

　　Ⅰ.O4-33

　　中国国家版本馆 CIP 数据核字第 20247A2B53 号

DAXUE WULI SHIYAN JIAOCHENG

| 策划编辑 | 马天魁 | 责任编辑 | 傅凯威 | 封面设计 | 张志奇 | 版式设计 | 童 丹 |
| 责任绘图 | 李沛蓉 | 责任校对 | 刁丽丽 | 责任印制 | 沈心怡 | | |

出版发行	高等教育出版社	网　　址	http://www.hep.edu.cn
社　　址	北京市西城区德外大街4号		http://www.hep.com.cn
邮政编码	100120	网上订购	http://www.hepmall.com.cn
印　　刷	运河(唐山)印务有限公司		http://www.hepmall.com
开　　本	787mm×1092mm 1/16		http://www.hepmall.cn
印　　张	20.5	版　　次	2019年10月第1版
字　　数	450千字		2024年12月第2版
购书热线	010-58581118	印　　次	2024年12月第1次印刷
咨询电话	400-810-0598	定　　价	40.00元

第二版前言

根据《理工科类大学物理实验课程教学基本要求》(2023 年版),本书进行了修订。依托国家级一流课程"大学物理实验",本书旨在契合课程教学需求,突出课程的核心特点和教学质量,以培养具有鲜明特色和高综合素质的应用型人才。通过分层次的教学方法,结合基础、综合、设计、研究等多种类型实验,本课程形成了一个充分利用信息化和仿真化实验教学手段的基础物理实验教学体系。其重点在于培养学生的综合实验能力,使学生能够理解各种物理量之间的相互联系,并培养他们初步的科学创新意识和创新能力。

全书共分为七章。第一章绪论,主要介绍物理实验的地位、作用、目的和任务;第二章着重讲解测量误差理论和实验数据处理的基本方法;第三章介绍常用的物理实验方法,旨在让学生掌握物理实验的方法论;第四章主要介绍常用物理实验仪器的使用技巧。这四章旨在解决学生在误差理论基础薄弱、忽视数据处理方法学习、实验基础不牢固、不熟悉基本仪器使用等方面的问题,从而提高学生的数据处理能力和实验效果。后三章主要内容涵盖 54 个实验项目。在第一版的基础上,本书内容进行了大量扩充,新增了 7 个实验项目,同时删除了 2 个实验项目。本书服务于新型教学模式,辅以实验教师的授课视频,读者可以扫描二维码进行观看。视频内容包括常用实验仪器的使用和实验项目的讲解,本书新增了 4 个实验项目的授课视频以及部分背景资料的介绍。

本书由徐世峰主编,编写组成员包括徐世峰、王珩、孙景超、杨迪、潘哲峰、周永军、吴迪、栾玉国、杨智、李健、高峰、董雪、赵诗禹、张超。修订工作分配如下:潘哲峰负责实验 12、20、32、35;周永军负责实验 1、2、23、24、38;吴迪负责实验 5(第二部分)、6(第一部分)、9、30、37、39;栾玉国负责实验 5(第一部分)、13、15、18、27;杨智负责实验 11、14、22、25;李健负责实验 3、10、21、29、40;高峰负责实验 48、51、53;董雪负责实验 19、31、41;赵诗禹负责实验 16、17、34;张超负责实验 4、28、45;孙景超负责第四章、实验 6(第二部分)、33、46、47、49、50;杨迪负责实验 8、36、52;王珩负责第三章、实验 7、26、42、43;徐世峰负责绪论、第一章、第二章、实验 44、54。

此外,孙景超、栾玉国、李健、董雪、赵诗禹、张超对本书进行了审阅、修改和编辑,其中孙景超、栾玉国还负责了排版和校订。我们对编写组成员的辛勤工作和支持表示衷心的感谢。

在编写过程中,本书的光学部分得到了大恒新纪元科技股份有限公司工程师于生海的协助,本书也可作为校企合作育人和企业培训的内容。在此,我们对所有给予帮助的个人和机构表示感谢。

由于编者能力有限,书中可能存在不足之处,敬请使用本书的老师和同学们批评指正(电子邮箱:sfxu@ sau. edu. cn)。

编 者

2024 年 1 月

第一版前言

根据《理工科类大学物理实验课程教学基本要求》(2010 年版),高等学校培养的学生不仅要有扎实的理论基础,还要有较强的实践动手能力、科学创新精神,以及较高的综合素养。物理学作为研究物质的基本结构、基本运动形式、相互作用及其转化规律的自然科学,是工科专业及工程技术的基础。高等学校的物理实验室无疑是人才培养的重要场所之一,物理实验课程在本科物理学类各专业的教学体系中具有重要的地位,同时也是大多数理科非物理学类及工、农、医科专业的必修课。作为一所以航空航天为特色的工科高校,沈阳航空航天大学对物理实验教学的要求是要培养综合素质高的应用型人才。经过十多年的探索和积累,物理实验基本形成了分层次教学,基础性、综合性、研究性、设计性多类型实验相结合,适当利用网络化、仿真化实验教学手段的基础课程教学体系。基础性、综合性实验重点在于培养学生综合实验的能力,了解各种物理量之间的相互联系;设计性、研究性实验重点在于培养学生初步的科学创新意识和创新能力。

本书共分七章。前四章重点解决部分学生的误差理论基础薄弱或不重视数据处理方法而造成的数据处理能力差、实验基础差,不熟悉基本仪器而影响实验效果等问题。后三章包含 49 个实验项目,按照基础性、综合性和设计性、研究性实验的层次进行编写,采取循序渐进、难易适中的原则进行编排,尽量与本校学生的实际知识水平和动手能力相适应,做好因材施教,既让实验内容具有知识性、系统性,又具有独立性,并通过研究性内容重点培养学生的创新能力。本书内容在前期工作的基础上进行了大量的扩充,知识量大、内容丰富,既有经典的实验,也有物理实验中心教师自主开发的实验项目。本书采用新形态教材模式,书中辅以教师讲课视频,包括常用物理实验仪器的使用方法和 32 个实验项目的讲课视频,读者可以通过扫描二维码观看。

本书编写组由物理实验中心的教师团队组成,由徐世峰任主编,王珩、孙景超任副主编,具体分工如下:

祖新慧编写第四章,实验 19、35,附录;朴林鹤编写实验 26、32、36、43;芦芳编写实验 4;潘哲峰编写实验 12、20、33;周永军编写实验 1、2、23、39;吴迪编写实验 5 第一部分,实验 6、9、11、38、40;栾玉国编写实验 5 第二部分,实验 13、15、18;杨智编写实验 14、22、25、31;李健编写实验 3、10、21、30;杨迪编写实验 8、37;孙景超编写实验 16、17、28、34、46、47、48、49;王珩编写第三章,实验 7、27、44、45;徐世峰编写绪论,第一章,第二章,实验 24、29、41、42。此外,孙景超、潘哲峰、周永军、栾玉国、杨智、李健对本书作了统稿,孙景超、栾玉国负责校订。

在本书的编写过程中,光学部分的创作得到了大恒新纪元科技股份有限公司于生海工程师的协助,此部分也将作为校企合作育人和企业培训的内容,在此编者一并表示感谢。

由于编者的水平有限,书中难免有不足之处,敬请读者批评指正。

编　者
2019 年 5 月

目　录

第一章　绪论

1.1　物理实验的地位和作用

物理学研究的是物质的基本结构、基本运动形式、相互作用及其转化规律。物理学研究的运动,普遍地存在于其他高级的、复杂的物质运动形式之中。因此,物理学所研究的物质运动规律,具有极大的普遍性。物理学从本质上说是一门实验科学,物理规律的研究都以严格的实验事实为基础,并且不断受到实验的检验。用人为的方法让自然现象再现,从而加以观察和研究,这就是实验。实验是人们认识自然和改造客观世界的基本手段。科学技术越进步,科学实验就显得越重要,任何一种新技术、新材料、新工艺、新产品都必须通过实验才能获得。将实验观察到的现象和测量的数据,加以总结和抽象,找出内在的联系和规律就能得到理论,实验是理论的源泉。理论一旦提出,就必须借助实验来检验其是否具有普遍意义,实验是检验理论的手段,是检验理论的裁判。麦克斯韦提出的电磁理论(他预言了电磁波的存在)只有在赫兹做出电磁学实验后才被人们公认;杨振宁、李政道在 1956 年提出基本粒子在"弱相互作用下的宇称不守恒"的理论,只有在实验物理学家吴健雄用实验验证后,才被同行学者承认,他们进而获得诺贝尔物理学奖。然而,人们掌握理论的目的是应用它来指导生产实际,促进科学进步,推动社会前进。当理论在实际中应用时,仍必须通过实验,实验是理论与应用之间的桥梁。任何一门科学的发展都离不开实验,这就让物理实验课程有了充实的教学内容。物理实验是主要基础实践课程之一。

任何物理概念的确立,物理规律的发现,都必须以严格的科学实验为基础。物理实验的重要性,不仅表现在通过实验发现物理定律,还表现在物理学中的每一项重要突破都与实验密切相关。物理学史表明,经典物理学的形成,是伽利略、牛顿、麦克斯韦等人通过观察自然现象,反复实验,运用抽象思维的方法总结出来的。近代物理的发展,是在某些实验的基础上提出假设,例如普朗克根据黑体辐射提出"能量子假设",再经过大量的实验证实,假设才成为科学理论。实践证明,物理实验是物理学发展的动力。在物理学发展的过程中,物理实验和物理理论始终是相互促进、相互制约、相得益彰的。没有理论指导的实验是盲目的,实验必须经过总结抽象上升为理论,才有其存在的价值,而理论靠实验来检验,同时理论和实验中的需要又促进彼此的发展。1752 年,富兰克林利用风筝把天空中的电引入室内,进行室内雷鸣闪电实验,证实了雷电与电火花放电有同样的本质,进而找出了雷电的成因,并且在此基础上发明了避雷针。这个简单的实验事实足以说明物理实验在物理学发展中所起的重要作用。

自然科学迅速发展,新的科学分支层出不穷。物理学发展到当今的时代,与实验的关系更为密切,而且在许多边缘科学的建立过程中,物理实验也起了重要的桥梁作用。物理实验在探索和研究新科技领域,在推动其他自然科学和工程技术的发展中,起到的重要作用是不可低估的。物理实验是研究物理测量方法与实验方法的科学,物理实验的特点是在于它具有普遍性——涵盖力学、热学、光学、电学、近代物理;具有基本性——它是其他一切实验的基础;同时它还有通用性——适用于一切领域,把高、精、尖的复杂实验分解成为"零件"后,绝大部分是常见的物理实验。在工程技术领域中,研制、生产、加工、运输等都普遍涉及物理量的测量和物理运动状态的控制,这正是成熟的物理实验的推广和应用。现代高科技发展的设计思想、方法和技术也来源于物理实验。因此,物理实验是自然科学、工程技术和高科技发展的基础,科学技术的发展离不开物理实验。

1.2 物理实验的目的和任务

一、目的

1. 通过对物理实验现象的观测和分析,学习运用理论指导实验,分析和解决实验中的问题和方法。通过理论和实际的结合加深对理论的理解。

2. 培养学生初步从事科学实验的能力。通过阅读教材和资料,能概括出实验原理和方法的要点;正确使用基本实验仪器,掌握基本物理量的测量方法和实验操作技能;正确记录和处理数据,分析实验结果和撰写实验报告;自行设计和完成不太复杂的实验任务。

3. 培养学生实事求是的科学态度,严谨的工作作风,勇于探索、坚韧不拔的钻研精神,以及遵守纪律、团结协作、爱护公物的优良品德。

二、任务

1. 通过对实验现象的观察、分析和对物理量的测量,学习物理实验的基本知识、基本方法和基本技能,加深对物理概念和规律的认识,对物理学原理的理解,为后续课程打下基础。

2. 培养和提高学生的科学实验素养,要求学生具有:

(1) 理论联系实际和解决实际问题的能力;

(2) 勤奋学习、认真实验的良好学风;

(3) 主动研究和积极探索的创新精神;

(4) 遵守实验室守则、注意仪器操作要领、爱护仪器的优良品德。

3. 培养学生自主设计实验内容的基本能力和创新能力。物理实验课的进行程序大致可分为:提出问题,确定方案,选择仪器设备,安装调试,观察测量,记录数据,总结分析写出科学论文(实验报告),每个实验环节都有一定的基本要求。科学实验基本技能的训练贯穿于实验的全过程中,实验方法各自分散在不同的实验中。因此,实验课有它自身的体系。要达到学会实验、掌握基本技能的目的,学生就要认真进行每个实验环节的训练,并且在不同实验中学习实验方法。

4. 培养学生做好实验的能力。

(1) 实验前要作好预习。预习时,主要通过阅读实验教材,了解实验目的,搞清楚实验内容,要测量什么物理量,使用什么方法,实验的理论依据(原理)是什么,使用什么仪器,其仪器性能是什么,如何使用,有哪些操作要点及注意事项等。在此基础上,回答好思考题,草拟出操作步骤,设计好数据记录表格,准备好自备的物品。

只有在充分了解实验内容的基础上,才能在实验操作中有目的地观察实验现象,思考问题,减少操作中的忙乱现象,提高学习的主动性。因此,每次实验前,学生必须完成规定的预习内容。实验前,教师要检查学生的预习情况,并评定预习成绩,没有预习的学生不许做实验。

（2）课堂中要认真进行实验。实验课一般先由指导教师作重点讲解,交待有关注意事项,扼要、简明地讲授内容,具有指导性和启发性。学生要结合自己的预习逐一领会,特别要注意那些在操作中容易引起失误的地方。

在实验进程中,先要布置、安装和调试仪器。需要思考桌面上若干个仪器是否布置合理,读数是否方便,能否做到操作有序,使仪器设备尽量能为我所用。为了使仪器装置达到最佳工作状态,学生必须细致、耐心地进行调试。这样很可能要花较多时间,切忌急躁。要合理选择仪器的量程,如果在调试中遇到了困难而自己不能解决时,可以请教指导教师。

调试准备就绪后,开始进行测量。实验时一定要先观察实验现象,通过观察对被验证的定律或被测的物理量有个定性的了解,而后再进行精确的测量。测量的原始数据要整齐地记录在自己设计的表格中,读数一定要认真仔细,实验原始数据的优劣,决定着实验的成败。记录的数据一定要标明单位。不要忘记记录有关的环境条件,如温度、压强等。如果两位学生同时做一个实验,既要分工又要协作,各自记录实验数据,共同完成实验任务。

在测量过程中要尽量保持实验条件不变,要注意操作姿势,身体不要倚靠桌子,不要使仪器发生移动,或受到震动。如果遇到仪器装置出现故障,应力求自己动手解决,或留意观看教师是怎样分析判断仪器故障、怎样修复仪器的(对于可当场修复的仪器)。测量完数据后,记录的数据要经指导教师审阅签字,然后再进行数据处理。如果发现错误数据,要重新进行测量。

（3）撰写实验报告。实验报告是对实验工作的总结,是交流实验经验、推广实验成果的媒介。学会写实验报告是培养实验能力的一个方面。写实验报告要用简明的形式将实验结果完整、准确地表达出来,要求语句通顺、字迹端正、图表规范、结果正确、讨论认真。实验报告要求在课后独立完成,用学校统一印制的"实验报告本"书写。

实验报告通常包括以下内容：① 实验名称；② 实验目的,说明为什么做这个实验,做该实验要达到什么目的；③ 实验原理,阐明实验的理论依据,写出待测量计算公式的简要推导过程,画出有关的图(原理图或装置图),如电路图、光路图等；④ 实验步骤,在预习中简述必要的实验过程及应注意的事项；⑤ 实验仪器,列出主要仪器的名称、编号、型号、规格及精度等；⑥ 数据记录,实验中所测得的原始数据要尽可能用表格的形式列出,正确表示有效数字和单位；⑦ 数据处理及实验结果,根据实验目的对实验结果进行计算或作图表示,并对测量结果进行评定,计算不确定度,计算过程要写出主要的计算内容；写出实验结论,要体现出测量数据、误差和单位；⑧ 实验结果分析,扼要讨论实验中观察到的异常现象及其可能的解释,分析实验误差的主要来源,要具体问题具体分析,对实验仪器的选择和实验方法的改进提出建议；⑨ 思考题,回答实验项目的思考题。

第二章　测量误差理论与数据处理方法

2.1　测量与误差

一、测量及测量的分类

1. 测量

测量是物理实验的基础。在实验中,研究物理现象、物质特性,验证物理原理都需要进行测量。**测量就是将待测量与同类标准量(量具)进行比较,得出结果,这个比较的过程就叫测量**。选来作为同类标准的量称为单位,得到的倍数称为测量数值。一个物理量的测量值等于测量数值与单位的乘积。

在人类的发展历史上,不同时期,不同的国家,乃至不同的地区,同一种物理量有着许多不同的计量单位,例如,长度单位就有码、英尺、市尺和米等。为了便于国际交流,国际计量大会于 1960 年确定了国际单位制(SI),它规定了以米、千克、秒、安培、开尔文、摩尔、坎德拉作为基本单位,其他物理量(如力、能量、电压、磁感应强度等)均作为这些基本单位的导出单位。

2. 测量的分类

根据测量方法可分为**直接测量**和**间接测量**。**直接测量就是把待测量与标准量直接比较得出结果**。例如,用米尺测物体的长,用天平称衡物体的质量,用电流表测电流等,都是直接测量。**间接测量是借助函数关系由直接测量的结果计算出所要求的物理量**。例如,钢球的直径 D 通过直接测量测出,则由公式 $V = \pi D^3/6$ 求出钢球的体积就是间接测量。

物理实验中有直接测量,也有间接测量。但大量的物理量是间接测量量,这是因为在某些情况下实现直接测量比较复杂,或者直接测量精度不高。

此外,根据测量条件来分,有**等精度测量**和**非等精度测量**。等精度测量是指在同一(相同)条件下进行的多次测量。例如同一个人,用同一台仪器,每次测量时周围环境条件相同。等精度测量每次测量的可靠程度相同。反之,**若每次测量时的条件不同,或测量仪器改变,或测量方法、条件改变,这样所进行的一系列测量叫做非等精度测量**。对于非等精度测量的结果,其可靠程度自然也不相同。物理实验中大多采用等精度测量。

二、误差的定义

1. 误差

在任何测量过程中,由于测量仪器、实验条件及其他种种原因,测量是不能无限精确的,测量结果与客观存在的真值之间总有一定的差异。**测量值 N 与真值 N_0 之差定义为误差**,即

$$\Delta N = N - N_0 \tag{2-1-1}$$

显然误差 ΔN 有正负大小之分,因为它是指测量值与真值的差值,常称为绝对误差。**注意:绝对误差不是误差的绝对值!**

任何测量都不可避免地存在误差。在误差必然存在的条件下,物理量的真值是不可知的。所以在实际测量中计算误差时,通常所说的真值有如下几种类型:

(1)理论真值或定义真值。如用平均值代替真值,三角形内角和等于180°等。

(2)计量约定真值。如前面所介绍的基本物理量的单位标准,以及国际计量大会约定的基本物理量。

(3)标准器相对真值(或实际值)。用比被校准过的仪器高一级的标准器的量值作为标准器相对真值。例如,用0.5级的电流表测得某电路的电流为1.200 A,用0.2级电流表测得的电流为1.202 A,则后者可视为前者的真值。

2. 相对误差

根据绝对误差的大小难以评价一个测量结果的可靠程度,还需要考虑待测量本身的大小,为此引入相对误差。相对误差 E 定义为绝对误差 ΔN 与待测量的真值 N_0 的比值,即

$$E = \frac{\Delta N}{N_0} \times 100\% \qquad (2-1-2)$$

相对误差常用百分比表示,它表示绝对误差在整个物理量中所占的比重。它是量纲一的量,所以既可以评价量值不同的同类物理量的测量,也可以评价不同物理量的测量,从而判断它们之间的优劣。

如果待测量有理论值或公认值,也可用百分差来表示测量的好坏,百分差为

$$E_0 = \frac{|测量值-公认值|}{公认值} \times 100\% \qquad (2-1-3)$$

三、误差的分类

既然测量不能得到真值,那么怎样才能最大限度地减小测量误差并估算出误差的范围呢?要解决这个问题,先要了解误差产生的原因及其性质。测量误差按其产生的原因与性质可分为系统误差、随机误差和过失误差。

1. 系统误差

系统误差是指在一定条件下多次测量结果总是向一个方向偏离,其数值确定或按某一确定规律变化的误差系统误差的特征是它的规律的确定性。系统误差产生的原因可能是已知的,也可能是未知的。产生系统误差的原因主要有:

(1)仪器误差

由仪器本身的缺陷或没有按规定条件使用仪器而造成的。

(2)理论误差

由测量所依据的理论公式本身的近似性,或实验条件不能达到理论公式所规定的要求,或测量方法所带来的。

(3)观测误差

由观测者本人生理或心理特点造成的。

例如,用落球法测量重力加速度,由于空气阻力的影响,多次测量的结果总是偏小,这是测量方法不完善造成的;用停表测运动物体通过某段路程所需的时间,若停表走时

太快,即使测量多次,测量的时间 t 总是偏大一个固定值,这是仪器不准确造成的;在测量过程中,若环境温度升高或降低,使测量值按一定规律变化,这是由环境因素变化引起的……

在任何一项实验工作和具体测量中,必须要想办法最大限度地减小或消除一切可能存在的系统误差。先要找到引起系统误差的原因,针对性地采取措施,才能消除它的影响,或者对测量结果进行修正。需要改变实验条件和测量方法,反复进行对比,系统误差的减小或消除是比较复杂的问题。

2. 随机误差

在同一物理量多次测量的过程中,误差的大小和符号以不可预知的方式变化的测量误差称为随机误差。随机误差不可修正。随机误差产生的原因很多,归纳起来大致可分为以下两个方面:

(1)观测者在对准目标、确定平衡(如天平)、估读数据时所引入的误差。

(2)实验中各种微小因素的变动。例如,实验装置和测量机构在各次调整操作上的变动性,实验中电源电压的波动或环境的温度、湿度、照度的变化所引起的误差。

实践和理论都证明,随机误差服从一定的统计规律(正态分布),其特点是:绝对值小的误差出现的概率比绝对值大的误差出现的概率大;绝对值相等的正负误差出现的概率相同;绝对值很大的误差出现的概率趋于零。因此增加测量次数,可以减小随机误差,但不能完全消除。

3. 过失误差

由测量者的过失,如实验方法不合理,用错仪器,操作不当,读错刻度,记错数据等引起的误差称为过失误差。严格来说,这是一种人为产生的失误,不属于测量误差。只要测量者采取严肃认真的态度,过失误差是可以避免的。

四、测量的精密度、准确度、精确度

我们常用精度反映测量结果中误差大小的程度,误差小的精度高,误差大的精度低。这里精度是一个笼统的概念,它并不明确表示哪一类误差。为描述更具体,我们把精度分为精密度、准确度和精确度。

1. 精密度

精密度表示测量结果中的随机误差大小的程度。它是指在一定条件下进行重复测量时,所得结果的相互接近程度,用来描述测量的重复性。精密度高,即测量数据的重复性好,随机误差较小。

2. 准确度

准确度表示测量结果中系统误差大小的程度,用来描述测量值接近真值的程度。准确度高,即测量结果接近真值的程度高,系统误差小。

3. 精确度

精确度是对测量结果中系统误差和随机误差的综合描述,它是指测量结果的重复性及接近真值的程度。

为了形象地说明这三个概念的区别和联系,我们以打靶为例说明(图 2-1-1):

（a）精密度高而准确度较差；

（b）准确度高而精密度较差；

（c）精密度和准确度都很高，即精确度很高。

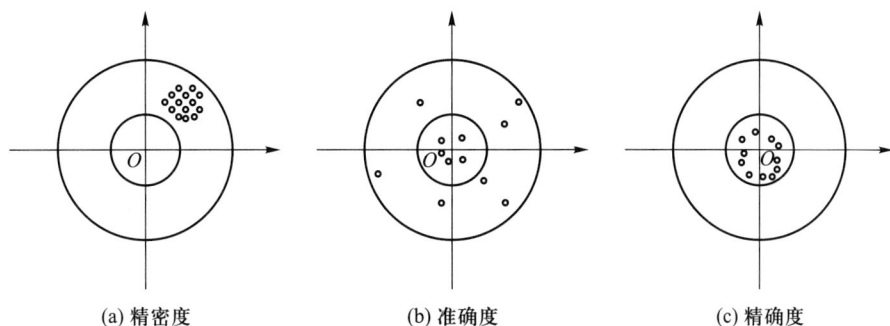

(a) 精密度   (b) 准确度   (c) 精确度

图 2-1-1 测量的精密度、准确度、精确度图示（以打靶为例）

2.2 误差的处理

误差的产生有其必然性和普遍性，误差自始至终存在于一切科学实验中，一切测量结果都存在误差。本节主要介绍系统误差和随机误差的处理方法。

一、系统误差

一个实验结果的优劣，往往在于系统误差是否已经被发现或尽可能消除，所以预见一切可能产生的系统误差的因素，并设法减小它们是非常重要的。为此，一般可以在实验前对仪器进行校准，对实验方法进行改进，在实验时采取一定的措施对系统误差进行补偿和消除，实验后对结果进行修正。

系统误差的处理是一个比较复杂的问题，它没有一个简单的公式，主要取决于实验者的经验和技巧，并根据具体情况来处理。从实验者对系统误差掌握的程度来分，又可分为已定系统误差和未定系统误差两类。

1. 已定系统误差

已定系统误差是指绝对值和符号都已确定的、可以估算出的系统误差分量。例如，一个螺旋测微器的初始值不是 0.000 mm，而是 0.006 mm，这样，测量的数值需要减去初始值才是真实的测量值，即

真实测量值＝测量值-已定系统误差

2. 未定系统误差

未定系统误差是指符号或绝对值未经确定的系统误差分量。例如，仪器出厂时的准确度指标是用符号 $\Delta_{仪}$ 表示的。它只给出该类仪器误差的极限范围。但实验者使用该仪器时并不知道该仪器的误差的确切大小和正负，只知道该仪器的准确程度不会超过 $\Delta_{仪}$ 的极限（例如某组砝码中的±2 mg）。所以这种系统误差通常只能定出它的极限范围，由于不能知道它的确切大小和正负，故无法对其进行修正。对于未定系统误差，在物理实验中我们一般只考虑测量仪器的（最大）允许误差 $\Delta_{仪}$（简称仪器误差）。

二、随机误差的估算

随机误差的特点是随机性。也就是说,在相同条件下,对同一物理量进行多次重复测量,每次测量的误差的大小和正负无法预知,纯属偶然。但是实践和理论证明,如果测量次数足够多的话,大部分测量的随机误差都服从一定的统计规律,随机误差服从正态分布。

1. 正态分布的特征与数学表达

遵从正态分布的随机误差 δ 有以下几点特征:

(1) 单峰性。绝对值大的误差出现的概率(可能性)比绝对值小的误差出现的概率小。

(2) 对称性。绝对值相等的正负误差出现的概率均等,对称分布于真值的两侧。

(3) 有界性。在一定的条件下,误差的绝对值不会超过一定的限度。

(4) 抵偿性。当测量次数很多时,随机误差的算术平均值趋于零,即 $\lim\limits_{n\to\infty}\sum\limits_{i=1}^{n}\delta_i=0$,式中 n 为测量次数,各次测量的随机误差为 δ_i,$i=1,2,\cdots,n$。

正态分布的特征可用正态分布曲线形象地表达,如图 2-2-1 所示。根据概率论的数学方法可以导出

$$f(\delta)=\frac{1}{\sigma\sqrt{2\pi}}\mathrm{e}^{\frac{-\delta^2}{2\sigma^2}} \qquad (2\text{-}2\text{-}1)$$

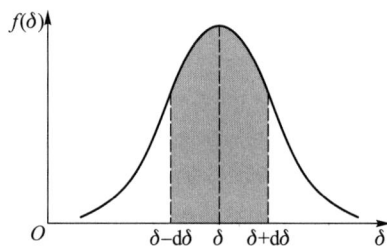

图 2-2-1　概率密度函数曲线图

测量值的随机误差出现在 δ 到 $\delta\pm\mathrm{d}\delta$ 区间内可能性为 $f(\delta)\mathrm{d}\delta$,即图中阴影所含的面积元。上式中 σ 是一个与实验条件有关的常量,称为**标准误差**,其值为

$$\sigma=\lim\limits_{n\to\infty}\sqrt{\frac{\sum\limits_{i=1}^{n}\delta_i^2}{n-1}} \qquad (2\text{-}2\text{-}2)$$

2. 标准误差的物理意义

由式(2-2-1)可知,随机误差的正态分布曲线的形状与 σ 值有关。σ 值越小,分布曲线越尖锐,峰值 $f(\delta)$ 越高,说明绝对值小的误差占多数,且测量值的离散性小,重复性好,测量精密度高;反之 σ 值越大,则曲线越平坦,该组测量值的离散性大,测量精密度低。标准误差反映了测量值的离散程度。

$f(\delta)\mathrm{d}\delta$ 是测量值随机误差出现在小区间 $(\delta,\delta+\mathrm{d}\delta)$ 的概率(可能性),即 n 次测量值误差出现在 $(-\sigma,+\sigma)$ 内的概率为

$$p(-\sigma<\delta<\sigma)=\int_{-\sigma}^{\sigma}f(\delta)\mathrm{d}\delta=\int_{-\sigma}^{\sigma}\frac{1}{\sigma\sqrt{2\pi}}\mathrm{e}^{-\frac{\delta^2}{2\sigma^2}}\mathrm{d}\delta=68.3\% \qquad (2\text{-}2\text{-}3)$$

这说明对任一次测量,其测量值随机误差出现在 $-\sigma$ 到 $+\sigma$ 区间内的概率为 68.3%。从

概率密度分布函数的曲线图来看,设曲线下面积为 1(即 100%),则介于 $(-\sigma, +\sigma)$ 间的曲线下的面积为 68.3%。用同样的方法计算可得,介于 $(-2\sigma, +2\sigma)$ 间的概率为 95.5%,介于 $(-3\sigma, +3\sigma)$ 间的概率为 99.7%。显然,测量误差的绝对值大于 3σ 的概率仅为 0.3%。在通常情况下的有限次测量中,测量误差超出 $\pm 3\sigma$ 范围的情况几乎不会出现,所以把 3σ 称为极限误差。

3. 近似真值——算术平均值

尽管一个物理量的真值是客观存在的,但由于误差的存在,企图得到真值的愿望仍然不能实现。那么是否能够得到一个测量结果的最佳值,或者说得到一个最接近真值的数值呢?根据随机误差具有抵偿性特点,我们可以求得真值的最佳估计值——近似真值。

设在相同条件下对一个物理量进行多次测量,测量值分别为 $x_1, x_2, x_3, \cdots, x_n$,则该测量值的算术平均值为

$$\bar{x} = \frac{1}{n} \sum_{i=1}^{n} x_i \quad (i = 1, 2, 3, \cdots, n) \tag{2-2-4}$$

而各次测量的随机误差为

$$\delta_i = x_i - x_0$$

式中,x_0 为真值,x_i 为第 i 次测量值。对 n 次测量的绝对误差求和,有

$$\sum_{i=1}^{n} \delta_i = \sum_{i=1}^{n} x_i - n x_0$$

等式两边各除以 n,可得

$$\frac{1}{n} \sum_{i=1}^{n} \delta_i = \frac{1}{n} \sum_{i=1}^{n} x_i - x_0 = \bar{x} - x_0$$

当测量次数 $n \to \infty$ 时,由随机误差具有抵偿性的特点,有

$$\lim_{n \to \infty} \sum_{i=1}^{n} \delta_i = 0$$

故根据以上推导可得

$$x_0 \to \bar{x}$$

由此可知,测量次数越多,算术平均值接近真值的可能性越大。当测量次数足够时,算术平均值是真值的**最佳估计值**。

三、标准误差的估算——标准偏差

由于真值无法确知,误差 δ 无法计算,因而按照式(2-2-2),标准误差 σ 也无从估算。根据算术平均值是近似真值的结论,在实际估算误差时采用算术平均值代替真值,用各次测量值与算术平均值的差值 $v_i = x_i - \bar{x}$ 来估算各次测量的误差,称为**残差**。当测量次数 n 有限时,若用残差来表示误差,其计算公式为

$$S_x = \sqrt{\frac{1}{n-1} \sum_{i=1}^{n} (x_i - \bar{x})^2} \tag{2-2-5}$$

S_x 称为任一次测量的**标准偏差**,它是测量次数有限时,标准误差的一个估计值。其

代表的物理意义为:如果多次测量的随机误差服从正态分布,那么,任一次测量的测量值误差落在 $-S_x$ 到 $+S_x$ 区域之间的可能性为 68.3% 。通过误差理论可以证明,平均值 $\bar{x}$ 的标准偏差为

$$S_{\bar{x}} = \sqrt{\frac{\sum_{i=1}^{n} (x_i - \bar{x})^2}{n(n-1)}} \tag{2-2-6}$$

2.3　不确定度与测量结果的表示

一、测量不确定度(直接测量的不确定度)

由于测量误差的存在,难以确定被测量的真值。测量不确定度是与测量结果相关联的参量,它表征测量真值在某一个量值范围内不能确定程度的一个估计值。也就是说,不确定度是测量结果中无法修正的部分,反映了被测量的真值不能确定的误差范围的一种评定,测量不确定度包含 **A 类标准不确定度**和 **B 类标准不确定度**。

1. A 类标准不确定度

由于偶然因素,在同一条件下对同一物理量 X 进行多次重复测量值 $x_1, x_2, x_3, \cdots, x_n$,将是分散的。从分散的测量值出发,用统计的方法评定标准不确定度,就是标准不确定度的 A 类评定。设 A 类(标准)不确定度为 $u_A(x)$,用统计的方法算出平均值的标准偏差为 $S_{\bar{x}}$,不确定度的 A 类分量就取为平均值的标准偏差,即

$$u_A(x) = S_{\bar{x}} = \sqrt{\frac{\sum_{i=1}^{u} (x_i - \bar{x})^2}{n(n-1)}} \tag{2-3-1}$$

由于误差理论的正态分布,如不存在其他影响,则测量值范围 $[\bar{x}-u_A(x), \bar{x}+u_A(x)]$ 中包含真值的概率为 68.3% 。

2. B 类标准不确定度

测量中凡是不符合统计规律的不确定度统称为 B 类(标准)不确定度。在实际计算时,有的依据计量仪器的说明书或鉴定书,有的依据仪器的准确度,有的则粗略地依据仪器的分度值或经验,从中获得仪器的极限误差。在本书中,B 类不确定度取为

$$u_B(x) = \Delta_{仪} \tag{2-3-2}$$

3. 合成标准不确定度(直接测量结果不确定度的估算)

物理实验的测量结果表示中,总不确定度 $u(x)$ 的估算方法分为两类,即多次重复测量用统计方法算出的 A 类分量 $u_A(x)$ 和用其他方法估算出的 B 类分量 $u_B(x)$ 。用方和根的方法合成为总不确定度 $u(x)$:

$$u(x) = \sqrt{u_A^2(x) + u_B^2(x)} \tag{2-3-3}$$

例 2-3-1　用螺旋测微器测量钢珠的直径,对钢球作 5 次测量,测得的结果见表 2-3-1

表 2-3-1 钢球直径测量结果

次数	1	2	3	4	5
D/mm	9.913	9.921	9.932	9.930	9.914

求测量结果。

解 直径 D 的算术平均值为

$$\overline{D}=\frac{1}{5}(9.913+9.921+9.932+9.930+9.914)\ \mathrm{mm}=9.922\ \mathrm{mm}$$

由式(2-3-1)得 A 类不确定度为

$$u_{\mathrm{A}}(D)=\sqrt{\frac{(9.913-9.922)^2+(9.921-9.922)^2+(9.932-9.922)^2+(9.930-9.922)^2+(9.914-9.922)^2}{5\times(5-1)}}\ \mathrm{mm}$$

$$=0.004\ \mathrm{mm}$$

B 类不确定度主要是仪器误差,由附录 G 查得螺旋测微器的仪器误差(允差)为 0.004 mm。

由式(2-3-3),合成不确定度为

$$u(D)=\sqrt{0.004^2+0.004^2}\ \mathrm{mm}=0.006\ \mathrm{mm}$$

测量结果为

$$D=(9.922\pm0.006)\ \mathrm{mm}$$

二、间接测量不确定度的估算

物理实验的结果一般都是通过间接测量获得的。间接测量是以直接测量为基础的,直接测量值不可避免地有误差存在,显然由直接测量值根据一定的函数关系,经过运算而获得的间接测量的结果,必然也有误差存在。怎样来计算间接测量量的不确定度呢?这实质上是要解决误差的传递问题,即求得估算间接测量量误差的公式,该公式称为误差的传递公式。

设间接测量量 N 是 n 个独立的直接测量量 $x,y,z,\cdots$ 的函数,即

$$N=F(x,y,z,\cdots)$$

若各直接测量量 $x,y,z,\cdots$ 的不确定度分别为 $u(x),u(y),u(z),\cdots$,它们使 N 值也有相应的不确定度 $u(N)$。由于不确定度都是微小量,相当于数学中的“增量”,因此间接测量量的不确定度公式与数学中的全微分公式基本相同,利用全微分公式,得间接测量量的不确定度为

$$u(N)=\sqrt{\left(\frac{\partial f}{\partial x}\right)^2u^2(x)+\left(\frac{\partial f}{\partial y}\right)^2u^2(y)+\left(\frac{\partial f}{\partial z}\right)^2u^2(z)+\cdots} \tag{2-3-4}$$

如果先对函数表达或取对数,再求全微分可得

$$E=\frac{u(N)}{N}=\sqrt{\left[\frac{\partial \ln f}{\partial x}u(x)\right]^2+\left[\frac{\partial \ln f}{\partial y}u(y)\right]^2+\left[\frac{\partial \ln f}{\partial z}u(z)\right]^2+\cdots} \tag{2-3-5}$$

当间接测量量 N 是各直接测量量 $x,y,z,\cdots$ 的和或差的函数时,则用式(2-3-4)计算较为方便;当间接测量量 N 是各直接测量量 $x,y,z,\cdots$ 的积或商的函数时,则用式

（2-3-5）先计算 N 的相对不确定度 $E = \dfrac{u(N)}{N}$，然后再计算 $u(N)$ 比较方便。

在一些简单的测量问题，即不需太精确的测量问题中，可以用绝对值合成方法，即

$$u(N) = \left| \frac{\partial f}{\partial x} u(x) \right| + \left| \frac{\partial f}{\partial y} u(y) \right| + \left| \frac{\partial f}{\partial z} u(z) \right| + \cdots \tag{2-3-6}$$

$$\frac{u(N)}{N} = \left| \frac{\partial \ln f}{\partial x} u(x) \right| + \left| \frac{\partial \ln f}{\partial y} u(y) \right| + \left| \frac{\partial \ln f}{\partial z} u(z) \right| + \cdots \tag{2-3-7}$$

例 2-3-2　测得金属管的内径 $D_1 = (2.880 \pm 0.004)\,\mathrm{cm}$，外径 $D_2 = (3.600 \pm 0.004)\,\mathrm{cm}$，高度 $h = (2.575 \pm 0.004)\,\mathrm{cm}$。求金属管的体积 V。

解　环的体积公式为

$$V = \frac{\pi}{4} h (D_2^2 - D_1^2)$$

体积的算术平均值为

$$\overline{V} = \frac{3.1416}{4} \times 2.575 \times (3.600^2 - 2.880^2)\ \mathrm{cm}^3 = 9.436\ \mathrm{cm}^3$$

由已知条件可知：$u(h) = u(D_1) = u(D_2) = 0.004$ cm，我们用两种方法来求 V 的不确定度。

（1）直接求不确定度 u_V

先求 V 对各个分量的偏导数：

$$\frac{\partial V}{\partial h} = \frac{\pi}{4}(D_2^2 - D_1^2), \qquad \frac{\partial V}{\partial D_1} = -\frac{\pi h D_1}{2}, \qquad \frac{\partial V}{\partial D_2} = \frac{\pi h D_2}{2}$$

由式（2-3-4）得

$$u(V) = \sqrt{\left[\frac{\pi}{4}(D_2^2 - D_1^2) u(h) \right]^2 + \left[-\frac{\pi h D_1}{2} u(D_1) \right]^2 + \left[\frac{\pi h D_2}{2} u(D_2) \right]^2}$$

代入各项数据得

$$u(V) = \frac{\pi}{4} \times 0.004 \times \sqrt{(3.600^2 - 2.880^2)^2 + (2 \times 2.575 \times 2.880)^2 + (2 \times 2.575 \times 3.600)^2}\ \mathrm{cm}^3$$

$$= 0.08\ \mathrm{cm}^3$$

（2）先求相对不确定度 E_V，再求不确定度 $u(V)$

对 V 求对数，得

$$\ln V = \ln \frac{\pi}{4} + \ln h + \ln(D_2^2 - D_1^2)$$

求各个分量的偏导数得

$$\frac{\partial \ln V}{\partial h} = \frac{1}{h}, \qquad \frac{\partial \ln V}{\partial D_1} = \frac{-2D_1}{D_2^2 - D_1^2}, \qquad \frac{\partial \ln V}{\partial D_2} = \frac{2D_2}{D_2^2 - D_1^2}$$

由式（2-3-5）得

$$u(V) = \sqrt{\left[\frac{1}{h} u(h) \right]^2 + \left[\frac{-2D_1}{D_2^2 - D_1^2} u(D_1) \right]^2 + \left[\frac{2D_2}{D_2^2 - D_1^2} u(D_2) \right]^2}$$

代入各项数据得

$$E_V = 0.004 \times \sqrt{\left(\frac{1}{2.575}\right)^2 + \left(\frac{-2\times2.880}{3.600^2-2.880^2}\right)^2 + \left(\frac{2\times3.600}{3.600^2-2.880^2}\right)^2} = 0.81\%$$

则

$$u(V) = \overline{V} \cdot E_V = 9.436 \times 0.0081 \text{ cm}^3 = 0.08 \text{ cm}^3$$

可见,由两种方法测得的体积 V 的不确定度一致,所以

$$V = (9.44 \pm 0.08) \text{ cm}^3$$

三、测量结果的一般表示

一个完整的测量结果不仅要给出该量值的大小(数值和单位),还应给出它的不确定度。用不确定度来表征测量结果的可信赖程度时,测量结果应写成下列标准形式:

$$x = [\overline{x} \pm u(x)] \text{ 单位}$$

$$E = \pm \frac{u(x)}{\overline{x}} \times 100\%$$

式中 $\overline{x}$ 为测量值的最佳估计值,对等精度多次测量而言,$\overline{x}$ 为多次测量值的算术平均值,$u(x)$ 为不确定度,E 为相对不确定度。

2.4 有效数字及其运算规则

一、有效数字

在物理量的测量中,测量结果都存在一定的误差,这些值不能任意地取舍,它反映出测量量的准确程度。如何科学地、合理地反映测量结果,这就涉及有效数字的问题。有效数字在物理实验中经常使用,应了解:什么是有效数字? 有效位数如何确定? 有效数字的运算规则有什么不同? 在用有效数字表示测量结果时,如何与误差联系起来? 可以说,误差决定有效数字。例如,实验测得某一物理量,其测量列的算术平均值为 $\overline{x} = 1.674$ cm,算得其不确定度 $u(x) = 0.04$ cm。由 $u(x)$ 的数值可知,这一组测量量在小数点后面第二位就有误差了,所以 1.674 中"7"已经是有误差的可疑数,表示结果 $\overline{x}$ 时后面一位"4"不必再写上,上述结果正确的表示应为 $x = (1.67 \pm 0.04)$ cm。也就是说,我们表示测量结果的数字中,只保留一位可疑数,其余应全部是准确数。

有效数字的定义为:有效数字是由若干位准确数和一位可疑数构成的。这些数字的总位数称为有效位数。

一个物理量的数值和数学上的数有着不同的意义。例如,在数学上 0.250 0 m = 25.00 mm。但在物理测量上 0.250 0 m ≠ 25.000 cm。因为 0.250 0 的有效位数是四位,而 25.000 cm 的有效位数是五位。实际上,这两种不同的写法表示了两种不同精度的测量结果。所以在实验中记录数据时,有效数字不能随意增减。

二、有效数字运算规则

有效数字的正确运算关系到实验结果的精确表达,由于运算条件不一样,运算规则也不一样。

1．四则运算

四则运算一般可以依据以下运算规则：① 可以认为参加运算的各数仅最后一位数码是有误差的，其他位的数码是无误差的；② 无误差的数码间的四则运算结果仍为无误差数码；③ 有误差的数码参加四则运算，结果为有误差的数码，进位和借位认为是无误差数码；④ 最后结果按四舍五入法仅保留一位有误差数码。

（1）加减运算

例 2-4-1　5.345+30.2

解　（数字下面"＿"是指误差所在位的数码）

$$
\begin{array}{r}
5.34\underline{5}\\
+\quad 30.\underline{2}\\
\hline
35.5\underline{4}\underline{5}
\end{array}
$$

取　　　　　　　　$5.34\underline{5}+30.\underline{2}=35.\underline{5}$

例 2-4-2　35.48-20.3

解

$$
\begin{array}{r}
35.4\underline{8}\\
-\quad 20.\underline{3}\\
\hline
15.\underline{1}\underline{8}
\end{array}
$$

取　　　　　　　　$35.4\underline{8}-20.\underline{3}=15.\underline{2}$

（2）乘除运算

例 2-4-3　4.178×10.1

解

$$
\begin{array}{r}
4.17\underline{8}\\
\times\quad 10.\underline{1}\\
\hline
\underline{4}\underline{1}\underline{7}\underline{8}\\
4178\\
\hline
42.\underline{1}\underline{9}\underline{7}\underline{8}
\end{array}
$$

取　　　　　　　　$4.17\underline{8}\times10.\underline{1}=42.\underline{2}$

例 2-4-4　48 216÷123

解

$$
123\overline{)\begin{array}{l}392\\48216\\369\end{array}}
$$

取　　　　　　　　$48\ 21\underline{6}\div12\underline{3}=392$

用以上竖式才能得到计算结果的四则运算，对我们来讲，并不现实。为了提高运算速度，又保证一定精度的误差估计，可把上面加减运算和乘除运算分别总结为如下运算规则：

（1）加减运算规则

若干项加减运算时，仍然按正常运算进行；计算结果的最后一位，应取到与参加加

14

减运算的各项中,最后一位最靠前的那一项的最后一位对齐。

如 $3.1\underline{4}+1\ 056.7\underline{3}+10\underline{3}-9.862=1\ 153$,参加运算的各项最后一位最靠前的是 103 的个位,其计算结果的最后一位就保留在个位上。

（2）乘除运算规则

计算结果的有效数字位数保留到与参加运算的各数中有效数字位数最少的位数相同。

如 $2.\underline{7}\times3.90\underline{2}\div3.456\ \underline{7}=3.0$,参加运算的 2.7 有效数字是两位,最少,计算结果也就取两位。这一规则在绝大多数情况下都成立,极少数情况下,由于借位或进位可能多一位或少一位。

2. 函数运算有效数字取位

函数运算不像四则运算那样简单,而要根据误差传递公式来计算。

例 2-4-5 已知 $x=56.7$,$y=\ln x$,求 y。

解 因 x 的有误差位是十分位上,所以取 $\Delta x\approx0.1$,利用误差传递公式 $\Delta y\approx\left|f'(x)\right|\Delta x$ 估计 y 的误差位,$\Delta y=\dfrac{\Delta x}{x}=\dfrac{0.1}{56.7}\approx0.002$,说明 y 的误差位在千分位上,故 $y=\ln x=\ln 56.7=4.038$。

综上所述,函数运算有效数字取位的规则为:已知 x,计算 $y=f(x)$ 时,取 Δx 为 x 的最后一位的数量级,利用误差传递公式 $\Delta y=\left|f'(x)\right|\Delta x$ 估计 y 的误差位,y 的计算结果最后一位保留到该位。

2.5　实验数据的处理方法

测量获得了大量的实验数据,而要通过这些数据来得到可靠的实验结果或物理规律,则需要学会正确的数据处理方法。本节将介绍在物理实验中常用的列表法、作图法和逐差法等数据处理的基本方法。

一、列表法

对一个物理量进行多次测量,或者测量几个量之间的函数关系,往往借助于列表法把实验数据列成表格。其优点是,使大量数据表达清晰醒目,条理化,易于检查数据和发现问题,避免差错,同时有助于反映出物理量之间的对应关系。所以,设计一个简明清晰、合理美观的数据表格,是每位同学都要掌握的基本技能。

列表没有统一的格式,但所设计的表格要能充分反映上述优点,应注意以下几点:

（1）各栏目均应注明所记录的物理量的名称（符号）和单位;

（2）栏目的顺序应充分注意数据间的联系和计算顺序,力求简明、齐全、有条理;

（3）表中的原始测量数据应正确反映有效数字,数据不可随便涂改,确实要修改数据时,应将原来数据画条杠以备查验;

（4）对于函数关系的数据表格,应按自变量由小到大或由大到小的顺序排列,以便于判断和处理。

例如,用螺旋测微器测量钢丝直径 D,列表见表 2-5-1:

表 2-5-1　测量钢丝直径

次数	初读数/mm	末读数/mm	D_i/mm	$\overline{D}$/mm	$u(D)$/mm	U_r
1	0.002	2.147	2.145			
2	0.004	2.148	2.144			
3	0.003	2.149	2.146	2.145	0.004	0.2%
4	0.001	2.145	2.144			
5	0.004	2.149	2.145			
6	0.003	2.147	2.144			

二、作图法

物理实验中所得到的一系列测量数据,也可以用图线直观地表示出来。作图法就是在坐标纸上描绘出一系列数据间对应关系的图线,可以研究物理量之间的变化规律,找出对应的函数关系,是求经验公式的常用方法之一。作好一张正确、实用、美观的图是实验技能训练中的一项基本功,每位同学都应该掌握。

1. 图示法

物理实验所揭示的物理量之间的关系,可以用一个解析函数来表示,也可以用坐标纸在某一坐平面内由一条曲线表示,后者称为实验数据的图形表示法,简称图示法。

图示法的作图规则如下:

(1) 选取坐标纸

作图一定要用坐标纸,先根据不同实验内容和函数形式选取不同的坐标纸,在物理实验中最常用的是直角坐标纸。再根据所测得数据的有效数字和对测量结果的要求来定坐标纸的大小,原则上是以不损失实验数据的有效数字和能包括所有实验点作为选择依据,一般图上的最小分格至少应代表有效数字的最后一位可靠数字。

(2) 定坐标和坐标标度

通常以横坐标表示自变量,纵坐标表示因变量。写出坐标轴所代表的物理量的名称和单位。为了使图线在坐标纸上的布局合理和充分利用坐标纸,坐标轴的起点不一定从变量的"0"开始。若图线是直线,尽量使图线比较对称地充满整个图纸,不要使图线偏于一角或一边。为此,应适当放大(或缩小)纵坐标轴和横坐标轴的比例。在坐标轴上按选定的比例标出若干等距离的整齐的数值标度,标度的数值的位数应与实验数据有效数字位数一致。选定比例时,应使最小分格代表"1""2"或"5",不要用"3""6""7""9"表示一个单位,否则不仅会使标点和读数不方便,而且也容易出错。

(3) 标点

根据测量数据,找到每个实验点在坐标纸上的位置,用铅笔以"×"标出各点坐标,要求与测量数据对应的坐标准确地落在"×"的交点上。当一张图上要画几条曲线时,每条曲线可用不同标记如"+""⊙""△"等,以示区别。

（4）连线

用直尺、曲线板、铅笔将测量点连成直线或光滑曲线，校正曲线要通过校正点连成折线。因为实验值有一定误差，所以曲线不一定要通过所有实验点，只要求线的两侧的实验点分布均匀且离曲线较近，并在曲线的转折处多测几个点。对个别偏离很大的点，要重新审核，进行分析后决定取舍。

（5）标明图纸信息

要求在图纸的明显位置标明图纸的信息，即图名、作者姓名、日期、班级等。

2. 图解法

图解法就是根据实验数据作好图线，用解析法找出相应的函数形式，如线性函数、二次函数、幂函数等，并求出其函数的参数，得出具体的方程式。特别是当图线是直线时，采用此法更为方便。

（1）直线图解法

① 取点

在直线上任取两点 $A(x_1,y_1)$，$B(x_2,y_2)$，其坐标值最好是整数值。用"△"符号表示所取的点，与实验点相区别。一般不要取原实验点，所取两点在实验范围内应尽量彼此分开一些，以减小误差。

② 求斜率 k

在坐标纸的适当空白的位置，由直线方程 $y=kx+b$，写出斜率的计算公式：

$$k=\frac{y_2-y_1}{x_2-x_1} \tag{2-5-1}$$

将两点坐标值代入上式，写出计算结果。

③ 求截距 b

如果横坐标的起点为零，其截距 b 为 $x=0$ 时的 y 值，其直线的截距即由图上直接读出。

如果起点不为零，可由下式求出截距：

$$b=\frac{x_2y_1-x_1y_2}{x_2-x_1} \tag{2-5-2}$$

例 2-5-1 金属电阻与温度的关系可近似表示为 $R=R_0(1+\alpha t)$，R_0 为 $t=0\ ℃$ 时的电阻，α 为电阻的温度系数。实验数据见表 2-5-2，试用图解法建立电阻与温度关系的经验公式。

表 2-5-2 电阻与温度关系

i	1	2	3	4	5	6	7
$t/℃$	10.5	26.0	38.3	51.0	62.8	75.5	85.7
R/Ω	10.423	10.892	11.201	11.586	12.025	12.344	12.679

解 取温度 t 起点 10.0 ℃，电阻 R 起点 10.400 Ω。根据坐标纸大小测算比例，t 轴：$\dfrac{90.0\ ℃-10.0\ ℃}{17\ cm}=4.7\ ℃/cm$，故取为 5.0 ℃/cm；$R$ 轴：$\dfrac{12.800\ \Omega-10.400\ \Omega}{25\ cm}=$ 0.096 Ω/cm，故取为 0.100 Ω/cm。对照比例选择原则可知，选取的比例满足要求。所

绘图线如图 2-5-1 所示。

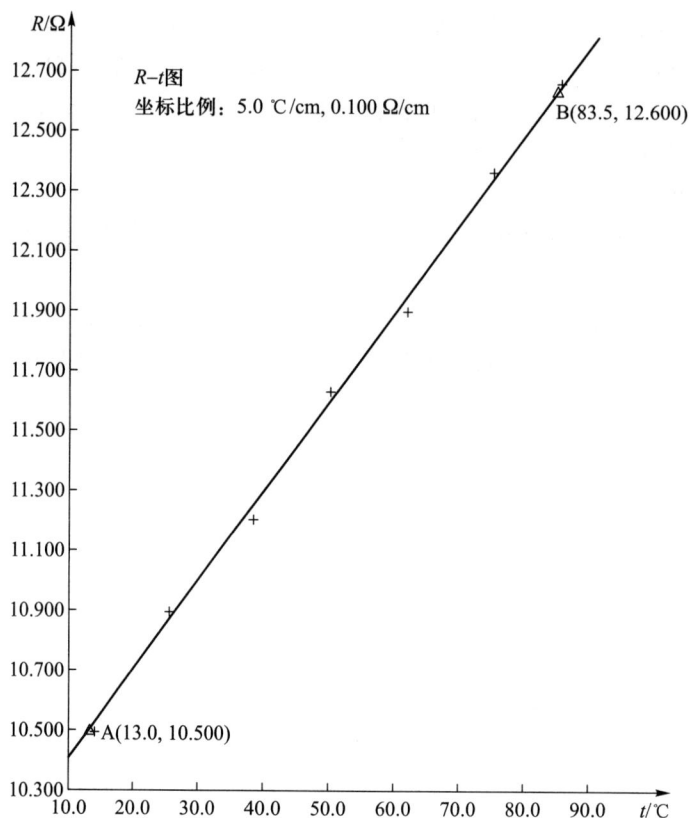

R-t图
坐标比例：5.0 ℃/cm, 0.100 Ω/cm

B(83.5, 12.600)

A(13.0, 10.500)

图 2-5-1　铜丝电阻与温度关系曲线

在图线上取两点 $A(13.0, 10.500)$ 和 $B(83.5, 12.600)$，斜率和截距计算如下：

$$b = \frac{R_2 - R_1}{t_2 - t_1} = \frac{12.600 - 10.500}{83.5 - 13.0}\ \Omega/℃ = \frac{2.100}{70.5}\ \Omega/℃ = 0.0298\ \Omega/℃$$

$$R_0 = R_1 - bt_1 = (10.500 - 0.0298 \times 13.0)\ \Omega = (10.500 - 0.387)\ \Omega = 10.113\ \Omega$$

$$\alpha = \frac{b}{R_0} = \frac{0.0298}{10.113}\ ℃^{-1} = 2.95 \times 10^{-3}\ ℃^{-1}$$

所以，铜丝电阻与温度的关系为

$$R = 10.113 \times (1 + 2.95 \times 10^{-3} t)$$

式中，R 的单位为 Ω，t 的单位为 ℃。

（2）曲线的改直

在实际工作中，许多物理量之间的函数关系形式是复杂的，并非都为线性，但是可以经过适当变换后成为线性关系，即把曲线变成直线，这种方法叫曲线改直。例如：

① $pV = C$（C 为常量）。

由 $p = C\dfrac{1}{V}$，作 p-$\dfrac{1}{V}$ 图得直线，斜率即为 C。

② $s = v_0 t + \dfrac{1}{2}at^2$（$v_0$，$a$ 为常量）。

两边除以 t 得：$\dfrac{s}{t} = v_0 + \dfrac{1}{2}at$，作 $\dfrac{s}{t} - t$ 图得直线，其斜率为 $\dfrac{1}{2}a$，截距为 v_0。

③ $y = ax^b$（a，b 为常数）。

两边取常用对数，得 $\lg y = \lg a + b\lg x$，以 $\lg y$ 为横坐标，$\lg y$ 为纵坐标作图得直线，截距为 $\lg a$，斜率为 b。

3. 作图法的优点

（1）直观

这是作图法的最大优点，作图法可根据曲线形状，很直观、很清楚地表示在一定条件下某一物理量与另一物理量之间的相互关系，找出物理规律。

（2）简便

在测量精度要求不高时，由曲线形状探索函数关系，作图法比其他数据处理方法要简便。

（3）可以发现某些测量错误

若在曲线上个别点偏离特别大，可提醒实验者重新核对。

（4）可用于推算

在图线上，可以直接读出没有进行测量的对应于某 x 的 y 值（内插法）。在一定条件下，也可以从图线的延伸分部读出测量数据范围以外的点（外推法）。

但也应看到作图法有其局限性。特别是受图纸大小的限制，不能严格建立物理量之间函数关系，同时受到人为主观性进行描点、连线的影响，不可避免地会带来误差。

三、逐差法

逐差法是对等间距测量的有序数据进行逐项或等间隔项相减，而得到结果的一种方法。逐差法计算简便，并可充分利用测量数据，及时发现差错，总结规律，是物理实验中常用的一种数据处理方法。

1. 逐差法的使用条件

（1）自变量 x 是等间距离变化的。

（2）被测的物理量之间的函数形式可以写成 x 的多项式，即 $y = \sum a_m x^m$。

2. 逐差法的应用

以用拉伸法测量弹簧的弹性系数为例，说明如下：

设实验中等间隔地在弹簧下加砝码（如每次加 1 g），共加 9 次，分别记下对应的弹簧下端点的位置 $L_0, L_1, L_2, \cdots, L_9$，则可用逐差法进行以下处理。

（1）验证函数形式是线性关系

把所测的数据逐项相减，即

$$\Delta L_1 = L_1 - L_0$$

$$\Delta L_2 = L_2 - L_1$$

$$\cdots\cdots\cdots$$

$$\Delta L_9 = L_9 - L_8$$

看 $\Delta L_0, \Delta L_1, \Delta L_2, \cdots, \Delta L_9$ 是否基本相等。而当 ΔL_i 均基本相等时,就验证了外力与弹簧的伸长量之间的函数关系是线性的,即

$$F = k\Delta L$$

用此法可检查测量结果是否正确,但需要注意的是必须要逐项逐差。

(2)求物理量数值

先计算每加 1 g 砝码时弹簧的平均伸长量:

$$\overline{\Delta L} = \frac{\Delta L_1 + \Delta L_2 + \Delta L_3 + \cdots + \Delta L_9}{9}$$

$$= \frac{(L_1 - L_0) + (L_2 + L_1) + (L_3 - L_2) + \cdots + (L_9 - L_8)}{9}$$

$$= \frac{L_9 - L_0}{9}$$

从上式可看出,中间的测量值全部抵消了,只有始末两次测量值起作用,与一次加 9 g 砝码的测量完全等价。

为了保证多次测量的优点,只要在数据处理方法上作一些组合,仍能达到通过多次测量来减小误差的目的。因此一般使用逐差法应用如下方法:

通常可将等间隔所测量的值分成前后两组,前一组为 L_0、L_1、L_2、L_3、L_4,后一组为 L_5、L_6、L_7、L_8、L_9,将前后两组的对应项相减为

$$\Delta L_1' = L_5 - L_0$$

$$\Delta L_2' = L_6 - L_1$$

$$\cdots\cdots\cdots$$

$$\Delta L_5' = L_9 - L_4$$

再取平均值

$$\overline{\Delta L'} = \frac{1}{5}\left[(L_5 - L_0) + (L_6 - L_1) + \cdots + (L_9 - L_4) \right]$$

$$= \frac{1}{5}\sum_{i=0}^{4} (L_{5+i} - L_i)$$

由此可见,与前面一般求平均值的方法不同,这时每个数据都用上了。但应注意的是,这里的 $\overline{\Delta L'}$ 是增加 5 g 砝码时弹簧的平均伸长量。故对应项逐差可以充分利用测量数据,具有对数据取平均的效果。

习题

1. 误差的定义是什么?它有什么性质?为什么测量误差不可避免?

2. 指出下列情况造成的影响属于随机误差还是系统误差。

（1）视差；

（2）天平零点漂移；

（3）游标卡尺零点不准；

（4）照相底板收缩；

（5）水银温度计毛细管粗细不均匀；

（6）电表的接入误差；

（7）雷电影响；

（8）振动；

（9）电源不稳。

3. 求下列各组的 $\bar{x}$、$S_{\bar{x}}$ 值。

（1）4. 496，4. 504，4. 538，4. 504，4. 498，4. 490；

（2）2. 904，2. 902，2. 900，2. 903，2. 900，2. 904。

4. 准确度、精密度、精确度的含义分别是什么？它们分别反映了什么？

5. 一个铅圆柱体，测得直径 $d=(2.04\pm0.01)$ cm，高度 $h=(4.12\pm0.01)$ cm，质量 $m=(149.18\pm0.05)$ g。

（1）计算铅的密度 ρ；

（2）计算 ρ 的不确定度和相对不确定度；

（3）正确表示结果。

6. 写出下列函数的不确定度传递公式。

（1）$F=x^2-y-z$；

（2）$F=\dfrac{y}{x+y}$；

（3）$n=\dfrac{\sin\dfrac{\varphi}{2}}{\sin\dfrac{A}{2}}$；

（4）$f=\dfrac{L^2+e^2}{4L}$。

7. 计算下列各题。

（1）1 648.0+13.65+0.008 2+1.632+86.82；

（2）76. 365 1−37.4；

（3）1. 364 2×0.002 6；

（4）1. 770 42÷30.3。

8. 用伏安法测电阻数据如下，试用直角坐标纸作图，并求出 R 值。

U/V	1. 00	2. 00	3. 00	4. 00	5. 00	6. 00	7. 00	8. 00
I/mA	1. 98	4. 04	5. 96	7. 92	10. 04	12. 02	13. 86	16. 02

第三章 物理实验的基本方法

物理学是研究物质的基本结构、基本运动形式、相互作用和转化规律的学科。它本身以及它与各个自然学科、工程技术部门的相互作用促进了今天的科技进步和人类文明,对当代及未来高新科技的进步、相关产业的建立和发展提供着巨大的推动力。在人类追求真理、探索未知世界的过程中,物理学展现了一系列科学的世界观和方法论,深刻影响着人类对物质世界的基本认识、人类的思维方式和社会生活,是人类文明的基石。物理学发展的历史证明了,正确的科学思想及由此产生的科学方法是科学研究的灵魂。

伽利略是最早运用我们今天所称的科学方法的人。这种方法就是经验(以实验和观察的形式)与思维(以创造性构筑的理论和假说的形式)之间的动态的相互作用。伽利略是近代科学的奠基者,是科学史上第一位近代意义的科学家,他为自然科学创立了两个研究法则,即观察实验和量化方法。他运用真实实验和理想实验相结合、实验和数学相结合的科学方法,创造了和以往科学研究方法不同的近代科学研究方法,使近代物理学从此走上了以实验精确观测为基础的道路。伽利略在用实验方法发现真理的过程中,获得了极其重要的科学概念,即自然法则和物理定律的概念。伽利略通过亲身的科学实验,认识到寻求自然法则是科学研究的目的,自然法则是自然现象千变万化的秘密所在,而一旦发现自然法则便可以认识自然。这个观念一经确立,人们才逐渐认识到,不仅天文学、运动学现象,一切自然现象都是有其自身规律的,于是在力学的带领下,逐渐发展出近代科学的各个分支。伽利略在建立系统的科学思想和实验方法中,开创了实验物理学,开创了近代物理学,对物理学的发展作出了划时代的贡献。正如他自己在《两门新科学的对话》中所述:"我们可以说,大门已经向新方向打开,这种将带来大量奇妙成果的新方法,在未来年代会博得许多人的重视"。事实正是如此,著名物理学家爱因斯坦在《物理学的进化》中,对伽利略的科学思想方法给予了高度评价。他指出:"伽利略的发现,以及他所用的科学推理方法,是人类思想史上最伟大的成就之一,而且标志着物理学的真正开端。"伽利略开创的实验物理学,包括实验的设计思想、实验方法开创了自然科学发展的新局面。在实验物理学数百年的发展进程中,涌现了众多卓越的、在物理学发展史上起过重要里程碑作用的实验。它们以其巧妙的物理构思、独到的处理和解决问题的方法、精心设计的仪器、完善的实验安排、高超的测量技术、对实验数据的精心处理和无懈可击的分析判断等,为我们展示了极其丰富和精彩的物理思想,开创了解决问题的途径和方法。这些思想和方法已经超越了各个具体实验而具有普遍的指导意义。学习和掌握物理实验的设计思想、测量和分析的方法,对物理实验课及其他学科的学习和研究都大有裨益。

一、比较法

比较法是最基本和最重要的测量方法之一。因为所谓测量,就是把待测物理量直接或者间接地与作为基准(或标准单位)的同类物理量进行比较,得到比值的过程。比较法可分为直接比较和间接比较。

二、补偿法

把标准值 S 选择或调节到与待测物理量 X 的值相等,用于抵消(或补偿)待测物理量的作用,使系统处于平衡(或补偿)状态,处于平衡状态的测量系统,待测物理量 X 与标准值 S 具有确定的关系,这种测量方法称为补偿法。补偿法的特点是测量系统中包含标准量具和平衡器(或示零器),在测量过程中,待测物理量 X 与标准量 S 直接比较,调整标准量 S,使 S 与 X 之差为零(故补偿法也称为示零法)。这个测量过程就是调节平衡(或补偿)的过程,其优点是可以免去一些附加系统误差,当系统具有高精度的标准量具和平衡指示器时,可获得较高的分辨率、灵敏度及测量的精确度。

三、平衡法

平衡原理是物理学的重要基本原理,由此而产生的平衡法是分析、解决物理问题的重要方法,也是物理量测量中普遍应用的重要方法。

例如,天平、电子秤是根据力学平衡原理设计的,可用来测量物质的质量、密度等物理量;根据电流、电压等电学量之间的平衡设计的桥式电路,可用来测量电阻、电感、电容、介电常量、磁导率等物质的电磁学特性参量。

四、放大法

在物理量的测量中,有时由于待测量过小,以至无法被实验者或仪器直接感受和反应,此时可先通过一些途径将待测量放大,然后再进行测量。放大待测量所用的原理和方法称为放大法。常用的放大法有积累放大法、机械放大法、电学放大法、光学放大法等。

1. 积累放大法

在物理实验中,我们常常遇到这样一些问题,即受测量仪器的精度的限制,或存在很大的本底噪声或受人的反应时间的限制,单次测量的误差很大或者无法测量出待测量的有用信息。采用积累放大法进行测量,就可以减少测量误差,降低本底噪声,获得有用的信息。例如最简单的单摆实验的周期测量,假定单摆周期 T 为 1.50 s,人开启和关闭秒表的平均反应时间为 $\Delta T = 0.2$ s,则单次测量周期的相对误差为 $\Delta T/T = 13\%$。若我们测量 50 个周期,则可将由人开启和关闭秒表的平均反应时间引起的误差降到 $\Delta T/(50T) = 0.27\%$。再如激光器,为了获得高度集中的光束,采用一对平行度很高的半透半反射膜,使光在两个半透半反射膜之间多次反射,光强不断增强,其中与反射面不垂直的光会由于多次反射而最终被筛选掉。

2. 机械放大法

机械放大是最直观的一种放大方法。例如,利用游标可以提高测量的细分程度,原来分度值为 y 的主尺,加上一个 n 等分的游标后,组成的游标尺的分度值 $\Delta y = y/n$,即对 y 细分了 n 倍,这对直标尺和角游标都是适用的。螺旋测微原理也是一种机械放大,将螺距(螺旋进一圈的推进距离)通过螺母上的圆周来进行放大。放大率 $\beta = \pi D/d$,其中 d 是螺距,D 是与螺母连接在一起的微分套筒的直径。机械杠杆可以把力和位移细分,例如各种不等臂的秤杆。滑轮亦可以把力和位移细分,例如机械连动杆或丝杆,连动滑轮或齿轮等。

3. 电学放大法——电信号的放大和信噪比的提高

电信号的放大可以是电压放大、电流放大、功率放大,电信号可以是交流的或直流的。随着微电子技术和电子器件的发展,各种电信号的放大都很容易实现,因而也是用得最广泛、最普遍的。例如,三极管是在任何电子电路中都可能遇到的常用元件,因为栅极电压的微小变化都会产生板极电流的很大变化,所以三极管常用作放大器。现在各种新型的高集成度的运算放大器不断涌现,把弱电信号放大几个至十几个数量级已不再是难事。因此,常常把其他物理量转换成电信号放大后再转回去(如压电转换、光电转换、电磁转换等)。把电学量放大,在提高物理量本身量值的同时,还必须注意减少本底信号,提高所测物理量的信噪比和灵敏度,降低电信号的噪声。

4. 光学放大法

光学放大的仪器有放大镜、显微镜和望远镜。这类仪器只是在观察中放大视角,并不使实际尺寸变化,所以并不增加误差,因而许多精密仪器都是在最后的读数装置上加一个视角放大装置以提高测量精度。微小变化量的放大原理常用于检流计、光杠杆等装置中。光杠杆镜尺法就是通过放大待测量的微小长度变化来测距的,其原理如杨氏模量测量实验中的公式 $b = 2D\Delta L/l$ 所示。ΔL 原来是一个微小的长度变化量,当取 D(光杠杆的支脚尖到刀口的垂直距离)远大于光杠杆的臂长 l 时,经光杠杆转换后的变化量却是一个较大的量,可在标尺上直接读出。其中,$2D/l$ 为光杠杆装置的放大倍数。一般在实验中,l 为 4~8 cm,D 为 1~2 m,因此光杠杆的放大倍数可达到 25~100 倍。

五、转换测量法

各物理量之间存在着千丝万缕的联系,它们相互关联、相互依存,在一定的条件下还可相互转换。因而,寻求物理量之间的关系,是探索物理学奥秘的主要方法之一,也是物理学中常见的课题。当人们了解了物理量之间的相互关系和函数形式时,就可以将一些不易测量的物理量转换成可以(或易于)测量的物理量来进行测量,此即转换测量法,它是物理实验中常用的方法之一。转换测量法大致可分为参量转换测量法和能量转换测量法两大类。

1. 参量转换测量法

参量转换测量法是利用各种参量间的变换及其变化的相互关系,把不可测的量转换成可测的量。在设计和安排实验时,当预先估计不能达到要求时,常常另辟新径,把一些不可测量的物理量转换成可测量的物理量。例如质子衰变实验,长期以来,物理学家们都没有观察到质子衰变,故认为它是一种稳定的粒子,其寿命是无限的。但根据弱电统一理论预言,质子的寿命是有限的,其平均寿命约为 10^{38} s,即大约 10^{31} a。10^{31} a 是一个多么漫长的时期,简直是一个无法测量的时间,因为地球的年龄才大约 10^9 a,谁也无法预料 10^{31} a 后,世界上会发生什么样的变化。因此在很长一段时间里,人们无法揭示质子寿命的奥秘。但是当人们把思考的着眼点变换一个角度,把时间的测量转换为空间概率的测量时,整个事件就发生了戏剧性的变化。假如我们观察 10^{33} 个质子(每吨水约有 10^{29} 个质子),则一年之内可能有 100 个质子衰变,这样使原来根本无法观察和测量的事情,变成可以测量了。又例如关于引力波的实验,根据爱因斯坦关于引力波的理论,任何作相对加速运动的物体都可以发射引力波,因而,双星体可能是引力波源。而目前实验室中引力波天线的灵敏度都不足以做到既可以直接测量到宇宙内的引力波,同时又能排除电磁辐射干扰。于是,物理学家们就把着眼点放在了双星引力辐射阻尼上,即测量双星因辐射引力波而引起轨道周期的减小来检验引力波的存在。有时某些物理量虽然可以测定,但要精确测量则不容易,或所需要的条件苛刻或所需要的测量仪器复杂、昂贵等。但是换个途径,事情就变得简单多了,而且能够较精确地测量。因为在实际测量工作中,可以改变的条件很多,于是我们可以在一定范围内找到那些易于测量的量,绕开不易测量的量,实行变量代换。最经典的例子便是利用阿基米德原理测量不规则物体的体积或密度。用流体静力称衡法测量几何形状不规则物体的密度时,其体积无法用量具测定,为了克服这一困难,可利用阿基米德原理,先测量物理体在空气中的质量 m,再将物体浸没在密度为 ρ_0 的某液体中,称衡其质量为 m_1,则该物体的密度为 $\rho = \dfrac{m}{m-m_1}\rho_0$。因此将对物体的体积测量转换为对 m 和 m_1 的测量,m 和 m_1 均可由分析天平或电子天平精确测量。

2. 能量转换测量法

能量转换测量法是指某种形式的物理量,通过能量转换器,换成另一种形式的物理量的测量方法。随着各种新型功能材料的不断涌现,如热敏、光敏、压敏、气敏、湿敏材料,以及这些材料性能的不断提高,形形色色的敏感器件和传感器也就应运而生,为科学实验和物性测量方法的改进提供了很好的条件。考虑到电学参量具有测量方便、快速的特点,电学仪表易于生产,而且常常具有通用性,所以许多能量转换法都是使待测物理量通过各种传感器和敏感器件转换成电学参量来进行测量的。最常见的有:

(1)光电转换

利用光敏元件可将光信号转换成电信号进行测量。例如在弱电流放大的实验中,把激光(或其他光,如日光、灯光等)照射在硒光电池上,直接将光信号转换成电信号,再进行放大。在物理实验中,常用的光电元件还有光敏三极管、光电倍增管、光电管等。

(2)磁电转换

最经典的磁敏元件是霍尔元件,磁记录元件(如读、写磁头,磁带,磁盘),巨磁阻元件等。利用磁敏元件(或电磁感应组件)可将磁学参量转换成电压、电流或电阻等电学量。

(3)热电转换

利用热敏元件(如半导体热敏元件、热电偶等),可将对温度的测量转换成对电压或电阻的测量。

(4)压电转换

利用压敏元件或压敏材料(如压电陶瓷、石英晶体等)的压电效应,可将压力转换成电信号进行测量。反过来,也可以用某一特定频率的电信号去激励压敏材料使之产生共振,来进行其他物理量的测量。

六、模拟法

模拟法是以相似性原理为基础,从模型实验开始发展起来的,研究物质或事物物理属性、变化规律的实验方法。在探求物质的运动规律、自然奥妙,解决工程技术或军事问题时,常常会遇到一些特殊的、难以对研究对象进行直接测量的情况。例如,被研究的对象非常庞大或非常微小(巨大的原子能反应堆、同步辐射加速器、航天飞机、宇宙飞船、物质的微观结构、原子和分子的运动等),非常危险(地震、火山爆发、发射原子弹或氢弹等),或者时研究对象变化非常缓慢(天体的演变、地球的进化等)。根据相似性原理,可人为地制造一个类似于被研究的对象或者运动过程的模型来进行实验。模拟法可以按其性质和特点分成两大类:物理模拟和计算机模拟。我们主要介绍物理模拟,它可以分为三类:几何模拟、动力相似模拟、替代或类比模拟(包括电路模拟)。

1. 几何模拟

几何模拟是将实物按比例放大或缩小,对其物理性能及功能进行实验。如流体力学实验室常采用水泥造出河流的落差、弯道、河床的形状,还有一些不同形状的挡水物,用来模拟河水流向,泥沙的沉积,沙洲、水坝对河流运动的影响,或用"沙堆"研究泥石的变化规律。再如研究建筑材料及结构的承受能力,可将原材料或建筑群体设计按比例缩小几倍到几十倍,进行实验模拟。

2. 动力相似模拟

物理系统常常不具有标度不变性。即一般来说,几何上的相似性并不等于物理上的相似。因而在工程技术中做模拟实验时,如何保证缩小的模型与实物在物理上保持相似性是个关键问题。为了达到模型与原型在物理性质或规律上的相似或等同性,模型的外形往往不是原型的缩型。例如,1943 年美国一家飞机公司用于实验的模型飞机,其外表根本就不像一架飞机,然而风速对它翼部的压力却与风速对原型机翼的压力相似。又如,在航空技术验机中,人们不得不建造高速旋转的密封型风洞来作为模型实验的条件,使实验条件更符合实际自然状态的形式。

3. 替代或类比模拟

利用物质材料的相似性或类比性进行实验模拟,可以用别的物质、材料或者别的物理过程,来模拟所研究的材料或物理过程。例如在模拟静电场的实验中,就是用电流场模拟静电场。又如,可以用超声波代替地震波,用岩石、塑料、有机玻璃等做成各种模型,来进行地震模拟实验。

七、光的干涉、衍射法

在精密测量中,光的干涉、衍射法具有重要的意义。

在干涉现象中,不论是何种干涉,相邻干涉条纹的光程差的改变都等于相干光的波长。可见,光的波长虽然很小,但干涉条纹间的距离或干涉条纹的数目却是可以计量的。因此,通过对条纹数目或条纹的改变的计量,可以获得以波长为单位的对光程差的计量。利用光的等厚干涉现象可以精确测量微小长度或角度的变化,测量微小的形变及其相关的其他物理量;也可以来检验物体表面的平面度、球面度、光洁度及工件内应力的分布等。

光的衍射原理和方法可以广泛地应用于测量微小物体的大小。光的衍射原理和方法在现代物理实验方法中具有重要的地位。光谱技术与方法、X 射线衍射技术与方法、电子显微技术与方法都与光的衍射原理与方法相关,它们已成为现代物理技术与方法的重要组成部分,在人类研究微观世界和宇宙空间中发挥着重要的作用。

第四章　常用物理实验仪器

4.1　游标卡尺和螺旋测微器

长度测量是最基本的测量之一,科学实验和生产实践中许多测量都与长度测量有关。不少定量的物理仪器,其标度均按一定长度来划分,比如,用温度计测温度和用电流表或电压表测电流或电压时,就是准确观测水银柱在温度标尺上的距离和电表指针在表头标尺上的距离来量度的。长度测量的仪器和方法多种多样,最基本的测量工具是米尺、游标卡尺和螺旋测微器。如果所要测量的物体无法直接接触或物体的线度很小且测量要求准确度很高,则可使用其他更精密的仪器(如读数显微镜)或其他更适合的测量方法。

第四章
教学视频 1

一、游标卡尺

1. 游标卡尺的构造

游标卡尺是一种能准确到 0.1 mm 或更高精度的较精密量具,用它可以测量物体的长、宽、高、深及工件的内、外直径等。它主要由按米尺刻度的主尺和一个可沿主尺移动的游标(又称副尺)组成。常用的一种游标卡尺的结构如图 4-1-1 所示。D 为主尺,E 为副尺,主尺和副尺上有测量钳口 AB 和 A′B′,钳口 A′B′用来测量物体内径,尾尺 C 在背面与副尺相连,移动副尺时尾尺也随之移动,可用来测量孔径深度,F 为锁紧螺钉,旋紧它,副尺就与主尺固定了。

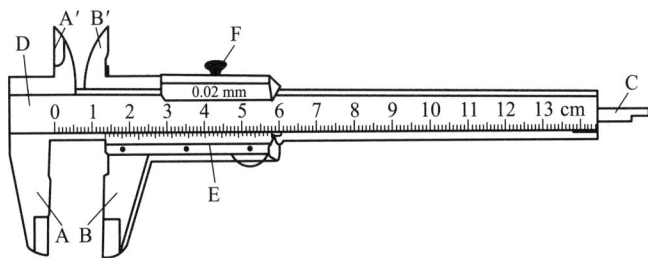

图 4-1-1　游标卡尺构造图

2. 游标原理及读数方法

游标卡尺的分度原理如下。用 a 表示主尺最小分度值,用 N 表示游标分度数。通常设计 N 个游标分格的长度与主尺上 $(vN-1)$ 个分格的总长度相等,利用 v 倍主尺最小刻度值 (va) 与游标上最小刻度值之差来提高测量的精度。游标上最小刻度值为 b,则有

$$Nb = (vN-1)a$$

故差值为

$$va - b = va - \frac{vN-1}{N}a = \frac{1}{N}a$$

倍数 v 称为游标系数,通常取 1 或 2。由此可知,a 一定时,N 越大,则差值 $(va-b)$ 越小,测量时读数的准确度越高。该差值 $\dfrac{a}{N}$ 通常称为游标的分度值或精度,这就是游标分度

原理。不同型号和规格的游标卡尺,其游标的长度和分度数可以不同,但其游标的基本原理均相同。本实验室所用的是游标系数为 1 的 50 分度游标卡尺。$N=50, a=1$ mm,分度值为 $\frac{1}{50}$ mm = 0.02 mm,此值正是测量时能读到的最小读数(也是仪器的示值误差),如图 4-1-2 所示。

读数时,待测物的长度 L 可分为两部分读出,然后再相加。先在主尺上与游标"0"线对齐的位置读出毫米以上的整数部分 L_1,再在游标上读出不足 1 mm 的小数部分 L_2,则 $L = L_1 + L_2$。$L_2 = k \frac{1}{N}$ mm,k 为游标上与主尺某刻线对得最齐的那条刻线的序数。例如,图 4-1-3 所示的游标尺读数为 $L_1 = 0$,$L_2 = k \frac{1}{N}$ mm $= \frac{12}{50}$ mm = 0.24 mm。所以 $L = L_1 + L_2 = 0.24$ mm。许多游标卡尺的游标上常标有数值,L_2 可以直接由游标上读出。

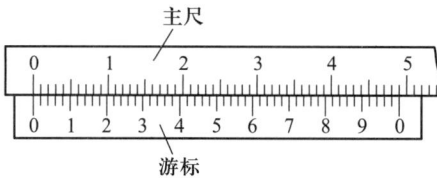

图 4-1-2　主尺与游标尺　　　　　　　图 4-1-3　50 分度游标卡尺

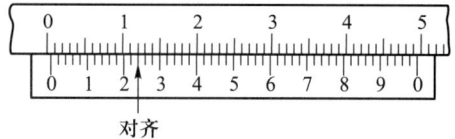

二、螺旋测微器

螺旋测微器(又名千分尺)是螺旋测微量具中的一种,其他量具如读数显微镜、光学测微目镜及迈克耳孙干涉仪的读数部分也都是利用螺旋测微原理而制成的。

螺旋测微器是一种比游标卡尺更精密的量具,常用来测量线度小且准确度要求较高的物体的长度。较常见的一种螺旋测微器的构造如图 4-1-4 所示。

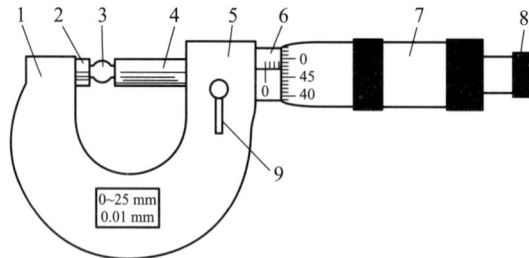

1—尺架;2—固定测砧;3—待测物体;4—测微螺杆;5—固定套管;
6—螺母套管;7—微分筒;8—棘轮;9—锁紧装置。

图 4-1-4　螺旋测微器构造图

该量具的核心部分主要由测微螺杆和螺母套管所组成,是利用螺旋推进原理而设计的。测微螺杆的后端连着圆周上刻有 N 分格的微分筒,测微螺杆可随微分筒的转动而进、退。螺母套管的螺距一般取 0.5 mm,当微分筒相对于螺母套管转一周时,测微螺杆就沿轴线方向前进或后退 0.5 mm;当微分筒转过一小格时,测微螺杆则相应地移动 $\dfrac{0.5}{N}$ mm 距离。可见,测量时沿轴线的微小长度均能在微分筒圆周上准确地反映出来。

比如 $N=50$,则能准确读到(0.5/50) mm = 0.01 mm,再估读一位,则可读到 0.001 mm,这正是螺旋测微器又称为千分尺的缘故。实验室常用的螺旋测微器的示值误差为 0.004 mm。

读数时,先在螺母套管的标尺上读出 0.5 mm 以上的读数,再由微分筒圆周上与螺母套管横线对齐的位置上读出不足 0.5 mm 的数值,再估读一位,则三者之和即待测物的长度。如图 4-1-5 所示,有

（a） $L=(5+0.5+0.150)\text{mm}=5.650\text{ mm}$;

（b） $L=(5+0.150)\text{mm}=5.150\text{ mm}$。

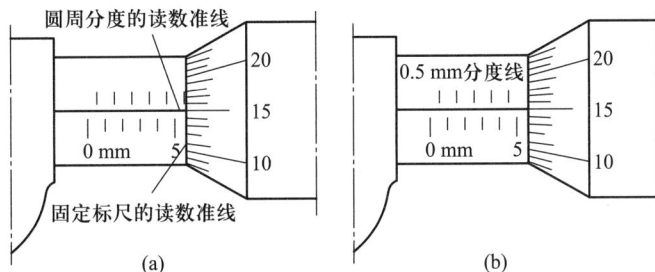

图 4-1-5　用螺旋测微器测量长度

4.2　数字万用表

一、万用表的使用方法

4 位、5 位等数字万用表的最大显示值分别为 ±19 999、±199 999,余者以此类推。袖珍数字万用表常采用字高 12.5 mm 的液晶显示器(LCD)。为提高观察的清晰度,也有采用字高 18 mm 的大屏幕 LCD 和字高 25 mm 的超大屏幕 LCD 的数字万用表。

新型袖珍数字万用表大多增加了功能标志符,如单位符号 mV、V、kV、μA、mA、A、Ω、kΩ、MΩ、ns、kHz、pF、nF、μF,测量项目符号 AC、DC、LOΩ、MEM,特殊符号 LO BAT(低电压符号)、H(读数保持符号)、AUTO(自动量程符号)、×10(10 倍乘符号)、·))(蜂鸣器符号)。

为克服数字显示不能反映被测量的变化过程及变化趋势的不足,"数字/模拟条图"双重显示袖珍数字万用表、多重显示袖珍数字万用表竞相问世。这类仪表兼有数字式表和模拟式表的优点,为袖珍数字万用表完全取代指针式(模拟式)万用表创造了条件。

袖珍数字万用表的准确度是测量结果中系统误差和随机误差的综合结果,它表示测量结果与真值的一致程度,反映测量误差的大小。一般来讲,准确度越高,测量误差就越小,反之亦然。

第四章
教学视频 2

根据规定,数字电压表的测量误差用绝对误差形式表示,即

$$\Delta = U_i - U_0$$

式中,Δ 为测量误差,U_i 为被测电压,U_0 为被测电压的实际值(可用准确度比待定电压表高 3~5 倍的标准表读得)。

数字电压表测量准确度的表示方法有两种:

$$\Delta = \pm(a\%A + b\%B) \tag{4-2-1}$$

$$\Delta = \pm(a\%A + n \text{ 个字}) \tag{4-2-2}$$

式(4-2-1)中,A 为被测量值的读数(显示值),B 为该量程的满度值。a 为误差的相对项系数,与所选择的测量项目及量程有关;b 为误差的固定项系数,与测量项目及量程无关。$a\%A$ 项为读数误差,是数字电压表内 A/D 转换器和功能转换器的综合误差;$b\%B$ 项为满度误差,是由数字化处理带来的误差(包括零点漂移、噪声),对于给定的量程是不变的。

式(4-2-2)中,n 是量化误差反映在末位数上的变化量,满度误差用末位数字的跳变个数来表示,记为 n 个字,即在该量程上末位数字跳变 n 个字时的量值恰好等于 $b\%B$,由此可见,式(4-2-1)与式(4-2-2)是等价的。

二、万用表量程选择及测量误差分析

用万用表进行测量时会带来一定的误差,这些误差有些是仪表本身的准确度等级所允许的最大绝对误差,有些是因调整、使用不当带来的人为误差。正确了解万用表的特点和测量误差产生的原因,掌握正确的测量技术和方法,就可以减小测量误差。

人为读数误差是影响测量精度的原因之一,它是不可避免的,但可以尽量减小。因此,使用万用表时要特别注意以下几点:

(1)测量前要把万用表水平放置,进行机械调零;

(2)读数时视线要与指针平面保持垂直;

(3)测电阻时,每换一次挡都要进行调零,无法调零时要更换新电池;

(4)测量电阻或高压时,不能触碰表笔的金属部位,以免人体电阻分流,增大测量误差或触电;

(5)在测量 RC 电路中的电阻前,要切断电路中的电源,并把电容器储存的电释放完,然后再进行测量。

在排除了人为读数误差以后,再对其他误差进行分析。

1. 万用表电压、电流挡量程选择与测量误差分析

万用表的准确度一般分为 0.1,0.5,1.5,2.5,5 等几个等级。直流电压、电流,交流电压、电流等各挡,准确度(精度)等级 A 的标定是由其最大绝对允许误差 ΔX 与所选量程满度值之比的百分数表示的:

$$A\% = (\Delta X / \text{满度值}) \times 100\% \tag{4-2-3}$$

(1)采用准确度不同的万用表测量同一个电压所产生的误差

例 4-2-1 有一个 10 V 标准电压,用 100 V 挡、0.5 级和 15 V 挡、2.5 级的两块万用表测量,问:哪块表测量误差小?

解 由式(4-2-3)得,第一块表测得的最大绝对允许误差为

$$\Delta X_1 = \pm 0.5\% \times 100 \text{ V} = \pm 0.50 \text{ V}$$

第二块表测得的最大绝对允许误差为

$$\Delta X_2 = \pm 2.5\% \times 15 \text{ V} = \pm 0.375 \text{ V}$$

比较 ΔX_1 和 ΔX_2 可以看出:虽然第一块表准确度比第二块表准确度高,但用第一块表测量所产生的误差却比第二块表测量所产生的误差大。因此,在选用万用表时,并非准确度越高越好。有了准确度高的万用表,还要选用合适的量程。只有正确选择量程,才能发挥万用表潜在的准确度。

(2) 用一块万用表的不同量程测量同一个电压所产生的误差

例 4-2-2 MF-30 型万用表的准确度为 2.5 级,选用 100 V 挡和 25 V 挡测量一个 23 V 标准电压,问:哪一挡误差小?

解 100 V 挡的最大绝对允许误差为

$$\Delta X(100) = \pm 2.5\% \times 100 \text{ V} = \pm 2.5 \text{ V}$$

25 V 挡的最大绝对允许误差为

$$\Delta X(25) = \pm 2.5\% \times 25 \text{ V} = \pm 0.625 \text{ V}$$

由上面的解可知:用 100 V 挡测量 23 V 标准电压,在万用表上的示值在 20.5~25.5 V 之间。用 25 V 挡测量 23 V 标准电压,在万用表上的示值在 22.375~23.625 V 之间。由以上结果来看,$\Delta X(100)$ 大于 $\Delta X(25)$,即 100 V 挡测量的误差比 25 V 挡测量的误差大得多。因此,用一块万用表测量不同电压时,用不同量程测量所产生的误差是不同的。在满足被测信号数值的情况下,应尽量选用量程小的挡。这样可以提高测量的精确度。

(3) 用一块万用表的同一个量程测量两个不同电压所产生的误差

例 4-2-3 MF-30 型万用表的准确度为 2.5 级,用 100 V 挡测量 20 V 和 80 V 的标准电压,问哪个电压的相对误差小?

解 最大相对误差为

$$\Delta A\% = 最大绝对误差 \Delta X / 被测标准电压 \times 100\%$$

100 V 挡的最大绝对误差

$$\Delta X(100) = \pm 2.5\% \times 100 \text{ V} = \pm 2.5 \text{ V}$$

对于 20 V 而言,其示值介于 17.5~22.5 V 之间,其最大相对误差为

$$\Delta A(20)\% = (\pm 2.5 \text{ V} / 20 \text{ V}) \times 100\% = \pm 12.5\%$$

对于 80 V 而言,其示值介于 77.5~82.5 V 之间,其最大相对误差为

$$\Delta A(80)\% = \pm (2.5 \text{ V} / 80 \text{ V}) \times 100\% = \pm 3.1\%$$

比较被测电压 20 V 和 80 V 的最大相对误差可以看出:前者比后者的误差大的多。因此,用一块万用表的同一个量程测量两个不同电压的时候,谁离满挡值近,谁的准确度就高。所以,在测量电压时,应使被测电压指示在万用表量程的 2/3 以上,这样能减小测量误差。

2. 电阻挡的量程选择与测量误差分析

电阻挡的每一个量程都可以测量 0~∞ 的电阻值。电阻挡的标尺刻度是非线性、不均匀的倒刻度,是用标尺弧长的百分数来表示的。而且各量程的内阻等于标尺弧长的中心刻度值乘以倍率,称作"中心电阻"。也就是说,被测电阻等于所选挡量程的中心电

阻时,电路中流过的电流是满度电流的一半,指针指示在刻度的中央。其准确度等级 $R\%$ 与最大绝对允许误差 ΔR 的关系用下式表示:

$$R\% = (\Delta R/\text{中心电阻}) \times 100\% \tag{4-2-4}$$

用一块万用表测量同一个电阻时,选用不同的量程所产生的误差示例如下。

例 4-2-4　MF-30 型万用表的 $R \times 10$ 挡的中心电阻为 250 Ω；$R \times 100$ 挡的中心电阻为 2.5 kΩ。准确度等级为 2.5 级。用它测一个 500 Ω 的标准电阻,问:用 $R \times 10$ 挡与 $R \times 100$ 挡来测量,哪个误差大?

解　由式(4-2-4)得,$R \times 10$ 挡的最大绝对允许误差为

$$\Delta R(10) = \text{中心电阻} \times R\% = 250 \ \Omega \times (\pm 2.5)\% = \pm 6.25 \ \Omega$$

用它测量 500 Ω 标准电阻,则 500 Ω 标准电阻的示值介于 493.75 ~ 506.25 Ω 之间。最大相对误差为

$$\pm 6.25 \ \Omega \div 500 \ \Omega \times 100\% = \pm 1.25\%$$

$R \times 100$ 挡的最大绝对允许误差为

$$\Delta R(100) = \text{中心电阻} \times R\% = 2.5 \ \text{k}\Omega \times (\pm 2.5)\% = \pm 62.5 \ \Omega$$

用它测量 500 Ω 标准电阻,则 500 Ω 标准电阻的示值介于 437.5 ~ 562.5 Ω 之间。最大相对误差为

$$\pm 62.5 \ \Omega \div 500 \ \Omega \times 100\% = \pm 12.5\%$$

计算结果表明,选择不同的电阻量程,测量产生的误差相差很大。因此,在选择挡位量程时,要尽量使被测电阻值处于量程标尺弧长的中心部位,这样测量精度会高一些。

4.3　直流稳压电源

AS1792 直流稳压电源是由四路完全独立的稳压电源组成。其中一路为 0 ~ 30 V 连续可调稳压电源,并配有两个电表分别指示该路电源的输出电压和负载电流。其他三路当中有两路是 12 V 稳压电源,另一路是 5 V 稳压电源。四路直流稳压电源的最大负载电流均为 2 A,机内设置了限流保护电路。

一、技术特性

1. 稳压:两路 12 V,一路 5 V,一路 0 ~ 30 V 连续可调。

2. 输入电压:220 V×(1±10%),50 Hz。

3. 输入功率:约 200 W。

4. 环境温度:0 ~ 40 ℃。

二、面板及操作说明

面板如图 4-3-1 所示,各部分介绍如下。

1. 电流表

可调稳压电源的负载电流指示,指示范围为 0 ~ 2 A。

2. 电压表

可调稳压电源的输出电压指示,指示范围为 0 ~ 30 V。

3. 电压调节

多圈调节电位器,改变输出电压,在 0~30 V 范围内连续可调。

4. 电源开关

船型开关,上压时为接通交流电源。

5. 可调稳压输出端子

输出电压范围为 0~30 V。

6. 外壳接地端子

各组电源输出可浮空接地,也可用共同接地。

7. 5 V 稳压输出端子

输出电压为 5 V。

8. 12 V 稳压输出端子

输出电压为 12 V。

9. 12 V 稳压输出端子

输出电压为 12 V。

10. 指示灯

发光时对应于一组稳定电压的输出。

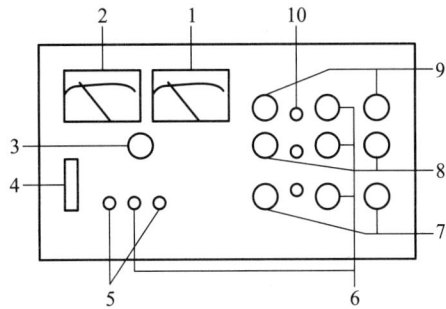

图 4-3-1 直流电源面板图

4.4 滑动变阻器

滑动变阻器是一种重要的电路控制元件。滑动变阻器接入电路中阻值的变化情况分析、连接方法分析、对电压(电流)的调控作用分析、滑动变阻器阻值大小的选择等,常常是电路分析中的出发点或者关键所在,也是电学实验中要求学生掌握的重要基本实验技能。

一、滑动变阻器的构造

滑动变阻器主要由电阻丝(漆包线)、金属杆、滑动触片、支架和瓷管等组成,如图 4-4-1 所示。

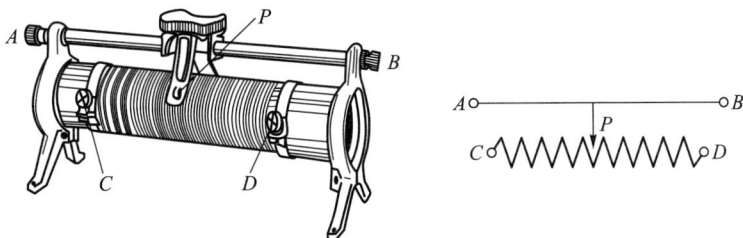

图 4-4-1 滑动变阻器

AB 是一根金属杆,其电阻可视为零;*CD* 是电阻率较大、长度较长的电阻丝(表面涂有绝缘漆);*P* 是滑动触片,简称滑片。电阻丝线圈匝与匝之间是彼此绝缘的,电阻丝 *CD* 上有两条发光的"线",是绝缘漆被刮掉的部分,通过滑动触片 *P* 将 *AB* 与 *CD* 连通起来。

二、滑动变阻器的原理

由电阻公式 $R=\rho\dfrac{l}{S}$ 可知,导体的电阻 R 由材料种类、长度 l、横截面积 S 等决定。移动滑动变阻器的滑动触片,就改变了滑动变阻器接入电路中的电阻丝长度,从而改变了滑动变阻器接入电路中的阻值,也就改变了测量电路的电压和电流,如表 4-4-1 所示。

表 4-4-1

使用的接线柱	自左向右移动滑片,变阻器接入电路中的阻值的变化情况
A、B	始终为 0(相当于导线)
A、C	逐渐增大
A、D	逐渐减小
B、C	逐渐增大
B、D	逐渐减小
C、D	始终最大(相当于定值电阻)

三、滑动变阻器的限流式电路和分压式电路

如表 4-4-2 所示。

表 4-4-2　滑动变阻器限流式和分压式电路

比较项	限流式	分压式	结论
电路图	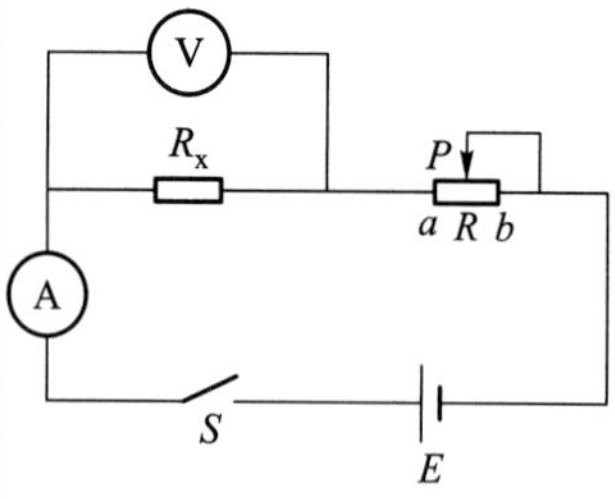	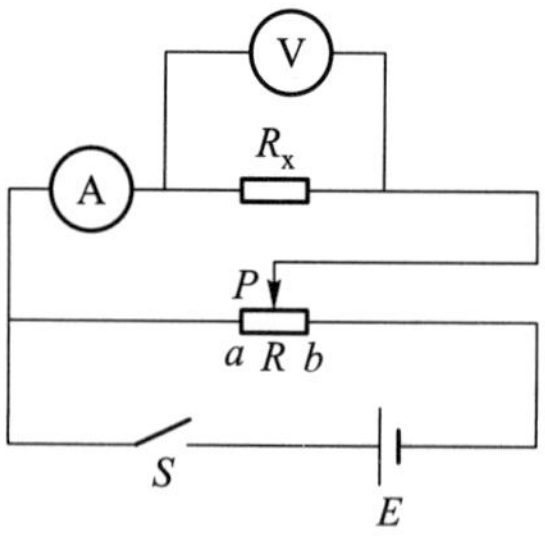	限流式电路结构简单
负载 R_x 上的电压 U 的调节范围(忽略电源的内阻 R_0)	$\dfrac{R_x}{R_x+R}E\leqslant U\leqslant E$	$0\leqslant U\leqslant E$	分压式电路电压调节范围较大
负载 R_x 中的电流 I 的调节范围(忽略电源的内阻 R_0)	$\dfrac{E}{R_x+R}\leqslant I\leqslant\dfrac{E}{R_x}$	$0\leqslant I\leqslant\dfrac{E}{R_x}$	分压式电路电流调节范围较大

比较项	限流式	分压式	结论
闭合开关前滑片应处的位置	b 端	a 端	都是为了保护负载
R_x 中电流 I 相等时电路的总功率 $P_总$	EI	$E(I+I_{aP})$	限流式能耗较小

四、滑动变阻器的限流式电路和分压式电路的选择原则

通常情况下,由于滑动变阻器的限流式接法具有结构简单、使用导线较少、连线方便、能耗较小等诸多优点,应优先考虑滑动变阻器的限流式接法,但在下面三种情况下必须选择滑动变阻器的分压式接法。

(1)要求待测电路的电压或电流从零连续调节,只有分压式电路满足要求。

(2)滑动变阻器的总电阻远小于待测电阻,若采用限流式接法,即使将滑动触片从金属杆的一端移到另一端,待测电阻的电压、电流的变化也很小。滑动变阻器对电压或电流的调控作用很不明显,这不利于多次测量求平均值或利用作图法处理数据。为了有效地调控电压或电流,应当采用分压式接法。

(3)提供的电压表、电流表的量程或电学元件所允许的最大电压(电流)较小,若采用限流式接法,无论怎样调节,电路中实际的电压或电流都会超过电表的量程或电学元件所允许的最大值,这时必须采用分压式接法。

五、注意事项

1. 通过滑动变阻器每一点的最大电流应小于或等于额定电流。

2. 电路中测量电路的电压(电流)随滑动变阻器接入电路中阻值的变化应尽量接近线性关系,这样才能保证测量电路的电压(电流)随滑动触片的移动而出现连续、较大的变化,这有利于多次测量求平均值或利用作图法处理数据。

4.5 ZX21 型旋转式电阻箱

一、电阻箱的结构和特点

ZX21 型旋转式电阻箱(以下简称为电阻箱)为六开关串联而成的多值电阻器,每个十进电阻盘由五个电阻元件组成,能转换成 0~9 之间的任何值,整个电阻器能在 0~99 999.9 Ω 范围内作最小步进为 0.1 Ω 的转换。整个电阻器体积小,使用方便。

二、电阻箱的主要技术指标

1. 调节范围:$(0\sim9)\times(0.1+1+10+100+1\,000+10\,000)\ \Omega$。

2. 电阻箱的参考温度和标称(使用)温度应符合表 4-5-1。

表 4-5-1

参考范围/℃	标称范围/℃
20±1.5	20±15

3. 电阻箱的参考相对湿度和标称相对湿度范围应符合表 4-5-2。

表 4-5-2

参考范围	标称范围
40%~60%	25%~80%

4. 在参考温度、相对湿度和功率的条件下,每个步进盘的准确度符合表 4-5-3。

表 4-5-3

步进盘/Ω	×10 000	×1 000	×100	×100	×1	×0.1
准确度	±0.1%	±0.1%	±0.5%	±1%	±2%	±5%

5. 电阻箱的参考、标称和极限功率如表 4-5-4 所示。

表 4-5-4

参考功率	0.2 W
标称功率	0.3 W
极限功率	0.5 W

6. 电阻箱残余电阻(旧称零电阻)为:(30±10) mΩ。

7. 电阻箱电路与外壳之间的绝缘强度经得住 50 Hz,2 000 V/m 试验而不被击穿。

8. 电阻箱电路与外壳间的绝缘电阻不小于 1 000 MΩ。

三、注意事项

1. 要对电阻箱定期检查、检定、清洗。

2. 使用前,先旋转各组旋钮,使接触稳定。

3. 使用时,要注意电流不能超过电阻箱允许通过的额定值,功率不能超过标称功率。

4. 测量时,应使用直流电流,通电后,应有足够的时间预热,稳定后取正、反两种电流流向时测得结果的平均值。

5. 使用完毕,要将电阻箱擦干净,存放在温度 5~35 ℃,相对湿度 25%~80% 的环境中,室内空气不可含有腐蚀气体或有害杂质,电阻箱不可被日光直接照射。

6. 稳拿轻放,避免摔、磕碰。

4.6 秒表

由于机械秒表采用的是齿轮转动,秒针不可能停留在两格之间,所以不能估读出比 0.1 s 更短的时间,也就是说,机械秒表不估读。秒表的读数 $t=$ 短针读数(t_1)+长针读数 (t_2)。小圆周上的分针刻度有半分钟刻度线。

一、秒表的工作原理

机械秒表将发条的弹性势能转化为指针的动能,使指针转动。

二、表盘刻度

秒针指示的是大圆周的刻度,其最小分度值通常为 0.1 s,转一周历时 30 s;分针指示的是小圆周的刻度,其最小分度值常为 0.5 min,分针转一周历时 15 min。

三、秒表的读数

小圆周读数不足 0.5 min,即秒针转不到一周时,直接读大圆周上秒针读数;小圆周读数超过 0.5 min 时,读数为小圆周上分针读数加上大圆周上秒针读数。

四、秒表的使用方法

三次按下按钮:一"走时",二"停止",三"复零"。

习题

1. 游标卡尺的测量准确度为 0.01 mm,其主尺的最小分度为 0.5 mm,试问:游标的分度数(格数)为多少? 以毫米作单位,游标的总长度可能取哪些值?

2. 如习题图 4-1 所示,这些游标卡尺主尺的最小刻度值是多少? 游标的分度数是多少? 游标卡尺的分度值是多少? 它们的读数是多少(在这些图中,第一把尺为了确定分度值,第二把尺为了读数)? 把答案填入下表中。

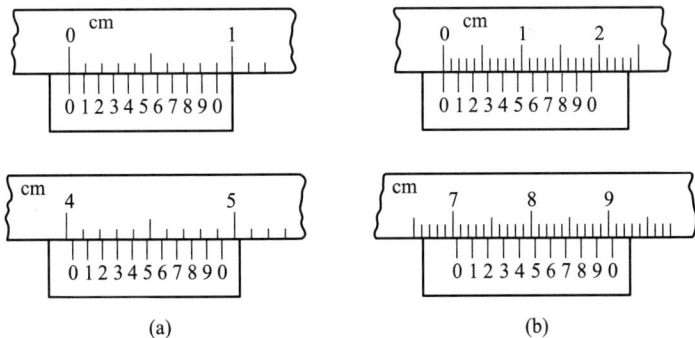

(a) (b)

(c)

(d)

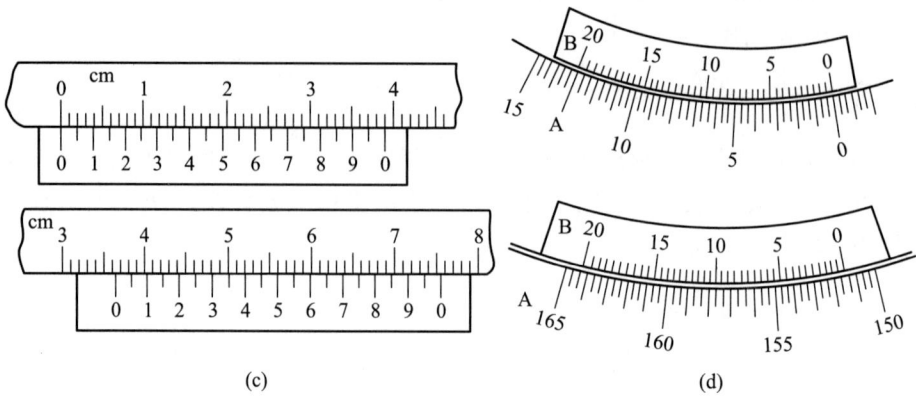

习题图 4-1　游标卡尺读数示例

图号	主尺最小 刻度值/mm	游标 分度数 N	游标尺 分度值/mm	读数/mm
（a）				
（b）				
（c）				
（d）				

3. 螺旋测微器是如何提高测量精度的？其最小分度值和示值误差各为多少？其意义是什么？

4. 螺旋测微器的零点值在什么情况下为正？在什么情况下为负？

5. 试比较游标卡尺、螺旋测微器放大测量原理和读数方法的异同。

第五章　基础性实验

实验 1　固体密度的测量

【实验目的】

1. 掌握测量固体密度的方法；
2. 掌握工业天平的使用方法；
3. 熟悉游标卡尺的使用方法；
4. 掌握误差的计算、实验结果的表示方法。

实验 1
电子教案

【实验原理】

对于**规则物体**，均匀物质的密度就是单位体积的这种物质的质量，即

$$\rho = \frac{m}{V} \qquad (5-1-1)$$

实验 1
教学视频

在式（5-1-1）中，质量 m 可以由天平直接测出，是直接测量的量；体积 V 是间接测量的量，可以用刻度尺测出它的有关尺寸，例如高、直径等，算出它的体积。

对于**不规则物体**，可采用流体静力平衡法：

设不计空气浮力时，物体在空气中的重量为 $W = mg$，把物体浸在液体中时，物体的视重为 $W_1 = m_1 g$，则物体所受浮力为

$$F_浮 = W - W_1 = (m - m_1)g$$

由阿基米德定律

$$F_浮 = \rho_液 \, gV$$

可得

$$V = \frac{m - m_1}{\rho_液} \qquad (5-1-2)$$

故

$$\rho = \frac{m}{m - m_1} \rho_液 \qquad (5-1-3)$$

【实验仪器】

工业天平，游标卡尺，温度计，圆柱体铝块，不规则铝盘及烧杯，支架。

【实验内容】

1. 测量圆柱体铝块的密度

设圆柱体铝块的体积为 V，直径为 d，高度为 h，则

$$V = \frac{1}{4} \pi d^2 h$$

密度为

$$\rho = \frac{4m}{\pi d^2 h} \qquad (5-1-4)$$

（1）测量天平感量

天平感量等于使天平指针偏转一格所需的砝码质量。测量天平感量时,先将天平调平衡,然后左边不加任何砝码,右边加一个很小的砝码 m'（10 mg 或 20 mg）,使指针偏转 n 格,则天平感量 $=\dfrac{m'}{n}$。

天平感量反映了天平的灵敏度,由此还可以确定天平称量质量的不确定度 Δm。在实验室中,Δm 等于天平感量的 2 倍。

（2）测出铝块的质量 m。

（3）用游标卡尺测量圆柱体铝块不同部分的高度 h,至少测量 5 次,将数据填入自拟表格,计算出 $\bar{h}$ 和 Δh:

$$\bar{h} = \frac{h_1 + h_2 + \cdots + h_n}{n}$$

$$\Delta h = \sqrt{\Delta_{仪}^2 + S_x^2}$$

本实验中 $\Delta_{仪}$ 的大小取游标卡尺的最小分度值,标准偏差 S_x 为

$$S_x = \sqrt{\frac{\sum_{i=1}^{n} (h_i - \bar{h})^2}{n-1}}$$

（4）用螺旋测微器测量圆柱体铝块的直径,在不同部位处测量,至少测量 5 次,将实验结果填入自拟表格,计算出 $\bar{d}$ 和 Δd。

（5）利用式（5-1-4）计算出铝块密度。

（6）计算相对误差,表示实验结果。取

$$E = \frac{\Delta \rho}{\rho} = \sqrt{\left(\frac{\Delta m}{m}\right)^2 + \left(\frac{2\Delta d}{d}\right)^2 + \left(\frac{\Delta h}{h}\right)^2}$$

则

$$\Delta \rho = \rho \cdot E$$

$$\rho = \rho \pm \Delta \rho$$

2. 测量不规则铝盘的密度

由式（5-1-3）可知

$$\rho = \frac{m}{m - m_1}\rho_{液}$$

（1）正确调整、使用工业天平,测出铝盘在空气中的质量 m;

（2）将铝盘浸没在水中,测出其视重 m_1;

（3）测出实验用水的温度,查出水的密度 $\rho_{水}$;

（4）利用式（5-1-3）计算出铝盘的密度 ρ;

（5）计算相对误差,表示实验结果。

【思考题】

1. 什么是天平感量？如何测量天平感量？

2. 假设待测固体的密度比水的密度小,如何用流体静力平衡法测量固体的密度？

【附录】

1. 工业天平的结构

TG-71 型工业天平为双盘悬挂等臂式天平,如图 5-1-1 所示,常用来精密称衡贵重金属和宝石。天平横梁上装有三个刀口,中间刀口向下,它置于支柱顶端的玛瑙刀承上,两侧等臂刀口朝上,各悬挂一个秤盘。一指针固定于横梁上,当横梁摆动时,指针下端在支柱标牌前摆动。转动开关旋钮时,横梁可上升或下降。横梁降下后,支架上有两个支销托住横梁,使横梁处于制动位置,中间刀口与刀承分离,避免刀口磕碰磨损。横梁两端有平衡调节螺母,用于天平空载时调节平衡。根据指针在标牌上的读数加上砝码的总和来读取称量结果。

2. 工业天平的使用注意事项

(1) 称量前,应检查天平各部件安装是否正确。调节天平底脚螺钉,使天平支柱竖直。用水准器检查,务必使水泡壳中的水泡居中。

(2) 空载时调准零点。支起横梁,观察指针是否停在 10 格或是否在 10 格两边对称摆动。若天平不平衡,将横梁制动,调节平衡调节螺母,使指针对正 10 格,则为平衡。

(3) 称物时,被称物放在左盘,砝码放在右盘。须用镊子拿取砝码,严禁用手拿取。天平的启动和制动操作要做到绝对平稳,在初始阶段不必全启动,只要已判断出哪边重,便立即制动。取放物体、砝码和移动砝码都应使横梁处于制动位置。

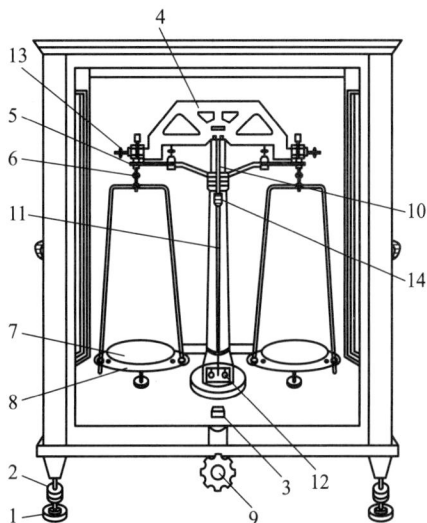

1—垫脚;2—底脚螺钉;3—水泡壳;4—横梁;
5—支架;6—挂钩;7—秤盘;8—托盘;
9—开关旋钮;10—刀承;11—指针;12—标牌;
13—平衡调节螺母;14—感量器。

图 5-1-1　TG-71 型工业天平结构图

(4) 称量完毕,立即将横梁制动,并将砝码放回盒中,同时核实砝码数量。

(5) 天平和砝码均要预防锈蚀,不得直接称量高温物体、液体或有腐蚀性的化学药品。

实验2　用单摆测重力加速度

【实验目的】

1. 学会使用计时器和米尺测准摆的周期和摆长;

2. 验证摆长与周期的关系,掌握使用单摆测量当地重力加速度的方法;

3. 初步了解误差的传递和合成。

实验 2
电子教案

【实验原理】

利用单摆测量当地的重力加速度 g 的原理如下。

用一根不可伸长的轻线悬挂一个小球,作幅角 θ 很小的摆动,这就是一个单摆,如图 5-2-1 所示。

设小球的质量为 m,其质心到摆的支点 O 的距离(摆长)为 l。作用在小球上的切向力的大小为 $mg\sin\theta$,它总指向平衡点 O'。若 θ 角很小,则 $\sin\theta\approx\theta$,切向力的大小为 $mg\theta$,根据牛顿第二定律,质点的运动方程为

$$ma_{切}=-mg\sin\theta$$

即

$$ml\frac{\mathrm{d}^2\theta}{\mathrm{d}t^2}=-mg\sin\theta$$

因为 $\sin\theta\approx\theta$,所以

$$\frac{\mathrm{d}^2\theta}{\mathrm{d}t^2}=-\frac{g}{l}\theta \tag{5-2-1}$$

这是一个简谐振动方程,式(5-2-1)的解为

$$\theta(t)=\theta_m\cos(\omega_0 t+\varphi) \tag{5-2-2}$$

$$\omega_0=\frac{2\pi}{T}=\sqrt{\frac{g}{l}} \tag{5-2-3}$$

图 5-2-1　单摆原理图

式中,θ_m 为振幅,φ 为幅角,ω_0 为角频率(固有频率),T 为周期。可见,单摆在摆角很小、不计阻力时的摆动为简谐振动。简谐振动是一切线性振动系统的共同特性,它们都以自己的固有频率作正弦振动,与此类似的系统有:线性弹簧上的振子,LC 振荡回路中的电流,微波与光学谐振腔中的电磁场,电子围绕原子核的运动等,因此单摆的线性振动,是具有代表性的。由式(5-2-3)可知,该简谐振动固有角频率 ω_0 的二次方等于 g/l,由此得出

$$T=2\pi\sqrt{\frac{l}{g}}, \quad g=4\pi^2\frac{l}{T^2} \tag{5-2-4}$$

由式(5-2-4)可知,周期只与摆长有关。实验时,测量一个周期的相对误差较大,一般是测量连续摆动 n 个周期的时间 t,即 $t=nT$,由式(5-2-4)得

$$g=4\pi^2\frac{n^2 l}{t^2} \tag{5-2-5}$$

不考虑 π 和 n 的误差,则式(5-2-5)的误差传递公式为

$$\frac{\Delta g}{g}=\frac{\Delta l}{l}+2\frac{\Delta t}{t} \tag{5-2-6}$$

从上式可以看出,在 Δl、Δt 变化不大的情况下,增大 l 和 t 对测量 g 有利。

【实验仪器】

FD-DB-Ⅱ单摆实验仪(图 5-2-2、图 5-2-3),计时器,米尺,游标卡尺,单摆。

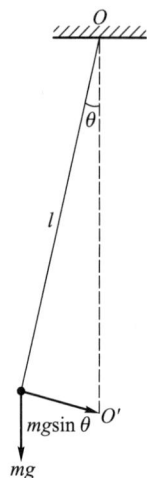

【实验内容】

1. 分别用米尺和游标卡尺测量摆线长和摆球的半径。摆长 l 等于摆线长加摆球的半径。

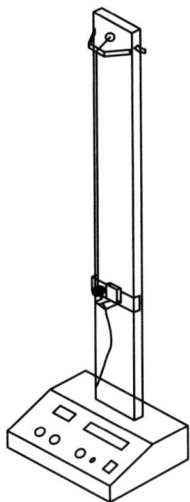

图 5-2-2　FD-DB-Ⅱ
单摆实验仪

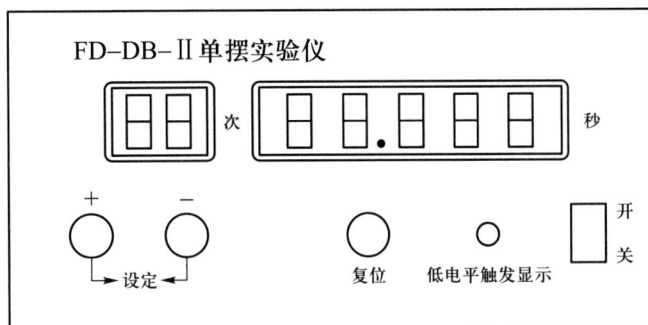

图 5-2-3　FD-DB-Ⅱ单摆实验仪面板

2. 当摆球的振幅小于摆长的 $\frac{1}{12}$ 时,摆角 $\theta<5°$。

3. 如果用秒表测量周期,当摆球过平衡位置 O' 时,按表计时,握秒表的手和小球同步运动。为了防止数错 n 值,应在计时开始时数"零",以后每过一个周期,数 $1,2,\cdots,n$,以减小测量周期的误差。

4. 用计时器测量周期。

5. 测量重力加速度 g。

（1）实验方案一

改变单摆的摆长 l,测量在 $\theta<5°$ 的情况下,连续摆动 $n=20$ 次的时间 t,填入表 5-2-1。

表 5-2-1　改变摆长 l,在 $\theta<5°$ 的情况下,连续摆动 20 次时间 t 的测量结果

摆长 l/cm	60.00	70.00	80.00	90.00	100.00	110.00
周期 t_1/s						
周期 t_2/s						
周期 t_3/s						
周期 T/s						
T^2/s^2						

对于表 5-2-1 的测量数据,有两种处理方法:

① 作图法

根据表 5-2-1 的数据,作 T^2-l 直线,如图 5-2-4 所示。在直线上取两点 A 和 B,求

直线斜率 $k=\dfrac{y_1-y_2}{x_1-x_2}$，由式（5-2-4）知

$$g=\frac{4\pi^2}{k} \qquad (5-2-7)$$

根据式（5-2-7）求重力加速度 g。

② 计算法

根据表 5-2-1 的数据，分别计算不同摆长的重力加速度 g_1,g_2,g_3,g_4,g_5,g_6，然后取平均值，再计算不确定度。

（2）实验方案二

不改变单摆的摆长 l，测量在 $\theta<5°$ 的情况下，连续摆动不同次数 n 所对应的时间 t。

6. 测量同一摆长不同摆角下的周期 T，填入表 5-2-2，比较摆角对 T 的影响（选做）。

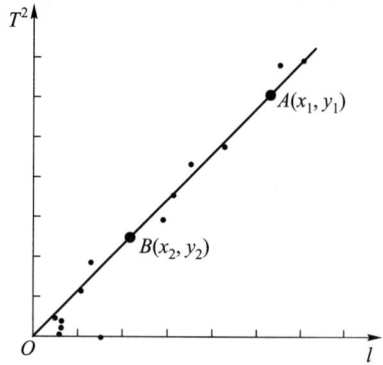

图 5-2-4

表 5-2-2　摆角对周期 T 的影响

摆角 $\theta/(°)$	2	5	10	15	20	25	30	35	40	45	50	55	60	65	70	75	80
周期 T/s																	

【思考题】

1. 设单摆摆角 θ 接近 0° 时的周期为 T_0，任意摆角 θ 时的周期为 T，两周期间的关系近似为

$$T=T_0\left(1+\frac{1}{4}\sin^2\frac{\theta}{2}\right)$$

若在 $\theta=10°$ 条件下测得 T 值，将给 g 值引入多大的相对误差？

2. 有一个摆长很长的单摆，不允许直接去测量摆长，如何设法用测量时间的工具测出摆长？

【附录】

1. 周期与摆角的关系

在忽略空气阻力和浮力的情况下，根据单摆振动时能量守恒，可以得到质量为 m 的小球在摆角为 θ 处的动能和势能之和为常量，即

$$\frac{1}{2}ml^2\left(\frac{\mathrm{d}\theta}{\mathrm{d}t}\right)^2+mgl(1-\cos\theta)=E_0 \qquad (5-2-8)$$

式中，l 为单摆摆长，θ 为摆角，g 为重力加速度，t 为时间，E_0 为小球的总机械能。因为小球在摆幅为 θ_{m} 处释放，则有

$$E_0=mgl(1-\cos\theta_{\mathrm{m}})$$

代入式（5-2-8），解方程得到

$$\frac{\sqrt{2}}{4}T=\sqrt{\frac{l}{g}}\int_0^{\theta_{\mathrm{m}}}\frac{\mathrm{d}\theta}{\sqrt{\cos\theta-\cos\theta_{\mathrm{m}}}} \qquad (5-2-9)$$

式(5-2-9)中 T 为单摆的振动周期。令 $\beta = \sin\,(\theta_m/2)$，并作变换 $\sin(\theta/2) = \beta\sin\,\varphi$，有

$$T = 4\sqrt{\dfrac{l}{g}}\int_0^{\pi/2}\dfrac{\mathrm{d}\varphi}{\sqrt{1-\beta^2\sin^2\varphi}}$$

这是椭圆积分，经近似计算可得到

$$T = 2\pi\sqrt{\dfrac{l}{g}}\left[1+\dfrac{1}{4}\sin^2\left(\dfrac{\theta_m}{2}\right)+\cdots\right] \qquad (5\text{-}2\text{-}10)$$

在传统的手控计时方法下，单次测量周期的误差可达 $0.1\sim0.2$ s，而多次测量又面临空气阻尼使摆角衰减的情况，因而式(5-2-10)只能考虑到一级近似，不得不将 $\dfrac{1}{4}\sin^2\left(\dfrac{\theta_m}{2}\right)$ 项忽略。但是，当单摆振动周期可以精确测量时，必须考虑摆角对周期的影响，即用二级近似公式。在此实验中，测出不同的 θ_m 所对应的两倍周期 $2T$，作出 $2T\text{-}\sin^2\left(\dfrac{\theta_m}{2}\right)$ 曲线，并对曲线外推，可从截距 $2T$ 得到周期 T，进一步可以得到重力加速度 g。

2. 周期与摆长的关系

如果在一固定点上悬挂一根不能伸长的、无质量的线，并在线的末端系一质量为 m 的质点，这就构成一个单摆。当摆角 θ_m 很小时(小于 5°)，单摆的振动周期 T 和摆长 l 有如下近似关系：

$$T = 2\pi\sqrt{\dfrac{l}{g}}\quad\text{或}\quad T^2 = 4\pi^2\,\dfrac{l}{g} \qquad (5\text{-}2\text{-}11)$$

当然，这种理想的单摆实际上是不存在的，因为悬线是有质量的，实验中又采用了半径为 r 的金属小球而不是质点。所以，只有当小球质量远大于悬线的质量，而它的半径又远小于悬线长度时，才能将小球作为质点来处理，并可用式(5-2-11)进行计算。但此时必须将悬挂点与球心之间的距离作为摆长，即 $l = l_1 + r$，其中 l_1 为摆线长。如固定摆长为 l，测出相应的振动周期为 T，即可由式(5-2-11)求出 g。也可逐次改变摆长 l，测量各相应的周期 T，再求出 T^2，最后在坐标纸上作 $T^2\text{-}l$ 曲线。如果曲线是一条直线，说明 T^2 与 l 成正比关系。在直线上选取两点 $A(l_1,T_1^2)$，$B(l_2,T_2^2)$，求得斜率 $k = \dfrac{T_2^2-T_1^2}{l_2-l_1}$；再由 $k = \dfrac{4\pi^2}{g}$，可求得重力加速度，即

$$g = 4\pi^2\,\dfrac{l_2-l_1}{T_2^2-T_1^2}$$

实验 3　利用气垫导轨验证牛顿第二定律

【实验目的】

1. 熟悉气垫导轨和 MUJ-ⅢA 电脑式数字毫秒计的使用方法；
2. 学会测量滑块速度和加速度的方法；
3. 研究力、质量和加速度之间的关系，通过测滑块加速度验证牛顿第二定律。

实验 3
电子教案

【实验原理】

1. 仪器设计原理

（1）气垫导轨

如图 5-3-1 所示,气垫导轨是一种摩擦力很小的实验装置。它利用从导轨表面小孔喷出的压缩空气,在滑块与导轨之间形成很薄的空气膜,将滑块从导轨面上托起,使滑块与导轨不直接接触,滑块在滑动时只受空气层间的内摩擦力和周围空气的微弱影响,这样就极大地减少了力学实验中难以克服的摩擦力的影响。滑块的运动可以近似看成无摩擦运动,使实验结果的精确度大为提高。

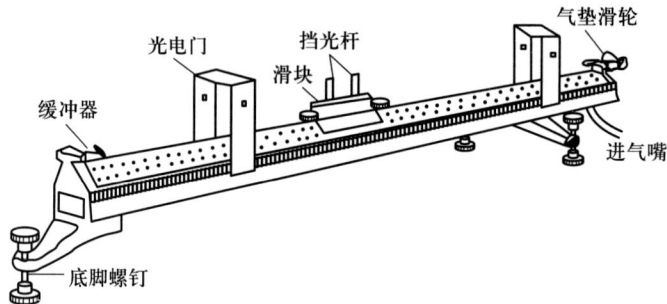

图 5-3-1　气垫导轨装置图

（2）MUJ-ⅢA 电脑式数字毫秒计

在本实验中,我们采用 MUJ-ⅢA 电脑式数字毫秒计测量时间。利用它的测加速度程序,可以同时测出滑块通过两个光电门的时刻及滑块通过两个光电门之间的时间间隔。

使用计数器时,先将电源开关打开(后面板),连续按功能键,使得加速度功能旁的灯亮起。气垫导轨通入压缩空气后,使装有两个挡光杆的滑块依次通过气垫导轨上的两个光电门计数器,按表 5-3-1 顺序显示测量的时间:

表 5-3-1

显示字符	含义	单位
1 ××·××	通过第一个光电门的速度	cm/s（亮）
2 ××·××	通过第二个光电门的速度	cm/s（亮）
1—2 ××·××	在第一和第二个光电门之间运动的加速度	cm/s²（亮）

若不是要求的单位亮起,则按功能键即可显示要求的单位。

2. 验证牛顿第二定律的实验原理

验证性实验是在已知某一理论的条件下进行的。所谓验证是指实验结果与理论结果的完全一致,这种一致实际上是实验装置、方法在误差范围内的一致。由于受实验条件和实验水平的限制,有时实验结果与理论结果之差超出了实验误差的范围,因此验证性实验是属于难度很大的一类实验,要求具备较高的实验条件和实验水平。本实验通过直接测量牛顿第二定律所涉及的各物理量的值,并研究它们之间的定量关系,进行直接验证。

（1）速度的测量

悬浮在水平气垫导轨上的滑块,当它所受合外力为零时,滑块将在导轨上静止或作匀速直线运动。在滑块上装两个挡光杆,如图 5-3-2 所示,当滑块通过某一个光电门时,第一个挡光杆挡住照在光电管上的光,计数器开始计时。当另一个挡光杆再次挡光时,计数器停止计时。这样,计数器数字显示屏上就显示出两个挡光杆通过光电门的时间 Δt。

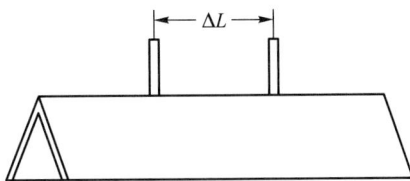

图 5-3-2　滑块

如果两个挡光杆轴线之间的距离为 ΔL,可以计算出滑块通过光电门的平均速度 $\bar{v}$ 为

$$\bar{v} = \frac{\Delta L}{\Delta t} \tag{5-3-1}$$

由于 ΔL 比较小(1 cm 左右),在 ΔL 范围内滑块的速度变化很小,所以可把 $\bar{v}$ 看作滑块经过光电门的瞬时速度。

（2）加速度的测量

在气垫导轨上,设置有两个光电门,其间距为 s。使受到水平恒力作用的滑块(作匀加速直线运动)依次通过这两个光电门,计数器可以显示出滑块分别通过这两个光电门的时间 Δt_1、Δt_2,以及通过两光电门的时间间隔 Δt。滑块通过第一个光电门的初速度为 $v_1 = \dfrac{\Delta L}{\Delta t_1}$,滑块通过第二个光电门的末速度为 $v_2 = \dfrac{\Delta L}{\Delta t_2}$,则滑块的加速度为

$$a = \frac{v_2 - v_1}{\Delta t} \quad \text{或} \quad a = \frac{v_2^2 - v_1^2}{2s} \tag{5-3-2}$$

（3）验证牛顿第二定律

牛顿第二定律是动力学的基本定律,其内容是:物体受外力作用时,将获得一定的加速度,加速度的大小与合外力的大小成正比,与物体的质量成反比。

如图 5-3-3 所示,设滑块质量为 m_1,砝码盘和砝码的总质量为 m_2,细线张力为 F_T,则有

$$\begin{cases} m_2 g - F_T = m_2 a \\ F_T = m_1 a \end{cases}$$

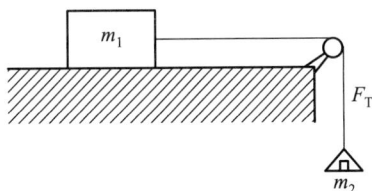

合外力为

$$F = m_2 g = (m_1 + m_2) a$$

令 $m_{系} = m_1 + m_2$,则

$$F = m_{系} a \tag{5-3-3}$$

图 5-3-3　验证牛顿第二定律

由式(5-3-3)可以看出:F 越大,加速度 a 也越大,且 a 为一常量;在恒力(F 保持不变)作用下,$m_{系}$ 大的物体,对应的加速度小,反之亦然,即滑块在水平拉力 F 的作用下作匀加速运动。可通过改变牵引砝码的质量来改变作用力,验证 $a \propto F$;或者通过增减滑块的配重来改变滑块的质量,验证 $a \propto 1/m$,由此验证牛顿第二定律。其中加速度 a 由式(5-3-3)求得。

【实验仪器】

气垫导轨,滑块,MUJ-ⅢA 电脑式数字毫秒计,砝码。

【实验内容】

1. 调节光电计时系统

将气垫导轨上的两个光电门引线接入 MUJ-ⅢA 电脑式数字毫秒计后面板的插口 P_1 和 P_2 上,打开数字毫秒计电源开关。将气垫导轨气源接通,用适当的力推动滑块一下,使它依次通过两个光电门,看数字毫秒计是否能正常记录时间,若不正常,请检查挡光杆是否挡光,并检查光电门照明是否充分。

2. 调节气垫导轨水平

(1)静态调平(粗调)

调节导轨底脚螺钉,使滑块在导轨上无定向地自然运动,也就是滑块能静止在导轨上,则可以认为导轨被初步调平。

(2)动态调平(细调)

用适当的力推动滑块一下,使它依次通过两个光电门,要求滑块通过两个光电门的时间 Δt_1 和 Δt_2 相对差异小于 1%。否则应继续调节导轨底脚螺钉,直至达到要求。

3. 验证牛顿第二定律

(1)物体系的总质量 $m_{系}$ 一定,验证外力与加速度成正比。

① 在导轨上固定两个光电门,将线的一端系在滑块上,另一端通过气垫滑轮与砝码盘相连。在滑块上放置五个砝码,砝码盘上放一个砝码。滑块置于远离气垫滑轮的导轨另一端,由静止释放,在砝码盘及一个砝码所受重力作用下,滑块作匀加速直线运动,由计数器测量出加速度 a_1(注意:滑块释放的初始位置必须一致,靠近气垫滑轮的光电门安放位置要合适,防止滑块尚未通过此光电门而砝码盘已落到地面上)。

② 将一个砝码从滑块上取下,放入砝码盘中,重复上述实验步骤,测出滑块加速度 a_2。

③ 再将滑块上的一个砝码取下,放入砝码盘中(盘中砝码总数为 3 个),仍然重复上述实验步骤,测出滑块加速度 a_3。

④ 再将滑块上的一个砝码取下,放入砝码盘中(盘中砝码总数为 4 个),仍然重复上述实验步骤,测出滑块加速度 a_4。

⑤ 再将滑块上的一个砝码取下,放入砝码盘中(盘中砝码总数为 5 个),仍然重复上述实验步骤,测出滑块加速度 a_5。

将上述实验数据记录在表 5-3-2 中。

表 5-3-2　验证质量不变,外力与加速度成正比

序号 i	1	2	3	4	5
$m_{系}/g$					
$v_1/(\text{cm} \cdot \text{s}^{-1})$					
$v_2/(\text{cm} \cdot \text{s}^{-1})$					
$a_i/(\text{cm} \cdot \text{s}^{-2})$					

（2）物体系所受外力 F 一定，验证物体系的质量与加速度成反比。

① 在砝码盘中放入一个砝码，测出在此作用力下，质量为 m_1 的滑块运动的加速度 a_1。

② 保持砝码盘中的砝码不变（外力一定），将质量为 m_2 的砝码放在质量为 m_1 的滑块上，测出在此作用力下，滑块组运动的加速度 a_2。

③ 保持砝码盘中的砝码不变（外力一定），将质量为 (m_2+m_3) 的砝码放在质量为 m_1 的滑块上，测出在此作用力下，滑块组运动的加速度 a_3。

④ 保持砝码盘中的砝码不变（外力一定），将质量为 $(m_2+m_3+m_4)$ 的砝码放在质量为 m_1 的滑块上，测出在此作用力下，滑块组运动的加速度 a_4。

⑤ 保持砝码盘中的砝码不变（外力一定），将质量为 $(m_2+m_3+m_4+m_5)$ 的砝码放在质量为 m_1 的滑块上，测出在此作用力下，滑块组运动的加速度 a_5。

将上述实验数据记录在表 5-3-3 中。

表 5-3-3　验证作用力一定时，质量与加速度成反比

序号 i	1	2	3	4	5
$(m_{系}+m)/g$					
$v_1/(cm \cdot s^{-1})$					
$v_2/(cm \cdot s^{-1})$					
$a_i/(cm \cdot s^{-2})$					

【数据处理】

$m_{系} = $ _____ g。

1. 验证质量不变，外力与加速度成正比。

（1）计算出外力不同时，五个加速度的值 a_1, a_2, a_3, a_4, a_5。

（2）由式（5-3-3）计算出不同外力作用下加速度的理论值，并与测量值进行比较，以理论值为标准值，求出误差，并表达出测量结果。

（3）以 F 为横坐标，以 a 为纵坐标，在坐标纸上作 a-F 曲线，求出斜率 k 和 $1/m_{系}$ 并比较，求出其相对误差

$$E = \frac{|1/m_{系} - k|}{1/m_{系}} \times 100\%$$

2. 验证作用力一定时，质量与加速度成反比。

（1）计算不同质量条件下，滑块各次运动的加速度。

（2）由式（5-3-3）计算出作用力一定、不同质量条件下加速度的理论值，并与测量值比较，求出误差。

（3）以 $1/m_{系}$ 为横坐标，以 a 为纵坐标，在坐标纸上作 a-$(1/m_{系})$ 曲线，求出其斜率 k'，并和 F 比较，求出其相对误差

$$E = \frac{\left| F - k' \right|}{F} \times 100\%$$

【思考题】

1. 验证物体质量不变,物体的加速度和所受作用力成正比时,为什么要在滑块上放置砝码? 不用滑块上面的砝码而通过将其他砝码加到砝码盘中改变作用力是否可以?

2. 本实验对放置在气垫导轨上的光电门的位置有何要求?

3. MUJ-ⅢA 电脑式数字毫秒计不能够正常计时,一般是由哪些因素引起的? 如何进行检查排除?

【附录】　牛顿

艾萨克·牛顿(1643 年—1727 年)爵士,英国皇家学会会长,英国著名的物理学家,百科全书式的"全才",著有《自然哲学的数学原理》《光学》。

他在 1687 年发表的著作里,对万有引力和三大运动定律进行了描述。这些描述奠定了此后物理世界的科学观点,并成为近代工程学的基础。他通过论证开普勒行星运动定律与他的引力理论间的一致性,展示了地面物体与天体的运动都遵循着相同的自然定律;为太阳中心说提供了强有力的理论支持,并推动了科学革命。

在力学上,牛顿阐明了动量守恒和角动量守恒定律,提出了牛顿运动定律。在光学上,他发明了反射望远镜,并基于对三棱镜将白光发散成可见光谱的观察,发展出了颜色理论。他还系统地表述了冷却定律,并研究了音速。

牛顿

在数学上,牛顿与莱布尼茨分享了发明微积分的荣誉。他也证明了广义二项式定理,提出了"牛顿法"以趋近函数的零点,并为幂级数的研究作出了贡献。

在经济学上,牛顿提出了金本位制。

实验 4　碰撞打靶实验

【实验目的】

1. 通过两个物体的碰撞、碰撞前的单摆运动,以及碰撞后的平抛运动,应用已学到的力学定律去解决打靶的实际问题;

2. 更深入地理解力学原理,提高分析问题、解决问题的能力。

实验 4
教学视频

【实验原理】

1. 碰撞

碰撞是指两运动物体相互接触时,运动状态发生迅速变化的现象。"正碰"是指两

碰撞物体的速度都沿着它们质心连线方向的碰撞;其他碰撞则为"斜碰"。

2. 碰撞时的动量守恒

两物体碰撞前后的总动量不变。

3. 平抛运动

将物体用一定的初速度 v_0 沿水平方向抛出,在不计空气阻力的情况下,物体所作的运动称为平抛运动,运动学方程为 $x = v_0 t, y = \dfrac{1}{2} g t^2$(式中 t 是从抛出开始计算的时间,x 是物体在时间 t 内沿水平方向的移动距离,y 是物体在该时间内竖直下落的距离,g 是重力加速度)。

4. 势能

在重力场中,质量为 m 的物体在被提高距离 h 后,其势能增加了 $E_p = mgh$。

5. 动能

质量为 m 的物体以速度 v 运动时,其动能为 $E_k = \dfrac{1}{2} m v^2$。

6. 机械能守恒定律

任何物体系统在势能和动能相互转化过程中,若合外力对该物体系统所做的功为零,内力都是保守力(无耗散力),则物体系统的总机械能(即势能和动能的总和)保持恒定不变。

7. 弹性碰撞

在碰撞过程中没有机械能损失的碰撞。

8. 非弹性碰撞

碰撞过程中的机械能不守恒,其中一部分转化为非机械能(如热能)。

【实验仪器】

1. 碰撞打靶实验仪

碰撞打靶实验仪如图 5-4-1 所示,它由导轨、单摆、升降架(上有小电磁铁,可控断通)、立柱、被撞球、载球支柱、靶盒等组成。载球支柱上端为圆锥形平头状,以减小钢球与支柱接触面积,在小钢球受击运动时,减少摩擦力做功。支柱具有弱磁性,以保证小钢球质心沿着支柱中心位置。

升降架上装有可上下升降的、磁场方向与立柱平行的电磁铁,立柱上有刻度尺及读

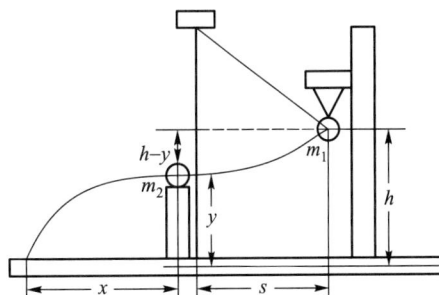

图 5-4-1　碰撞打靶实验仪原理图

数指示移动标志。仪器上电磁铁磁场中心位置、单摆小球(钢球)质心与被碰撞球质心在碰撞前后处于同一平面内。由于事前两球质心被调节成距离导轨同一高度,所以,一旦切断电磁铁电源,被吸单摆小球将自由下摆,并能正中地与被撞球碰撞。被撞球将作平抛运动,最终落到贴有目标靶的金属盒内。

小球质量可用电子天平称量。

2. 仪器使用方法

（1）将仪器按图 5-4-2 所示放置，调整"调节螺钉1"，使"导轨2"处于水平。

（2）移动"滑块15"至"摆球6"正下方。右手拧松"锁紧螺钉10"，同时左手旋动"调节旋钮11"，使摆球对准"载球支柱14"并与之相切，然后拧紧"锁紧螺钉10"。

（3）记下"滑块15"此时在导轨上的刻度位置，并使"滑块15"向左移动一个距离，该距离应等于摆球半径加被撞球半径。然后利用滑块上的固定螺钉将滑块锁紧在导轨的该位置上。

（4）在"靶盒16"中放入靶纸，并在上面覆盖一张复写张。

（5）将直流电源与按钮盒连接。

（6）将摆球放在电磁铁下的衔铁口上，调节"衔铁螺钉8"，使摆球与衔铁口整个孔口接触。

（7）移动"滑块3"使摆线呈直线状。

（8）将"被撞球13"放置在"载球支柱14"上。

（9）按下按钮开关，摆球自由下摆，与被撞球碰撞。被撞球作平抛运动，进入靶盒，在靶纸上留下落点位置。

（10）测出 y、h、x 的值并记录。

（11）根据力学相关原理计算出 x 值，作为真值，算出相对误差并分析误差产生的原因。

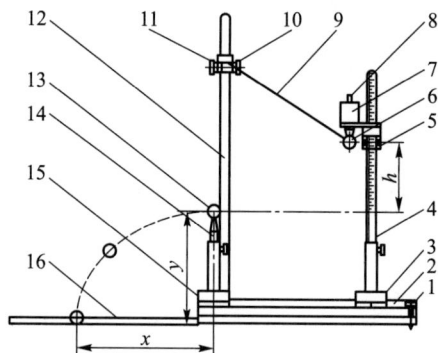

1—调节螺钉；2—导轨；3—滑块；4—立柱；
5—刻线板；6—摆球；7—电磁铁；8—衔铁螺钉；
9—摆线；10—锁紧螺钉；11—调节旋钮；
12—立柱；13—被撞球；14—载球支柱；
15—滑块；16—靶盒。

图 5-4-2　碰撞打靶实验仪

【实验内容】

观察磁铁提升后，单摆小球只受重力及空气阻力时的运动情况，观察两球碰撞前后的运动状态。测量两球碰撞的能量损失。

1. 调整导轨水平（为何要调整？如何用单摆竖直来检验？），如果不水平，可调节导轨上的两个调节螺钉。

2. 用电子天平测量被撞球（直径和材料均与摆球相同）的质量 m，并也以此作为摆球（撞击球）的质量。

3. 通过摆线来调节撞击球的高低和左右，使之能在摆动的最低点和被撞球进行正碰。

4. 把撞击球吸在磁铁下，调节升降架使它的高度为 h_0，摆线须拉直。

5. 根据 h、y 算出被撞球的水平落点 x 的理论值。

6. 让撞击球撞击被撞球，记下被撞球击中靶纸的位置 x 的实验值。

7. 计算相对误差，并分析结果得出结论。

【数据处理】

球的质量：_____；球的直径：_____；

理论模型公式:_____;

$y =$ _____ ; $x_0 =$ _____ ; $h_0 =$ _____ 。

第一次打靶,根据小球落点,如何作修正? 是否正碰? 若不是正碰,请调节实验装置,让其尽量正碰;若已是正碰,根据下表 5-4-1,记录落点位置,算出能量损失,修正理论模型,继续打靶,直至击中十环。**注意:装置各处一定要固定牢,防止每次打靶后摆线松弛。**

表 5-4-1　记录打靶数据

h_0/cm	次数	中靶环数	击中位置 x'/cm	平均值 $\overline{x'}/cm$	$\Delta E_1/J$
	1				
	2				
	3				

理论模型修正公式:_____;

$h =$ _____ ; $h_1 =$ _____ 。

继续打靶,记录数据到表 5-4-2 中。

表 5-4-2　记录打靶数据

h_1/cm	次数	中靶环数	击中位置 x'/cm	平均值 $\overline{x'}/cm$	$\Delta E_2/J$
	1				
	2				
	3				

若依然没有打中靶心,请按以上步骤修正模型后,再次打靶,直至打中靶心。

结论:能击中十环的撞击球高度 h 值为_____cm,碰撞过程总能量损失为_____J。

【注意事项】

1. 避免"衔铁螺钉 8"位置调节过低,必须保证摆球与衔铁口紧密接触。确保摆球的定位,重复测量时,尽可能做到摆球和衔铁接触位置相同。

2. 摆球运动时,立柱不得晃动,相关的固定螺丝必须拧紧。

3. 电磁铁吸住摆球时,摆线应处于直线状态。摆线不得有明显松弛现象。

【思考题】

1. 如果两个质量不同的球有相同的动量,它们是否也具有相同的动能? 如果不相同,哪个动能大?

2. 如果不放被撞球,撞击球在摆动回来时能否达到原来的高度? 这说明了什么?

3. 据科学家推测,6500 万年前白垩纪与第三纪之间的恐龙灭绝事件,可能是由一颗直径约 10 km 的小天体撞击地球造成的。这种碰撞是否属于弹性碰撞?

实验5　转动惯量的测量

转动惯量是刚体转动过程中惯性大小的量度,它取决于刚体的总质量、质量分布、形状大小和转轴位置。对于形状简单、质量均匀分布的刚体,可以通过数学方法计算出它绕特定转轴的转动惯量。但对于形状比较复杂或质量分布不均匀的刚体,用数学方法计算其转动惯量是非常困难的,因而大多采用实验方法来测定。

转动惯量的测量,在涉及刚体转动的机电制造、航空、航天、航海、军工等工程技术和科学研究中具有十分重要的意义。测量转动惯量常采用恒力矩转动法或扭摆法(例如三线摆法),本实验第一种方法采用恒力矩转动法,第二种方法采用三线摆法。

实验 5.1　用恒力矩转动法测量转动惯量

【实验目的】

1. 学习用恒力矩转动法测量刚体转动惯量的原理和方法;
2. 观测刚体的转动惯量随其质量、质量分布及转轴不同而改变的情况,验证平行轴定理;
3. 学会使用智能计时计数器测量时间。

【实验原理】

1. 用恒力矩转动法测量转动惯量的原理

根据刚体的定轴转动定律:

$$M = J\alpha \qquad (5-5-1)$$

只要测定刚体转动时所受的总合外力矩 M 及在该力矩作用下刚体转动的角加速度 α,就可计算出该刚体的转动惯量 J。

设以某初始角速度转动的空载物盘的转动惯量为 J_1,未加砝码时,在摩擦阻力矩 M_f 的作用下,载物盘将以角加速度 α_1 作匀减速运动,即

$$-M_f = J_1\alpha_1 \qquad (5-5-2)$$

如图 5-5-1 所示,将质量为 m 的砝码用细线绕在半径为 R 的塔轮上,并让砝码下落,系统在恒外力作用下将作匀加速运动。若砝码的加速度为 a,则细线所受张力为 $F = m(g-a)$。若此时载物盘的角加速度为 α_2,则线加速度 $a = R\alpha_2$。细线施加给载物盘的力矩为 $FR = m(g-R\alpha_2)R$,此时有

$$m(g-R\alpha_2)R - M_f = J_1\alpha_2 \qquad (5-5-3)$$

将式(5-5-2)、式(5-5-3)联立消去 M_f 后,可得

$$J_1 = \frac{mR(g-R\alpha_2)}{\alpha_2 - \alpha_1} \qquad (5-5-4)$$

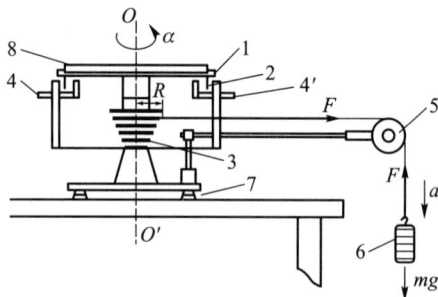

1—金属载物盘;2—遮光棒;3—绕线塔轮;
4,4'—光电门;5—滑轮;6—砝码;
7—调平螺钉;8—被测圆盘。

图 5-5-1　转动惯量实验原理图

同理,若在载物盘上加上被测试件后,系统的转动惯量为 J_2,加砝码前后的角加速度分别为 α_3 与 α_4,则有

$$J_2 = \frac{mR(g - R\alpha_4)}{\alpha_4 - \alpha_3} \tag{5-5-5}$$

由转动惯量的叠加原理可知,被测试件的转动惯量 J_3 为

$$J_3 = J_2 - J_1 \tag{5-5-6}$$

测得 R、m 及 α_1、α_2、α_3、α_4,由式(5-5-4)、式(5-5-5)、式(5-5-6)即可计算被测试件的转动惯量。

2. α 的测量

在实验中,采用"智能计时计数器"记录光线被遮挡的次数和相应的时间。固定在载物盘圆周边缘相差 π 角的两遮光细棒,每转动半圈遮挡一次固定在底座上的光电门,即产生一个计数光电脉冲,计数器记下遮挡次数 k 和相应的时间 t。若从第一次挡光 ($k=0$,$t=0$)开始计次和计时,且初始角速度为 ω_0,则对于匀变速运动中测量得到的任意两组数据 (k_m, t_m)、(k_n, t_n),相应的角位移 θ_m、θ_n 分别为

$$\theta_m = k_m \pi = \omega_0 t_m + \frac{1}{2}\alpha t_m^2 \tag{5-5-7}$$

$$\theta_n = k_n \pi = \omega_0 t_n + \frac{1}{2}\alpha t_n^2 \tag{5-5-8}$$

由式(5-5-7)、式(5-5-8)消去 ω_0,可得

$$\alpha = \frac{2\pi(k_n t_m - k_m t_n)}{t_n^2 t_m - t_m^2 t_n} \tag{5-5-9}$$

由式(5-5-9)即可计算角加速度 α。

3. 平行轴定理

理论分析表明,质量为 m 的物体围绕通过质心 O 的转轴转动时的转动惯量 J_0 最小。当转轴平行移动距离 d 后,绕新转轴转动的转动惯量为

$$J = J_0 + md^2 \tag{5-5-10}$$

【实验仪器】

1. ZKY-ZS 转动惯量实验仪

ZKY-ZS 转动惯量实验仪如图 5-5-2 所示,绕线塔轮通过特制的轴承安装在主轴上,使转动时的摩擦力矩很小。塔轮半径为 15 mm,20 mm,25 mm,30 mm,35 mm,共 5 挡,可与大约 5 g 的砝码托及 1 个 5 g、4 个 10 g 的砝码组合,产生大小不同的力矩。载物盘用螺钉与塔轮连接在一起,随塔轮转动。本实验的被测试件有一个圆盘、一个圆环、两个圆柱。试件上标有几何尺寸及质量,便于将转动惯量的测量值与理论值比较。圆柱试件可插入载物盘上的不同孔中,这些插孔距离中心的距离分别为 45 mm,60 mm,75 mm,90 mm,105 mm,便于验证平行轴定理。铝制小滑轮的转动惯量与金属载物盘相比可忽略不计。一个光电门作测量,另一个作备用。

2. 网络型刚体转动惯量测试仪

(1)液晶显示屏:显示实验内容和实验测量数据,如图 5-5-3 所示;

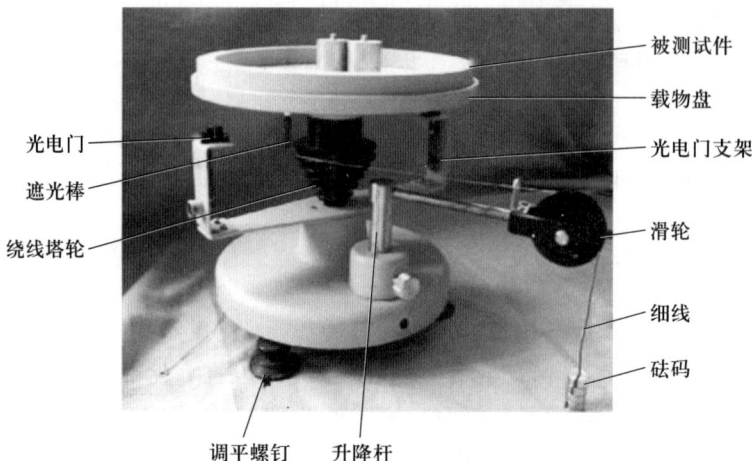

图 5-5-2　ZKY-ZS 转动惯量实验仪

（2）数字键："0"至"9"10 个数字按键用于实验中对测量物体的参量进行设置（例如圆柱的质量、半径等）；

（3）确定键：当前选中实验、参量设置完成，以及完成一次实验，都需要按确定键来完成操作；

（4）↑↓键：用于选择实验内容；

（5）←→键：用于测量物体参量时移动光标；

（6）清零键：在进行每组实验前，将当前的显示数据清除，以及在实验选项界面清除选项数据或全部数据；

（7）取消键：取消或退出当前的操作，进入到"返回上一步骤"和"返回实验选项菜单"界面，这时可以根据需要选择返回界面。

图 5-5-3　网络型刚体转动惯量测试仪面板示意图

另外，测试仪机箱后有 9 V 电源接口、集中器接口和光电门接口，分别使用 9 V 电源、网线和航空插头连线连接。

【实验内容】

1. 实验准备。

在桌面上放置 ZKY-ZS 转动惯量实验仪，如图 5-5-2 所示，并利用基座上的三颗调平螺钉将仪器**调平**。将滑轮支架固定在实验台面边缘，调整滑轮高度及方位，使滑轮槽与选取的绕线塔轮槽**等高**，且其方位**相互垂直**。并且用数据线将测试仪与转动惯量实验仪的一个光电门相连。

2. 测量并计算金属载物盘的转动惯量 J_1。

（1）测量 α_1。

如图 5-5-4 所示，通电开机后液晶屏显示转动惯量实验欢迎界面。延时一段时间后,显示仪器编号,这便于连接计算机时选择对应的仪器显示数据和查询数据。按确定键进入操作界面。

第一步,选择实验选项"① 金属载物盘"(必须先完成金属载物盘测量才能进行后面的实验),并确定转动惯量实验仪的金属载物盘上没有其他物品,然后按确定键进行下一步实验。

第二步,用手轻轻拨动载物盘,使载物盘有一个初始转速,并在摩擦阻力矩作用下作匀减速运动。

第三步,再按一下确定键,测试仪开始计时。当金属载物盘转动 8 圈(即遮光棒 8 次通过同一个光电门)后,计时自动结束。计时结束后,按←和→键查询实验数据,并将数据记录在表 5-5-1 格式的表格中。

图 5-5-4 液晶屏的显示

采用逐差法处理数据,将第 1 和第 5 组,第 2 和第 6 组……分别组成 4 组,用式(5-5-9)计算对应各组的 α_1 值,然后求其平均值作为 α_1 的测量值。

第四步,按确定键返回图 5-5-4(d)操作界面。

(2)测量 α_2。

第一步,选择塔轮半径 R 及砝码质量,将一端打结的细线沿塔轮上的细缝塞入,并且不重叠地密绕于已选定半径的轮上。细线另一端通过滑轮后连接砝码托上的挂钩,用手将载物盘稳住。

第二步,选择"匀加速"分项,设置好砝码质量和塔轮半径。

3. 释放载物盘,砝码重力产生的恒力矩使载物盘产生匀加速转动,并按照"2.(1)"中第三步完成测试仪操作。查阅并记录数据于表 5-5-1 格式的表格中,计算 α_2 的测量值。

由式(5-5-4)即可算出 J_1 的值。

4. 测量并计算载物盘放上试件后的转动惯量 J_2,计算试件的转动惯量 J_3 并与理论值比较。

将被测试件放到载物盘上并使试件几何中心轴与转轴中心重合,用与测量 J_1 同样的方法可分别测量未加砝码的角加速度 α_3 与加砝码后的角加速度 α_4。由式(5-5-5)可计算 J_2 的值,已知 J_1、J_2,由式(5-5-6)可计算试件的转动惯量 J_3。

已知圆盘、圆柱绕几何中心轴转动的转动惯量理论值为

$$J=\frac{1}{2}mR^2 \qquad (5-5-11)$$

圆环绕几何中心轴的转动惯量理论值为

$$J=\frac{m}{2}\left(R_{外}^2+R_{内}^2\right) \qquad (5-5-12)$$

计算试件的转动惯量理论值并与测量值 J_3 比较,计算测量值的相对误差:

$$E = \frac{J_3 - J}{J} \times 100\%$$ （5-5-13）

5. 验证平行轴定理。

将两圆柱体对称插入载物盘上与中心距离为 d 的圆孔中,测量并计算两圆柱体在此位置的转动惯量。将测量值与由式(5-5-11)、式(5-5-10)所得的计算值比较,若一致即验证了平行轴定理。

【注意事项】

1. 根据测量物体的具体参量,通过测试仪面板上的数字键进行相应的设置,每个参量设置完成后按确定键进入下一个参量的设置。当所有的参量都设置好后,进入测量计数界面(在正式计数前先按"清零"键清除当前数据)。

2. 当完成设定次数的实验后,按下确定键,返回图5-5-4(c)所示的界面,这时液晶屏将在已经完成的实验选项后面显示"√"标志,表示该实验选项已经完成。然后按"↑""↓"键选择下一个项目进行实验。按照上面的步骤进行实验,直到完成所有实验。

3. 如果对某次实验不满意,或者实验错误,则可以在实验选项界面[图5-5-4(c)]按清零键将该实验数据清除。清除数据分两种情况,即清除某一个实验选项的数据或清除本仪器所有的实验数据。如果要清除金属载物盘的数据,则将清除本仪器所有的实验数据;选择其他实验选项则只清除当前实验数据,不会影响其他实验。

4. 在实验操作过程中,如果该步操作错误或要返回上一步,可以按"取消"键实现。按取消键后液晶屏将显示图5-5-4(h)所示的界面。按"↑""↓"键选择需要返回的内容,然后按确定键即可。在实验计时的时候,按取消键将清除已经记录的时间,然后再重新开始计时。

5. 图5-5-4中显示的数值只是示意值,实际实验中需要根据当前的实验项目进行参量设置和显示。

另外,在进入图5-5-4(c)界面的时候,可以直接按数字键"1"至"5"选择实验内容进行实验。

【数据处理】

将数据记入表5-5-1、表5-5-2、表5-5-3中。

表 5-5-1　测量金属载物盘的角加速度

$R_{塔轮} = \quad$ mm, $m_{砝码} = \quad$ g

匀减速						匀加速					
k	1	2	3	4	平均值	k	1	2	3	4	平均值
t/s						t/s					
k	5	6	7	8		k	5	6	7	8	
t/s						t/s					
$\alpha_1/(\text{rad}\cdot\text{s}^{-2})$						$\alpha_2/(\text{rad}\cdot\text{s}^{-2})$					

将表 5-5-1 中数据代入式(5-5-4)可计算空金属载物盘的转动惯量

$J_1 = $ _____ kg·m^2。

表 5-5-2 测量金属载物盘加圆环试件后的角加速度

$R_{外} = $ ____ mm，$R_{内} = $ ____ mm，$m_{圆环} = $ ____ g，$R_{塔轮} = $ ____ mm，$m_{砝码} = $ ____ g

匀减速						匀加速					
k	1	2	3	4	平均值	k	1	2	3	4	平均值
t/s						t/s					
k	5	6	7	8		k	5	6	7	8	
t/s						t/s					
$\alpha_3/(\mathrm{rad \cdot s^{-2}})$						$\alpha_4/(\mathrm{rad \cdot s^{-2}})$					

将表 5-5-2 中数据代入式(5-5-5)可计算载物盘放上圆环后的转动惯量

$J_{2r} = $ _____ kg·m^2。

由式(5-5-6)可计算圆环的转动惯量测量值

$J_{3r} = $ _____ kg·m^2。

由式(5-5-12)可计算圆坏的转动惯量理论值

$J_r = $ _____ kg·m^2。

由式(5-5-13)可计算测量的相对误差

$E = $ _____ %。

表 5-5-3 测量两圆柱试件中心与转轴距离一定时的角加速度

$d = $ ____ mm，$R_{圆柱} = $ ____ mm，$m_{圆柱} \times 2 = $ ____ g，$R_{塔轮} = $ ____ mm，$m_{砝码} = $ ____ g

匀减速						匀加速					
k	1	2	3	4	平均值	k	1	2	3	4	平均值
t/s						t/s					
k	5	6	7	8		k	5	6	7	8	
t/s						t/s					
$\alpha_3/(\mathrm{rad \cdot s^{-2}})$						$\alpha_4/(\mathrm{rad \cdot s^{-2}})$					

将表 5-5-3 中数据代入式(5-5-5)可计算载物盘放上两圆柱后的转动惯量

$J_{2c} = $ _____ kg·m^2。

由式(5-5-6)可计算两圆柱的转动惯量测量值

$J_{3c} = $ _____ kg·m^2。

由式(5-5-11)、式(5-5-10)可计算两圆柱的转动惯量理论值

$J_c = $ _____ kg·m^2。

由式(5-5-13)可计算测量的相对误差

$$E = \underline{}\%。$$

说明:试件的转动惯量是根据公式 $J_3 = J_2 - J_1$ 间接测量得到的,由标准误差的传递公式得 $u(J_3) = \sqrt{[u(J_1)]^2 + [u(J_2)]^2}$,请根据测量和误差理论自行推导 $u(J_1)$ 和 $u(J_2)$。

【思考题】

1. 当被测试件的转动惯量远小于空的金属载物盘的转动惯量时,测量的相对误差将会怎样变化?

2. 分析 ZKY-ZS 转动惯量实验仪产生测量误差的主要原因有哪些?

实验 5.2　三线摆实验

【实验目的】

1. 学会用三线摆测量物体的转动惯量;
2. 学会用秒表测量周期运动的周期;
3. 验证转动惯量的平行轴定理。

【实验原理】

三线摆实验装置如图 5-5-5 所示。上、下圆盘均处于水平,悬挂在横梁上,三根对称分布的等长悬线将两圆盘相连,上圆盘固定,下圆盘可绕中心轴 OO' 作扭摆运动。当下圆盘转动角度很小,且略去空气阻力时,扭摆的运动可近似看作简谐振动。根据能量守恒定律和刚体转动定律,均可以导出物体绕中心轴 OO' 的转动惯量(推导过程见本实验附录):

$$I_0 = \frac{m_0 g R r}{4\pi^2 H_0} T_0^2 \qquad (5-5-14)$$

式中,m_0 为下圆盘的质量,r、R 分别为上下悬点离各自圆盘中心的距离,H_0 为平衡时上、下圆盘间的垂直距离,T_0 为下圆盘作简谐振动的周期,g 为重力加速度(在沈阳地区,$g = 9.803\ 2\ \text{m/s}^2$)。

将质量为 m 的待测物体(刚体)放在下圆盘上,并使待测物体的转轴与 OO' 轴重合。测出此时下圆盘运动周期 T_1 和上、下圆盘间的垂直距离 H。同理可求得待测物体和下圆盘对中心轴 OO' 的总转动惯量为

图 5-5-5　三线摆实验装置图

$$I_1 = \frac{(m_0 + m) g R r}{4\pi^2 H} T_1^2 \qquad (5-5-15)$$

如果不计因重量变化而引起的悬线伸长,则有 $H \approx H_0$。那么,待测物体绕中心轴 OO' 的转动惯量为

$$I = I_1 - I_0 = \frac{g R r}{4\pi^2 H} \left[(m + m_0) T_1^2 - m_0 T_0^2 \right] \qquad (5-5-16)$$

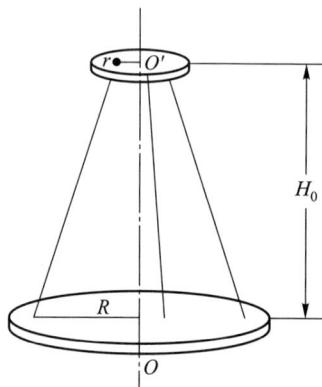

因此,通过对长度、质量和时间的测量,便可求出待测物体绕某转轴的转动惯量。

用三线摆法还可以验证平行轴定理。若质量为 m 的物体绕过其质心轴的转动惯量为 I_c,当转轴平行移动距离 x 时(图 5-5-6),则此物体对新轴 OO' 的转动惯量为 $I_{OO'} = I_c + mx^2$。这一结论称为转动惯量的平行轴定理。

实验时将质量均为 m'、形状和质量分布完全相同的两个圆柱体对称地放置在下圆盘上(下圆盘有对称的两排小孔)。按同样的方法,测出两小圆柱体和下圆盘绕中心轴 OO' 的转动周期 T_x,则可求出每个小圆柱体对中心转轴 OO' 的转动惯量:

$$I_x = \frac{1}{2}\left[\frac{(m_0+2m')gRr}{4\pi^2 H}T_x^2 - I_0\right] \qquad (5\text{-}5\text{-}17)$$

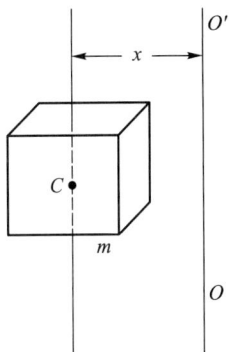

图 5-5-6　平行轴定理示意图

如果测出小圆柱中心与下圆盘中心之间的距离 x,以及小圆柱体的半径 R_x,则由平行轴定理可求得

$$I'_x = m'x^2 + \frac{1}{2}m'R_x^2 \qquad (5\text{-}5\text{-}18)$$

比较 I_x 与 I'_x 的大小,可验证平行轴定理。

【实验仪器】

三线摆,米尺,游标卡尺,物理天平,待测物体,秒表。

【实验内容】

1. 测量圆环对通过其质心且垂直于环面轴的转动惯量

(1) 调整三线摆底座水平

调整底座上的三个螺钉旋钮,直至底座水准仪中的水泡位于正中间。

(2) 调整下圆盘水平

调整上圆盘上的三个旋钮(调整悬线的长度),改变三根悬线的长度,直至下圆盘水准仪中的水泡位于正中间。

(3) 测量空盘绕中心轴 OO' 转动的运动周期 T_0

轻轻转动上圆盘,带动下圆盘转动,这样可以避免三线摆在作扭摆运动时发生晃动(注意将扭摆的转角控制在5°以内)。周期的测量常用累积放大法,即用计时工具测量累积多个周期的时间,然后求出其运动周期。(想一想,为什么不直接测量一个周期?)如果采用自动的光电计时装置,光电门应置于平衡位置,即应在下圆盘通过平衡位置时作为计时的起止时刻,且使下盘上的遮光棒处于光电探头的中央,并能遮住发射和接收红外线的小孔,然后开始测量。如用秒表手动计时,也应以通过平衡位置作为计时的起止时刻(想一想,为什么?),并默读 5、4、3、2、1、0,当数到"0"时启动停表,这样既有一个计数的准备过程,又不至于少数一个周期。

(4) 测出待测圆环与下圆盘共同转动的周期 T_1

将待测圆环置于下圆盘上,注意使两者中心重合,按同样的方法测出它们一起运动

的周期 T_1。

2. 用三线摆验证平行轴定理

将两小圆柱体对称放置在下圆盘上,测出其与下圆盘共同转动的周期 T_x 和两小圆柱体的间距 $2x$。改变小圆柱体放置的位置,重复测量 5 次。

3. 其他物理量的测量

（1）用米尺测出上、下圆盘三悬点之间的距离 a 和 b,然后算出悬点到中心的距离 r 和 R（为等边三角形外接圆半径）。

（2）用米尺测出两圆盘之间的垂直距离 H_0,用游标卡尺测出待测圆环的内、外直径 $2R_1$、$2R_2$ 和小圆柱体的直径 $2R_x$。

（3）记录各刚体的质量。

【数据处理】

1. 圆环转动惯量的测量及计算

将数据记入表 5-5-4、表 5-5-5。

表 5-5-4　累积法测周期数据记录参考表格

	下圆盘		下圆盘加圆环	
摆动 20 次所需时间 t/s	1		1	
	2		2	
	3		3	
	4		4	
	5		5	
	平均值		平均值	
周期	T_0/s		T_1/s	

表 5-5-5　有关长度多次测量数据记录参考表格

次数	上圆盘悬点间距 a/cm	下圆盘悬点间距 b/cm	待测圆环		小圆柱体直径 $2R_x/cm$
			内直径 $2R_1/cm$	外直径 $2R_2/cm$	
1					
2					
3					
4					
5					
平均值					

$$\bar{r} = \frac{\sqrt{3}}{3}\bar{a} =$$

$$\bar{R} = \frac{\sqrt{3}}{3}\bar{b} =$$

下圆盘质量 $m_0 = $ _____ ;待测圆环质量 $m = $ _____ ;小圆柱体质量 $m' = $ _____ ;

上、下圆盘间的垂直距离 $H_0 = $ _____ 。

根据以上数据,求出待测圆环的转动惯量,将其与理论计算值比较,求出相对误差,并进行讨论。已知理想圆环绕中心轴的转动惯量的理论计算公式为

$$I_{理论} = \frac{m}{2}(R_1^2 + R_2^2)$$

2. 验证平行轴定理

将数据记入表 5-5-6。由表 5-5-6 中数据分析实验误差,由得出的数据给出结论,是否验证了平行轴定理。

表 5-5-6　平行轴定理验证

次数	小孔间距 $2x/\text{m}$	周期 T_x/s	实验值/$(\text{kg} \cdot \text{m}^2)$ $I_x = \frac{1}{2}\left[\frac{(m_0 + 2m')gRr}{4\pi^2 H}T_x^2 - I_0\right]$	理论值/$(\text{kg} \cdot \text{m}^2)$ $I_x' = m'x^2 + \frac{m'R_x^2}{2}$	相对误差
1					
2					
3					
4					
5					

【思考题】

1. 用三线摆测量刚体转动惯量时,为什么必须保持下圆盘水平?

2. 在测量过程中,如下圆盘出现晃动,对周期测量有影响吗? 如有影响,应如何避免?

3. 在三线摆上放上待测物体后,其摆动周期是否一定比空盘的转动周期大? 为什么?

4. 测量圆环的转动惯量时,若圆环的转轴与下圆盘转轴不重合,对实验结果有何影响?

5. 如何利用三线摆测量任意形状的物体绕某轴的转动惯量?

6. 三线摆在摆动中受空气阻尼作用,振幅越来越小,它的周期是否会变化? 对测量结果影响大吗? 为什么?

【附录】　转动惯量测量公式的推导

当下圆盘作扭摆运动的转角 θ 很小时,其扭动是一个简谐振动,运动方程为

$$\theta = \theta_0 \sin\frac{2\pi}{T_0}t \tag{5-5-19}$$

当摆离开平衡位置最远时,设其重心升高 h,如图 5-5-7 所示,根据机械能守恒定律,有

$$\frac{1}{2}I_0\omega_0^2 = m_0gh \tag{5-5-20}$$

即

$$I_0 = \frac{2m_0gh}{\omega_0^2} \tag{5-5-21}$$

而

$$\omega = \frac{\mathrm{d}\theta}{\mathrm{d}t} = \frac{2\pi\theta_0}{T_0}\cos\frac{2\pi}{T_0}t \tag{5-5-22}$$

故　　　　　　　　$\omega_0 = \dfrac{2\pi\theta_0}{T_0}$　　　　　　(5-5-23)

将式(5-5-23)代入式(5-5-21)得

$$I_0 = \dfrac{m_0ghT_0^2}{2\pi^2\theta_0^2} \qquad (5\text{-}5\text{-}24)$$

从图 5-5-7 中的几何关系中可得

$$(H_0-h)^2+R^2-2Rr\cos\theta_0 = l^2 = H_0^2+(R-r)^2$$

化简得　　　　$H_0h+\dfrac{r^2}{2}-\dfrac{h^2}{2} = Rr(1-\cos\theta_0)$

略去 $\dfrac{r^2}{2}$ 和 $\dfrac{h^2}{2}$,并取 $1-\cos\theta_0 \approx \dfrac{\theta_0^2}{2}$,则有 $h = \dfrac{Rr\theta_0^2}{2H}$,代入式

(5-5-24)得

$$I_0 = \dfrac{m_0gRr}{4\pi^2H_0}T_0^2 \qquad (5\text{-}5\text{-}25)$$

即得式(5-5-14)。

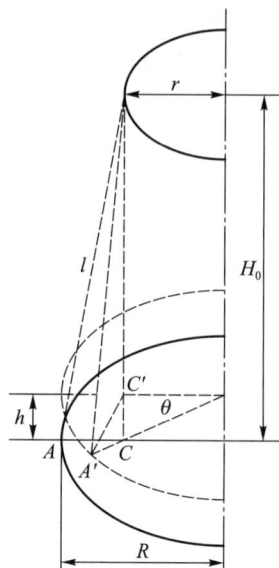

图 5-5-7　推导示意图

实验 6　用拉伸法测量杨氏模量

实验 6
电子教案

实验 6
教学视频 1

实验 6
教学视频 2

物体的受力形变可分为弹性形变和塑性形变。固体的弹性形变又可分为纵向、切变、扭转、弯曲。对于纵向弹性形变,可以引入杨氏模量来描述材料抵抗形变的能力。杨氏模量是表征固体材料性质的一个重要的物理量,一般只与材料的性质和温度有关,与其几何形状无关。弹性模量是反映材料形变与内应力关系的物理量,是工程技术中机械构件选材时的重要参量。弹性模量是一个广义的概念,杨氏模量只是弹性模量中最常见的一种。测量杨氏模量的方法主要有拉伸法、弯曲法和振动法(前两种方法可称为静态法,后一种可称为动态法)。本实验采用拉伸法测量杨氏模量,研究拉伸正应力与线性应变之间的关系。

【实验目的】

1. 学习用拉伸法测量杨氏模量的方法;
2. 掌握用"光杠杆"测量微小长度变化的原理;
3. 学习用逐差法进行数据处理。

【实验原理】

1. 杨氏模量的定义

事实上,杨氏模量离我们已有的知识并不远。高中物理介绍过胡克定律:

$$F = k\Delta L \qquad (5\text{-}6\text{-}1)$$

即在弹性限度内,物体的形变与引起形变的外力成正比。对于圆柱形材料(例如钢丝)来说,弹性系数 $k \propto \dfrac{S}{L}$,S 为材料的横截面积,L 为原长。如果写成等式,则有 $k = E\dfrac{S}{L}$,这里的比例系数 E 在不超过材料的弹性限度范围内是一个常量,称为杨氏模量。

将 $k=E\dfrac{S}{L}$ 代入 $F=k\Delta L$,得到

$$F = E\frac{S}{L}\Delta L \qquad (5\text{-}6\text{-}2)$$

在材料学上,一般将上式写为 $\dfrac{F}{S}=E\dfrac{\Delta L}{L}$,这里 $\dfrac{F}{S}$ 称为应力,$\dfrac{\Delta L}{L}$ 称为

应变,如图 5-6-1 所示。若已知钢丝的直径为 D,有 $S=\dfrac{\pi D^2}{4}$,则

$$E = \frac{4FL}{\pi D^2 \Delta L} \qquad (5\text{-}6\text{-}3)$$

2. 杨氏模量测量仪

如图 5-6-2 所示。

3. 光杠杆法测量原理

事实上,钢丝伸长量 ΔL 很小,一般难以测量,本实验中采用光杠杆法测量,如图 5-6-3 所示。

当挂钩上增加砝码后,钢丝伸长 ΔL 很小,因此,由于钢丝形变引起的光杠杆镜的倾斜角度 θ 也很小,可以近似认为

$$\theta = \frac{\Delta L}{b} \qquad (5\text{-}6\text{-}4)$$

及

$$\frac{\Delta n}{B} = 2\theta \qquad (5\text{-}6\text{-}5)$$

于是有

$$\Delta L = \frac{b\Delta n}{2B} \qquad (5\text{-}6\text{-}6)$$

从而得到

$$E = \frac{8FLB}{\pi D^2 b \Delta n} \qquad (5\text{-}6\text{-}7)$$

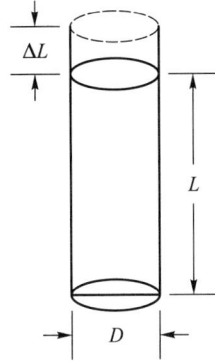

图 5-6-1 圆柱形材料受
拉力产生形变分析

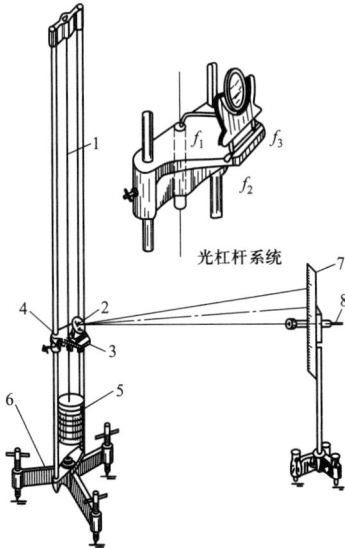

1—金属丝;2—光杠杆;3—中托板;4—挂钩;5—砝码;

6—三脚底座;7—标尺;8—望远镜。

图 5-6-2 杨氏模量测量仪

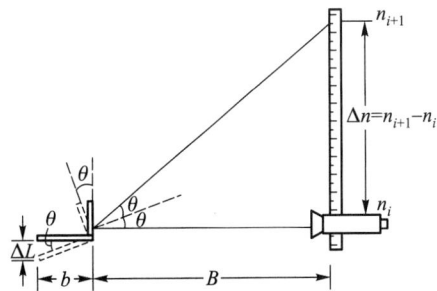

图 5-6-3 用光杠杆测量 ΔL 的原理图

金属受外力时存在着弹性滞后效应,钢丝受到拉伸力作用时,并不能立即伸长到应有的长度 L_i($L_i = L + \Delta L_i$),而只能伸长到 $L_i - \delta L_i$。同样,当钢丝受到的拉伸力减小时,也不能马上缩短到应有的长度 L_i'($L_i' = L - \Delta L_i$),仅缩短到 $L - \delta L_i$。

因此,为了消除钢丝弹性滞后效应引起的系统误差,对应的标尺读数应包括增加等值拉伸力和减少等值拉伸力这样对称的测量过程。图 5-6-3 中,标尺读数 n_i 的修正值应为 $\overline{n_i}$,即

$$\overline{n_i} = \frac{1}{2}(n_i + n_i') \tag{5-6-8}$$

式中,n_i 和 n_i' 分别对应于 L_i 和 L_i'。

【实验仪器】

杨氏模量测量仪,螺旋测微器,卷尺,钢板尺。

【实验内容】

1. 仪器的调整

(1) 为了使金属丝处于竖直位置,调节杨氏模量测量仪的底脚螺钉,使两个支柱竖直。

(2) 在砝码托盘上先挂上 1 kg 砝码,使金属丝拉直(此砝码不计入所加作用力 F 之中)。

(3) 将光杠杆镜放在中托板上,两前脚放在中托板横槽内,后脚放在固定金属丝下端夹套组件的圆柱套管上,并使光杠杆镜面基本竖直或稍有俯角,如图 5-6-2 所示。

2. 望远镜的调节

调节望远镜能看清标尺读数。包括下面两个环节的调节:

(1) 调节目镜,直到看清十字叉丝。可通过旋转目镜来实现。

(2) 调节物镜,直到看清标尺读数。将望远镜置于距光杠杆镜对面 2 m 左右处,并与镜面中心基本等高,将望远镜筒对准光杠杆镜面,眼睛在望远镜的外侧沿着镜筒方向看过去,观察光杠杆镜面中是否有标尺像。若有,就可以从望远镜中观察;若没有,则要微调光杠杆镜面或标尺,直到在光杠杆镜面中看到标尺反射像,然后再从目镜观察。缓缓旋转望远镜侧面的物镜调焦手轮,使物镜在镜筒内伸缩,直至在望远镜中看到清晰的标尺刻度。测量前,通过调节望远镜筒和标尺的高度,以及微调望远镜视角,使目镜十字叉丝中心的初始位置在标尺的零点附近。

3. 测量

(1) 在挂钩上逐次增加砝码,每增加 1 kg 的砝码,通过望远镜记录标尺的读数 n_i($n_1, n_2, \cdots, n_8$),共增加 8 个砝码,这是增加拉力过程;然后,再逐次减少砝码,每减少 1 kg 的砝码,通过望远镜记录标尺的读数 n_i'($n_8', n_7', \cdots, n_1'$,这里 $n_8 = n_8'$),这是减力过程。

(2) 测量光杠杆镜前后脚距离 b。把光杠镜的三个脚在白纸上压出凹痕,用钢板尺画出两个前脚的连线,再用钢板尺测量出后脚到前脚连线的垂直距离 b。

(3) 测量金属丝直径 D。用螺旋测微器在金属丝的不同部位测量 5 次直径,取其平均值。

(4) 用卷尺测量光杠杆镜面到标尺的距离 B。

（5）用卷尺测量金属丝原长 L。

【注意事项】

1. 平面镜上有灰尘、污迹时,用擦镜纸擦去,切勿用手指或粗布擦,以免镜面起毛,影响观察和读数的准确性。

2. 调试仪器时,切记要用手托住移动部分,然后旋松锁紧手轮,以免相互撞击。

3. 各手轮及可动部分如发生阻滞或不灵活现象时,应立即检查原因,切勿强扭,以防损坏仪器结构或机件。

4. 金属丝的两端一定要夹紧,这样可减小系统误差,并避免砝码加重后拉脱而砸坏实验装置。在测量伸长变化的整个过程中,不能触动望远镜及其安放的桌子,否则要重新开始测量。被测金属丝一定要保持平直,以免将金属丝拉直的过程误测为伸长量,导致测量结果错误。

5. 加减砝码时动作要轻慢,待金属丝不晃动且稳定之后再进行测量。

【数据处理】

1. 加外力后标尺的读数,记录到表 5-6-1 中。

表 5-6-1　标尺读数表

所加质量/kg	标尺读数/cm				$\overline{n_i}$	平均值
	n_i	加砝码	n_i'	减砝码		
1.00	n_1		n_1'		$\overline{n_1}$	
2.00	n_2		n_2'		$\overline{n_2}$	
3.00	n_3		n_3'		$\overline{n_3}$	
4.00	n_4		n_4'		$\overline{n_4}$	
5.00	n_5		n_5'		$\overline{n_5}$	
6.00	n_6		n_6'		$\overline{n_6}$	
7.00	n_7		n_7'		$\overline{n_7}$	
8.00	n_8		n_8'		$\overline{n_8}$	

2. 金属丝的原长 $L=$ ＿＿＿＿＿＿,光杠杆常量 $b=$ ＿＿＿＿＿＿,$B=$ ＿＿＿＿＿。

3. 金属丝直径的测量数据见下表。

次数	1	2	3	4	5	平均值 $\overline{D}$
直径 D/mm						

4. 用公式 $\overline{n_i}=\dfrac{1}{2}(n_i+n_i')$ 计算 $\overline{n_i}$（$\overline{n_1}$,$\overline{n_2}$,…,$\overline{n_8}$）,并且用逐差法计算

$$\overline{\Delta n}=\frac{(\overline{n_8}-\overline{n_4})+(\overline{n_7}-\overline{n_3})+(\overline{n_6}-\overline{n_2})+(\overline{n_5}-\overline{n_1})}{4\times4}。$$

5. 计算直径的平均值 $\overline{D} = \dfrac{1}{5}(D_1 + D_2 + \cdots + D_5)$。

6. 计算杨氏模量 $E = \dfrac{8FLB}{\pi \overline{D}^2 b \Delta n}$，这里取 $F = 9.8$ N（注意：各物理量须统一用国际单位制单位）。

7. 计算杨氏模量 E 的不确定度 $u(E)$，已知

$$\left[\frac{u(E)}{E}\right]^2 = \left[\frac{u(F)}{F}\right]^2 + \left[\frac{u(B)}{B}\right]^2 + \left[\frac{u(L)}{L}\right]^2 + \left[\frac{2u(D)}{\overline{D}}\right]^2 + \left[\frac{u(b)}{b}\right]^2 + \left[\frac{u(\Delta n)}{\Delta n}\right]^2$$

$$\frac{u(F)}{F} = 0.5\%, \quad u(B) = 5 \text{ mm}, \quad u(L) = 5 \text{ mm}, \quad u(D) = \sqrt{S_D^2 + u_{仪}^2}$$

$$\Delta_{仪} = 0.004 \text{ mm}, \quad S_D = \sqrt{\frac{\sum\limits_{i=1}^{5}(D_i - \overline{D})^2}{5-1}}, \quad u(b) = 0.3 \text{ mm}, \quad u(\Delta n) = 0.06 \text{ mm}$$

实验6
背景

【思考题】

1. 由杨氏模量 E 的不确定度计算式分析，哪个物理量的测量对 E 的结果的准确度影响最大？测量中应注意哪些问题？

2. 使用螺旋测微器的注意事项是什么？棘轮如何使用？螺旋测微器用毕后应如何处理？

实验 7　理想气体物态方程实验

当一定质量的气体处于热平衡状态时，表征该气体状态的一组参量——压强 p、体积 V 和温度 T——各有一定值。如果没有外界的影响，这些参量将维持不变。当气体与外界交换能量时，气体将从一个状态不断地变化到另一个状态。实验表明，表征平衡状态的三个参量之间存在着一定的关系，满足该关系的方程称为气体的物态方程。在压强不太大（与大气压比较）和温度不太低（与室温比较）的实验范围内，遵守玻意耳定律、查理定律和盖吕萨克定律的气体称为理想气体。理想气体实际上是不存在的，它只是真实气体的初步近似，很多真实气体如氢气、氧气、氮气、氦气等，在一般温度和较低的压强下，都可看作理想气体。

实验7
教学视频

本实验通过单独改变温度或压强或体积，验证上述三定律，并计算密封气体的物质的量或摩尔气体常量。

【实验目的】

1. 研究等温条件下，一定质量气体的压强与体积的关系，验证玻意耳定律；

2. 研究等容条件下，一定质量气体的温度与压强的关系，验证查理定律；

3. 研究等压条件下，一定质量气体的温度与体积的关系，验证盖吕萨克定律；

4. 学会计算一定气体的物质的量；

5. 学会计算摩尔气体常量。

【实验原理】

理想气体物态方程又称理想气体定律、摩尔气体定律,是描述理想气体处于平衡态时,压强、体积、物质的量、温度间关系的方程。它建立在玻意耳定律、查理定律、盖吕萨克定律等经验定律之上。

理想气体物态方程是通过研究低压下气体的行为导出的,但各气体在适用理想气体物态方程时多少有些偏差。压强越低,偏差越小;在极低压强下理想气体物态方程可较准确地描述真实气体的行为。极低的压强意味着分子之间的距离非常大,此时分子之间的相互作用非常小,因而分子可近似看作没有体积的质点。于是从极低压强气体的行为出发,可抽象提出理想气体的概念。

1662 年,英国化学家、物理学家玻意耳根据实验结果提出:“恒温下,密闭容器中的定量气体的压强与体积成反比关系。”这是人类历史上第一个被发现的“定律”。14 年后,法国物理学家马里奥特也独立地发现了这一定律,而且比玻意耳更深刻地认识到这个定律的重要性。后人把他俩的发现合称为玻意耳-马里奥特定律,简称玻意耳定律。

查理定律指出:一定质量的气体,当其体积一定时,它的压强与热力学温度成正比。

1802 年,盖吕萨克发现气体热膨胀定律,即盖吕萨克定律,他指出:压强不变时,一定质量气体的体积与热力学温度成正比。

上述三个定律中各物理量间的关系曲线如图 5-7-1 所示。

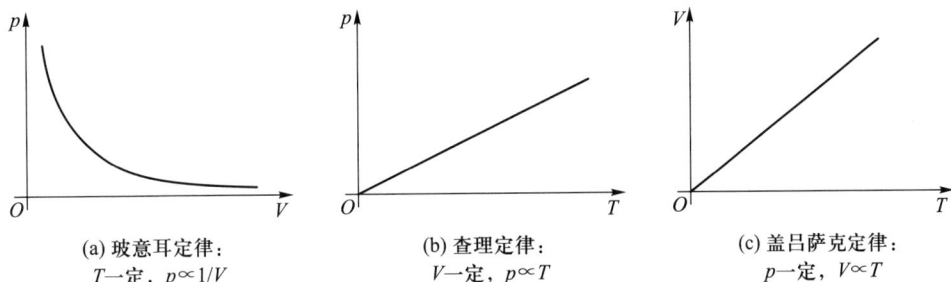

(a) 玻意耳定律:
T 一定, $p \propto 1/V$

(b) 查理定律:
V 一定, $p \propto T$

(c) 盖吕萨克定律:
p 一定, $V \propto T$

图 5-7-1　三定律各物理量之间的关系曲线

根据上述三定律、阿伏伽德罗定律和理想气体温标的定义,可以推导出理想气体物态方程,具体过程如下。

气体的体积随压强 p、温度 T 和气体分子的数量 N 而变,写成函数形式是

$$V = f(p, T, N)$$

微分形式为

$$dV = \left(\frac{\partial V}{\partial p}\right)_{T,N} dp + \left(\frac{\partial V}{\partial T}\right)_{p,N} dT + \left(\frac{\partial V}{\partial N}\right)_{T,p} dN \qquad (5-7-1)$$

对于一定量的气体, N 为常量, $dN = 0$,所以

$$dV = \left(\frac{\partial V}{\partial p}\right)_{T,N} dp + \left(\frac{\partial V}{\partial T}\right)_{p,N} dT \qquad (5-7-2)$$

根据玻意耳定律，$V=\dfrac{C}{p}$，C 为常量，于是有

$$\left(\frac{\partial V}{\partial p}\right)_{T,N}=-\frac{C}{p^2}=-\frac{V}{p} \tag{5-7-3}$$

根据盖吕萨克定律，$V=C'T$，C' 为常量，于是有

$$\left(\frac{\partial V}{\partial T}\right)_{p,N}=C'=\frac{V}{T} \tag{5-7-4}$$

代入式（5-7-2）得

$$\mathrm{d}V=-\frac{V}{p}\mathrm{d}p+\frac{V}{T}\mathrm{d}T \quad \text{或} \quad \frac{\mathrm{d}V}{V}=-\frac{1}{p}\mathrm{d}p+\frac{1}{T}\mathrm{d}T \tag{5-7-5}$$

积分得

$$\ln V+\ln p=\ln T+C'' \tag{5-7-6}$$

故有

$$\frac{pV}{T}=\text{常量（气体质量一定）} \tag{5-7-7}$$

该方程表示，对于一定质量的理想气体，任意状态下，pV/T 的值都相等。

进一步的实验表明，在一定温度和压强下，气体的体积 V 与它的质量 m 或物质的量 n 成正比。

阿伏伽德罗定律指出，在相同温度和压强下，1 mol 的各种理想气体的体积都相同。在标准状态（$p_0=101.3$ kPa，$T_0=273.15$ K）下，1 mol 的理想气体的体积 $V_\mathrm{m}=22.4$ L·mol^{-1}，于是可定义

$$R=\frac{p_0V_\mathrm{m}}{1\ \mathrm{mol}\cdot T_0}=8.31\ \mathrm{J/(mol\cdot K)} \tag{5-7-8}$$

R 称为摩尔气体常量。对于物质的量为 n 的任意理想气体，有

$$\frac{pV}{T}=\frac{p_0nV_\mathrm{m}}{T_0}=nR \quad \text{或} \quad pV=nRT \tag{5-7-9}$$

该方程称为理想气体物态方程。

【实验仪器】

ZKY-PTF0100 理想气体物态方程实验仪（图 5-7-2）。

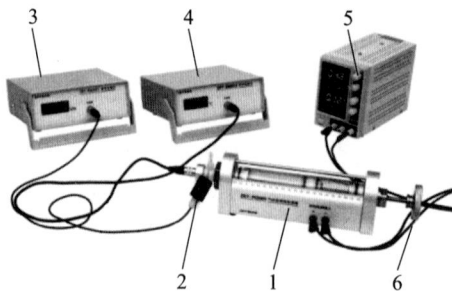

1—气体定律实验装置；2—压强传感器；3—数字压强计；
4—数字温度计；5—直流稳压电源；6—导线。

图 5-7-2 ZKY-PTF0100 理想气体物态方程实验仪

1. 气体定律实验装置

气体定律实验装置是验证理想气体物态方程的主体。一定质量的气体(实验前可改变气体体积)被活塞密封在透明电热管内,通过旋转大螺母推动活塞的移动来改变气体的体积。透明电热管采用均匀加热方式改变气体的温度,管内的气体通过气管可与外界空气或压强传感器连通,管内的气体温度通过内置的温度传感器配合数字温度计进行测量。

气体定律实验装置前面板上有一对功率电源输入孔,可采用直流电源方式。管内气体温度设计为不超过 100 ℃,若超过 100 ℃,应及时断开电热管电源。气体定律实验装置一端的四芯航空插座是温度传感器接口,邻近的气管是压强传感器接口。

由于加热时电热管温度较高,切勿触摸电热管,以免烫伤;并且应避免划伤玻璃管。

2. 压强传感器

用于将压强信号转换成可输出的电信号。

3. 数字压强计

用于测量和显示密封气体的压强。

显示范围:20~210 kPa。

显示分辨率:0.1 kPa。

含异常提示功能:

数码管显示"E　P"表示未连接压强传感器。

数码管显示"E　L"表示压强低于 20 kPa。

数码管显示"E　H"表示压强高于 210 kPa。

4. 数字温度计

用于测量和显示密封气体的温度。

显示范围:-55~+155 ℃。

显示分辨率:0.1 ℃。

含异常提示功能:

数码管显示"E　P"表示未连接温度传感器。

数码管显示"E　L"表示温度低于-55 ℃。

数码管显示"E　H"表示温度高于+155 ℃。

5. 直流稳压电源

用于给气体定律实验装置的电热管供电。

连续可调电压范围:0~30 V。

显示分辨率 0.1 V。

实验中采用稳压调节模式,电压不超过 30 V。

【实验内容】

1. 实验前的准备。

拔下气体定律实验装置与压强传感器连通的气管,使玻璃管内外气压相等,然后将活塞旋至标尺 90.0 mL 处。将气管与压强传感器重新接通,使玻璃管内气体处于密封状态。将气体定律实验装置的温度传感器接口与数字温度计相连。然后将活塞旋至标尺 60.0 mL 处。打开直流稳压电源(不外接电路,仅预热),打开数字压强计和数字温度计,预热约 10 min。等待用电装置和密闭气体温度压强稳定。

2. 研究等温条件下,一定质量气体的压强与体积的关系,验证玻意耳定律。

(1)以稳定后的温度作为室温并记录在表 5-7-1 中。

(2)然后改变活塞位置,在表 5-7-1 中记录体积视值 V' 在 60.0 mL、70.0 mL、80.0 mL、90.0 mL、100.0 mL、110.0 mL、120.0 mL 各处时的压强值 p,每个状态下待温度恢复到室温 ±0.2 ℃后再记录压强值。

(3)计算表 5-7-1 中各压强值的倒数 $1/p$。

(4)根据 5-7-1 数据绘制室温下密封气体的 V'-$1/p$ 关系曲线。用直线拟合该曲线,得到的纵坐标截距 V_0 即由于结构原因无法准确给出的密封气体的体积零差。直线斜率即为 nRT,根据温度 T(热力学温度)和 R 的参考值,计算出密封气体的物质的量 n。

3. 研究等容条件下,一定质量气体的压强与温度的关系,验证查理定律。

(1)保持前述密封气体的质量(或物质的量)不变,即切勿拔下气管。将活塞旋至 $V'=90.0$ mL,待温度稳定后再次记录室温下该体积下的压强值 p。

(2)将直流稳压电源电流调节旋钮顺时针调至最大(以避免在实验过程中出现限流保护),在恒压模式下再将直流稳压电源在开路状态下电压调为(30.0 ± 0.1)V,然后关闭直流稳压电源开关,待用导线将直流稳压电源输出端与气体定律实验装置的加热电源输入端连接后,再打开直流稳压电源开关。此后数字温度计显示气体温度逐渐升高,在表 5-7-2 中记录各温度下(温度间隔可取约 10 ℃)的压强值,直到记录到温度达到 90.0 ℃后停止记录。但不断开加热电源,须继续升温直到温度保持在 98~100 ℃之间(若发现有超出该范围的趋势,可改变直流稳压电源输出电压来保持,此步骤为下一实验作准备)。

(3)将记录的各摄氏温度换算成热力学温度,并根据表 5-7-2 数据绘制等容条件下密封气体的 p-T 关系曲线。用直线拟合该曲线,直线斜率即 $nR/(V'+V_0)$。根据体积视值 V'、前述实验得到的体积零差 V_0 和物质的量 n,计算 R,并与参考值进行比较计算相对误差。

4. 研究等压条件下,一定质量气体的体积与温度的关系,验证盖吕萨克定律。

(1)保持前述密封气体的质量(或物质的量)不变,即切勿拔下气管。移动活塞扩大气体体积,使得压强降低到接近室温下体积视值 90.0 mL 时对应的压强 p 附近(±1 kPa)。当温度在 98~100 ℃之间时关闭直流电源,待玻璃管自然降温。

(2)及时改变气体体积,使得压强随时都在 $p\pm0.2$ kPa 范围内,当温度降低至 90.0 ℃时,在表 5-7-3 中记录压强 p 对应的气体体积视值 V'。

(3)同样地,记录降温过程中不同温度下(温度间隔可采用大约 10 ℃)压强 p 对应的气体体积视值,直到降至 40 ℃以下。

(4)将记录的各摄氏温度换算成热力学温度,并根据表 5-7-3 数据绘制定压条件下密封气体的 V'-T 关系曲线。用直线拟合该曲线,直线斜率即为 nR/p。根据气体压强 p 和已计算出的物质的量 n,计算 R,并与参考值进行比较计算相对误差。

实验完成后,拔下气体连通管和相关连接线并收纳,并断开所有电源。

【数据处理】

将实验数据记入表 5-7-1、表 5-7-2、表 5-7-3 中。

表 5-7-1　同一温度下,测量气体的压强与体积的关系

室温：_____℃

体积视值 V'/mL	60.0	70.0	80.0	90.0	100.0	110.0	120.0
压强 p/kPa							
$\dfrac{1}{p}$/kPa^{-1}							

表 5-7-2　同一体积下,测量气体压强与温度的关系

体积视值 V'：_____mL

温度 T/℃		40.0	50.0	60.0	70.0	80.0	90.0
温度 T/K							
压强 p/kPa							

表 5-7-3　同一压强下,测量气体体积与温度的关系

压强：_____kPa

温度 T/℃	90.0	80.0	70.0	60.0	50.0	40.0
温度 T/K						
体积视值 V'/mL						

【思考题】

1. 采取何种方式能够有效地保持等温条件?
2. 简述直线拟合的步骤。

实验 8　液体黏度的测量

黏度是表征液体黏性程度的重要参量,是液体流动时内摩擦作用大小的量度。在工程技术和科学研究的许多领域中,测量液体的黏度是非常重要的。如机械的润滑、船舶的航行、石油在封闭管道中的输送,以及与液体性质有关的研究中,都需要测量液体的黏度。测量液体黏度的常用方法有落体法、转筒法、阻尼法和毛细管法。本实验采用落球法测量蓖麻油的黏度。

【实验目的】

1. 观察液体的内摩擦现象；
2. 学会用落球法测量蓖麻油的黏度；
3. 学会用半导体激光传感器测量小球在液体中下落的时间。

【实验原理】

在流动的液体中,因平行于流动方向的各层液体流速不同,互相接触的两层液体之间存在相互作用。慢层对快层的作用力阻滞快层运动,快层对慢层的作用力促使慢层加速。这一对力称为流体的内摩擦力或黏性力。

实验证明,若以与液层垂直的方向作为 x 轴方向,则相邻两个流层之间的内摩擦力 F 与两流层的接触面积 S 及流速梯度 $\mathrm{d}v/\mathrm{d}x$ 成正比：

$$F = \eta \frac{\mathrm{d}v}{\mathrm{d}x} S \tag{5-8-1}$$

其中 η 称为液体的黏度,它取决于液体的性质和温度,一般随温度的升高而迅速减小。

对于一个在无限广延的液体中运动的固体小球,如果小球的运动速度较小,则在运动过程中不产生旋涡,此时小球受到的黏性力 F 为

$$F = 6\pi\eta rv \tag{5-8-2}$$

这一关系称为斯托克斯公式,其中 r 为小球半径,v 为小球运动的速度。

当小球在液体中垂直下落时,它将受到向上的黏性力 F、向上的浮力 $\rho_0 Vg$ 及向下的重力 ρVg 的共同作用,其中 V 为小球的体积,ρ_0 和 ρ 分别为液体和小球的密度,g 为重力加速度。由式(5-8-2)可知,F 随小球运动速度的增加而增大。小球刚开始下落时速度较小,相应的黏性力也较小,但随着下落速度的增加,黏性力也逐渐增加,当速度增加到某一值 v_T 时,三个力达到平衡,即

$$\rho Vg - \rho_0 Vg - 6\pi\eta rv_\mathrm{T} = 0 \tag{5-8-3}$$

此时小球作匀速运动,速度 v_T 称为终极速度。设小球在均匀区域中 t 时间内下落的距离为 l,则 $v_\mathrm{T} = \dfrac{l}{t}$,代入式(5-8-3),整理得

$$\eta = \frac{(\rho - \rho_0) g d^2 t}{18l} \tag{5-8-4}$$

其中 d 为小球的直径。

在实验中,液体盛于有限的圆柱形量筒内,不满足无限广延的条件,考虑到管壁的影响,式(5-8-4)应修正为

$$\eta = \frac{(\rho - \rho_0) g d^2 t}{18l\left(1 + 2.4\dfrac{d}{D}\right)} \tag{5-8-5}$$

式中 D 为量筒的内直径。根据式(5-8-5)即可测定液体的黏度。

【实验仪器】

VM-1 落球法黏度测定仪(计时部分的用法见附录),数显游标卡尺(0~150 mm),数显外径千分尺(0~25 mm),钢尺,密度计,温度计,镊子。

【实验内容】

1. 用游标卡尺测量量筒的内直径 D,在不同的方向上共测 3 次,取平均值。

2. 用螺旋测微器测量 6 个同类型小(钢)球的直径 d,取平均值。

3. 调节实验装置(图 5-8-1)。

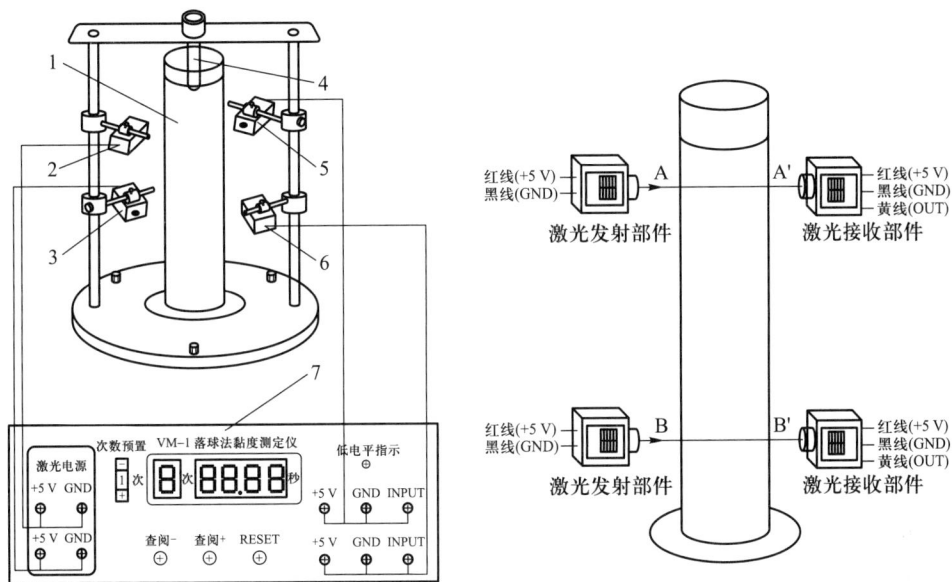

1—盛液量桶;2,3—激光发射盒;4—导向管;5,6—激光接收盒;

7—VM-1 落球法黏度测定仪(计数计时毫秒仪)。

图 5-8-1　实验装置示意图

　(1)调整底盘水平。在实验架横梁上放置重锤部件,调节底盘旋钮,使重锤对准底盘中心的圆点。

　(2)接通实验架上、下两个激光发射部件(A 和 B)电源,可见其发出红光。调节 A和 B,使激光束呈水平发射,并对准重锤垂线。

　注意:激光发射部件 A 上方应留有适当的高度,以保证小球的终极速度为匀速。

　(3)连接上、下两个激光接收部件(A′和 B′)的红线和黑线至测定仪面板右侧+5 V和 GND 端的接线柱上,暂不连接黄线(信号线)到 INPUT 端。收回重锤垂线,调节 A′和B′,使激光对准接收小孔(这时接收部件上的发光二极管熄灭)。然后,连接 A′和 B′上的黄线到测定仪面板的 INPUT 端。

　注意:收回重锤垂线后不得再调节激光发射部件。

　(4)将盛液桶放到实验架的底盘中央,使红色激光对准接收部件上的小孔(如果激光亮点在垂直方向上与接收小孔有偏差,可适当调节接收部件使激光对准接收小孔)。

（5）在实验架上放置小(钢)球导向管,导向管插入蓖麻油 1~2 mm 为佳。

（6）调节计时仪的次数预置,预置为 1 次。

（7）将小球放入导向管,试测小球下落时间。小球下落经过 AA′时,将阻断激光束,计时器开始计时;小球下落经过 BB′时,又将阻断激光束,这时测定仪自动记录跳变次数并判断是否达到设定的次数,一旦达到即刻停止计时。计时器显示的时间即小球下落路程 l 的时间 t。

如果小球下落过程中未能阻断激光束,则要再次进行调节。

4. 用钢尺测量上、下两个激光束之间的距离 l。

5. 将小球放入导向管,测量小球的下落时间 t。重复测量 6 次,取平均值。

注意:① 要用镊子夹小(钢)球;② 将小球放入导向管前,应先在所测的油中浸一下,以使其表面完全被油浸润。

6. 记录待测蓖麻油的密度 ρ_0 及温度 T。

7. 根据式(5-8-5)计算蓖麻油的黏度 η。

【注意事项】

1. 实验时,油中应无气泡。要使液体始终保持静止状态,实验过程中不要捞取小球,以免扰动液体。

2. 实验过程中操作要仔细,避免油洒出量筒。

3. 要避免激光发射部件和接收部件上的小孔被油污等杂物堵塞。

【思考题】

1. 式(5-8-4)的适用条件是什么?

2. 为什么要在小球下落到距液面一定的距离后才开始计时?

【附录】　VM-1 落球法黏度测定仪(计时部分)

1. 测定仪采用单片机作主件,由光敏三极管和运算放大器组成光电传感器部件,将光信号转换为电信号,经运算放大器比较后输出高电平或低电平。该输出的高低电平转换信号作为接入计时仪的输入信号,以使计时仪开始计时或终止计时。

2. 技术指标。

（1）量程和分辨率:量程 0.01~99.99 s;分辨率 0.01。

（2）准确度:优于 0.01%±1 个字。

（3）过载能力:输入电压幅度为 0~5 V,低电平输入电流不大于 7 mA。

3. 测定仪面板(图 5-8-2)。

4. 使用方法。

（1）测定仪 INPUT 端由高电平向低电平跳变开始计时,在下一次 INPUT 端由高电平向低电平跳变,测定仪自动记录高低电平的跳变次数并判断跳变次数是否达到设定的次数,一旦达到即刻停止计时,数码管显示所计的时间,并保留到按 RESET 键前。

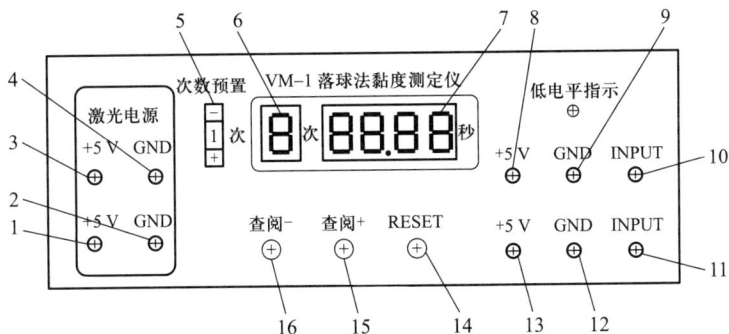

1,3—激光电源+5 V 端;2,4—激光电源地端;5—次数(光电门数−1)预置;

6—光电门数显示;7—计时显示;8,13—接收器电源+5 V 端;9,12—接收器电源地端;

10,11—输入端;14—复位键;15—次数+1 查阅计时键;16—次数−1 查阅计时键。

图 5-8-2　测定仪面板示意图

（2）按下计时仪的 RESET 键,复零计时数。测定仪的 INPUT 端若有上述的高低电平跳变,测定仪将重复上述工作过程。

（3）VM-1 落球法黏度测定仪的次数预置数等于小球经过的激光光电门数−1,如图 5-8-1 中共有上、下 2 对激光光电门,则次数预置数为 1 即可。也可在本实验中安装 2 对以上的激光光电门,如 3,4,…,10 对,则对应的次数预置数为 2,3,…,9。一旦小球落下,且光电门正常工作,小球在经过最后一个光电门后自动停止计时并保留计时数。从通过第一个光电门开始,到通过其他光电门的时间可按 查阅− 或 查阅+ 键来查阅。其中 0 次为开始计时的光电门 l_i;1 次为 l_i 下面的第 1 个光电门 l_{i+1},显示的时间是从开始计时到通过 l_{i+1} 的时间;2 次为 l_i 下面的第 2 个光电门 l_{i+2},显示的时间是从开始计时到通过 l_{i+2} 的时间,以此类推。

实验 9　电学元件伏安特性的测量

在航空航天等工业领域中,电路是不可或缺的重要元素。电路中有各种电学元件,如线性电阻、半导体二极管和三极管,以及光敏、热敏和压敏元件等。电流与电压的运用对于航天器的正常运转和相关任务的完成具有至关重要的影响,因此,我们必须知道这些元件的伏安特性。利用滑动变阻器的分压接法,通过电压表和电流表正确地测量出它们的电压与电流的变化关系称为伏安测量法(简称伏安法)。本实验应用伏安法测电阻,电压、电流测量的准确程度将直接影响电阻的测量结果。在工业应用中,设备的电路通常比较复杂,但是,只有掌握和精通伏安法测电阻等简单电路实验,才能逐步理解、应用和设计更为复杂的电路。

实验 9
电子教案

【实验目的】

1. 了解分压电路的调节特性;

2. 验证欧姆定律;

3. 掌握测量伏安特性的基本方法;

4. 学会直流电源、滑动变阻器、电压表、电流表、电阻箱等仪器的正确使用方法。

实验 9
教学视频

【实验原理】

1. 分压电路及其调节特性

（1）分压电路的接法

如图 5-9-1 所示,将滑动变阻器 R 的 A、B 两固定端接在直流电源 E 上,将滑动端 C 与任一固定端（如 B 端）作分压输出端,并接入负载 R_L。图中 B 端电位低,C 端电位高,C、B 间的分压 U 值随 C 端滑动而改变。U 值可用电压表测量。当 C 与 B 重合时,分压为零,是分压器的安全位置。此种接法为分压电路的接法。

（2）分压电路的调节特性

若电压表内阻很大,可忽略对电路的影响,根据欧姆定律可得分压 U 为

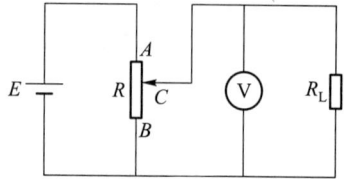

图 5-9-1　滑动变阻器分压电路

$$U = \frac{R_{BC}R_L}{RR_L + (R - R_{BC})R_{BC}}E \tag{5-9-1}$$

可变电阻 R_{BC} 从 0→R 变化时,输出分压 U 将随之从 0→E 变化。

分压曲线与负载 R_L 有关,理想情况下 $R_L \gg R$,$U = \dfrac{R_{BC}}{R}E$ 与 R_{BC} 成正比,即 C 端由 B 向 A 滑动时,U 将随之从 0→E 线性调节。

一般 R_L 相对于 R 不是很大,U 不与 R_{BC} 成正比,分压与滑动端位置间的关系如图 5-9-2 所示。由图可知,$\dfrac{R_L}{R}$ 越小,曲线越弯曲,即当 C 端由 B 向 A 滑动时,很大一段范围分压增加很小,接近 A 端时分压急剧增大,调节起来不方便。因此,通常变阻器要根据外负载选择。必要时,要同时考虑电压表内阻对分压的影响。

2. 实验线路的选择与比较

用伏安法测电阻的实验线路,通常有两种接法,即电流表内接法和电流表外接法,如图 5-9-3 所示。

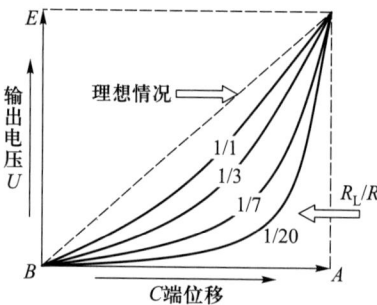

图 5-9-2　分压电路输出电压
与输出端位置的关系

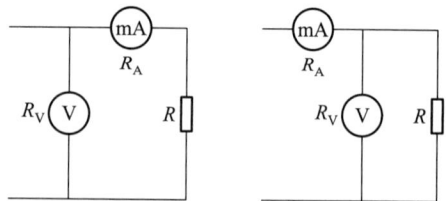

(a)电流表内接法　　(b)电流表外接法

图 5-9-3　实验线路的比较

电流表内接时,电压表读数比电阻端电压值大,应有

$$R = \frac{U}{I} - R_A \qquad (5\text{-}9\text{-}2)$$

其中 R_A 为电流表内阻。

电流表外接时,电流表读数比电阻 R 中流过的电流大,应有

$$\frac{1}{R} = \frac{I}{U} - \frac{1}{R_V} \qquad (5\text{-}9\text{-}3)$$

其中 R_V 为电压表内阻。

若简化处理,直接计算电压表读数 U 与电流表读数 I 的比值,得到被测阻值 R,即

$$R = \frac{U}{I} \qquad (5\text{-}9\text{-}4)$$

按照式(5-9-4)计算,电流表内接法的电阻测量结果偏大,而电流表外接法的测量结果偏小,都具有一定的系统误差。在此类简化处理的实验环境下,为了减小系统误差,应该选择相对更合理的测量方案。

为了减小上述系统误差,用伏安法测电阻的电路选择可以采用下列方法:

(1) 当 $R \ll R_V$,且 R 较 R_A 大得不多时,宜选用电流表外接法。

(2) 当 $R \gg R_A$,且 R_V 和 R 相差不多时,宜选用电流表内接法。

(3) 当 $R \gg R_A$,且 $R \ll R_V$ 时,则必须先用电流表内接法和外接法测量,然后再比较电流表的读数变化大还是电压表的读数变化大,根据比较结果再选择电流表采用内接还是外接。若电流表读数变化大,表明电压表的分流比较明显,宜选择内接法;若电压表读数变化大,表明电流表的分压比较明显,宜选择外接法。

3. 根据电表内阻求电阻值

当电表内阻值 R_V(或 R_A)和不确定度大小 $u(R_V)$(或 $u(R_A)$)已知时,可用式(5-9-2)或者式(5-9-3)更准确地求得电阻 R,不确定度 $u(R)$ 分别计算如下:

内接法计算式

$$\frac{u(R)}{R} = \frac{\sqrt{\left[\frac{u(U)}{U}\right]^2 + \left[\frac{u(I)}{I}\right]^2 + \left[\frac{u(R_A)}{R_A}\right]^2 \left(\frac{R_A}{U/I}\right)^2}}{\left(1 - \frac{R_A}{U/I}\right)} \qquad (5\text{-}9\text{-}5)$$

外接法计算式

$$\frac{u(R)}{R} = \frac{\sqrt{\left[\frac{u(U)}{U}\right]^2 + \left[\frac{u(I)}{I}\right]^2 + \left[\frac{u(R_V)}{R_V}\right]^2 \left(\frac{U/I}{R_V}\right)^2}}{\left(1 - \frac{U/I}{R_V}\right)} \qquad (5\text{-}9\text{-}6)$$

应该选择使 $\frac{u(R)}{R}$ 较小的线路方案测量,并计算待测电阻。

4. 电表量程的选择

电压表、电流表均为指针式磁电系仪表,量程和准确度一定时,有

$$|u(A)| \leqslant A_m \cdot K\% = u_仪 \qquad (5-9-7)$$

其中 $u(A)$ 为示值误差，A_m 为仪器上该量程的满偏值（即最大值），K 为仪器上该量程的精度，$u_仪$ 为仪器误差。由上式可估算电压表的仪器误差 $u(U)_仪$ 和电流表的仪器误差 $u(I)_仪$。

数字式电表以最末显示位最大值的一半作为仪器的示值误差，如最末显示位为 0.01 V，则仪器误差取 0.05 V。

一般实验中，在精度要求高的情况下，常令 $u(U) = u(U)_仪$，$u(I) = u(I)_仪$。

用 $R = \dfrac{U}{I}$ 简化计算时，根据误差理论，电阻不确定度 ΔR 满足

$$\frac{u(R)}{R} = \sqrt{\left[\frac{u(U)}{U}\right]^2 + \left[\frac{u(I)}{I}\right]^2} \qquad (5-9-8)$$

可见，电表读数接近满量程时，电阻测量准确度较高。所以，在选择量程时，一般尽量将读数控制在电表表盘的半偏以上的位置。

【实验仪器】

直流稳压电源，电压表，电流表，滑动变阻器，待测电阻盒，导线等。

【实验内容】

1. 定性观察分压电路的调节特性。
2. 用伏安法测电阻。

（1）简化测量电阻。在不考虑电表内阻的情况下，可以根据欧姆定律，简化测量电阻。

① 如表 5-9-1 所示，根据实验原理，选择分压电路的接法。若电流变化大，则选择电流表内接法；若电压变化大，则选择电流表外接法。

表 5-9-1　电流表内接与外接电路的比较

比较项	电压/V		电流/mA	
内接法	U_1		I_1	
外接法	U_2	$= U_1$	I_2	
	U_2'		I_2'	$= I_1$
电流变化	$U_2 = U_1$ 时，$\dfrac{I_2 - I_1}{I_1} \times 100\% =$			
电压变化	$I_2' = I_1$ 时，$\dfrac{U_2' - U_1}{U_1} \times 100\% =$			

② 如表 5-9-2 所示，根据表 5-9-1 结论，分析并选择合适的电路测量待测电阻（例如，标值为 $R_标 = 51\ \Omega,200\ \Omega,2\ k\Omega$ 的待测电阻）两端的电压和电流。

表 5-9-2　用伏安法测量电阻的数据记录

$R_{标} = \underline{\hspace{1cm}}$ Ω

测量次数	1	2	3	4	5	6
U/V						
I/mA						

（2）根据等精度原则，作 U-I 图，选择 U-I 曲线上不是实验点并且尽量远的两点 A、B，求待测电阻 R_i（$R_i = \dfrac{U_A - U_B}{I_A - I_B}$）及其不确定度 $u(R_i)$：

$$\frac{u(R_i)}{R_i} = \sqrt{\left[\frac{u(U_A - U_B)}{U_A - U_B}\right]^2 + \left[\frac{u(I_A - I_B)}{I_A - I_B}\right]^2}$$

3. 在已知电表内阻的情况下，更为精确地测量，并计算待测电阻。

（1）对于电流表内接法分压电路，待测电阻 R 为

$$R = \frac{U}{I} - R_A$$

对于电流表外接法分压电路，待测电阻 R 为

$$R = \frac{U}{I - U/R_V}$$

（2）分别用外接法和内接法测量待测电阻，然后按照实验原理的第 3 部分内容选择使 $\dfrac{u(R)}{R}$ 较小的线路方案测量，并计算待测电阻。

【注意事项】

1. 电源不可短路或过载。
2. 滑动变阻器的滑动端应预置于安全位置。
3. 电表指针不可以长时间超量程。
4. 线路经检查后方可通电。

【思考题】

1. 电流表或电压表面板上的符号各代表什么意义？电表的准确度等级是怎样定义的？怎样确定电表读数的示值误差和读数的有效数字？
2. 实验中为什么要检查实验电路中电表的实际量程？如果在不知道实际电流的情况下如何操作？
3. 内接法和外接法都存在哪些系统误差？分析误差来源。
4. 用内接法测电阻应该注意哪些问题？适合测量哪种电阻的电路？
5. 用外接法测电阻应该注意哪些问题？适合测量哪种电阻的电路？

实验 9
背景

实验 10　直流电路设计实验——电表的改装与校准

电学实验中经常要用电表(电压表和电流表)进行测量,常用的直流电流表和直流电压表都有一个共同的部分,常称为表头。表头通常是一个磁电式微安表,它只允许通过微安级的电流,一般只能测量很小的电流或电压。如果要用它来测量较大的电流或电压,就必须进行改装,以扩大其量程。经过改装后的微安表具有测量较大电流、电压和电阻等多种用途。若在表中配以整流电路将交流变为直流,则还可以测量交流电的有关参量。我们日常接触到的各种电表几乎都是经过改装的,因此学习改装和校准电表在电学实验中是非常重要的。

【实验目的】

1. 熟悉电流表、电压表的构造原理;
2. 掌握测定电流计表头的内阻的方法;
3. 学会作校准曲线。

【实验原理】

1. 电表的改装

(1) 表头内阻的测量

表头线圈的电阻 R_g 称为表头内阻。它的测定方法很多,这里介绍一种替代法,测量线路如图 5-10-1 所示。

将 S_2 置于 2 处,调节 R_0 使 A_0 在一较大示值处(同时注意表 A 的指针不要超过量程)。再将 S_2 置于 1 处,保持 R_0 不变,调节 R_n 使表 A_0 指在原来位置上,则有 $R_n = R_g$。

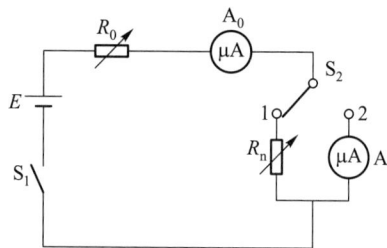

图 5-10-1　替代法测量线路

(2) 将表头改装为电流表

使表头指针偏转到满刻度所需要的电流 I_g 称为量程。表头的满度电流很小,只适用于测量微安级或毫安级的电流,若要测量较大的电流,就需要扩大电表的电流量程。方法是:在表头两端并联电阻 R_p,如图 5-10-2 所示,使超过表头能承受的那部分电流从 R_p 流过。由表头和 R_p 组成的整体就是电流表,并联的扩程电阻 R_p 称为分流电阻。选用不同大小的 R_p,可以得到不同量程的电流表。

当表头满度时,设通过电流表的总电流为 I,通过表头的电流为 I_g,因为

$$U_g = I_g R_g, \quad U_g = (I - I_g) R_p$$

故得

$$R_p = \frac{I_g}{I - I_g} R_g \qquad (5-10-1)$$

表头的规格 I_g、R_g 可事先测出,根据需要的电流表量程,由式(5-10-1)就可以算出应并联的电阻

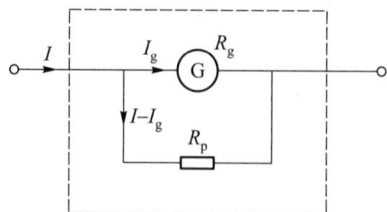

图 5-10-2　微安表改成电流表

值。通常,由于电流表的量程 I 远大于表头的量程 I_g,并联电阻 R_p 远小于表头内阻 R_g。

（3）将表头改装为电压表

表头的满度电压也很小,一般为零点几伏。为了测量较大的电压,需在表头上串联

电阻 R_s,如图 5-10-3 所示,使超过表头所能承受
的那部分电压降落在电阻 R_s 上。表头和串联电
阻 R_s 组成的整体就是电压表,串联的扩程电阻 R_s
称为分压电阻。选用大小不同的 R_s,就可以得到
不同量程的电压表。因为

$$U_s = I_g R_s = U - U_g$$

可得　　　　$$R_s = \frac{U - U_g}{I_g} = \frac{U}{I_g} - R_g \qquad (5\text{-}10\text{-}2)$$

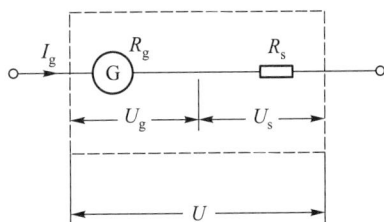

图 5-10-3　微安表改成电压表

表头的 I_g、R_g 可事先测出,根据需要的电压表量程,由式（5-10-2）就可以算出应串
联的电阻值。通常,由于电压表的量程 U 远大于表头的量程 U_g,串联电阻 R_s 远大于表
头内阻 R_g。

2. 电表的校准

电表在扩大量程或改装后,还需要进行校准。所谓校准是用被校电表与标准电表
同时测量一定的电流（或电压）,看其指示值与相应的标准值（从标准电表读出）相符的
程度。由校准的结果得到电表各个刻度的绝对误差,选取其中最大的绝对误差除以量
程,即得该电表的标称误差,即

$$标称误差 = \frac{最大绝对误差}{量程} \times 100\% \qquad (5\text{-}10\text{-}3)$$

根据标称误差的大小,将电表分为不同的等级,常记为 K。例如,若 $0.5\% <$ 标称误
差 $\leq 1.0\%$,则该电表的等级为 1.0 级。

电表的校准结果除用等级表示外,还常用校准曲线
表示,如图 5-10-4 所示。即以被校电表的指示值 I_{xi} 为
横坐标,以校正值 ΔI_i（ΔI_i 等于标准电表的指示值 I_{si} 与
被校表相应的指示值 I_{xi} 的差值,即 $\Delta I_i = I_{si} - I_{xi}$）为纵坐
标,两个校正点之间用直线段连接,根据校正数据作出
折线状的校正曲线（不能画成光滑曲线）。在以后使用
这块电表时,根据校准曲线可以修正电表的读数。

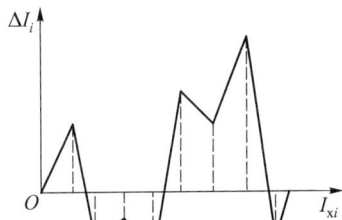

图 5-10-4　校准曲线

【实验仪器】

微安表,标准电流表,标准电压表,直流电源,滑动变阻器,电阻箱,单刀双掷开关,
电池,导线。

【实验内容】

1. 测量表头的内阻

按图 5-10-1 连接电路,用替代法测表头的内阻 R_g。

2. 将量程为 100 μA 的表头扩程为 5 mA(图 5-10-2)

(1)计算分流电阻的阻值 R_p,用电阻箱作 R_p。

(2)校正扩大量程后的电表。应先调准零点,再校准量程(满刻度点),然后再校正标有标度值的点。

(3)校准量程时,若实际量程与设计量程有差异,可微调 R_p。

(4)校正刻度时,使电流单调上升和单调下降各一次,将标准表两次读数的平均值作为 I_{si},计算各校正点的校正值。

(5)以被校表的指示值 I_{xi} 为横坐标,以校正值 ΔI_i 为纵坐标,在坐标纸上作出校准曲线。

3. 将表头改装成量程为 1 V 的电压表(图 5-10-3)

(1)计算扩程电阻的阻值 R_s,用电阻箱作 R_s。

(2)校正电压表。与校准电流表的方法相似。

(3)以被校表的指示值 U_{xi} 为横坐标,以校正值 ΔU_i 为纵坐标,在坐标纸上作出校准曲线。

【注意事项】

1. 接通电源前,应检查滑动变阻器的滑动端是否在安全位置。

2. 调节电阻箱时,防止电阻值从 9 突然减小到 0。

3. 记录时注意有效数字的位数。

【思考题】

1. 为什么校准电表时需要把电流(或电压)从小到大做一遍又从大到小做一遍?

2. 校正电流表时,如果发现改装表的读数偏高,应如何调整?

3. 一量程为 500 μA,内阻为 1 kΩ 的微安表,它可以测量的最大电压是多少? 如果将它的量程扩大为原来的 N 倍,应如何选择扩程电阻?

实验 11　用模拟法测绘静电场

实验 11
电子教案

实验 11
教学视频

人们在探求物质的运动规律和自然奥秘或解决工程技术问题时,经常会碰到一些特殊的情况,如受到被研究对象过分庞大或微小,或者非常危险,或者变化非常缓慢等限制,以至难以对研究对象进行直接测量。此时,可以依据相似理论,人为地制造一个类似于被研究对象的物理现象或过程的模型,通过对模型的测试代替对实际对象的测试来研究变化规律,这种方法称为模拟法。它可分为物理模拟和数学模拟两大类。

1. 物理模拟

人为制造的"模型"和实际"原型"有相似的物理过程和相似的几何形状,以此为基础的模拟方法即为物理模拟。例如,为了研究高速飞行的飞机上各部位所受的力,人们先制造一个与原型飞机几何形状相似的模型,将模型放入风洞,创造一个与实际飞机在空中飞行完全相似的物理过程,通过对模型飞机受力情况测试,便可以用较短的时间、方便的空间、较小的代价获得可靠的实验数据。物理模拟具有生动形象的直观性,并可

使观察的现象反复出现,因此具有广泛的应用价值,尤其是对那些难以用数学方程式准确描述的对象进行研究时常常采用物理模拟方法。

2. 数学模拟

模型和原型遵循相同的数学规律,即满足相似的数学方程和边界条件,但在物理实质上可以毫无共同之处,这种模拟方法称为数学模拟,又称类比。

模拟法虽然具有上述的许多优点,但也有很大的局限性,因为它仅能够解决可测性问题,并不能提高实验的精度。

【实验目的】

1. 学习用模拟法测绘静电场的原理和方法;

2. 通过测绘同轴圆柱体间的电场分布和两平行导线间的静电场分布,了解模拟法的概念和使用模拟法的条件,并加深对电场强度和电位(电势)等基本物理概念的理解。

【实验原理】

带电体在其周围空间形成静电场,静电场是由电荷分布所决定的。对一些比较简单的情况,如球形导体、平行平面板等,可通过理论计算得到其电场分布。但是大多数情况下,带电体形状比较复杂,很难或无法得到其静电场分布的解析解。目前可以通过计算机数值计算的手段来获得其电场分布情况的数值解,然而计算结果的可靠性尚需验证,所以通过实验手段来研究静电场的分布特性就成了主要方法。但是直接测量静电场存在较大困难。首先,因为静电场中没有电流,不能使用简单的电学仪表来测量,要使用的仪器设备很复杂;其次,探针一旦放入静电场中,将会产生感应电荷,使原电场发生畸变,影响测量结果的准确性。

1. 用恒定电流场模拟静电场

为了克服直接测量静电场的困难,可以仿造一个与待测静电场分布完全一样的恒定电流场,用容易直接测量的恒定电流场去模拟静电场。

恒定电流场和静电场是两种不同的场,但这两种场有相似的性质。它们都是有源场(保守场),都可以引入电位 V。对静电场和恒定电流场来说,可以用两组对应的物理量来描述,其所遵循的物理规律如表 5-11-1 所示。

表 5-11-1 描述静电场和恒定电流场的物理量

静电场	恒定电流场
均匀电介质中两导体平板上各带电荷 $\pm Q$	两电极间的均匀导电介质中流过电流 I
电位分布 V	电位分布 V
电场强度 E	电场强度 E
介质介电常量 ε	导电介质电导率 σ
电位移 $D = \varepsilon E$	电流密度 $J = \sigma E$
介质内无自由电荷时,有	导电介质内无电源时,有
$\oint D \cdot \mathrm{d}S = 0$	$\oint J \cdot \mathrm{d}S = 0$
$\dfrac{\partial^2 V}{\partial x^2} + \dfrac{\partial^2 V}{\partial y^2} + \dfrac{\partial^2 V}{\partial z^2} = 0$	$\dfrac{\partial^2 V}{\partial x^2} + \dfrac{\partial^2 V}{\partial y^2} + \dfrac{\partial^2 V}{\partial z^2} = 0$

由表 5-11-1 可知,描述这两种场物理规律的数学形式是相同的。根据电动力学的理论可以严格证明:具有相同边界条件的相同方程,解的形式也相同(最多相差一个常量),这正是我们用恒定电流场来模拟静电场的基础。

为了在实验中实现模拟,恒定电流场和被模拟的静电场的边界条件应该相同或相似,这就要求在模拟实验中用形状和所放位置均相同的良导体来模拟产生静电场的带电导体,如图 5-11-1 所示。

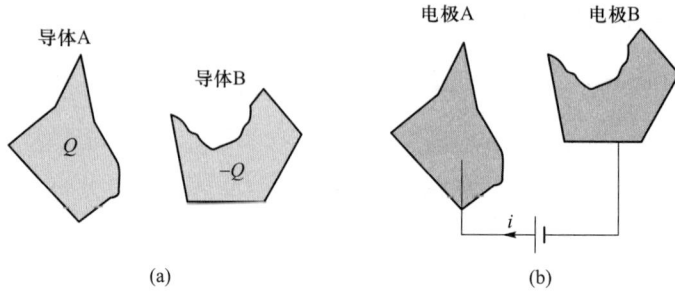

图 5-11-1　静电场和恒定电流场的比较

因为静电场中带电导体上的电荷量是恒定的,相应的模拟电流场的两电极间的电压也应该是恒定的。用电流场中的导电介质(不良导体)来模拟静电场中的电介质,如果模拟的是真空(空气)中的静电场,则电流场中的导电介质必须是均匀介质,即电导率必须处处相等。由于静电场中带电导体表面是等位面,导体表面附近的场强(或电场线)与表面垂直,这就要求电流场中的电极(良导体)表面也是等电位的,这只有在电极(良导体)的电导率远大于导电介质(不良导体)的电导率时才能保证,所以导电介质的电导率不宜过大。

2. 无限长带电同轴圆柱导体中间的静电场分布

如图 5-11-2(a)所示,真空中有一无限长圆柱体 A 和无限长圆柱体壳 B 同轴放置(均为导体),分别带有等量异号电荷。由静电学可知,在 A、B 间产生的静电场中,等位面是一系列同轴圆柱面,电场线则是一些沿径向分布的直线。图 5-11-2(b)是在垂直于轴线的任一截面 S 内的圆形等位线与径向电场线的分布示意图。由理论计算可知,在距离轴线距离为 r 的一点处的电位是

$$V_r = V_1 \frac{\ln \dfrac{R_B}{r}}{\ln \dfrac{R_B}{R_A}} \qquad (5-11-1)$$

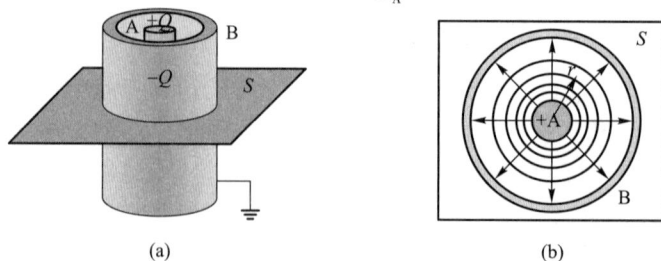

图 5-11-2　无限长带电同轴圆柱导体中间的电场分布

式中, V_1 为导体 A 的电位; 导体 B 的电位为零(接地)。距中心 r 处的电场强度为

$$E_r = -\frac{\mathrm{d}V_r}{\mathrm{d}r} = \frac{V_1}{\ln\dfrac{R_B}{R_A}} \cdot \frac{1}{r} \tag{5-11-2}$$

式中负号表示电场强度方向指向电位降落的方向。

3. 模拟电流场分布

在无限长同轴圆柱体中间充以导电率很小的导电介质, 且在内外圆柱间加电压 V_1, 让外圆柱体接地, 使其电位为零, 此时通过导电介质的电流为恒定电流。导电介质中的电流场即可作为上述静电场的模拟场, 如图 5-11-3 所示。

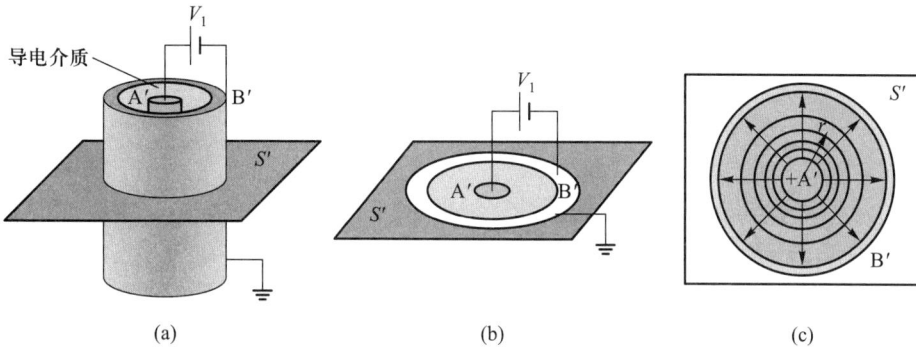

图 5-11-3　无限长带电同轴圆柱导体中间的电场分布

由于无限长带电同轴圆柱体的电场线在垂直于圆柱体的平面内, 模拟电流场的电流线也在同一平面内, 且其分布与轴线的位置无关。因此, 可以把三维空间的电场问题简化为二维平面问题, 即只研究一个导电介质在一个平面内的电流线分布即可。

通过理论计算可以证明, 电流场中 S' 面的电位分布 V'_r 与原真空中的静电场的电场线平面 S 的电位分布 V_r 是完全相同的, 导电介质中的电场强度 E'_r 与原真空中的静电场的电场强度 E_r 也是完全相同的, 即

$$V'_r = V_1 \frac{\ln\dfrac{R_B}{r}}{\ln\dfrac{R_B}{R_A}} = V_r \tag{5-11-3}$$

则

$$E'_r = -\frac{\mathrm{d}V_r}{\mathrm{d}r} = \frac{V_1}{\ln\dfrac{R_B}{R_A}} \cdot \frac{1}{r} = E_r \tag{5-11-4}$$

【实验仪器】

实验装置如图 5-11-4 所示。

静电场模拟装置 1 如图 5-11-5 所示, 用于模拟无限长带电同轴圆柱导体间的电场分布。刻有坐标的导电玻璃基底上, 中间是一个半径为 1.00 cm 的圆形电极, 周围是内径为 8.00 cm 的同心圆环状电极。

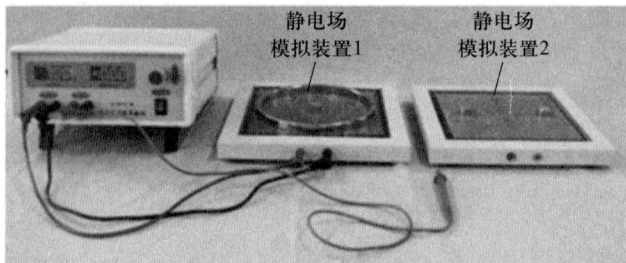

图 5-11-4　实验装置

静电场模拟装置 2 如图 5-11-6 所示,用于模拟两平行导线间的电场分布。

图 5-11-5　同轴圆柱导体间
静电场模拟装置

图 5-11-6　两平行导线间
静电场模拟装置

【实验内容】

1. 测绘同轴圆柱导体间的等位线并画出电场线

按图 5-11-7 所示接线,实验步骤为:

(1) 校准电源电压(7.00 V),确定好面板坐标系。

(2) 测出表 5-11-2 所要求的电位,每条等位线至少均匀测量 8 个点,每个点读出坐标数值。

(3) 按作图要求画出电场分布图。

(4) 测量每条等位线的半径,填写数据表格并计算(注意有效数字)。

2. 测绘两平行导线间的电场分布

按图 5-11-8 所示接线,实验步骤为:

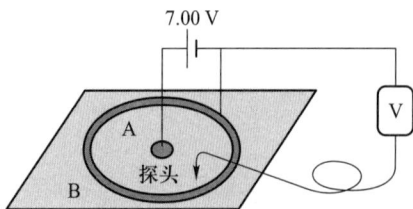

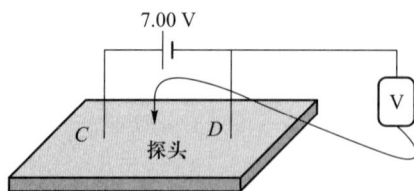

图 5-11-7　测绘同轴圆柱导体间电场分布电路图　图 5-11-8　测绘两平行导线间电场分布电路图

（1）校准电源电压（7.00 V），确定好面板坐标系。

（2）测量出导电板表面电位分别为 1.25 V、2.50 V、3.50 V、4.50 V、5.75 V 处的坐标值，填入表 5-11-3 中，每条等位线至少均匀测量 8 个点。

（3）按作图要求画出电场分布。

【数据处理】

1. 同轴圆柱导体间电场分布

两极电压 $V_1 = 7.00$ V，同轴圆柱面（每个电压取 8 个点）$R_A = 1.00$ cm，$R_B = 8.00$ cm，电极中心点坐标（$x/$cm、$y/$cm）为（＿＿＿，＿＿＿），数据见表 5-11-2。

表 5-11-2　同轴圆柱导体间电场分布

1.00 V		2.00 V		3.00 V		4.00 V		5.00 V	
$x/$cm	$y/$cm	$x/$cm	$y/$cm	$x/$cm	$y/$cm	$x/$cm	$y/$cm	$x/$cm	$y/$cm

2. 两平行导线间电场分布

两极电压 $V_1 = 7.00$ V，平行导线（每个电压取 8 个点）电极半径为 1.00 cm，电极中心点坐标为 C（＿＿＿，＿＿＿）；D（＿＿＿，＿＿＿），数据见表 5-11-3。

表 5-11-3　同轴圆柱体电场分布

1.25 V		2.50 V		3.50 V		4.50 V		5.75 V	
$x/$cm	$y/$cm	$x/$cm	$y/$cm	$x/$cm	$y/$cm	$x/$cm	$y/$cm	$x/$cm	$y/$cm

3. 计算相对误差

已知 $V_1 = 7.00$ V, $R_A = 1.00$ cm, $R_B = 8.00$ cm, $V_{r理} = \dfrac{V_1}{\ln \dfrac{R_B}{R_A}} \cdot \ln \dfrac{R_B}{r}$, 数据见表 5-11-4。

表 5-11-4　计算相对误差

$V_{r实}/V$	5.00	4.00	3.00	2.00	1.00
r/cm					
$\ln(R_B/r)$					
$V_{r理}/V$					
$(V_{r理}-V_{r实})/V_{r理}$					

【思考题】

1. 为什么可以用恒定的电流场模拟静电场？模拟的条件是什么？
2. 能否根据所描绘的等位线簇计算其中某点的电场强度，为什么？
3. 若将实验中使用的电源电压加倍或减半，测得的等位线和电场线形状是否变化？
4. 根据 CD 连线上各个位置的电位值，计算其电场强度，说明不同区域电场强度的分布规律。
5. 在其中一条等位线上任取 4~5 个点，计算每一点到两个电极的距离之比，验证该比值是否为一个常量。

实验 12　用霍尔元件测磁场

实验 12
电子教案

实验 12
教学视频

1879 年，霍尔在研究载流导体在磁场中受力的性质时发现了霍尔效应，它是电磁场的基本现象之一。利用这种现象可以制成各种霍尔元件，特别是测量器件，现在已广泛地应用在工业自动化和电子技术中。由于霍尔元件的面积可以做得很小，所以可以用它测量某点的磁场和缝隙间的磁场，还可以利用这一效应测量半导体中的载流子浓度和判断载流子的类型等。在科学技术中，霍尔传感器在通信领域已应用得相当广泛，例如我国的"神舟"飞船就装有特制的霍尔传感器。

本实验介绍一种用霍尔效应实验仪测量磁场的方法。

【实验目的】

1. 了解霍尔效应的基本原理；
2. 学会用霍尔效应测量磁场；
3. 学会用数字万用表测量霍尔电压。

【实验原理】

1. 霍尔效应

若将通有电流的导体置于磁场 $\boldsymbol{B}$ 之中，磁场 $\boldsymbol{B}$（沿 z 轴）垂直于电流 I_H（沿 x 轴）的

方向,如图 5-12-1 所示,则在导体中垂直于 $\boldsymbol{B}$ 和 I_H 的方向上将出现一个横向电位差 U_H,这个现象称为霍尔效应。

这一效应对金属来说并不显著,但对半导体非常显著。用霍尔效应可以测定载流子浓度及载流子迁移率等重要参量,以及判断材料的导电类型,是研究半导体材料的重要手段。还可以用霍尔效应测量直流或交流电路中的电流和功率,以及把直流电流转换成交流电流并对它进行调制、放大。用霍尔效应制作的传感器广泛用于磁场、位置、位移、转速的测量。

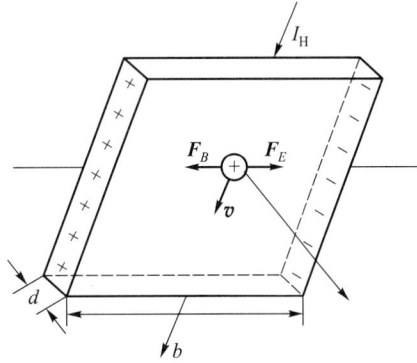

图 5-12-1　霍尔效应原理图

霍尔电压是这样产生的:当电流 I_H 通过霍尔元件(假设为 P 型)时,空穴有一定的漂移速度 $\boldsymbol{v}$,垂直磁场会对运动电荷产生洛伦兹力:

$$\boldsymbol{F}_B = q(\boldsymbol{v} \times \boldsymbol{B}) \tag{5-12-1}$$

式中 q 表示单位正电荷。洛伦兹力使电荷产生横向的偏转,由于样品有边界,所以有些偏转的载流子将在边界积累起来,产生一个横向电场 $\boldsymbol{E}$,直到电场对载流子的作用力 $\boldsymbol{F}_E = q\boldsymbol{E}$ 与磁场作用的洛伦兹力相互抵消为止,即

$$q(\boldsymbol{v} \times \boldsymbol{B}) = q\boldsymbol{E} \tag{5-12-2}$$

这时电荷在样品中运动时将不再偏转,霍尔电压就是由这个电场建立起来的。

如果是 N 型样品,则横向电场与前者相反,所以 N 型样品和 P 型样品的霍尔电压有不同的符号,据此可以判断霍尔元件的导电类型。

设 P 型样品的载流子浓度为 p,宽度为 b,厚度为 d。通过样品的电流 $I_H = pqvbd$,则空穴的速度 $v = I_H/(pqbd)$,代入式(5-12-2),有

$$E = |\boldsymbol{v} \times \boldsymbol{B}| = \frac{I_H B}{pqbd} \tag{5-12-3}$$

上式两边各乘以 b,得

$$U_H = Eb = \frac{I_H B}{pqd} = R_H \frac{I_H B}{d} \tag{5-12-4}$$

其中 $R_H = \dfrac{1}{pq}$ 称为霍尔系数。在应用中一般写成

$$U_H = K_H I_H B \tag{5-12-5}$$

比例系数 $K_H = \dfrac{R_H}{d} = \dfrac{1}{pqd}$,称为霍尔元件灵敏度,单位为 mV/(mA·T),一般来说,K_H 越大越好。因为 K_H 与载流子浓度 p 成反比,而半导体的载流子浓度远比金属的载流子浓度小,所以常用半导体材料作为霍尔元件。因 K_H 与片厚 d 成反比,所以霍尔元件都做得很薄,一般厚度只有 0.2 mm 左右,又称为霍尔片。

由式(5-12-5)可以看出,若知道了霍尔片的灵敏度 K_H,只要分别测出霍尔电流 I_H 及霍尔电压 U_H,就可算出 B 的大小。这就是用霍尔效应测磁场的原理。

2. 用霍尔效应法测量电磁铁的磁场

测量磁场的方法很多,如磁通法、核磁共振法及霍尔效应法等。其中霍尔效应法用半导体材料构成霍尔片作为传感元件,把磁信号转换成电信号,测出磁场中各点的磁感应强度,其最大的优点是能测量交、直流磁场。

电路如图 5-12-2 所示。直流电源 E_1 为电磁铁提供励磁电流 I_M,通过滑动变阻器 R_1,可以调节 I_M 的大小。电源 E_2 通过可变电阻 R_2(用滑动变阻器)为霍尔元件提供电流 I_H,当 E_2 电源为直流时,用直流毫安表测霍尔电流,用数字万用表测霍尔电压;当 E_2 为交流时,毫安表和毫伏表都用数字万用表。

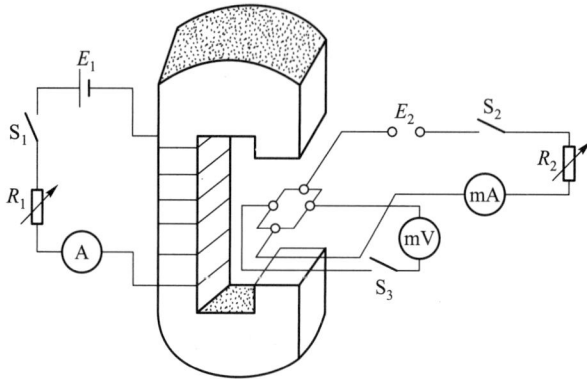

图 5-12-2 电路图

半导体材料有 N 型(电子型)和 P 型(空穴型)两种,前者载流子为电子,带负电;后者载流子为空穴,相当于带正电的粒子。由图 5-12-3 可以看出,若载流子为电子,则 4 点电位高于 3 点电位,$U_{H3,4}<0$;若载流子为空穴,则 4 点电位低于 3 点电位, $U_{H3,4}>0$。如果知道载流子类型,则可以根据 U_H 的正负定出待测磁场的方向。

由于霍尔效应建立电场所需时间很短(10^{-14} ~ 10^{-12} s),因此通过霍尔元件的电流用直流或交流都可以。若霍尔电流 I_H 为交流 $I_H = I_0 \sin \omega t$,则

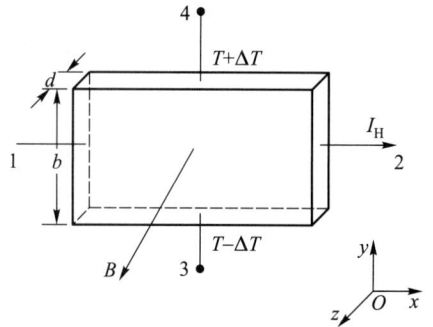

图 5-12-3 U_H 的正负及热磁
副效应示意图

$$U_H = K_H I_H B = K_H B I_0 \sin \omega t \qquad (5-12-6)$$

所得的霍尔电压也是交变的。在使用交流电情况下,式(5-12-5)仍可使用,只是式中的 I_H 和 U_H 应理解为有效值。

3. 消除霍尔元件热磁副效应的影响

在实际测量过程中,还会伴随一些热磁副效应,这使所测得的电压不只是 U_H,还会附加另外一些电压,给测量带来误差。

这些热磁副效应有:埃廷斯豪森效应,由于在霍尔片两端有温度差,从而产生温差电动势 U_E,它与霍尔电流 I_H 和磁场 B 有关;能斯特效应,当热流通过霍尔片(如1,2端)

时,在其两侧(3,4 端)会有电动势 U_N 产生,它只与磁场 $\boldsymbol{B}$ 和热流有关;里吉-勒迪克效应,当热流通过霍尔片时,在其两侧会有温度差产生,从而又会产生温差电动势 U_R,它同样与磁场 $\boldsymbol{B}$ 和热流有关(见本实验附录)。

除这些热磁副效应外,还有不等位电压 U_0,它是两侧(3,4 端)的电极不在同一等位面上引起的。当霍尔电流通过 1,2 端时,即使不加磁场,3,4 端也会有电压 U_0 产生,其方向随电流 I_H 方向而改变。

为了消除副效应的影响,我们在操作时要分别改变 I_H 的方向和 $\boldsymbol{B}$ 的方向,记下四组电压数据(设 S_1,S_2 换向开关置于"上"为正):

当 I_H 正向,B 正向时,有

$$U_1 = U_H + U_0 + U_E + U_N + U_R$$

当 I_H 负向,B 正向时,有

$$U_2 = -U_H - U_0 - U_E + U_N + U_R$$

当 I_H 负向,B 负向时,有

$$U_3 = U_H - U_0 + U_E - U_N - U_R$$

当 I_H 正向,B 负向时,有

$$U_4 = -U_H + U_0 - U_E - U_N - U_R$$

作运算 $U_1 - U_2 + U_3 - U_4$,并取平均值,有

$$\frac{1}{4}(U_1 - U_2 + U_3 - U_4) = U_H + U_E \tag{5-12-7}$$

由于 U_E 方向始终与 U_H 相同,所以用换向法不能消除 U_E,但一般 $U_E \ll U_H$,故可以忽略 U_E 不计,于是

$$U_H = \frac{U_1 - U_2 + U_3 - U_4}{4} \tag{5-12-8}$$

温度差的建立需要较长时间(约几秒钟),因此如果采用交流电,使温度差来不及建立,就可以减小测量误差。

【实验仪器】

霍尔效应实验仪,电池,直流稳压电源,数字万用表,电阻箱,滑动变阻器,测试线等。

【实验内容】

1. 测量霍尔电流 I_H 与霍尔电压 U_H 的关系

将霍尔片置于电磁铁中心处,励磁电流 $I_M \leqslant 0.5$ A。调节直流稳压电源 E_2 及电阻 R_2,使霍尔电流 I_H 依次为 0.5 mA,1.0 mA,1.5 mA,2.0 mA,2.5 mA,3.0 mA,3.5 mA,4.0 mA,4.5 mA,5.0 mA,测出相应的霍尔电压。注意:每次应消除副效应。作 U_H-I_H 曲线,验证 U_H 与 I_H 的线性关系(如按图 5-12-2 连接电路实验,S_1、S_2、S_3 应为换向开关)。根据 U_H-I_H 曲线计算磁感应强度 B。

2. 测量励磁电流 I_M 与霍尔电压 U_H 的关系

保持霍尔电流 $I_H \leqslant 5$ mA,调节励磁电流 I_M 从 0.1～0.5 A,每隔 0.05 A 用数字万用

表测出样品的霍尔电压 U_H（注意消除副效应，自行判断）。用式（5-12-5）计算相应的磁感应强度 B，作 $B-I_M$ 曲线。

3. 测量电磁铁磁场沿水平方向的分布

调节支架旋钮，使霍尔片从电磁铁中心处移到支架的左端。固定励磁电流 $I_M=0.5$ A，霍尔电流 $I_H=5.0$ mA。调节支架使霍尔片由电磁铁左边向右慢慢进入电磁铁间隙中，由左到右测量磁场沿水平方向 x 分布的 $B-x$ 曲线。x 位置由支架上水平标尺上读得（测量磁场沿 x 方向的分布时，不必考虑消除副效应）。

【数据处理】

1. 自行设计实验数据表格，根据式（5-12-5）计算相应的磁感应强度 $\boldsymbol{B}$。
2. 推导合成不确定度 $u_C(B)$。
3. 写出 $B=\bar{B}\pm u_C(B)$。
4. 作 $B-I_M$ 及 U_H-I_H 曲线。

【注意事项】

1. 霍尔片又薄又脆，切勿用手触摸。
2. 霍尔片允许通过的电流很小，切勿与励磁电流接错。
3. 电磁铁通电时间不要过长，以防电磁铁线圈过热影响测量结果。

【思考题】

1. 分析本实验的主要误差来源，计算 B 的合成不确定度。
2. 分析霍尔效应的产生条件，并理解对应条件下各线路的连接原理。
3. 理解各副效应的产生机理，分析消除方法。

【附录】 热磁副效应简介

在此介绍由于温度梯度的存在，伴随霍尔效应产生的一些热磁副效应。

1. 埃廷斯豪森（Ettingshausen）效应

1887 年，埃廷斯豪森发现，当沿金属片铋的 x 方向通以电流并在 z 方向加磁场时（图 5-12-3），则在金属片的两侧（沿 y 方向）有温度差产生，温度梯度与通过样品的电流和磁感应强度的大小成正比：

$$\frac{\partial T}{\partial y}=PI_H B \tag{5-12-9}$$

P 称为埃廷斯豪森系数。温度梯度引起温差电动势 U_E，可写作

$$U_E=U(T,T+\Delta T)$$

且有

$$U_E \propto I_H B \tag{5-12-10}$$

U_E 与霍尔电流 I_H 和磁场 $\boldsymbol{B}$ 的方向有关。

2. 能斯特（Nernst）效应

能斯特和埃廷斯豪森在研究金属铋的霍尔效应时发现，当有热流通过霍尔片时，在

与热流及磁场垂直的方向会产生电动势 U_N。改变磁场或热流方向,电动势方向也将改变。这个现象称为能斯特效应。

在 P 型霍尔片中,如果样品电极 1,2 端(图 5-12-3)的接触电阻不同,就会产生不同的焦耳热,使两端温度不同。沿温度梯度 dT/dx 有扩散倾向的空穴受到磁场的偏转,会建立一个横向电场,与洛伦兹力相抗衡,则在 y 方向电极 3,4 之间产生电势差

$$U_N = -Q \frac{\partial T}{\partial x} B \qquad (5-12-11)$$

其中 Q 称为能斯特系数。U_N 的方向与磁场 B 的方向有关(热流方向一定),而与通过样品的电流 I_H 的方向无关。

3. 里吉-勒迪克(Righi-Leduc)效应

1887 年,里吉和勒迪克几乎同时发现,当有热流通过霍尔片时,与样品面垂直的磁场可以使霍尔片的两侧产生温度差。如果改变磁场方向,温度梯度的方向也随之改变。

在图 5-12-3 中,假设 1,2 端(沿 x 方向)有温度梯度 $\partial T/\partial x$,热流沿 x 方向通过,在 y 方向的 3,4 端就会产生温度梯度,磁场方向 B 沿 z 方向,则有

$$\frac{\partial T}{\partial y} = S \frac{\partial T}{\partial x} B \qquad (5-12-12)$$

S 称为里吉-勒迪克系数。根据埃廷斯豪森效应,在 y 方向的温度差会产生温差电动势 U_R,U_R 和 $\frac{\partial T}{\partial y}$ 成正比,所以 U_R 的方向随磁场 B 的方向而改变,与霍尔电流 I_H 的方向无关。

实验 13　用直流电桥测电阻

电桥是一种比较式的测量仪器,它在电测技术中应用极为广泛,可以用来测量电阻、电容、电感等许多物理量。电桥主要分为直流电桥和交流电桥两大类,直流电桥按其结构又可分为单臂电桥(惠斯通电桥)和双臂电桥(开尔文电桥)。本实验用箱式电桥和自组电桥测电阻,方法是将被测电阻与标准电阻相比较。由于标准电阻的准确度很高,如果检流计足够灵敏,用电桥电阻可以达到很高的灵敏度。

【实验目的】

1. 掌握惠斯通电桥的原理,并通过它初步了解一般桥式线路的特点;
2. 学会使用惠斯通电桥测量电阻;
3. 学会自组惠斯通电桥;
4. 学习用交换法测电阻,掌握减小系统误差的一种方法。

【实验原理】

惠斯通电桥是最常用的直流电桥,图 5-13-1 是它的电路图。图中 R_1、R_2 和 R 是已知阻值的标准电阻,它们和被测电阻 R_x 构成一个四边形,每一条边称作电桥的一个臂。对角线 BD 像桥一样,称作桥臂,简称桥。B 和 D 之间接有检流计 G,若调节 R 使检流计中的电流为零,桥两端的 B 点和 D 点的电位相等,电桥达到平衡,由欧姆定律得

$$I_1 \cdot R_1 = I_2 \cdot R_2$$
$$I_1 \cdot R = I_2 \cdot R_x$$

两式相除可得

$$\frac{R_1}{R} = \frac{R_2}{R_x}$$

即

$$R_x = \frac{R_2}{R_1}R \qquad (5\text{-}13\text{-}1)$$

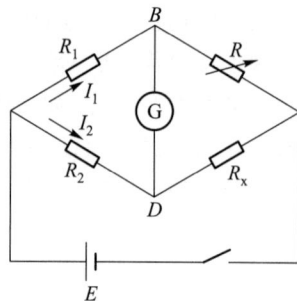

图 5-13-1　惠斯通电桥电路图

只要检流计足够灵敏,式(5-13-1)就能很好地成立,被测电阻 R_x 可以仅从三个标准电阻的值来求得,而与电源电压无关。这一过程相当于把 R_x 和标准电阻相比较,因而测量的准确度很高。

实验中电桥的实际线路如图 5-13-2 所示。将式(5-13-1)中 R_2 和 R_1 的比值定义为比率臂,用字母 C 表示,则被测电阻为

$$R_x = CR$$

其中 $C = R_2/R_1$,共分为 7 个挡位,范围是 $10^{-3} \sim 10^3$。R 为测量臂,由 4 个十进位的电阻盘组成。

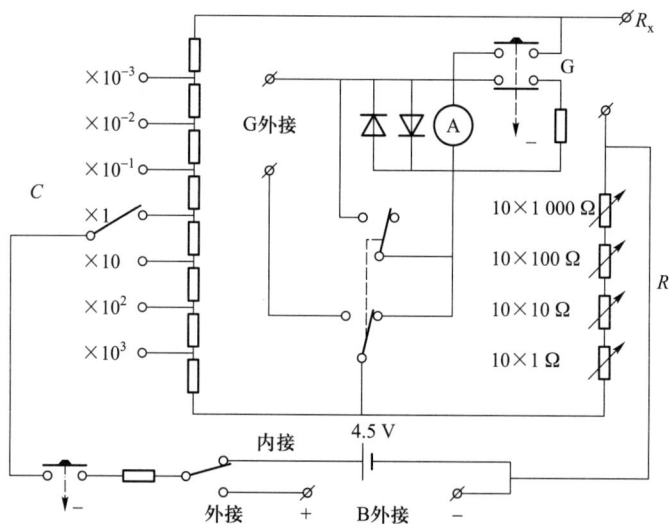

图 5-13-2　QJ23 型直流电阻电桥电路图

【实验仪器】

QJ23 型直流电阻电桥,电阻箱,直流检流计,滑动变阻器,直流稳压电源等。

1. QJ23 型直流电阻电桥

该电桥的基本特征是,在恒定比值 R_2/R_1 下,可通过改变 R 的大小,使电桥达到平衡。它把各个仪表都装在箱内,便于携带,因此又称为箱式电桥。为了便于测量,箱式电桥中使 R_2/R_1 为十进制固定值(共分为 10^{-3}、10^{-2}、10^{-1}、1、10、10^2、10^3 七挡),由一个旋钮(比率臂 C)调节。图 5-13-3 为电桥面板图。中间四个电阻调节旋钮组成电阻 R。检流计右侧是

比率臂 $C=R_2/R_1$，可根据仪器盖上铭牌的表格（例如表 5-13-1）进行选择。右下角两个接线柱接待测电阻。右上角为电源选择旋钮，根据测量需求，本实验中可选择"3 V"。左上角两个接线柱接检流计，当开关拨至"内接"时，使用内部检流计；当开关拨至"外接"时，内部检流计被短路，然后在两接线柱间外接检流计。下面两个按钮分别是电源开关（B）和电流计开关（G），使用时要注意，测量时应先按下 B 后按下 G，断开时要先弹起 G 后弹起 B。检流计指针下方的旋钮是调节指针零点的，称为调零旋钮，在测量前应先对检流计进行调零。应正确使用倍率，使十进电阻器第一盘（×1 000 Ω）示值不为零，这样测量结果有四位有效读数，且测量准确度较高。电桥长期不用时，应取出内附电池，防止电池渗液。

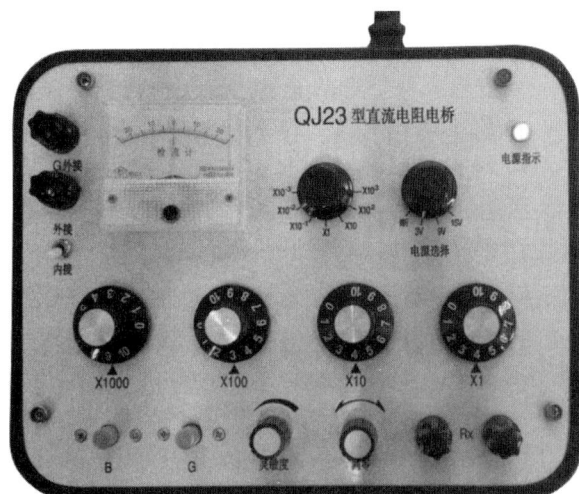

图 5-13-3　QJ23 型直流电阻电桥

表 5-13-1　QJ23 型直流电阻电桥参量

量程倍率	有效量程/Ω	准确度/%	电源电压/V
$\times 10^{-3}$	0~11.11	0.5	
$\times 10^{-2}$	0~111.1	0.2	4.5
$\times 10^{-1}$	0~1 111	0.1	
$\times 1$	0~11 110		
$\times 10$	0~111 100		9
$\times 10^2$	0~1 111 000	0.2	21
$\times 10^3$	0~5 000 000	0.5	
	5~11 110 000		36

2. ZX21 型直流电阻箱

ZX21 型直流电阻箱的准确度等级为 0.1，它的电阻调节范围为 0.1~99 999.9 Ω。它有六个分别标有 ×0.1、×1、×10、×100、×1 000、×10 000 的电阻调节旋钮，四个分别标有 0、0.9 Ω、9.9 Ω、99 999.9 Ω 的接线柱。当将 0、0.9 Ω 两个接线柱接入电路中时,只有×0.1 的可调电阻被接入电路中,此时电阻箱可提供的最大阻值为 0.9 Ω;当将 0、9.9 Ω 两个接线柱接入电路中时,×0.1 和×1 的可调电阻被接入电路中,此时电阻箱可提供的最大阻值为 9.9 Ω;当将 0、99 999.9 Ω 两个接线柱接入电路中时,六个可调电阻都被接入电路中,此时电阻箱可提供的最大阻值为 99 999.9 Ω。在通常的实验条件下,0.1 级电阻箱阻值不确定度 $u(R)=0.1\%R+0.005(N+1)\,\Omega$,其中 N 是实际所用的十进制电阻盘的个数。例如,接 0 和 9.9 Ω 两接线柱时,$N=2$。

3. 直流检流计

直流检流计可作为 0.02 级以下电桥指零用配套仪器,由于它不需要考虑阻尼匹配,灵敏度高而且可调,所以使用极为方便。它的最大灵敏度为:电压常量<1 μV/mm,或电流常量≤3×10^{-9} A/mm,内有输入保护电路及输出保护电路,8 h 漂移小于 2 mm(2 μV)。

使用时接入 220 V 电源,并将信号接入仪器输入两端,即可使用。

【实验内容】

1. 用箱式电桥测电阻

(1) 熟悉电桥的结构,预调检流计零位。

(2) 根据被测电阻的标称值,选定比率臂 C 并预置测量盘。然后调节电桥平衡,得到测量盘度数 R 的值。将有关读数填在表 5-13-2 中,并总结操作规律(表中参量 a 为 QJ23 电桥的准确度等级,可在仪器盖上铭牌的表格中查询)。

(3) 测量电桥的灵敏阈 $u(s)$。

若测量范围或检源、检流计条件不符合与准确度等级对应的要求时,电桥平衡后改变 R_x(或等效地改变 R),检流计却未见偏转,说明电桥不够"灵敏"。一般把检流计偏转 0.2 分格所对应的被测电阻的变化量 $u(s)$ 叫作电桥的灵敏阈。根据平衡时的比例关系可得,$u(s)=0.2Cu(R)/u(d)$。测出偏离平衡位置 $u(d)$ 分格对应的测量盘示值变化 $u(R)$,即可求出电桥的灵敏阈 $u(s)$。

(4) 计算测量结果的误差,正确表示测量结果。

2. 用自组电桥测电阻

(1) 组成如图 5-13-4 所示的电桥。

(2) 根据 R_x 的粗略值选择合适的比率,使滑动变阻器 R_p 的滑片处在中间位置,并预置电阻箱 R 的数值,使其与 R_x 的粗略值相同。

(3) 接通开关 S_1,先用碰触法接检流计,同时观察指针偏转的快慢、大小,以判断电桥接近平衡的程度。调节电阻箱,使指针指零,此时电桥平衡。记录电阻箱的阻值。

(4) 用交换法测量:将 R_x 与 R 的位置交换,重复以上步骤。

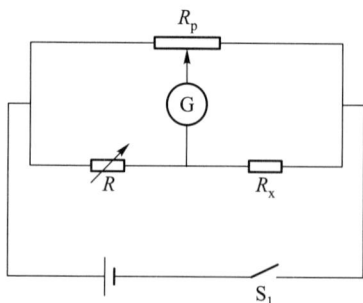

图 5-13-4　用自组电桥测电阻电路图

（5）求出用交换法测得的电阻值 R_x。

（6）由不确定度传递公式及电阻箱的准确度等级估计 R_x 的 B 类不确定度，计算 ΔR_x。

【注意事项】

1. 电桥通电时间不能过长，不测量时应关掉电源。

2. 各接线旋钮必须拧紧，否则接触电阻过大，将影响测量的准确度，甚至无法达到平衡。

【数据处理】

1. 用箱式电桥测电阻

数据记入表 5-13-2 中。

表 5-13-2　实验记录及数据处理

电阻标称值/Ω	51	200	2 000
比率臂读数 C			
准确度等级 a			
平衡时测量盘读数 R/Ω			
平衡后将电流计调偏 $u(d)$/格			
与 $u(d)$ 对应的 $u(R)$/Ω			
测量值 $R_x(=CR)$/Ω			

结果报告数据处理：

（1）R_x 的基本误差允许极限

$$|E_{\lim}| = 0.01a(CR + 500C\ \Omega)$$

（2）电桥灵敏阈

$$u(s) = 0.2Cu(R)/u(d)$$

（3）电阻的不确定度

$$u(R_x) = \sqrt{E_{\lim}^2 + (\Delta s)^2}$$

（4）写出电阻测量结果

$$R_x = CR \pm u(R_x)$$

2. 用自组电桥测电阻

（1）记录实验数据。

（2）求出电阻测量值 R_x。

（3）计算不确定度 $u(R_x)$。

（4）写出电阻测量结果 $R_x = CR \pm u(R_x)$。

【思考题】

1. 用箱式电桥测电阻时,应怎样选取比率臂才能保证有较高的准确度?

2. 用自组电桥测电阻时,把 R 和 R_x 交换位置后,待测电阻 R_x 的计算公式与交换前的计算公式有何不同?

3. 若待测电阻 R_x 的一个接头接触不良,电桥能否调至平衡?

4. 用箱式电桥测电阻时,若四个旋钮都旋到最大仍不能使电桥平衡,该怎么办? 若只用三个旋钮就达到了平衡,该怎么办?

实验 14　电学黑匣子实验

电学黑匣子实验是一项基础电学实验,能够培养学生分析问题、运用所学知识解决实际问题的能力。本实验提供的电学黑匣子上有五个接线柱,编号标在盒子上。盒内装有四个元件,可能是电池、电阻、电容、电感或半导体二极管,每两个接线柱之间最多只连一个元件,也可能没有连接元件(断路或短路)。

【实验要求】

1. 设计实验方案,确定黑匣子内的四个元件,并绘出它们的连线图(在图上标出元件的名称)。说明所确定的电路图及元件名称唯一可能的理由及判别根据。

2. 设计测试方法,确定四个元件的数值。要求写出计算公式,并作简要说明。

【实验器材】

电池,示波器,信号发生器,万用表,黑匣子,导线。

【实验提示】

1. 可用万用表的电压挡确定盒中有无电源。

2. 二极管正反向电阻值相差很大。

3. 对于较小的电感或电容可通过交流信号源,利用感抗、容抗的表现判断。

4. 用万用表电阻挡(选用适量程)测量两个接线柱间的电阻,根据断路且有充放电现象,判断较大电容. 每次检测后,应令其短路使电容放电,否则会影响以后的测量。

5. 电感与电阻直流性质相同,而交流性质不同. 电阻元件的阻值不随交流电源频率而变,电感的阻抗随电源频率而变。

实验 15　毕奥-萨伐尔定律实验

实验 15
教学视频

【实验目的】

1. 测定直导体和圆形导体环路激发的磁感应强度与导体电流的关系;

2. 测定直导体激发的磁感应强度与距导体轴线距离的关系;

3. 测定圆形导体环路导体激发的磁感应强度与环路半径以及距环路距离的关系。

【实验原理】

根据毕奥-萨伐尔定律,导体所载电流为 I 时,在空间 P 点处,由导体线元产生的磁感应强度 B 为:

$$dB = \frac{\mu_0}{4\pi} \cdot \frac{I}{r^2} \cdot ds \times \frac{r}{r} \qquad (5\text{-}15\text{-}1)$$

$\mu_0 = 4\pi \cdot 10^{-7}\ \mathrm{Wb/(A \cdot m)}$ 为真空磁导率。

其中线元长度、方向由矢量 ds 表示;从线元到空间 P 点的方向矢量由 r 表示(如图 5-15-1 所示)。

计算总磁感应强度意味着积分运算。只有当导体具有确定的几何形状,才能得到相应的解析解。例如:一根无限长导体,在距轴线 r 的空间产生的磁感应强度为:

$$B = \frac{\mu_0}{4\pi} \cdot I \cdot \frac{2}{r} \qquad (5\text{-}15\text{-}2)$$

其磁力线为同轴圆柱状分布(如图 5-15-2 所示)。

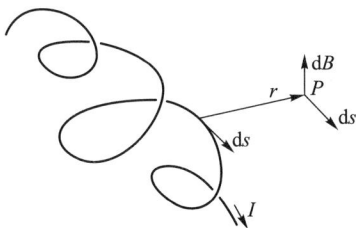

图 5-15-1　导体线元在空间 P 点所激发的磁感应强度

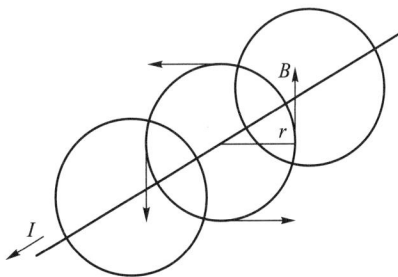

图 5-15-2　无限长导体激发的磁场

半径为 R 的圆形导体回路在沿圆环轴线距圆心 x 处产生的磁感应强度为:

$$B = \frac{\mu_0}{4\pi} \cdot I \cdot 2\pi \cdot \frac{R^2}{(R^2 + x^2)^{\frac{3}{2}}} \qquad (5\text{-}15\text{-}3)$$

其磁力线平行与轴线(如图 5-15-3 所示)。

本实验中,上述导体产生的磁场将分别利用轴向以及切向磁感应强度探测器来测量。磁感应强度探测器件非常薄,对于垂直其表面的磁场分量响应非常灵敏。因此,不仅可以出测量磁感应强度的大小,也可以测量其方向。对于直导体,实验测定了磁感应强度 B 与距离 r 之间的关系;对于圆形环导体,测定了磁感应强度 B 与轴向坐标 x 之间的关系。另外实验还验证了磁感应强度 B 与电流 I 之间的关系。

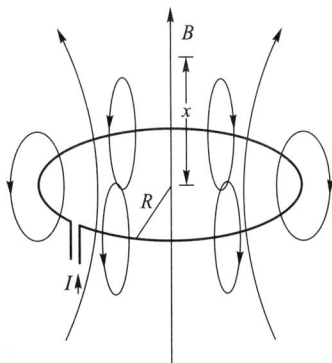

图 5-15-3　圆形导体回路激发的磁场

【实验仪器】

毕-萨实验仪,电流源,待测圆环,待测直导线,黑色铝合金槽式导轨及支架(如图 5-15-4 所示)。

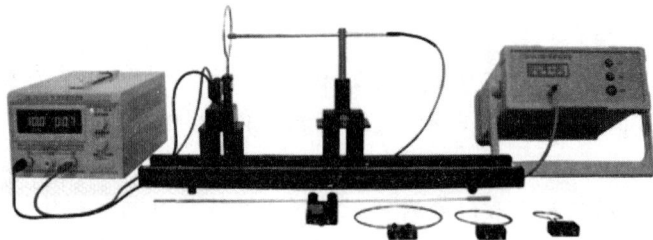

图 5-15-4　实验装置

【实验内容】

1. 直导体激发的磁场

将直导线插入支座上。

直导体接至恒流源。

将磁感应强度探测器与毕-萨实验仪连接,方向切换为垂直方向,并调零。

将磁感应强度探测器与直导体中心对准。

向探测器方向移动直导体,尽可能使其接近探测器(距离 $r=0$)。

从 0 开始,逐渐增加电流 I,每次增加 1 A,直至 8 A。逐次记录测量到的磁感应强度 B 的值。

令 $I=8$ A,逐步向右移动磁感应强度探测器,测量磁感应强度 B 与距离 r 的关系,并记录相应数值。

2. 圆形导体环路激发的磁场

将直导体换为 $R=40$ mm 的圆环导体。

圆环导体接至恒流源。

将磁感应强度探测器与毕-萨实验仪连接,方向切换为水平方向,并调零。

调节磁感应强度探测器的位置至导体环中心。

从 0 开始,逐渐增加电流 I,每次增加 1 A,直至 8 A。逐次记录测量到的磁感应强度 B 的值。

令 $I=8$ A,逐步向右及向左移动磁感应强度探测器,测量磁感应强度 B 与坐标 r 的关系,记录相应数值。

将 40 mm 导体环替换为 80 mm 及 120 mm 导体环。分别测量磁感应强度 B 与坐标 r 的关系。

【注意事项】

确认导线正确连接,电流值逆时针调到最小后再开关电源;

磁场探测器的导线请勿用力拽;

电流不要超过 8 A,电压不要超过 2 V!

长直导体的插线在导体的 2 端,而不在底座上!

圆环的电源插线在底座上!

禁止带电插拔待测导体!

【数据处理】

1. 直导体激发的磁场

表 5-15-1　长直导体激发的磁感应强度 B 与电流 I 的关系($s = 0$ mm)

I/A	B/mT
0	
1	
2	
3	
4	
5	
6	
7	
8	

表 5-15-2　长直导体激发的磁感应强度 B 与距离 r 的($I = 8$ A)

r/mm	B/mT
5.0	
7.0	
10.0	
12.0	
14.0	
16.0	
19.0	
24.0	
32.0	

2. 圆形导体回路激发的磁场

表 5-15-3　R = 40 mm 圆形导体回路激发的磁感应强度 B 与电流 I 的关系 (x = 0)

I/A	B/mT
0	
1	
2	
3	
4	
5	
6	
7	
8	

表 5-15-4　圆形导体回路激发的磁感应强度 B 与坐标 x 的关系

x/cm	B/mT (R = 20 mm)	B/mT (R = 40 mm)	B/mT (R = 60 mm)
-7.5			
-5.0			
-4.0			
-3.0			
-2.5			
-2.0			
-1.5			
-1.0			
-0.5			
0.0			
0.5			
1.0			
1.5			
2.0			
2.5			
3.0			
4.0			
5.0			
7.5			

直导体激发的磁场

由表 5-15-1 绘出直导体激发的磁场 $B \sim I$ 关系曲线。

由表 5-15-2 绘出 $1/B \sim r$ 关系曲线。（r＝末位置坐标−初始位置坐标）

圆形导体回路激发的磁场

由表 5-15-3 绘出圆形导体回路（直径 40 mm）激发的磁场 $B \sim I$ 关系曲线。

由表 5-15-4 绘出不同半径的圆形导体回路激发的磁场 $B \sim r$ 关系曲线。（r＝末位置坐标−初始位置坐标）

实验结论

由实验曲线给出实验结论并分析。

【思考题】

1. 根据式（5-15-2），由表 5-15-2 绘出的 $1/B \sim r$ 的图像理论上是哪种类型曲线？你的结果是否与理论相符？若不相符，请解释原因？

2. 在由表 5-15-4 绘出的圆形导体回路激发的磁场 $B \sim r$ 图像中，是否可以用探测器位置读数直接代替 r（r＝末位置坐标−初始位置坐标）？为什么？

实验 16
电子教案

实验 16
教学视频

实验 16　示波器的原理和使用方法

示波器是在直角坐标系中以时间扫描为时基，二维地显示物理量——电学量瞬时变化的仪器。它不但能观测低频信号（包括单次信号），同时也能观测高频信号和快速脉冲信号，并能对其表征的参量进行分析和测量。随着数字集成电路技术的发展而出现的数字存储示波器，不但能显示波形，还能对波形进行存储、分析、计算，并能组成自动测试系统。示波器已成为电子测量领域最重要的基础测试仪器之一。

【实验目的】

1. 了解示波器主要组成部分和显示波形的原理；

2. 了解示波器的使用方法；

3. 观察李萨如图形，学会直流电压、相位、频率的测量方法。

【实验原理】

1. 模拟示波器

模拟示波器主要由四部分组成：阴极射线示波管系统，扫描、触发系统，放大系统，电源系统。

（1）基本结构

模拟示波器的内部结构如图 5-16-1 所示，包括电子枪、偏转系统和荧光屏三部分，封闭于高真空玻璃管内。电子枪由灯丝、阴极、控制栅极组成。灯丝通电后给阴极加热，阴极被加热后发射出大量的电子，经过第一阳极（聚焦阳极）聚焦，再经过第二阳极（加速阳极）加速后高速轰击荧光屏发出荧光。靠近阴极处设置有控制栅极，可调节其电位以控制电子束的强度，以改变荧光"辉度"。

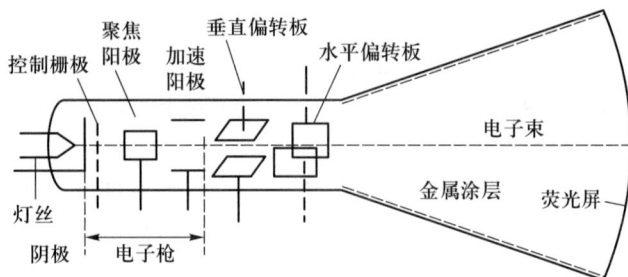

图 5-16-1　模拟示波器结构图

（2）电偏转

如图 5-16-1 所示，阴极射线管（CRT）内有两对平行板电极。一对平行板电极为水平（或 X）偏转板，简称横偏板。一对平行电极为垂直（或 Y）偏转板，简称纵偏板。在 X、Y 偏转板上加电压时，其电场使高速运动的电子束沿水平、垂直方向发生偏移，这种现象称为电偏转。

若幅度为 U（单位为 V）的电压使电子束沿纵向（或横向）偏转 y（cm），则定义 U/y 为偏转因数，记作 k，即 $k = U/y$（V/cm，读作：伏每厘米）。偏转因数（也称"伏每格"值）表示：使电子束纵向（或横向）偏转 1 cm（即 1 格）的电压幅度，显然，偏转因数为 k（V/cm）时，使电子束偏转 y（cm）的电压幅度为

$$U = ky \qquad (5\text{-}16\text{-}1)$$

由式（5-16-1）根据电子束的偏转值，可测出被测电压值。

（3）扫描

若仅在横偏板上加周期性变化的电压 $U_x(t)$，则电子束（或光点）沿水平方向作周而复始的往返运动，其位移随电压的变化而变化。当电压恢复到起始值时，电子束（或光点）便回到起始位置，电子束的这种周而复始的往返运动称为扫描，此时的 $U_x(t)$ 称为扫描电压。当扫描较快时，荧光屏显示一条水平亮线，称为扫描线。若 $U_x(t)$ 是如图 5-16-2 所示的周期为 T_s 的线性锯齿波电压，则电子束的水平位移与时间成线性关系。若在横偏板加扫描电压，使电子束在 T（s）内沿水平方向位移 L（cm），则 T/L 为每厘米扫描时间，简称厘米扫描时间，记作 t_0，即

$$t_0 = T/L \qquad (5\text{-}16\text{-}2)$$

厘米扫描时间（也称"时间每格"值）表示：电子束沿水平方向扫描 1 cm（即 1 格）的时间，显然，厘米扫描时间为 t_0（s/cm）时，电子束沿水平方向扫描 L（m）所用的时间为

$$T = t_0 L \qquad (5\text{-}16\text{-}3)$$

由式（5-16-3）根据电子束横向扫描距离 L，可测定时间间隔。

（4）示波器显示波形的原理

当在示波器的纵偏板上加周期为 T_Y 的被观测（正弦波）信号 $U_Y(t)$，而在横偏板上加周期为 T_s 的线性锯齿波扫描电压 $U_x(t)$ 时，后者使 Y 方向的振动沿 X 方向展开，呈现二维平面图形。当 $T_s = nT_Y$（n 为正整数）时，每次锯齿波的扫描起始点会准确地落到被测信号的同相位点上，即扫描电压和被观测信号达到同步，称为扫描同步。同步条件

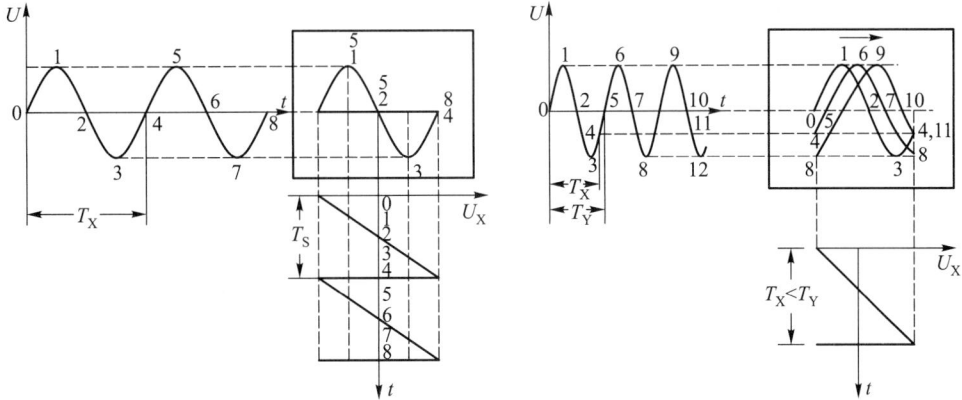

图 5-16-2　电压扫描原理图

为：扫描电压周期 T_S 为被测信号周期 T_Y 的整数倍，即

$$T_S = nT_Y(n = 1,2,3,\cdots) \tag{5-16-4}$$

注意：若不同步，波形将不断移动，无法观测到稳定的波形。

（5）整步

示波器实现扫描同步的过程称为整步，本实验所用示波器的扫描同步过程是采用触发电路扫描方式实现的。

从输入的被测信号中取样作为触发信号送到触发电路里，当送入的信号电平满足电路所设计的触发电平时（图 5-16-3 中的 A 点），触发电路使输出触发脉冲启动扫描电路（锯齿波）进行扫描，即光点启动，由 A 点自左至右移动直至 A' 点。扫描电压达到最大值，完成了一个锯齿波的扫描过程，但是在这个扫描的过程中，扫描电路是不会接受其他触发脉冲的。所以光点会从 A' 点迅速返回到 A 点，之后等到下一个触发脉冲到来时启动扫描电路，进行下一次的扫描。因为每一个触发脉冲是同触发电平所对应的触发信号同相位点，所以触发脉冲启动扫描电路也和触发信号是同相位的，于是每次扫出的波形完全重复并稳定地显示出被测波形。这个过程就是所说的整步过程。

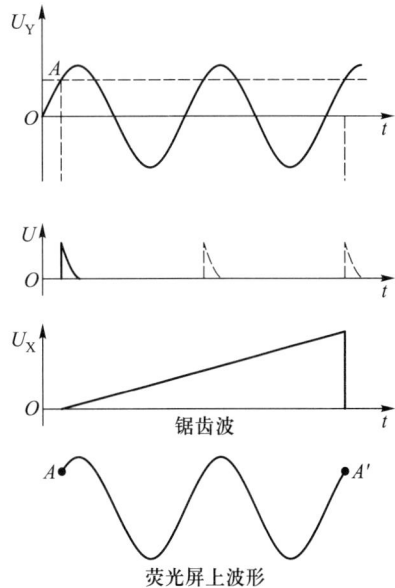

图 5-16-3　示波器整步过程

2. 数字示波器

（1）组成原理

数字存储示波器简称数字示波器，它与模拟示波器的不同在于，信号进入示波器后立刻通过高速 A/D 转换器将模拟信号前端快速采样，存储其数字化信号；并利用数字信号处理技术对所存储的数据进行实时快速处理，得到信号的波形及其参量，并由示波器显示，从而实现模拟示波器的功能。数字示波器测量精度高，还可以存储和调用显示特定时刻的信号。

典型的数字示波器原理框图如图 5-16-4 所示,它分为实时和存储两种工作状态,当其以实时状态工作时,其电路组成原理与模拟示波器相同。当其以存储状态工作时,它的工作过程一般分为存储和显示两个阶段,在存储工作阶段,模拟输入信号先经过适当的放大或衰减,然后经过采样和量化两个过程的数字化处理,转化成数字信号,再在逻辑控制电路的控制下将数字信号写入到存储器中。量化过程就是将采样获得的离散值通过 A/D 转换器转换成二进制数字。采样、量化及写入过程都是在同一时钟频率下进行的。在显示工作阶段,将数字信号从存储器中读出来,并经 D/A 转换器转换成模拟信号,经垂直放大器放大加到 CRT 的 Y 偏转板。与此同时,中央处理器(CPU)的地址计数器和 D/A 转换器得到一个阶梯波的扫描电压,加到水平放大器放大,驱动 CRT 的 X 偏转板,从而实现在 CRT 上以稠密的光点包络重现模拟信号。

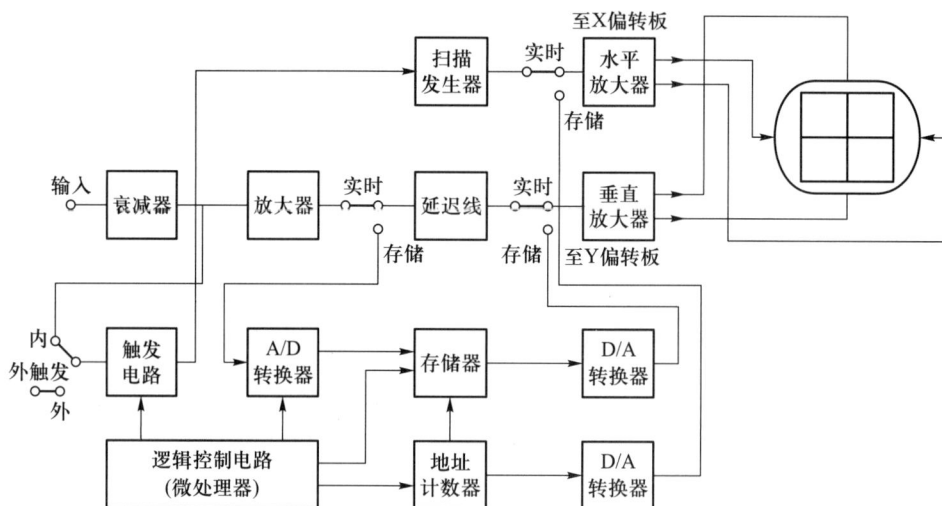

图 5-16-4 数字示波器原理框图

（2）工作方式

数字示波器的触发方式包括常态触发和预置触发两种方式。

常态触发是在存储工作方式下自动形成的,同模拟示波器基本一样,可通过面板设置触发电平的幅度和极性。触发点可处于复现波形的任何位置及存储波形的末端,触发点位置通常用加亮的亮点来表示。

预置触发即延迟触发,是人为设置触发点在复现波形上的位置,它是在进行预置之后通过微处理器的控制和计算功能来实现的。由于触发点位置的不同,可以观测到触发点前后不同区段上的波形,这是因为数字示波器的触发点只是一个存储的参考点,而不一定是取样、存储的第一点。预置触发对显示数据的选择带来了很大的灵活性。

数字示波器对波形参量的测量分为自动测量和手动测量两种。一般参量的测量为自动测量,即示波器自动完成测量工作,并将测量结果以数字的形式显示在荧光屏上。特殊值的测量使用手动光标进行测量,即光标测量。光标测量指的是在荧光屏上设置两条水平光标线和两条垂直光标线,这四条光标线可在面板的控制下移动,光标和波形的交点对应于信号存储器中的相应的数据。测量时,示波器在测量程序控制下,根据光标的位置来完成测量,并将测量结果以数字形式显示在荧光屏上。

数字示波器的面板按键分为执行键和菜单键两种。按下执行键后,示波器立即执行该项操作。当按下菜单键时,屏幕下方显示一排菜单,屏幕右方则显示对应菜单的子菜单,然后按子菜单下所对应的键执行相应的操作。

【实验仪器】

TBS1052B-EDU 型数字示波器,SDG1025 型多功能函数/任意波形信号发生器,同轴线。

【实验内容】

1. 观察多功能函数信号发生器输出的锯齿波、正弦波、方波信号,在显示屏上显示一个正弦波并读出其频率和幅值。

(1) 测量直流电压

置输入耦合开关于 GND 位置,确定零电平位置。置 VOLTS/DIV 开关于适当位置,置 AC-GND-DC 开关于 DC 位置。扫描亮线随 DC 电压的数值而移动,信号的直流电压可以通过位移幅度与 VOLTS/DIV 开关标称值的乘积获得。如图 5-16-5 所示,当 VOLTS/DIV 开关指在 50 mV/DIV 挡时,则有 50 mV/DIV×4.2 DIV = 210 mV(若使用了 10:1 探头,则信号的实际值是上述值的 10 倍,即 50 mV/DIV×4.2 DIV×10 = 2.1 V)。

(2) 测量交流电压

与测量直流电压相似,但这里不必在刻度上确定零电平。如果有如图 5-16-6 所示的波形,且 VOLTS/DIV 为 1 mV/DIV,则此信号的交流电压是 1 V/DIV×5 DIV = 5 V(使用 10:1 探头时是 50 V)。当观察叠加在较高直流电平上的小幅度交流信号时,置输入耦合开关于 AC 状态,直流成分被隔离,交流成分可顺利通过,从而提高了测量的灵敏度。

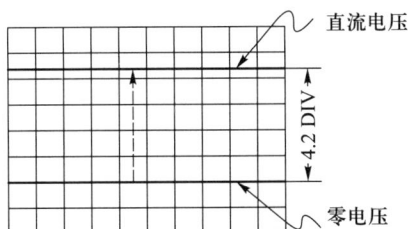
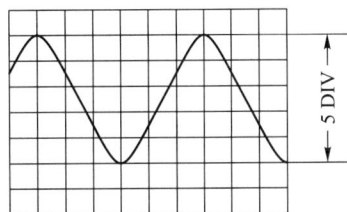

图 5-16-5   图 5-16-6

(3) 测量频率和周期

举例说明如下:输入信号的波形显示如图 5-16-7 所示,A 点和 B 点的间隔为一个整周期,在屏幕上的间隔为 2 DIV,当扫描时间因数为 1 ms/DIV 时,则周期 T 为

$$T = 1 \text{ ms/DIV} \times 2 \text{ DIV} = 2.0 \text{ ms}$$

频率为 $f = 1/T = 1/2.0 \text{ ms} = 500 \text{ Hz}$

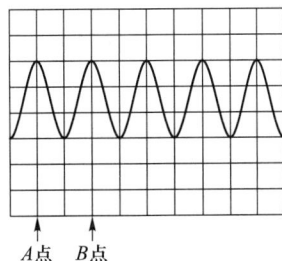

2. 在 X-Y 工作方式时观察波形(李萨如图形)。

可利用李萨如图形测频率。按辅助功能按钮,在菜单中

图 5-16-7

选择显示格式,利用多功能旋钮选择 X-Y 模式。

　　把两个正弦信号分别加到垂直和水平轴。当两个正弦信号频率之比为整数时,其轨迹是一个稳定的闭合曲线。如果两个信号的频率比不是整数,图形不稳定。当接近整数比时,可以观察到图形沿顺时针或逆时针转动。李萨如图形的形状还随两个信号的幅值及相位的不同而改变。

　　由图 5-16-8 可见,封闭的李萨如图形在垂直方向的切点数目 N_Y 与在水平方向的切点数目 N_X 之比与两信号的频率之比的关系为

$$\frac{f_X}{f_Y} = \frac{N_Y}{N_X} \tag{5-16-5}$$

利用该公式可以测量正弦信号的频率。如果其中一个信号的频率已知且连续可调,则把两个正弦信号分别输入 X 轴和 Y 轴,调出稳定的李萨如图形,从李萨如图形上数出切点数 N_Y、N_X,记下已知信号的频率,即可由式(5-16-5)算出待测正弦信号的频率。

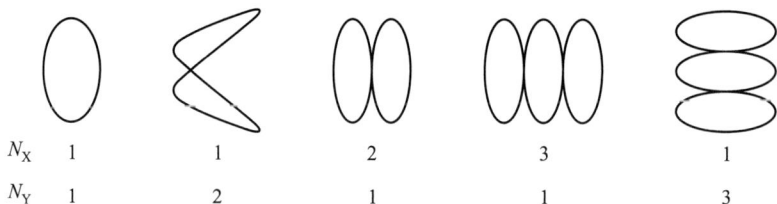

| N_X | 1 | 1 | 2 | 3 | 1 |
| N_Y | 1 | 2 | 1 | 1 | 3 |

图 5-16-8　不同频率比的李萨如图形

　　本实验仪器由后面板可以输出 50 Hz 的正弦信号,接入 CH1 或 CH2 端,可观察李萨如图形。

【思考题】

1. 简述示波器显示波形的原理。

2. 李萨如图形横轴、纵轴格数代表什么意义?

实验 17　透镜焦距的测量

　　透镜是组成各种光学仪器的基本光学元件,掌握透镜的成像规律,学会光路的分析和调节技术,对于了解光学仪器的构造和正确使用是有益的。另外,焦距是透镜的一个重要特性参量,在不同的使用场合要选择焦距合适的透镜或透镜组,为此就需要测量焦距。测焦距的方法很多,应该根据不同的透镜、不同的精度要求和具体的条件选择合适的方法。本实验仅介绍其中的几种。

【实验目的】

1. 加深理解薄透镜的成像规律;

2. 学习简单光路的分析和调节技术(主要是共轴调节和消视差);

3. 学习几种测量透镜焦距的方法。

实验 17
电子教案

实验 17
教学视频

【实验原理】

薄透镜是指透镜中央厚度 d 远小于透镜焦距 f 的透镜。例如,对于一个厚度 d 约为 4 mm 而透镜焦距 f 约为 150 mm 的透镜,在我们的实验中就可以认为它是薄透镜。

透镜分为两大类。一类是凸透镜(也称为正透镜或会聚透镜),对光线起会聚作用,焦距越短,会聚本领越大;另一类是凹透镜(也称负透镜或发散透镜),对光线起发散作用,焦距越短,发散本领越大。

在近轴光线(靠近光轴并且与光轴的夹角很小的光线)条件下,薄透镜的成像规律可以用下列公式表示:

$$\frac{1}{f} = \frac{1}{p} + \frac{1}{p'} \tag{5-17-1}$$

$$\beta = \frac{y'}{y} = -\frac{p'}{p} \tag{5-17-2}$$

式中各量的意义及它们的符号规则如下:p 为物距,实物为正,虚物为负;p' 为像距,实像为正,虚像为负;f 为焦距,凸透镜为正,凹透镜为负;y 和 y' 分别为物的大小和像的大小,从光轴算起,光轴以上为正,光轴以下为负;β 为线放大率。公式中各量的正负号由上述统一的符号规则决定,但是不同的书可能采用不同的符号规则,因而公式的形式可能也不同。对于薄透镜,公式中 p 和 p' 都从光心算起;对于厚透镜或一般光学系统,虽然式(5-17-1)和式(5-17-2)依然成立,但对于 p、p' 和 f 的起算点另有规定。

实验中,为尽可能满足近轴光线的条件,常采取两个措施:① 在透镜前加一光阑以挡住边缘光线;② 调节各元件使之共轴。

薄透镜的成像规律可用光路图表示,如图 5-17-1 所示。图中实线箭矢表示实物或实像,虚线箭矢表示虚像或虚物,不带撇的数字表示物的编号,带撇的数字表示像的编号。透镜焦距为 $|OF| = |OF'| = f$。为了清楚起见,分别画了两个光路图。图 5-17-1(a) 是实物成像的情形;图 5-17-1(b) 是虚物成像的情形。

由图 5-17-1 就可看出物距及物的性质(实物或虚物)变化时,相应的像距及像的性质的变化规律。所谓像的性质包括:是实像还是虚像,对于物来说是放大了还是缩小了,是正立的还是倒立的。具体的成像规律请自行总结。

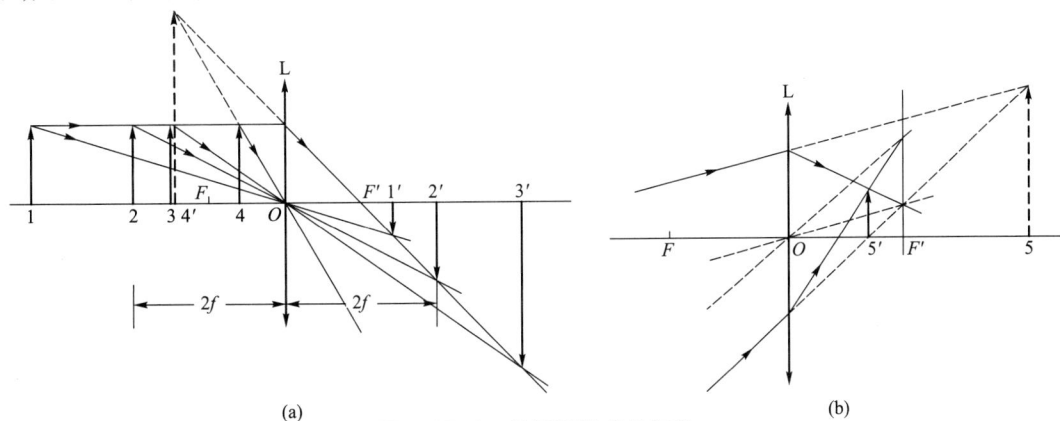

图 5-17-1　凸透镜的成像规律

1. 用自准法测凸透镜焦距

如图 5-17-2 所示,在透镜 L 的一侧放置被光源照亮的物屏 AB,在另一侧放置一块平面镜 M。移动透镜的位置即可改变物距的大小。当物距等于透镜的焦距时,物屏 AB 上任一点发出的光,经透镜折射后成为平行光;再经平面镜反射,反射光经透镜折射后重新会聚。由透镜成像公式可知,会聚光线必在透镜的焦平面上,成一个与原物大小相等的倒立的实像。此时,只需测出透镜到物屏的距离,便可得到透镜的焦距。该方法主要用于测量透镜与物屏之间的距离,其结果可以有三位有效数字。

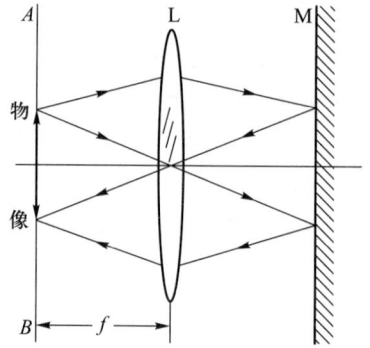

图 5-17-2　用自准法测凸透镜焦距

2. 用共轭法测凸透镜焦距

共轭法又称贝塞尔法。如图 5-17-3 所示,使物与屏间的距离 $b>4f$ 并保持不变。当凸透镜在 O_1 处,屏上呈放大实像;将透镜移到 O_2 处,屏上呈缩小实像。令 O_1 和 O_2 间的距离为 a,物到像的距离即为 b,根据共轭关系,有 $p_1=p_2'$ 和 $p_2=p_1'$,各 p 和 p' 的意义如图 5-17-3 所示,进而可推得

$$f=\frac{b^2-a^2}{4b} \tag{5-17-3}$$

实验中测出 a 和 b,就可求出焦距 f。

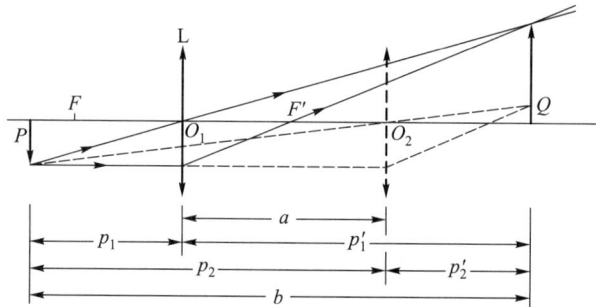

图 5-17-3　用共轭法测凸透镜焦距

3. 用焦距仪法测凸透镜焦距

焦距仪的光路如图 5-17-4 所示,由物(设物高为 y)发出的光经平行光管物镜 L 后成为平行光,再经待测透镜 L_x 后成像在其焦平面上,设像高为 y',由图 5-17-4 可知,$\tan\omega_0=y/f$,$\tan\omega=y'/f_x$,且 $\tan\omega_0=\tan\omega$,所以

$$f_x=\frac{y'}{y}f \tag{5-17-4}$$

式中 f 为平行光管物镜的焦距,其数值已标在平行光管上(标称值为 550 mm);y 为珀罗板上所选的某一对平行线的线距,其数值参考实验仪器部分的图 5-17-8,单位为 mm;y' 为用测微目镜测得的同一对平行线的像的距离;f_x 为待测凸透镜的焦距。

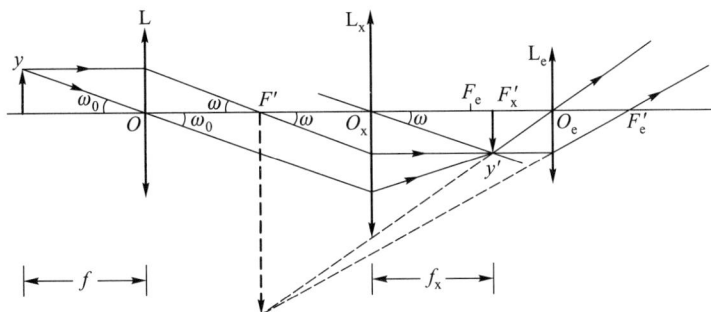

图 5-17-4　焦距仪的光路图

4. 用自准法测凹透镜焦距

如图 5-17-5 所示,物屏上的箭矢 AB 经透镜 L_1 后成实像 $A'B'$,图中$|O_1F_1|=f_1$ 为 L_1 的焦距。现将待测凹透镜 L_2 置于 L_1 与 $A'B'$ 之间,此时,$A'B'$ 成为 L_2 的虚物。若虚物 $A'B'$ 正好在 L_2 的焦平面上,则从 L_2 出射的光将是平行光。若在 L_2 后面垂直于光轴放置一个平面反射镜 M,则平行光经反射镜反射并再依次通过 L_2 和 L_1,最后必然在物屏上成实像 $A''B''$。这时,分别测出 L_2 的位置 O_2 及虚物 $A'B'$ 的位置 F,则$|O_2F|$就是待测凹透镜的焦距 f_2。

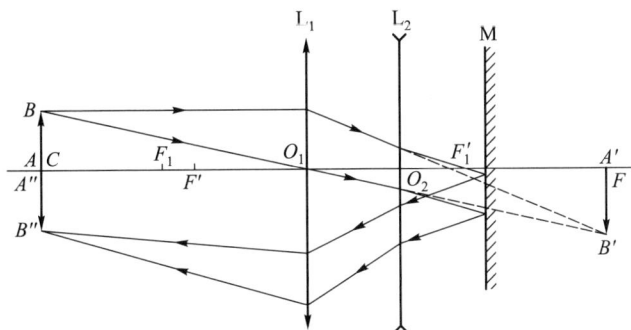

图 5-17-5　自准法测量凹透镜焦距光路图

操作要点及注意事项:

(1) AB 和 L_1 的间距略小于 $2f_1$。

(2) 若要求将箭矢 AB 上的 C 点调至与 L_1、L_2 共轴,应先调 L_1 与物屏,使 C 点与 L_1 共轴。然后加入 L_2,调 L_2 使它与 L_1 共轴,并注意使它们的光轴与导轨平行。

(3) 透镜光心与滑块刻线可能不在垂直于光具座的同一平面上,为消除这一系统误差,可将凹透镜转 180° 后重复测量,取平均值作为测量结果。

(4) O_2 与 F 的位置应各重复测量 3~6 次,取平均值。

5. 用焦距仪法测凹透镜焦距

本实验除基本练习所用的仪器外,还可借助一个较长焦距的凸透镜。用此凸透镜和凹透镜组成一个无焦系统(当凸透镜和凹透镜焦点重合时,入射光为平行光,出射光也为平行光),便可利用焦距仪测出凹透镜焦距。测量方法和公式自拟,并进一步推导不确定度公式,写出完整结果表达式。

【实验仪器】

导轨,滑块,焦距仪,物屏,像屏,凸透镜,凹透镜,平面镜等。

1. 焦距仪的结构

焦距仪用于测量透镜或透镜组(包括厚透镜)的焦距,精度比较高,是实际工作中常用的测焦距仪器。它还可用于测量光学系统物镜的分辨率及定性检查光学零件的成像质量。

本实验室所用的焦距仪主要由平行光管和测微目镜组成,如图 5-17-6 所示,其光学系统的结构如图 5-17-7 所示。平行光管内的珀罗板位于平行光管物镜的焦平面上,其上刻有五对平行线,如图 5-17-8 所示。图中标出了每一对平行线的线距标称值(单位为 mm),最外面一对长线的线距为 20 mm,实验时根据具体情况选用合适的线距进行测量。

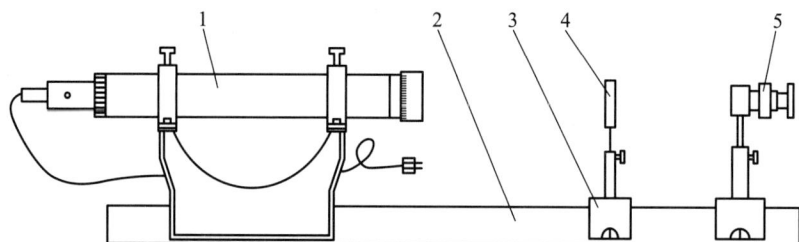

1—平行光管;2—导轨;3—滑块;4—待测透镜;5—测微目镜。

图 5-17-6　焦距仪的结构

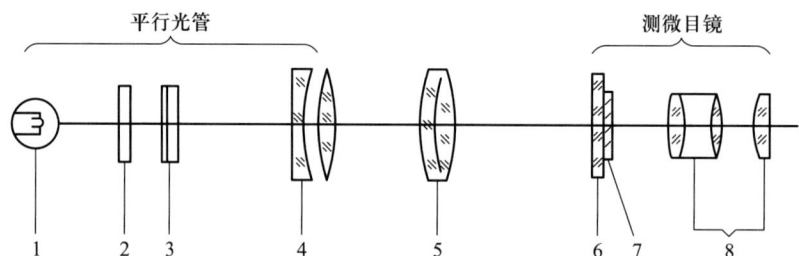

1—光源;2—毛玻璃;3—珀罗板;4—物镜;5—待测透镜;6—活动分划板;7—固定分划板;8—目镜。

图 5-17-7　焦距仪光学系统的结构

2. 测微目镜

测微目镜的结构如图 5-17-9 所示。固定分划板(图 5-17-10)上刻有叉丝,用于对准被测物体。活动分划板(图 5-17-11)和固定分划板相距很近,可以认为两者在同一平面上。鼓轮上刻有 100 个分格。鼓轮转一圈,活动分划板移动 1 mm。测量前先调节目镜,看清叉丝。测量时,使被测物成像于分划板上,用叉丝依次对准被测点,测出它们的位置。被测点位置的整数部分由固定分划板上的毫米刻尺读出(有一种测微目镜无固定分划板,但在鼓轮内侧套筒上刻有毫米刻尺),小数部分由鼓轮上的刻度读出,估读到 0.001 mm。

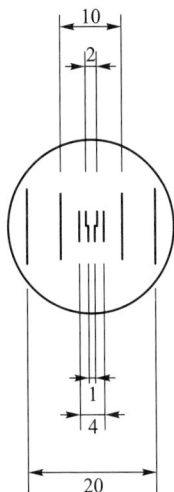

图 5-17-8　平行光管
内的珀罗板(单位:mm)

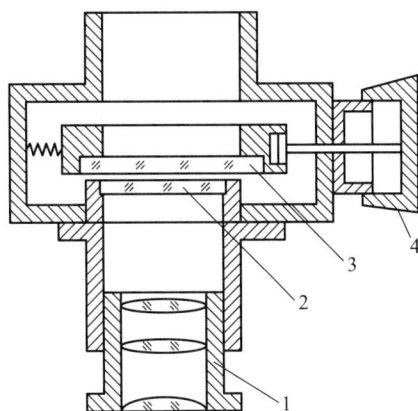

1—目镜;2—固定分划板;3—活动分划板;4—鼓轮。

图 5-17-9　测微目镜的结构

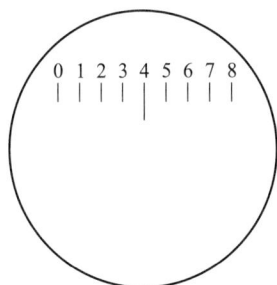

图 5-17-10　固定分划板

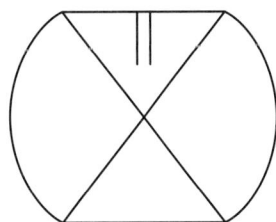

图 5-17-11　活动分划板

有些工厂生产的焦距仪是由平行光管和读数显微镜组成的,读数显微镜包括物镜、测微目镜和调节架。使用这种焦距仪时,要考虑到物镜的放大作用对测量的影响。

【实验内容】

了解并掌握测量透镜焦距的方法,用焦距仪法测出凸透镜焦距。

1. 凭眼睛观察粗调平行光管、待测透镜和测微目镜,使三者共轴,并使光轴平行于光具座导轨。

2. 打开电源,通过目镜进行观察,并调节待测透镜的位置,使目镜中可以看到珀罗板的像。

3. 微调目镜,使目镜中看到的被测平行线的像位于视场中央,并且该被测像与活动分划板上的叉丝之间应无视差。

4. 调节目镜鼓轮,当叉丝与平行线中的一条重合时,记录数据。然后移动叉丝,当叉丝与另一条平行线重合时,再次记录数据。重复测量 6 次,测得 6 个 y' 值,填入表 5-17-1。

5. 按照上面步骤,分别测量不同线距的平行线,依次记录到表格中。

6. 实验结束后整理实验仪器,经教师检查合格后方可离开实验室。

【数据处理】

表 5-17-1　数据处理

平行光管物镜焦距 $f=$ _____ mm(标示于平行光管上)

平行线线距		1	2	3	4	5	6
$y_1 =$ _____ mm	y'_{11}/mm						
	y'_{12}/mm						
	y'_1/mm						
$y_2 =$ _____ mm	y'_{21}/mm						
	y'_{22}/mm						
	y'_2/mm						
$y_3 =$ _____ mm	y'_{31}/mm						
	y'_{32}/mm						
	y'_3/mm						
$y_4 =$ _____ mm	y'_{41}/mm						
	y'_{42}/mm						
	y'_4/mm						
$y_5 =$ _____ mm	y'_{51}/mm						
	y'_{52}/mm						
	y'_5/mm						

提示: $y'_1 = \left| y'_{11} - y'_{12} \right|$,其余以此类推。

选取实验数据较好的一对平行线线距的数据进行计算处理。

估算 y' 的不确定度 $u(y')$,最后由间接测量的不确定度合成估算出 f_x 的不确定度 $u(f_x)$ 。各已知量的误差分别为

$$\frac{u(f)}{f} = 0.3\% , \quad \frac{u(y)}{y} = 0.02\% (可略去不计)$$

已知测微目镜测某一位置的仪器误差为 0.004 mm,因而测一对平行线距离的 $u_{仪} = \sqrt{2} \times 0.004$ mm,再综合考虑测量的误差,可写出 y' 的不确定度 $u(y')$:

$$u(y') = \sqrt{S_{y'}^2 + u_{仪}}$$

【注意事项】

1. 为减少误差,从目镜中看到的被测的一对平行线的像应位于视场中央,并且该被测像与活动分划板上的叉丝之间应无视差。测量时要注意消除测微目镜的空程。

2. 焦距仪的平行光管应调整到发出平行光且光轴与导轨平行。这些都已由实验室事先调整好,请不要随意改变,以免影响测量结果。

【思考题】

1. 为什么要调节共轴?调节共轴的主要步骤有哪些?怎样判断物上的某一点已调至透镜的光轴上了?依据的原理是什么?

2. 用共轭法测凸透镜焦距时,为什么 b 应略大于 $4f$?

3. 能否用自准法测凸透镜焦距?若可以,请画出原理光路图。

4. 试分析用焦距仪法测焦距时可能存在的误差来源。

实验 18
电子教案

实验 18　望远系统的搭建及参量测量

望远镜是帮助人们看清远处物体以便观察、瞄准与测量的一种助视仪器。本实验可使学生更加了解望远镜原理,从而自己搭建望远镜,测量相关参量。

实验 18
教学视频

【实验目的】

1. 了解望远镜的构造及其原理;

2. 学习测量望远镜放大倍数的方法;

3. 学习测量望远系统视场角(选做)。

【实验原理】

望远镜可用于观测远处的物体。最简单的望远镜由两块凸透镜组成。望远镜的前面有一块直径大、焦距长的凸透镜,叫做物镜;后面的一块透镜直径小、焦距短,叫做目镜。物镜把来自远处景物的光线汇聚在物镜的后面,成倒立的、缩小了的实像,相当于把远处景物一下子移近到成像的地方。而该景物的倒像又恰好落在目镜的焦点处,这样对着目镜望去,就好像拿放大镜看东西一样,可以看到一个放大了许多倍的虚像。于是,很远很远的景物,在望远镜里看来就仿佛近在眼前。

伽利略发明的望远镜在人类认识自然的历史中占有重要地位。它是由正光焦度的物镜和负光焦度的目镜组成的,其视觉放大率大于 1,形成正立的像,不需加转像系统。但它无法安装分划板,因而应用较少,可应用于观剧,倒置的伽利略望远镜可用于门镜。

开普勒望远镜由两个正光焦度的物镜和目镜组成,因此成倒像。为使经系统形成的倒像转变成正立的像,需加入一个透镜或棱镜转像系统。因开普勒望远镜的物镜在其后焦平面上形成一个实像,故可在中间像的位置放置一分划板,用作瞄准或测量。由于开普勒望远镜各种性能优良,所以目前军用望远镜、小型天文望远镜等专业级的望远镜都采用这种结构。

为了能观察到远处的物体,开普勒望远镜的物镜用较长焦距的凸透镜,目镜用较短焦距的凸透镜,如图 5-18-1 所示。远处射来的光线(视为平行光)经过物镜后,会聚在它的后焦点外离焦点很近的地方,成一倒立、缩小的实像。目镜的前焦点和物镜的后焦点是重合的,所以物镜的像作为目镜的物,通过目镜可看到远处物体的倒立虚像。由于增大了视角,故提高了分辨能力。

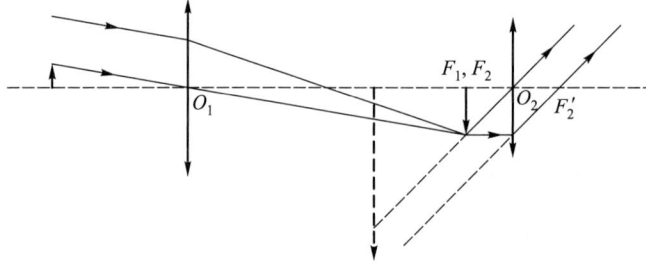

图 5-18-1　开普勒望远镜光路示意图

当观测无穷远处的物体时,物镜的焦平面和目镜的焦平面重合,物体通过物镜成像在它的后焦面上,同时也处于目镜的前焦面上,因而通过目镜观察时成像于无穷远,此时望远镜的视觉放大率为

$$\varGamma = -\frac{f_o}{f_e} \tag{5-18-1}$$

由此可见,望远镜的视觉放大率 $\varGamma$ 等于物镜和目镜焦距之比。若要提高望远镜的视觉放大率,可增大物镜的焦距或减小目镜的焦距。

当用望远镜观测近处物体时,其成像的光路图可用图 5-18-2 表示(L_o 为物镜,L_e 为目镜)。设 l_1、l_1' 和 l_2、l_2' 分别为物 AB 经透镜 L_o 和 L_e 成像时的物距、像距,Δ 是物镜和目镜焦点之间的距离,即光学间隔(在实用望远镜中是一个不为零的小量)。由图 5-18-2 可得

$$\tan \psi = \frac{|A'B'|}{|O'B'|} = \frac{y_2}{l_2} \tag{5-18-2}$$

$$\tan \psi' = \frac{|AB|}{|O'B|} = \frac{y_1}{l_1 + l_1' + l_2} = \frac{y_2 l_1}{l_1'(l_1 + l_1' + l_2)} \tag{5-18-3}$$

故观察近处物体时望远镜的视觉放大率为

$$\varGamma = \frac{\tan \psi}{\tan \psi'} = \frac{l_1'(l_1 + l_1' + l_2)}{l_1 l_2} \tag{5-18-4}$$

在满足近轴光线和薄透镜条件的前提下,利用透镜成像公式,可得

$$l_1' = \frac{f_o l_1}{l_1 - f_o} \tag{5-18-5}$$

$$l_2 = \frac{f_e l_2'}{l_2' - f_e} \tag{5-18-6}$$

为了把放大的虚像 y_3 与物体 y_1 直接比较,必须使 y_3 和 y_1 处于同一竖直平面内,即

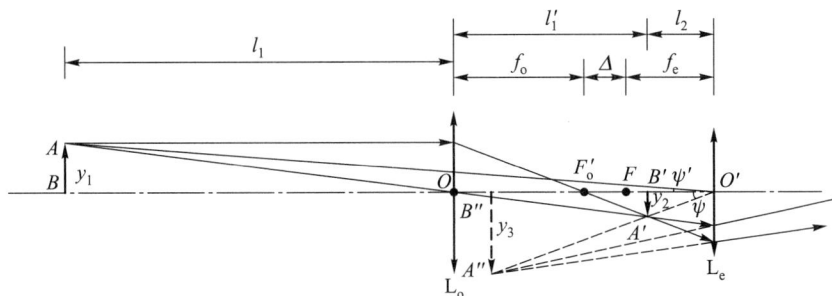

图 5-18-2　观察近处物体时望远镜的光路图

要求图 5-18-2 中的 B'' 与 B 重合,此时有 $l'_2 = -(l_1 + l'_1 + l_2)$。引入望远镜镜筒长度 $l = l'_1 + l_2$,并利用式(5-18-5)和式(5-18-6),得

$$\Gamma = \frac{l'_1 l'_2}{l_1 l_2} = -\left(\frac{l_1 + l + f_e}{l_1 - f_o}\right)\frac{f_o}{f_e} \tag{5-18-7}$$

若测出 f_o、f_e、l 和 l_1,由式(5-18-7)可算出望远镜的放大率。显然,当物距 $l_1 \gg l$ 时,式(5-18-7)中括号内的值接近于 1,式(5-18-7)变回式(5-18-1)。

望远镜的分辨本领用它的最小分辨角 φ 来表示。由光的衍射理论中的瑞利判断可知:

$$\varphi = 1.22\frac{\lambda}{D} \tag{5-18-8}$$

式中,λ 为照明光波的波长,D 为望远镜物镜的孔径,角度 φ 的单位是弧度。如果两个物体对望远镜的张角小于 φ(理论)值,则望远镜将无法分辨它们是两个物体(即两个物体的像重叠成一个像)。

根据定义,望远系统视场角 ω 满足

$$\tan \omega = \frac{D_{视}}{2f_o} \tag{5-18-9}$$

式中,$D_{视}$ 为视场光阑直径,f_o 为物镜焦距。因此,只需要测量出视场光阑半径即可得到望远系统视场角。

【实验仪器】

平行光管,多缝板(珀罗板),可变光阑,凸透镜($\varPhi = 40$ mm,$f = 150$ mm;$\varPhi = 25.4$ mm,$f = 38.1$ mm),分划板,显微目镜。

【实验内容】

1. 搭建开普勒望远系统光路

架好平行光管后依次将 $\varPhi = 40$ mm,$f = 150$ mm 的透镜和 $\varPhi = 25.4$ mm,$f = 38.1$ mm 的透镜放置在导轨上。调节平行光管和两透镜使之共轴,两透镜之间的距离约为两个透镜的焦距之和。降低光源亮度,通过望远目镜用眼睛直接观察平行光管里的物体(多缝板),调整物镜与目镜的间距使成像清晰。在实验中,加入可变光阑作为系统的孔径光阑,能够提高成像质量,便于读数测量。

按照图 5-18-3 组装成开普勒望远镜（物镜选择 $f=150$ mm，目镜选择 $f=30$ mm），调整光学元件同轴等高。

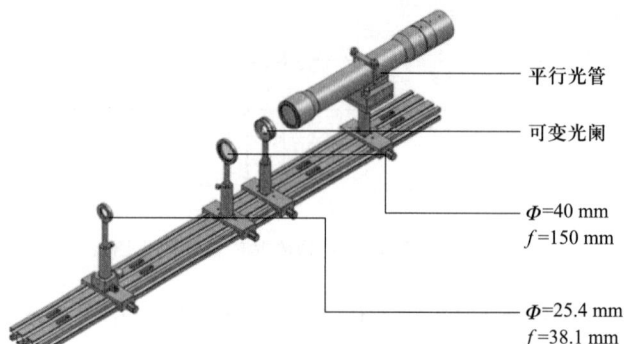

图 5-18-3　望远系统光路图

2. 测量望远系统放大率

在测量望远系统放大率之前，需要搭建观测显微系统，如图 5-18-4 所示。根据系统的光瞳衔接原则，观测显微系统的入瞳应与望远系统的出瞳重合。因此，观测显微系统的物镜应放置在系统出瞳位置。可变光阑应调到比较小的状态，此时可变光阑经其后面的镜组在系统像空间所成清晰像的位置就是望远系统出瞳的位置，如果不加可变光阑，望远系统出瞳的位置将与望远目镜重合。可利用分划板在望远系统目镜后方寻找孔径光阑成像清晰的位置，然后改变可变光阑的大小，观察成像大小是否变化，若变化，该成像位置是可变光阑、目镜和物镜组成望远系统的出瞳位置。

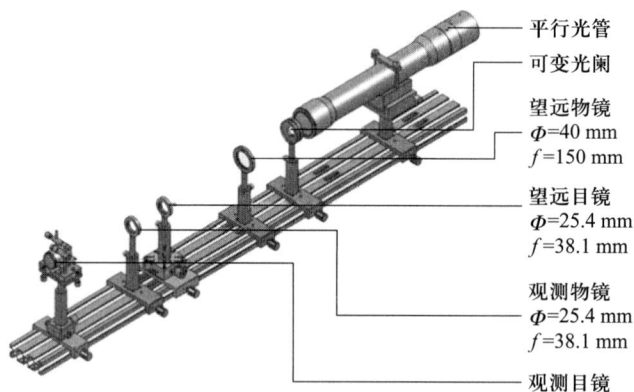

图 5-18-4　测量望远系统放大率

然后加入显微目镜（观测目镜），通过显微目镜观察平行光管里的目标物（多缝板）来调整目镜位置，直到在目镜的标尺上清晰成像为止。任意读取两个缝的长度代入式（5-18-9）即可得到望远系统的放大倍率，像高的长度可通过观测目镜上的刻度测出（目镜刻度单位为厘米），即平行光管内分划板两条缝之间的长度 L'，该长度除以目镜的放大倍率 10 倍可得到实际像的大小 $L'/10$。设 L 为分划板上两条缝间的实际长度，由于加入观测系统，因此其放大率计算公式为

$$\gamma = \frac{\text{平行光管焦距}}{\text{观测物镜焦距}} \cdot \frac{L'}{L \cdot 10} \quad (5-18-10)$$

平行光管的焦距可以在仪器上查到,单位为 mm。平行光管内分划板的刻度长度分别为 2 mm,4 mm,10 mm,15 mm,具体如图 5-18-5 所示。

如果光线过强,可在望远镜前加入可变光阑提高成像质量,方便读取数据。计算后与系统的理论放大率公式(5-18-1)的计算结果进行比较,求出相对误差。

3. 测量望远系统视场角(选做)

如图 5-18-6 所示,将分划板放置于望远系统物镜之后,前后移动分划板,寻找清晰成像处,即视场光阑所在的位置。根据分划板上的刻度读取像的大小。

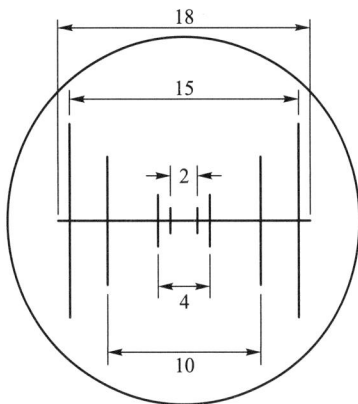
图 5-18-5　平行光管内分划板
(珀罗板)(单位:mm)

注意:需要读取整个视场的成像,而不是分划板上刻画的最外线对。最后,将得到的数值和物镜焦距(150 mm)代入式(5-18-9),即可算出望远系统视场角(约 1.33°)。另外,在放置分划板时,需要将分划板的加持装置更换成镜座,以增大移动空间。

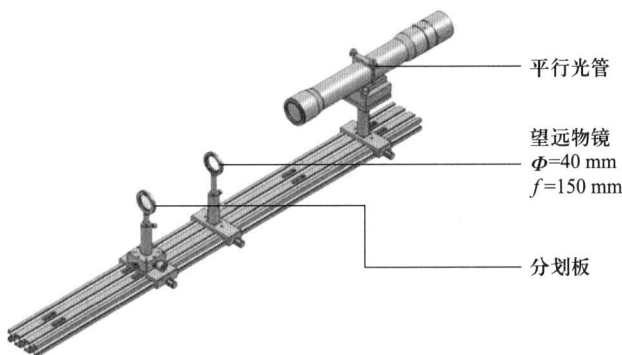
图 5-18-6　测量望远系统视场角

4. 拟定实验步骤

要求如下:

(1)组建望远镜系统,定性观察实验现象;

(2)组建系统测量望远系统放大率,数据记入表 5-18-1。

【数据处理】

表 5-18-1

$f_o =$ _____ mm, $f_e =$ _____ mm

测量次数	L/mm	刻度左侧读数/mm	刻度右侧读数/mm	计算 L'/mm	γ
1					

续表

测量次数	L/mm	刻度左侧读数/mm	刻度右侧读数/mm	计算 L'/mm	γ
2					
3					
4					
5					
6					

1. 计算望远系统放大率理论值及实验值；
2. 计算望远系统放大率实验值的标准偏差；
3. 计算望远系统放大率实验值的相对误差。

【思考题】

1. 用同一台望远镜观测不同距离的物体时，其放大率是否改变？
2. 做光学实验时为何要调节共轴？如何调节共轴？对于多透镜系统该如何处理？
3. 简述伽利略望远镜和开普勒望远镜的主要区别是什么？

实验 19 显微系统的搭建及参量测量

显微镜是由透镜组合而成的光学仪器，由于人类肉眼观察微小物体的能力有限，人们可以借助显微镜把难以观测的微小物体放大，从而走进微观世界，探索物质的本质，显微镜的发明意味着人类进入到了原子时代。近处的物体经物镜成倒立放大的实像呈现在目镜的物方焦点的内侧，再经目镜成放大的虚像于人眼的明视距离处或无穷远处。显微镜是二次放大，这是显微镜与放大镜的区别。通过本实验使学生更了解显微镜的原理，自己搭建显微镜系统，测量相关参量。

【实验目的】

1. 学习显微镜的原理及使用显微镜观察微小物体的方法；
2. 学习测量显微物镜的垂轴放大率及显微系统放大率的方法；
3. 测量显微系统线视场。

【实验原理】

最简单的显微镜(图 5-19-1)由两个凸透镜构成，其中，物镜的焦距很短，目镜的焦距较长，其光路如图 5-19-2 所示。图中的 L_o 为物镜(焦点为 F_o 和 F_o')，其焦距为 f_o；L_e 为目镜，其焦距为 f_e。将长度为 y_1 的被观测物体 AB 放在 L_o 的焦距外且接近焦点 F_o 处，物体通过物镜成一放大倒立实像 $A'B'$(其长度为 y_2)，此实像在目镜的焦点以内，经过目镜放大，结果在明视距离 D 上得到一个放大的虚像 $A''B''$(其长度为 y_3)，它对于被观

实验 18
拓展阅读

实验 19
电子教案

实验 19
教学视频

测物 AB 来说是倒立的。由图 5-19-2 可见,显微镜的放大率为

$$\gamma = \frac{y_3}{y_1} = -\frac{y_3}{y_2} \cdot \frac{y_2}{y_1} \qquad (5-19-1)$$

式中, $\dfrac{y_3}{y_2} = \dfrac{-l_2'}{l_2} \approx \dfrac{D}{f_e}\gamma_e$,为目镜的放大率; $\dfrac{y_2}{y_1} = \dfrac{l_1'}{l_1} \approx \dfrac{\Delta}{f_o}\gamma_o$ (因 l_1' 比 f_o 、 f_e 大得多),为物镜的放大率; Δ 为显微物镜焦点 F_o' 到目镜焦点 F_e 之间的距离,称为物镜和目镜的光学间隔。因此式(5-19-1)可改写成

$$\gamma = \frac{D\Delta}{f_e f_o} = \gamma_e \gamma_o \qquad (5-19-2)$$

由式(5-19-2)可见,显微镜的放大率等于物镜放大率和目镜放大率的乘积。在已知 f_e 、 f_o 、 Δ 和 D 的情形下,可用式(5-19-2)算出显微镜的放大率。

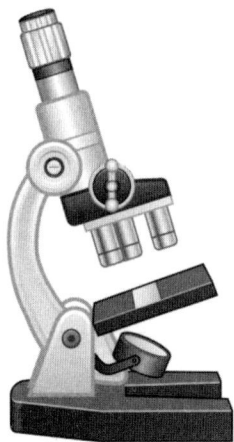

图 5-19-1　显微镜

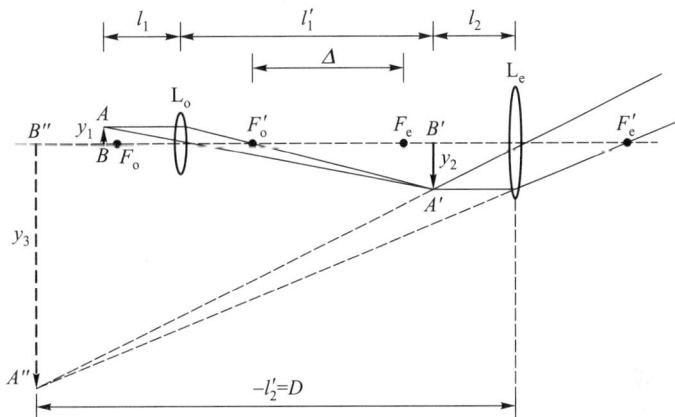

图 5-19-2　简单显微镜的光路图

分辨力板广泛用于光学系统的分辨率、景深、畸变的测量及机器视觉系统的标定中,如图 5-19-3 所示。本实验使用的是国标 A 型分辨力板 A3,称为 A3 国标板或 A3 板,它是根据国家分辨力板相关标准设计的分辨力测试图案。一套 A 型分辨力板由图形尺寸按一定倍数关系递减的七块分辨力板组成,其编号为 A1~A7。每块分辨力板上有 25 个组合单元,每一线条组合单元由相邻互成 45°、宽等长的 4 组明暗相间的平行线条组成,线条间隔宽度等于线条宽度。分辨力板相邻两单元的线条宽度的公比为 $1/\sqrt[12]{2}$ (约等于 0.94)。

图 5-19-3　分辨力板

A3 国标板所有单元的线条宽度如表 5-19-1 所示。

表 5-19-1　A3 国标板所有单元的线条宽度

单元编号	线宽/μm	单元编号	线宽/μm
1	40.0	14	18.9
2	37.8	15	17.8
3	35.6	16	16.8
4	33.6	17	15.9
5	31.7	18	15.0
6	30.0	19	14.1
7	28.3	20	13.3
8	26.7	21	12.6
9	25.2	22	11.9
10	23.8	23	11.2
11	22.4	24	10.6
12	21.2	25	10.0
13	20.0		

【实验仪器】

白色 LED 光源,A3 国标板(A3 板),光源探头夹持器,显微目镜(10 倍,带分划板),一维测微尺支杆底座(GCM-5305M),毛玻璃,干板夹,显微物镜($\Phi = 20.0$ mm,$f = 50.0$ mm),导轨,滑块,支杆,调节支座等。

【实验内容】

1. 调整物镜。打开光源,依次放置 A3 板、显微物镜和白屏。之后,调整显微物镜的高度,使得 A3 板中的图案能够清晰成像在白板上,物镜即调整完毕。

2. 调整目镜。取下白板,在显微物镜后加入目镜,调整目镜高度使之同轴,如图 5-19-4 所示。通过目镜观察 A3 板的图案,前后移动目镜使成像最清晰,即调整完毕。旋转 y 方向旋钮,让 A3 板上的一个或多个数字出现在视野中,直至可以分辨出所测量的是哪一个编号的图案,以便查出对应的线宽。

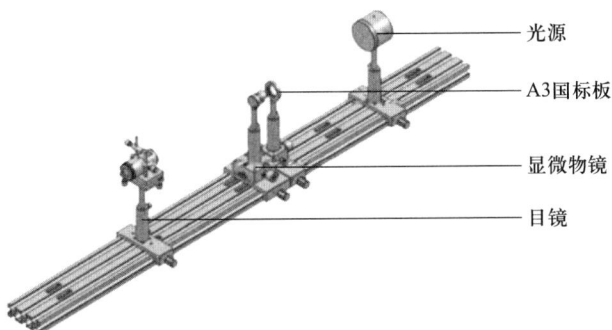

图 5-19-4　显微镜仪器摆放图

3. 旋转显微目镜,使叉丝的一轴与待测图案的线条平行,另一轴穿过待测图案。记录像高。

4. 测量目镜的视觉放大率。可直接从目镜上读出。

5. 测量物镜的垂轴放大率。通过系统读取物体的像高,利用像高与物高之比得到显微系统的视觉放大率(物体的实际尺寸可根据国标板的序号查表得到单个线宽)。

6. 测量线视场。用一维测微尺更换 A3 板,如图 5-19-5 所示。松开滑块旋钮,小心将夹持 A3 板的滑块移动到远离显微物镜的位置。然后将 A3 板取下,换上一维测微尺。该器件由干板夹夹持。夹好测微尺后,小心移动滑块到刚才放置 A3 板的位置附近。小心调整一维测微尺的高度,使之穿过显微物镜镜头的中心区域。再通过目镜观察并缓慢调整一维测微尺,直到清晰成像并且横穿视场的中心为止。读取视场两边刻度分格数(每格 0.025 mm),即可得到显微系统的线视场。

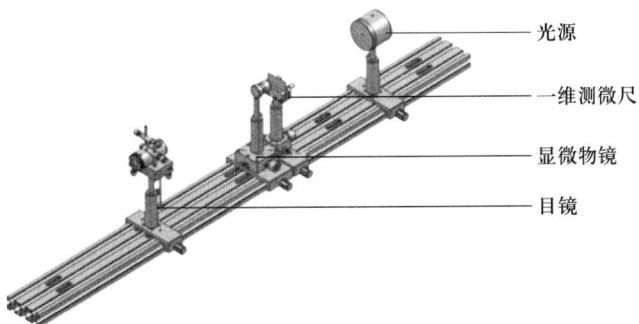

图 5-19-5　线视场测量图

【数据处理】

1. 测量放大率

A3 板对应的数字编号：_____；编号对应的线宽：_____；显微目镜放大率r_e= _____。数据记入表 5-19-2。

表 5-19-2

测量次数	物高 y/μm	刻度左侧读数/mm	刻度右侧读数/mm	计算物高 y'/mm	γ
1					
2					
3					
4					
5					
6					

2. 测量线视场（数据记入表 5-19-3）

表 5-19-3

测量次数	视场左侧读数/mm	视场右侧读数/mm	线视场/mm
1			
2			
3			
4			
5			
6			

【思考题】

1. 计算放大率和测量放大率是否相同？为什么？
2. 望远镜和显微镜在结构和使用方法上有哪些相同和不同点？

实验 20　牛顿环实验

实验 20
电子教案

实验 20
教学视频

　　光的干涉是光的波动性的一种表现。若将同一点光源发出的光分成两束，让它们各经不同路径后再相会在一起，当光程差小于光源的相干长度时，一般就会产生干涉现象。干涉现象在科学研究和工业技术上有着广泛的应用，如测量光波的波长，精确地测量长度、厚度和角度，检验试件表面的光洁度，研究机械零件内应力的分布，以及在半导体技术中测量硅片上氧化层的厚度等。牛顿环、劈尖是其中十分典型的例子，它们属于用分振幅的方法产生的干涉现象，也是典型的等厚干涉条纹。

【实验目的】

1. 观察和研究等厚干涉的现象和特点；
2. 学习用等厚干涉法测量平凸透镜曲率半径；
3. 熟练使用读数显微镜；
4. 学习用逐差法处理实验数据。

【实验原理】

1. 牛顿环

"牛顿环"现象是一种用分振幅方法实现的等厚干涉现象，最早由牛顿发现。为了研究薄膜的颜色，牛顿曾经仔细研究过凸透镜和平面玻璃组成的实验装置。他的最有价值的成果是发现通过测量同心圆的半径就可算出凸透镜和玻璃平板之间对应位置空气层的厚度；对应于亮环的空气层厚度与 1,3,5,… 成比例，对应于暗环的空气层厚度与 0,2,4,… 成比例。但由于他主张光的微粒说（光的干涉是光的波动性的一种表现），而未能对牛顿环现象作出正确的解释。直到 19 世纪初，托马斯·杨才用光的干涉原理解释了牛顿环现象，并参考牛顿的测量结果计算了不同颜色的光波对应的波长和频率。

牛顿环装置是将一块曲率半径较大的玻璃平凸透镜的凸面放在一块光学玻璃平板（平晶）上构成的，如图 5-20-1 所示。平凸透镜的凸面与玻璃平板之间形成一层空气薄膜，其厚度从中心接触点到边缘逐渐增加。若以平行单色光垂直照射到牛顿环上，则经空气层上、下表面反射的两光束存在光程差，它们在平凸透镜的凸面相遇后，将发生干涉。干涉图样是以玻璃接触点为中心的一系列明暗相间的同心圆环，如图 5-20-2 所示，即牛顿环。由于同一干涉圆环上各处的空气层厚度是相同的，因此称为等厚干涉。

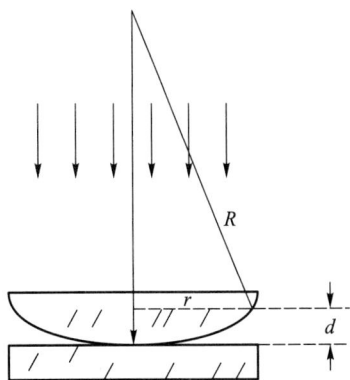

图 5-20-1　牛顿环装置

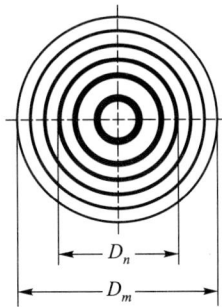

图 5-20-2　干涉圆环（牛顿环）

设与第 k 级条纹对应的两束相干光的光程差为

$$\Delta = 2d + \frac{\lambda}{2} \tag{5-20-1}$$

式中,d 为第 k 级条纹对应的空气膜的厚度,$\dfrac{\lambda}{2}$ 为半波损失。

当干涉条纹为暗条纹时,由干涉条件可知

$$\Delta = (2k+1)\frac{\lambda}{2} \quad (k=0,1,2,\cdots) \tag{5-20-2}$$

由式(5-20-1)和式(5-20-2)得

$$2d+\frac{\lambda}{2} = (2k+1)\frac{\lambda}{2}$$

即

$$d = \frac{k}{2}\lambda \tag{5-20-3}$$

设透镜的曲率半径为 R,与中心轴相距为 r 处空气层的厚度为 d,由图 5-20-1 中几何关系可得

$$R^2 = (R-d)^2 + r^2 = R^2 - 2Rd + d^2 + r^2$$

由于 $R \gg d$,d^2 可以略去,则有

$$d = \frac{r^2}{2R} \tag{5-20-4}$$

由式(5-20-3)和式(5-20-4)可得,第 k 级暗环的半径 r_k 满足

$$r^2 = r_k^2 = 2Rd = 2R \cdot \frac{k}{2}\lambda = kR\lambda \tag{5-20-5}$$

由式(5-20-5)可知,如果单色光源的波长 λ 已知,只需测出第 k 级暗环的半径 r_k,即可算出平凸透镜的曲率半径 R;反之,如果 R 已知,测出 r_k 后,即可计算出入射单色光波的波长 λ。但是由于平凸透镜的凸面和光学玻璃平板不可能是理想的点接触,接触压力会引起局部弹性形变,使接触处成为一个圆形平面,干涉环中心为一暗斑。或者空气间隙层中有尘埃等因素的存在,使得在暗环公式中附加了一项光程差,假设附加厚度为 a(有灰尘时 $a>0$,受压变形时 $a<0$),则光程差为

$$\Delta = 2(d+a) + \frac{\lambda}{2}$$

由暗纹条件

$$2(d+a) + \frac{\lambda}{2} = (2k+1)\frac{\lambda}{2}$$

得

$$d = \frac{k}{2}\lambda - a$$

将上式代入式(5-20-5),得

$$r^2 = 2Rd = 2R\left(\frac{k}{2}\lambda - a\right) = kR\lambda - 2Ra$$

上式中的 a 不能直接测量,但可以取两个暗环半径的平方差来消除它。例如,取第 m 环和第 n 环,对应半径为

$$r_m^2 = mR\lambda - 2Ra$$

$$r_n^2 = nR\lambda - 2Ra$$

两式相减,可得

$$r_m^2 - r_n^2 = R(m-n)\lambda$$

所以透镜的曲率半径为

$$R = \frac{r_m^2 - r_n^2}{(m-n)\lambda} \tag{5-20-6}$$

又因为暗环的中心不易确定,故取暗环的直径计算,有

$$R = \frac{D_m^2 - D_n^2}{4(m-n)\lambda} \tag{5-20-7}$$

由上式可知,只要测出 D_m 与 D_n(分别为第 m 条与第 n 条暗环的直径)的值,就能算出 R 或 λ。

2. 劈尖

将两块光学玻璃平板叠合在一起,并在其中一端垫入待测的薄片(或细丝),则在两块玻璃平板之间形成一个空气劈尖。当用单色光垂直照射时,和牛顿环一样,在空气劈尖上、下两表面反射的两束相干光发生干涉,其干涉条纹是一簇间距相等、宽度相等且平行于两玻璃平板交线(即劈尖的棱)的明暗相间的平行条纹,如图 5-20-3 所示。

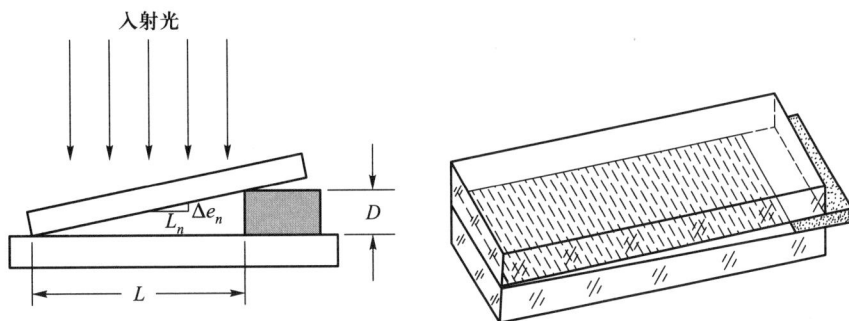

图 5-20-3　空气劈尖干涉

由暗纹条件,第 k 级暗纹对应的空气劈尖厚度 e_k 满足

$$\Delta = 2e_k + \frac{\lambda}{2} = (2k+1)\frac{\lambda}{2} \quad (k=0,1,2,\cdots)$$

可得

$$e_k = k\frac{\lambda}{2}$$

同理,第 $k+1$ 级暗纹对应的空气劈尖厚度为

$$e_{k+1} = (k+1)\frac{\lambda}{2}$$

两式相减得

$$\Delta e = e_{k+1} - e_k = (k+1)\frac{\lambda}{2} - k\frac{\lambda}{2} = \frac{\lambda}{2}$$

上式表明,任意相邻的两条干涉条纹所对应的空气劈尖厚度差为 $\frac{\lambda}{2}$。由此可推出,相隔 n 个条纹的两条干涉条纹所对应的空气劈尖厚度差为

$$\Delta e_n = n\frac{\lambda}{2}$$

再由几何相似性条件可得,待测薄片厚度为

$$D = \left(\frac{n\lambda}{2} \middle/ L_n\right) L$$

式中, L 为两玻璃片交线与所测薄片边缘的距离(即劈尖的有效长度), L_n 为 n 个条纹间的距离,它们可由读数显微镜测出。

【实验仪器】

读数显微镜,钠灯,牛顿环装置。

1. 读数显微镜

如图 5-20-4 所示,读数显微镜的主要部分为放大待测物体用的显微镜和读数用的主尺和附尺。转动测微手轮,能使显微镜左右移动。显微镜由物镜、目镜和刻有十字叉丝的分划板组成。使用时,被测量的物体放在工作台上,用压片固定。调节目镜进行视度调节,使叉丝清晰。转动调焦手轮,从目镜中观察,使被测量的物体成像清晰。调整被测量的物体,使其被测量部分的横面与显微镜的移动方向平行。转动测微手轮,使十字叉丝的纵线对准被测量物体的起点,进行读数(读数为主尺和测微手轮的读数之和)。读数标尺上为 0～50 mm 刻线,每一格的值为 1 mm。读数鼓轮圆周等分为 100 格,鼓轮转动一周,标尺就移动一格,即 1 mm,所以鼓轮上每一格的值为 0.01 mm。为了避免回程误差,应采用单方向移动测量。

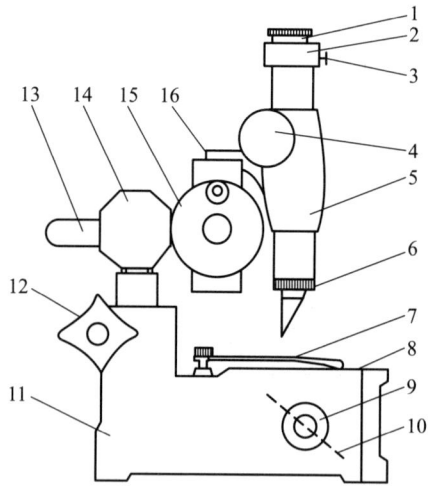

1—目镜;2—锁紧圈;3—锁紧螺丝;4—调焦手轮;
5—镜筒支架;6—物镜;7—弹簧压片;8—工作台毛玻璃;
9—旋转手轮;10—反光镜;11—底座;12—旋转手轮;
13—方轴;14—接头轴;15—测微手轮;16—标尺。

图 5-20-4　读数显微镜结构图

2. 钠灯

灯管内有两层玻璃泡,装有少量氩气和钠。通电时灯丝被加热,氩气即放出淡紫色光,钠受热后汽化,渐渐放出两条强谱线(589.0 nm 和 589.6 nm),通常称为钠双线。因两条谱线很接近,实验中可认为是比较好的单色光源,通常取平均值 589.3 nm 作为该单色光源的波长。由于它的强度高,单一性好,是最常用的单色光源。

使用钠灯时应注意:

(1) 灯点亮后,需等待一段时间(3~5 min)才能正常使用。

(2) 每开、关一次对灯的寿命有影响,因此不要轻易开、关。另外,在正常使用下,钠灯也有一定损耗,使用寿命约 500 h,因此实验后应及时关闭钠灯。

(3) 钠灯点亮时应垂直放置,不得受到冲击或震动。使用完毕,须等冷却后才能颠倒摇动,避免金属钠流动,影响灯的性能。

【实验内容】

1. 将牛顿环放置在读数显微镜工作台毛玻璃中央,并使读数显微镜镜筒正对牛顿环装置中心。点亮钠灯,使其正对读数显微镜物镜的 45°反射镜。

2. 调节读数显微镜。

(1) 调节目镜,使分划板上的十字叉丝清晰可见,并转动目镜,使十字叉丝的横刻线与显微镜筒的移动方向平行。

(2) 调节 45°反射镜,使显微镜视场中亮度最大(即钠黄光充满整个显微镜视场),这时基本满足入射光垂直于待测透镜的要求。

(3) 转动测微手轮,使显微镜筒平移至标尺中部,并调节调焦手轮,使物镜接近牛顿环装置表面。

(4) 对读数显微镜调焦,缓缓转动调焦手轮,使显微镜筒由下而上缓慢移动,直至从目镜视场中清楚地看到牛顿环干涉条纹且无视差为止。然后再移动牛顿环装置,使目镜中十字叉丝交点与牛顿环中心大致重合。

3. 观察待测的各环左右是否都清晰并且都在显微镜的读数范围内。观察各级条纹的粗细是否一致,条纹间隔是否一样,观察牛顿环中心是亮斑还是暗斑,并作出解释。

4. 测量暗环的直径。转动读数显微镜的测微手轮,同时在目镜中观察,使十字叉丝由牛顿环中央缓慢向一侧移动至第 35 环然后退回第 30 环。自第 30 环开始单方向移动十字叉丝,每移动 1 环记下相应的读数,直到第 21 环,然后再从同侧第 15 环开始记到第 6 环;穿过中心暗斑,从另一侧第 6 环开始依次记到第 15 环,然后从第 21 环直至第 30 环。并将所测数据记入表 5-20-1 中。

5. 实验结束后整理实验仪器,经教师检查合格后方可离开实验室。

【注意事项】

1. 如果牛顿环装置和读数显微镜的光学表面不清洁,要用专门的擦镜纸轻轻擦拭。

2. 读数显微镜的测微手轮在每一次测量过程中只能向一个方向旋转,中途不能反转。

3. 当用镜筒对待测物聚焦时,为防止磕碰损坏显微镜物镜,应使镜筒移离待测物(即提升镜筒)。

【数据处理】

表 5-20-1

牛顿环编号_____,$\Delta_仪 =$_____

分组		1	2	3	4	5	6	7	8	9	10
级数	m_i	30	29	28	27	26	25	24	23	22	21
位置	左/mm										
	右/mm										
直径	D_{mi}/mm										
级数	n_i	15	14	13	12	11	10	9	8	7	6
位置	左/mm										
	右/mm										
直径	D_{ni}/mm										

根据计算式 $R = \dfrac{D_m^2 - D_n^2}{4(m-n)\lambda}$,对 D_m,D_n 分别测量 k 次,可得 k 个 $R_i (i = 1, 2, \cdots, k)$ 值,于是有 $\overline{R} = \dfrac{1}{k} \sum\limits_{i=1}^{k} R_i$。我们要得到的测量结果是 $R = \overline{R} \pm u(R)$,下面简要介绍 $u(R)$ 的计算。由不确定度的定义知

$$u(R) = \sqrt{S_i^2 + U_j^2}$$

其中

$$u_j = \frac{1}{n} \sum_{i=1}^{n} u_i$$

式中 u_i 为单次测量的 B 类分量,有

$$u_i = \sqrt{\left(\frac{\partial R_i}{\partial D_m}\right)^2 [u(D_m)]^2 + \left(\frac{\partial R_i}{\partial D_n}\right)^2 [u(D_n)]^2}$$

由式(5-20-7)可得

$$\frac{\partial R_i}{\partial D_m} = \frac{D_m}{2(m-n)\lambda}, \quad \frac{\partial R_i}{\partial D_n} = \frac{-D_n}{2(m-n)\lambda}$$

又由显微镜的读数机构的测量精度可得

$$u(D) = u(D_m) = u(D_n) = \frac{u_\text{仪}}{2} \cdot \frac{1}{\sqrt{3}}$$

于是有

$$u_i = \frac{u(D)}{2(m-n)\lambda}\sqrt{D_m^2 + D_n^2}$$

【思考题】

1. 干涉条纹产生的条件是什么？

2. 干涉条纹的中心在什么情况下是暗的,在什么情况下是亮的？

3. 牛顿环相邻暗(或亮)环之间的距离(靠近中心的与靠近边缘的大小)是多少？

4. 为什么说读数显微镜测量的是牛顿环的直径,而不是显微镜内被放大了的直径？若改变显微镜的放大倍率,是否影响测量的结果？

5. 如何用等厚干涉原理检验光学平面的表面几何形状？

6. 实验测量所用公式是什么？ 为什么不用公式 $r_m^2 = mR\lambda$？

实验 21　分光计的调节和使用

分光计是一种精确测量角度的典型光学仪器,常用来测量光学材料的折射率、光波波长和光学元件的色散率,以及观测光源的光谱等。分光计的调节思想、方法与技巧,在光学仪器中有一定的代表性,学会它的调节和使用方法,有助于操作更复杂的光学仪器。

【实验 21　电子教案】

【实验 21　教学视频】

【实验目的】

1. 了解分光计的结构和工作原理;

2. 掌握分光计的调节要求和调节方法;

3. 学会用分光计测量玻璃三棱镜的折射率。

【实验原理】

1. 分光计的结构

分光计由三角底座、平行光管、望远镜、载物台和读数装置五部分组成,如图5-21-1 所示。

（1）三角底座

三角底座中心有竖轴,称为分光计的中心轴。轴上装有可绕中心轴转动的望远镜和载物台。

（2）平行光管

平行光管的作用是产生平行光。平行光管由物镜和狭缝装置组成。松开螺钉 2,可前后移动狭缝装置,使狭缝位于物镜的焦平面上,则平行光管产生平行光。调节手轮 22可改变狭缝的宽度。调节平行光管光轴俯仰调节螺钉 21,可使平行光管光轴水平。

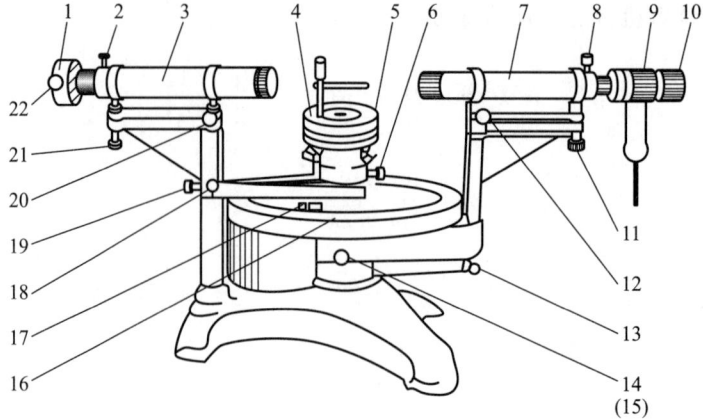

1—狭缝装置；2—狭缝套筒锁紧螺钉；3—平行光管；4—载物台；5—载物台调平螺钉；6—载物台锁紧螺钉；
7—望远镜；8—分划板套筒锁紧螺钉；9—自准目镜；10—目镜视度调节手轮；11—望远镜光轴俯仰调节螺钉；
12—望远镜光轴水平方向调节螺钉；13—望远镜微调螺钉；14—刻度盘与望远镜固连螺钉；
15—望远镜止动螺钉(在背面)；16—刻度盘；17—游标盘；18—游标盘微调螺钉；19—游标盘止动螺钉；
20—平行光管光轴水平方向调节螺钉；21—平行光管光轴俯仰调节螺钉；22—狭缝宽度调节手轮。

图 5-21-1　分光计结构图

（3）望远镜

望远镜的作用是确定光线传播的方向。它由目镜、分划板和物镜组成，如图 5-21-2 所示，它们分别装在三个套筒中，彼此可以相对移动。

分划板上刻有"十"形分划线，下方小棱镜的直角面上有一个透光十字，小电珠发出的光经小棱镜改变 90° 方向后从透光十字射出。转动目镜视度调节手轮 10，可在目镜视场中看到图 5-21-2(a) 所示情景。若在物镜前放一平面镜，松开螺钉 8，前后移动分划板套筒使分划板落在物镜的焦平面上，则透光十字出射的光经物镜后成为平行光入射到平面镜上，经平面镜反射后再经物镜会聚在分划板平面上形成透光十字的像。若平面镜与望远镜光轴垂直，则此像落在分划线上方叉丝上，如图 5-21-2(b) 所示。

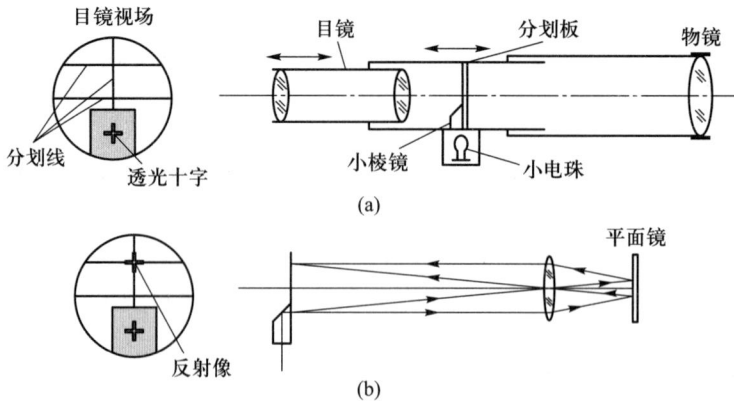

图 5-21-2　自准直望远镜

（4）载物台

用于放置待测样品或光学元件。载物台下方的三个螺钉（b_1、b_2、b_3）用于调节台面水平。松开螺钉 6,可以升降载物台。拧紧螺钉 6 可将载物台与游标盘 17 固连在一起,此时松开螺钉 19,载物台可随游标盘转动,并可通过读数装置读出载物台转过的角度。

（5）读数装置

由刻度盘与游标盘组成。出厂时已将分光计的刻度盘、游标盘调到与中心轴垂直。拧紧固连螺钉 14,刻度盘和望远镜固连在一起。游标盘上相隔 180° 处有两个角游标。拧紧止动螺钉 19 时,游标盘与中心轴的相对位置固定;松开螺钉 19,游标盘可绕中心轴转动。若固定游标盘,刻度盘和望远镜固连,望远镜转动时,可由刻度盘、游标盘读出望远镜转过的角度。

2. 分光计的调节

使用分光计时必须满足下列要求:

① 望远镜聚焦于无穷远（即接受平行光）;望远镜光轴与中心轴垂直;

② 平行光管产生平行光;平行光管光轴与中心轴垂直。

调节前应先对照实物和结构图熟悉仪器,了解各个调节螺钉的作用。调节时应先粗调后细调。

（1）粗调（凭眼睛观察）

从分光计侧面观察,分别调节望远镜光轴俯仰调节螺钉 11 和平行光管光轴俯仰调节螺钉 21,使望远镜和平行光管的光轴尽量与刻度盘平行。调节载物台调平螺钉使载物台尽量与刻度盘平行（即与中心轴垂直）。

（2）细调

① 望远镜的调节

a. 用自准法调节望远镜聚焦于无穷远

（a）转动目镜视度调节手轮 10,在目镜视场中看清分划板。

（b）接通小电珠电源,并把双面反射镜按图 5-21-3 放到载物台上。当需要改变镜面倾角时,调节螺钉 b_1 或 b_2 即可。

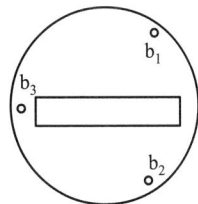

图 5-21-3

（c）眼睛通过目镜观察,同时转动载物台改变平面镜的方向,当平面镜镜面与望远镜光轴垂直时可看到一亮斑。松开螺钉 8,前后移动分划板套筒,改变分划板与物镜之间的距离,使亮斑成清晰的绿十字像。左右移动眼睛观察,同时细心移动分划板套筒,使绿十字像与黑色叉丝间无视差,锁紧螺钉 8。

b. 用渐进法调节望远镜光轴垂直于中心轴

（a）调节螺钉 11,使绿十字像与分划板上方叉丝重合。

（b）将载物台转 180°,从双面平面镜的另一面找到反射的绿十字像,若十字像与分划板上方叉丝不重合,如图 5-21-4(a)所示,则调节螺钉 b_1 或 b_2,使绿十字像与分划板上方叉丝位移减少一半,如图 5-21-4(b)所示;然后调节螺钉 11,使反射回来的绿十字像与分划板上方叉丝重合,如图 5-21-4(c)所示。

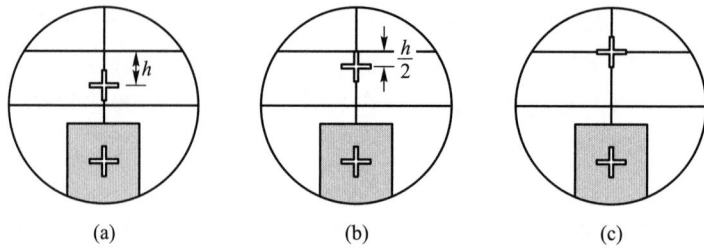

图 5-21-4

（c）重复步骤（b），直到载物台转过 180°前后，双面镜两个面反射的十字像均与分划板上方叉丝重合。

② 平行光管的调节

a. 调节平行光管产生平行光

（a）打开光源照亮狭缝，将望远镜正对平行光管，从目镜中观察狭缝像。

（b）松开螺钉 2，前后移动狭缝装置，使狭缝清晰地成像在分划板平面，锁紧螺钉 2。

b. 调节平行光管光轴与望远镜光轴重合

调节螺钉 21，使狭缝像被分划板中心水平线均分。

3. 刻度盘的读数

刻度盘被等间隔地分为 720 份，分度值为 0.5°，游标被分为 30 格，分度值为 1′。读数时，从游标零刻度前读出刻度盘 0.5°以上的读数，再从游标上读出与刻度盘某刻度对齐的分数。两数相加即角度的读数。图 5-21-5 读数为 116°12′。

为了消除刻度盘刻度中心 O 与中心轴 O' 不重合引入的偏心误差，在游标盘直径的两边各装有一个游标。测量时，两个游标都要读数，然后算出每个游标始、末两次读数差的平均值，即转过的角度。图 5-21-6 表示分光计存在偏心误差的情形。刻度盘绕中心轴 O' 转过角度 φ，但从读数装置上读取的是 φ_1 和 φ_2，由几何原理知

$$\alpha_1 = \frac{\varphi_1}{2}, \quad \alpha_2 = \frac{\varphi_2}{2}, \quad \varphi = \alpha_1 + \alpha_2 = \frac{1}{2}(\varphi_1 + \varphi_2)$$

或

$$\varphi = \frac{1}{2}\left[(\theta''_1 - \theta'_1) + (\theta''_2 - \theta'_2)\right]$$

上式说明，两游标读数差的平均值即实际转角 φ。

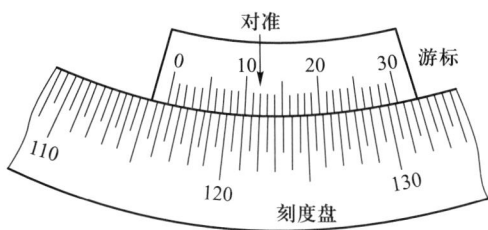

图 5-21-5 刻度盘读数

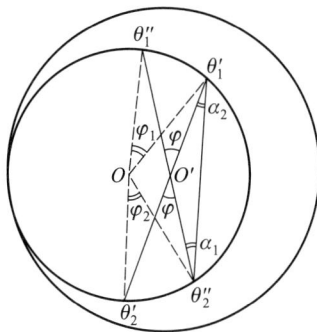

图 5-21-6 偏心差示意图

4. 测量玻璃三棱镜的折射率

如图 5-21-7 所示,三角形 ABC 表示三棱镜的横截面,BC 为底面,AB、AC 为光学面,两光学面的夹角 α 称为三棱镜的顶角。入射光线 LD 经三棱镜两次折射后,沿 ER 方向出射。入射光线 LD 与出射光线 ER 所成的角 δ,称为偏向角。偏向角随着入射角的变化而变化,可以证明,入射光线和出射光线处于三棱镜对称位置时,偏向角最小,称为最小偏向角。棱镜玻璃的折射率 n 与棱镜顶角 α、最小偏向角 δ_m 有如下关系:

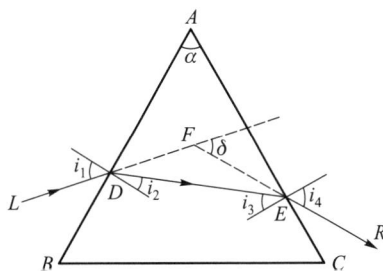

图 5-21-7 三棱镜折射光路图

$$n = \sin\frac{\alpha+\delta_m}{2} \Big/ \sin\frac{\alpha}{2} \qquad (5-21-1)$$

将待测材料制成三棱镜,用分光计测出棱镜的顶角 α、最小偏向角 δ_m,由上式可求出材料的折射率 n。

【实验仪器】

JJY-1′分光计,汞灯(或钠灯),双面反射镜,三棱镜。

【实验内容】

1. 调节分光计

按照分光计的调节要求,使其满足使用状态。

2. 调节三棱镜的主截面与中心轴垂直

按图 5-21-8 把三棱镜放到载物台上。为了接下来测量的需要,载物台宜放低些。调节 b_1,载物台以连线 b_2、b_3 为轴转动,光学面 AC 的倾斜度改变,而 AB 则在自己的光学面内运动,法线方向不变。同理,调节 b_2,光学面 AB 的倾斜度改变时,不影响光学面 AC。

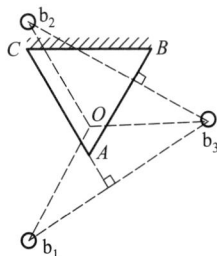

图 5-21-8 调节垂直示意图

（1）松开螺钉 15,转动望远镜对准 AC 面,调节螺钉 b_1,使 AC 面反射的绿十字像与分划板上方叉丝重合。

（2）转动望远镜对准 AB 面,调节螺钉 b_2,使 AB 面反射的绿十字像与分划板上方叉丝重合。

（3）重复步骤（1）、（2）,反复调节,直到光学面 AC、AB 都能达到自准。

至此,三棱镜主截面已垂直于中心轴,从而保证了反射光、折射光均在与刻度盘相平行的主截面内。注意在测量顶角 α 和最小偏向角 δ_m 时,应避免三棱镜相对于载物台发生移动和转动,更不可调节螺钉 b_1、b_2、b_3。

3. 测量汞灯某条谱线的最小偏向角 δ_m

（1）找谱线。松开螺钉 19,转动载物台,使三棱镜 AC 面与平行光管光轴夹角约为 30°,如图 5-21-9 所示。用眼睛迎着出射光方向看到 AB 面中谱线,然后将望远镜转到眼睛和谱线之间,此时可从望远镜中看到谱线。

（2）找最小偏向角。转动载物台,使谱线向入射光线方向靠近,同时转动望远镜跟踪其中一条谱线。当载物台转到某一位置时,若继续按原方向转动,谱线将向反方向移动,谱线反转处即最小偏向角的位置,用螺钉 19 锁紧载物台。

（3）记录最小偏向角对应的出射光位置。转动望远镜使竖直叉丝对准谱线,锁紧螺钉 15,用微调螺钉 13 和 18 配合反复调节,确认分划板竖直叉丝对准处在最小偏向角位置的谱线,记下两游标读数 θ_1,θ_2。

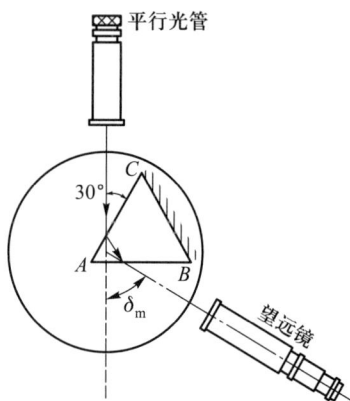

图 5-21-9　光路俯视图

（4）记录入射光位置。不取下三棱镜（开始时载物台调得较低,平行光管出射光束的一小部分可经棱镜上方直接进入望远镜中）,松开螺钉 15,转动望远镜并利用微调螺钉 13 使竖直叉丝对准狭缝像,记下两游标读数 θ_1',θ_2'。

注意:不可转动载物台,不可调节螺钉 18,不可松开螺钉 19。此时有

$$\delta_m = \frac{1}{2}\left[(\theta_1'-\theta_1)+(\theta_2'-\theta_2)\right] \qquad (5-21-2)$$

（5）重复步骤（3）、（4）,测量 6 次,数据记入表 5-21-1,求平均值。

4. 用自准法测三棱镜的顶角 A（选做）

（1）如图 5-21-10 所示,转动望远镜对准 AB 面,锁紧望远镜止动螺钉 15,用微调螺钉 13 调节绿十字像与分划板上方叉丝重合,记录两游标读数 θ_1,θ_2。

（2）转动望远镜对准 AC 面,重复步骤（1）,记录两游标读数 θ_1',θ_2',由图可知

$$A = 180° - \frac{1}{2}\left[(\theta_1'-\theta_1)+(\theta_2'-\theta_2)\right] \qquad (5-21-3)$$

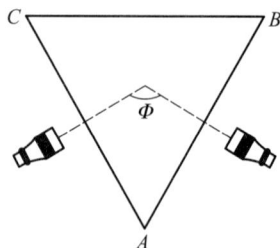

图 5-21-10

【注意事项】

1. 光学元件要轻拿轻放,以免损坏;切忌用手触摸光学面。

2. 分光计是较精密的光学仪器,要倍加爱护,不要在止动螺钉锁紧时强行转动望远镜,也不要随意拧动狭缝。

3. 测量数据前务必检查分光计的锁紧螺钉或止动螺钉,应该锁紧的是否已锁紧,若未锁紧,读取的数据将不可靠。

4. 测量中应正确使用望远镜及游标盘的微调螺钉,以便提高工作效率和测量的准确度。

5. 在读取数据过程中,应注意望远镜的转动是否经过刻度盘的零点,若经过刻度盘的零点,则该游标的读数应加上 360°。

【数据处理】

表 5-21-1　测量最小偏向角

$u_{仪} = $ _____ ; $\lambda = $ _____ nm; $A = $ _____

测量次数 i	出射光线位置		入射光线位置		$\delta_{mi} = \dfrac{1}{2}\left[(\theta_1' - \theta_1) + (\theta_2' - \theta_2)\right]$
	θ_1	θ_2	θ_1'	θ_2'	
1					
2					
3					
4					
5					
6					

$\overline{\delta_m} = $

$$u_A(\overline{\delta_m}) = \frac{t_{0.95}}{\sqrt{6}}\sqrt{\frac{\sum\limits_{i=1}^{6}(\delta_{mi} - \overline{\delta_m})^2}{6-1}} = $$

$$u(\overline{\delta_m}) = \sqrt{u_A^2(\overline{\delta_m}) + u_B^2} = $$

$$\delta_m = \overline{\delta_m} \pm u(\overline{\delta_m}) = $$

$$\overline{n} = \frac{\sin\dfrac{\overline{\delta_m} + \overline{A}}{2}}{\sin\dfrac{\overline{A}}{2}} = $$

$$u(\overline{n}) = \sqrt{\left(\frac{\partial n}{\partial A}u_{\overline{A}}\right)^2 + \left(\frac{\partial n}{\partial \delta_m}u(\overline{\delta_m})\right)^2} =$$

$$n = \overline{n} \pm u_{\overline{n}} =$$

【思考题】

1. 调节光学仪器的一般要领是先粗调后细调,本实验中是如何体现这一要领的?

2. 当转动载物台 180° 反复调节,使望远镜光轴垂直于分光计主轴时,载物台平面是否也同时调节到垂直于中心轴了? 为什么?

3. 调节望远镜时所使用的双面镜起什么作用? 能否用三棱镜代替其进行调节?

4. 对三棱镜测量时,为什么要调节三棱镜主截面(两个光学面的法线决定的平面)垂直于分光计中心轴? 若不垂直,将对测量结果带来怎样的影响?

实验 22　迈克耳孙干涉仪的调节和使用

实验 22
电子教案

实验 22
教学视频

迈克耳孙干涉仪是利用分振幅法产生相干光束以实现干涉的光学仪器。通过调整该干涉仪,可以产生等厚干涉条纹,也可以产生等倾干涉条纹。迈克耳孙干涉仪主要用于长度和折射率的测量,在近代物理和近代计量技术中,如在光谱线精细结构的研究和用光波标定标准米尺等实验中都有着重要的应用。

【实验目的】

1. 了解迈克耳孙干涉仪的光学结构及干涉原理,学习其调节和使用方法;

2. 学习一种测定光波波长的方法,加深对等倾、等厚干涉的理解;

3. 学习用逐差法处理实验数据。

【实验原理】

迈克耳孙干涉仪是 1883 年美国物理学家迈克耳孙(A. A. Michelson)和莫雷(E. W. Morley)合作,为研究"以太漂移实验"而设计制造出来的精密光学仪器。用它可以高度准确地测定微小长度、光的波长、透明体的折射率等。后人利用该仪器的原理,研究出了多种专用干涉仪,这些干涉仪在近代物理和近代计量技术中被广泛应用。

1. 干涉仪原理

迈克耳孙干涉仪的光路如图 5-22-1 所示。M_1、M_2 是一对精密磨光的平面反射镜,M_1 的位置是固定的,M_2 可沿导轨前后移动。G_1、G_2 是厚度和折射率都完全相同的一对平行玻璃板,与 M_1、M_2 均成 45°角。G_1 的一个表面镀有半反射、

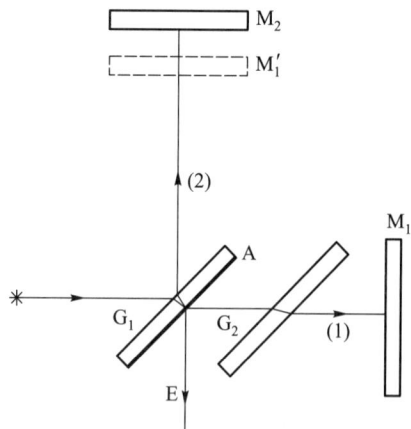

图 5-22-1　迈克耳孙干涉仪光路原理图

半透射膜 A,使射到其上的光线分为光强度差不多相等的反射光和透射光;G₁ 称为分光板。当光照到 G₁ 上时,在半透膜上分成相互垂直的两束光,透射光(1)射到 M₁,经 M₁ 反射后,透过 G₂,在 G₁ 的半透膜上反射后射向 E;反射光(2)射到 M₂,经 M₂ 反射后,透过 G₁ 射向 E。由于光线(2)前后共通过 G₁ 三次,而光线(1)只通过 G₁ 一次,考虑到光线(1)通过 G₂ 两次,它们在玻璃中的光程便相等了,于是计算这两束光的光程差时,只需计算两束光在空气中的光程差就可以了,所以 G₂ 称为补偿板。当观察者从 E 处向 G₁ 看去时,除直接看到 M₂ 外还看到 M₁ 的像 M₁′,(1)、(2)两束光如同从 M₂ 与 M₁′ 反射来的,因此迈克耳孙干涉仪中所产生的干涉现象与 M₁′、M₂ 间"形成"的空气薄膜的干涉现象等效。

干涉仪的结构如图 5-22-2 所示(右侧为俯视图)。反射镜 M₂ 的移动采用蜗轮蜗杆传动系统,转动粗调手轮 2 可以实现粗调。M₂ 移动的距离可在侧面的毫米刻度尺 5 上读到 1 mm;通过读数窗口,在刻度盘 3 上可读到 0.01 mm;转动微调手轮 1 可实现微调,微调手轮的分度值为 10^{-4} mm,可估读到 10^{-5} mm。M₁、M₂ 背面各有 3 个螺钉可用于粗调 M₁ 和 M₂ 的倾(斜)度,倾度的微调是通过调节水平微调螺丝 15 和竖直微调螺丝 16 来实现的。

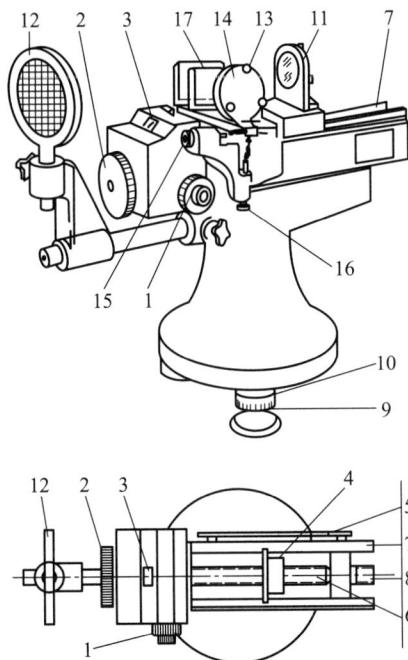

1—微调手轮;2—粗调手轮;3—刻度盘;4—丝杆啮合螺母;5—毫米刻度尺;6—丝杆;7—导轨;
8—丝杆顶进螺母;9—调平螺丝;10—锁紧螺丝;11—可动镜 M₂;12—观察屏;13—倾度粗调螺钉;
14—固定镜 M₁;15—水平微调螺丝;16—竖直微调螺丝;17—G₁、G₂。

图 5-22-2 迈克耳孙干涉仪结构图

2. 测量单色光波长的原理

本实验以单色光（钠光）作为光源。由迈克耳孙干涉的光学结构可知，当 M_2 镜垂直于 M_1 镜时，M_1' 与 M_2 相互平行，如图 5-22-3 所示，设距离为 d。若光束以同一倾角 φ 入射在 M_1' 和 M_2 上，反射后将形成相互平行的相干光。M_1' 与 M_2 之间为空气层，$n \approx 1$，则两光束 $1'$ 和 $2'$ 的光程差 Δ 为

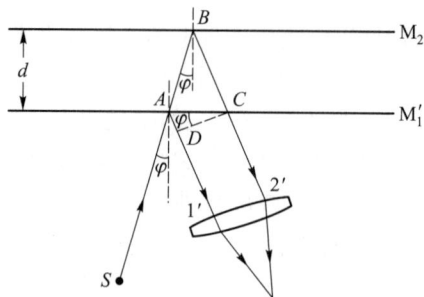

图 5-22-3 相干光路图

$$\Delta = |AB| + |BC| - |AD| = \frac{d}{\cos\varphi} + \frac{d}{\cos\varphi} - 2d\tan\varphi\sin\varphi$$

经计算得
$$\Delta = 2d\cos\varphi \tag{5-22-1}$$

如图 5-22-4 所示，当光以不同的倾角入射时，就形成半径不同的、明暗相间的同心圆环形干涉条纹。产生明（或暗）纹的条件为

$$\Delta = 2d\cos\varphi = \begin{cases} k\lambda & \text{明纹} \\ (2k+1)\dfrac{\lambda}{2} & \text{暗纹} \end{cases} \tag{5-22-2}$$

d 固定时，由式（5-22-1）可以看出，在倾角 φ 相等的方向上两束相干光的光程差 Δ 均相等。具有相等的 φ 的各方向光束形成一个圆锥面，因此形成一系列同心圆的等倾干涉条纹。φ 越小，干涉条纹的直径越小，级次 k 越高。在圆心处，$\varphi = 0$，$\cos\varphi$ 的值最大，这时 $\Delta = 2d$。当 $\Delta = 2d = k\lambda$ 时，圆心为明纹；当 $\Delta = 2d = (2k+1)\lambda/2$ 时，圆心为暗纹。

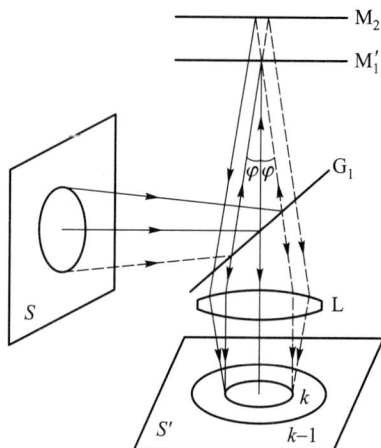

图 5-22-4 同心圆等倾干涉条纹

由（5-22-1）式可知，$\varphi = 0$ 时光程差最大，即圆心处干涉环级次最高，越向边缘级次越低。当 d 增大时，干涉环中心级次将增高，条纹沿半径向外移动，即可看到干涉环从中心"冒"出；反之，当 d 减小时，干涉环向中心"缩"进去。

由明纹条件可知，当干涉环中心为明纹时，$\Delta = 2d = k\lambda$。此时若移动 M_2（改变 d），圆心处条纹的级次相应改变，当 d 每改变 $\lambda/2$ 距离，圆心就冒出或缩进一条环纹。若 M_2 移动距离为 Δd，相应冒出或缩进的干涉环条纹数为 ΔK，则有

$$\Delta d = \Delta K\frac{\lambda}{2}$$

故
$$\lambda = \frac{2\Delta d}{\Delta K} = \frac{2(d_1 - d_2)}{\Delta K} \tag{5-22-3}$$

式中 d_1、d_2 分别为 M_2 前后的位置读数。实验中只要读出 d_1、d_2 和 ΔK，即可由式

(5-22-3)求出波长。

由明纹条件可推知,相邻两条纹的角间距为

$$\Delta\varphi = -\frac{\lambda}{2d\sin\varphi} \approx -\frac{\lambda}{2d\varphi} \qquad (5\text{-}22\text{-}4)$$

当 d 增大时,$\Delta\varphi$ 变小,条纹变细变密;当 d 减小时,$\Delta\varphi$ 增大,条纹变粗变疏。所以,离圆心近处条纹粗而疏,离圆心远处条纹细而密。

【实验仪器】

迈克耳孙干涉仪(WSM-100 型),玻璃板,钠灯等。

【实验内容】

1. 测量钠灯光源波长

(1) 调节仪器

以钠灯为光源,使之照射到毛玻璃屏上,形成均匀的扩束光源以便于提高条纹的亮度。在毛玻璃屏上画一个十字叉丝(或指针)。在图 5-22-1 的 E 处沿 EG_1M_2 的方向进行观察,如果仪器未调好,则在视场中将会见到叉丝(或指针)的双影,这时必须调节 M_1 或 M_2 镜后的螺钉,以改变 M_1 或 M_2 镜面的方位,直到双影完全重合。一般来说,这时就会出现干涉条纹,再仔细、慢慢地调节 M_1 的微调螺丝,使条纹成圆环形。

(2) 定性观察,选择测量区

钠黄光实际上由两种波长相差很小的光组成,因此,我们看到的圆环形等倾干涉条纹实际上是两种波长分别形成的干涉条纹的叠加。当 M_1,M_2 的间距一定时,λ_1,λ_2 的干涉环的级次 k_1,k_2 是不同的,即当光程差 $\Delta = 2d = k_1\lambda_1 = k_2\lambda_2$ 时,两光形成同样的明暗相间的干涉条纹,实验者看到明显的明暗相间的干涉条纹。当光程差 $\Delta = k_1'\lambda_1 = \left(k_2' + \frac{1}{2}\right)\lambda_2$ 时,干涉条纹一个是明纹另一个是暗纹,叠加结果使视场中看不出明显的干涉条纹。改变光程差时,将循环出现这种对比度的变化。

(3) 测量数据

把圆环形干涉条纹调好后,缓慢移动 M_2 镜,按原方向转动微调手轮(改变 d 值),可以看到一个一个干涉环从环心冒出(或缩进)。当干涉环中心最亮时,记下动镜 M_2 的位置 d_1,然后继续缓慢转动微调手轮,当冒出(或缩进)的条纹数 $\Delta K = 50$ 时,再记下 M_2 镜的位 d_2。按上述步骤重复测量 10 次,数据记入表 5-22-1。求得 $\overline{\Delta d}$,代入计算公式,求出钠黄光的波长 λ。

2. 测量钠黄光双线的波长差(选做)

自行设计实验方案。

【注意事项】

干涉仪是精密光学仪器,使用中一定要小心爱护,要认真做到:

1. 切勿用手触摸光学表面,防止唾液溅到光学表面上。

2. 调节螺钉、螺丝和转动手轮时,一定要轻、慢,决不允许强扭硬扳。

3. 反射镜背后的粗调螺钉不可旋得太紧,以防止镜面变形。

4. 调节反射镜背后的粗调螺钉前,先要把微调螺丝调在中间位置,以便能在两个方向上作微调。

5. 测量时,转动手轮只能缓慢地沿一个方向前进(或后退),否则会引起较大的空程误差。

6. 为了测量读数准确,使用干涉仪前必须对读数系统进行校正。

【数据处理】

表 5-22-1

$u_B = 10^{-5}$,$\Delta K = 50$,单位:mm

d_1	d_2	d_3	d_4	d_5	d_6	d_7	d_8	d_9	d_{10}

$$\overline{\Delta d} = \frac{\mid d_{10} - d_5 \mid + \mid d_9 - d_4 \mid + \mid d_8 - d_3 \mid + \mid d_7 - d_2 \mid + \mid d_6 - d_1 \mid}{5 \times 5} =$$

$$\lambda = \frac{2\overline{\Delta d}}{\Delta K} =$$

$$u(\lambda) = \sqrt{\left[\frac{u(\Delta d)}{\Delta d}\right]^2 + \left[\frac{u(\Delta K)}{\Delta K}\right]^2} =$$

$$u(\Delta d) = \sqrt{(S_{\Delta d}^2 + u_B^2)} =$$

$$\lambda = \overline{\lambda} \pm u(\lambda) =$$

【思考题】

1. 在什么条件下产生等倾干涉条纹? 在什么条件下产生等厚干涉条纹?

2. 迈克耳孙干涉仪产生的等倾干涉条纹与牛顿环有何不同?

3. 为什么在观察激光非定域干涉时,通常看到的是弧形条纹?怎样才能看到圆形条纹?

【附录】

1. 测量钠黄光双线的波长差

低压钠灯因其光谱中的黄双线波长差小而强度特别大,常直接作为单色光源使用。但是在用迈克耳孙干涉仪测波长的实验里,由于波长差约 0.6 nm 的双线影响,在干涉仪可移动反射镜微调过程中,计量干涉条纹变化数目时,会伴随着干涉条纹可见度的起伏。

时间相干性可表述为辐射场中某点在不同时刻发生的光扰动之间的相位相关性，常用相干长度来衡量时间相干性。

钠灯光谱中有波长为 $\lambda_1 = 589.0$ nm 和 $\lambda_2 = 589.6$ nm 的两条黄光谱线，当波长为 λ_1 的第 $(j+1)$ 级谱线与波长为 λ_2 的第 j 级谱线重合时，条纹对比度最大。通过观察干涉条纹的对比度，在两次最大（或两次降为零）时，测量迈克耳孙干涉仪臂长的移动距离，便可测出光源的相干长度。

当 λ_1 的第 $(j+1)$ 级与 λ_2 的第 j 级重合，即

$$2\Delta d = (j+1)\lambda_1 = j\lambda_2$$

时，对比度最大。因平均值 $\bar{\lambda} = \dfrac{\lambda_1 + \lambda_2}{2}$，故 $\lambda_2 = 2\bar{\lambda} - \lambda_1$，代入上式，并消去 j，得

$$\Delta d = \frac{(2\bar{\lambda} - \lambda_1)}{4(\lambda - \lambda_1)}\lambda_1$$

整理得 $\qquad\qquad\qquad \lambda_1^2 - (4\Delta d + 2\bar{\lambda})\lambda_1 + 4\lambda\Delta d = 0$

解上述方程即可求得 λ_1，由 $\lambda_2 = 2\bar{\lambda} - \lambda_1$ 可求得 λ_2。

2. 引力波探测器

引力波探测器（gravitational-wave observatory）是天文学中用于探测引力波的装置。引力波是加速中的质量在时空中所产生的涟漪，爱因斯坦在 1916 年首次提出了引力波的概念。通过探测引力波，可以对广义相对论进行实验验证。常用的探测器有棒状探测器和激光干涉仪等，这些探测器的主要工作原理是测量引力波通过时，对两个相隔遥远位置之间距离的影响。1960 年代起，多个引力波探测器陆续被建造与启用，并在探测器灵敏度上有不断地进步。如今，这些探测器已具备探测银河系内、外的引力波源的能力，是引力波天文学的主要探测工具（图 5-22-5、图 5-22-6）。

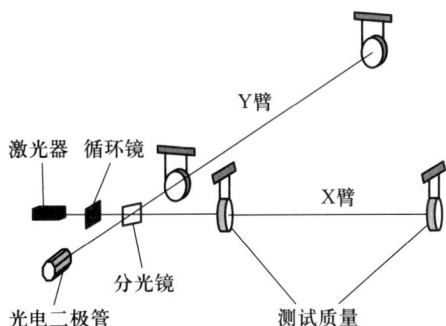

图 5-22-5   激光干涉仪引力波探测器
工作原理简图

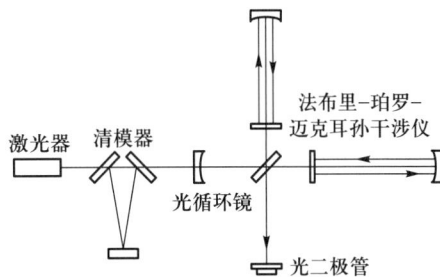

图 5-22-6   激光干涉仪引力波探测器的
基本光学结构

有一些实验已经给出引力波存在的间接证据，例如，赫尔斯-泰勒脉冲双星的轨道衰减符合广义相对论预测的因引力波发射而导致的能量减损。拉塞尔·赫尔斯和约瑟夫·泰勒因这项研究获得了 1993 年诺贝尔物理学奖。

　　2016 年，LIGO（激光干涉引力波天文台）团队与大型引力波探测器 Virgo 团队共同宣布，在 2015 年 9 月 14 日测量到在距离地球 13 亿光年处的两个黑洞合并所发射出的引力波信号。之后，又多次探测到了引力波。2017 年诺贝尔物理学奖被授予美国三位科学家雷纳·韦斯、巴里·巴里什和基普·索恩，以表彰他们对 LIGO 探测装置的决定性贡献以及探测到引力波的存在。

第六章 综合性和设计性实验

实验 23 气体流速测量实验

实验 23
教学视频

在科学技术和工业生产的诸多领域,流速测量是最常见的物理测量。根据测量原理不同,有多种流速测量方法,常见的有压差法流速测量、旋桨流速测量、热线流速测量、激光流速测量和涡街流速测量等。压差法测量原理基于机械能守恒原理和流体力学基本方程——伯努利方程测量流速的大小,是管道流速和流量测量中最常见的方法,有孔板、皮托管、喷嘴、文丘里管等多种形式;热线法流速测量原理基于介质流动时与传感器的强迫热交换,常用于测量空间流场流速分布。

本实验采用喷嘴压差法和热线法对小型实验风洞的空气流速进行测量,通过本实验学习流速测量原理,掌握实用的流速测量方法,绘制流速测量校正曲线。

【实验目的】

1. 用喷嘴压差法测量空气流速,掌握力学功能原理和伯努利方程的实际应用;
2. 用热线传感器测量空气流速,掌握热传导理论的实际应用;
3. 通过热线流速仪校正,掌握校正电子测量仪器的一般方法。

【实验原理】

1. 用压差法测量管道流速

压差流速仪是目前用量最大的工业测量仪器之一,它利用节流元件形成的压强差测量管道中连续介质的流速。工业中应用的节流元件均已标准化,常见的节流元件有孔板、皮托管、喷嘴、文丘里管等,它们技术特性参量不同,可以满足不同情况的使用要求。

在被测管道内安装了一个较小孔径的节流元件,流束在节流处形成局部收缩。由于管道内各点的流速和压强满足机械能守恒原理和由此导出的伯努利方程,因此在节流件上下游两侧会产生随流速变化的静压强差(或称差压),通过测量此差压可以计算流体经过节流元件时的流速和流量。

伯努利方程表述为:对于由不可压缩、非黏性流体流线组成的流管内的点,其压强和单位体积的机械能(动能和势能)之和为常量,即对于流管内的任意点,均有

$$p + \frac{1}{2}\rho u^2 + \rho gh = 常量$$

式中,p 为压强,u 为流速,ρ 为流体密度,h 为相对高度,g 为重力加速度。

喷嘴的结构如图 6-23-1 所示。流线型喷嘴前后的压差由水柱压差计测出,设水柱压差对应的高度为 Δh,

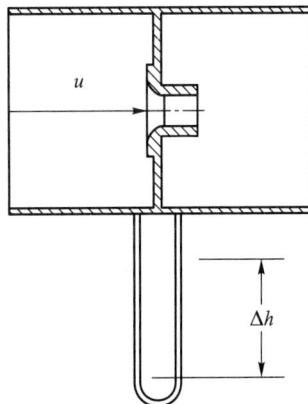

图 6-23-1

空气流过喷嘴的流速为 u，根据喷嘴两边的势能在喷嘴内转换为气体动能（机械能守恒）或伯努利方程均可得

$$u = k\sqrt{2g\Delta h\rho'/\rho} \qquad (6\text{-}23\text{-}1)$$

式中，k 为修正喷嘴孔口流速不均匀的修正系数，可由实验获得，对于本实验所使用的小型实验风洞为 0.935；ρ' 是水的密度，实验中可近似取 $\rho' = 1.000 \text{ g/cm}^3$；$\rho$ 为被测流体空气的密度，$\rho = \dfrac{273}{273+t} \cdot \rho_0$，其中 t 为环境温度，单位为℃，ρ_0 为 0 ℃时的空气密度，取 $\rho_0 = 1.290 \times 10^{-3} \text{ g/cm}^3$，$\rho$ 的单位为 g/cm^3。代入式（6-23-1）化简后得

$$u = 1\ 150 \times \sqrt{\frac{273+t}{273}\Delta h} \qquad (6\text{-}23\text{-}2)$$

把室温 t（单位为℃）和压差计读数 Δh（单位为 cm）代入式（6-23-2），即可求出喷嘴处的空气流速 u（单位为 cm/s）。

对于其他的压差流速仪如孔板、皮托管和文丘里管，Δh 和 u 仍具有式（6-23-1）的表达形式，但修正系数 k 的数值略有不同。

2. 用热交换法测量流场流速分布

热线法采用热线传感器测量流速。热线传感器体积小，响应快，对流场干扰小，可以测量流场中空间点的瞬态流速。过去由于热线流速仪稳定性欠佳，价格昂贵，仅限于实验室使用。随着科学技术的发展，目前热线流速仪已大量商品化应用。例如，汽车发动机为取得合适的油气混合比，需要对空气进气量进行测量，就是采用热线法实现的，因此可以说每天有数千万的热线传感器在为人类服务。

热线传感器结构极其简单，如图 6-23-2 所示，主要部分是一根极细的金属丝，典型尺寸长约 3 mm、直径约 10 μm，一般选用钨、铂等稳定性好、电阻温度系数大的金属材料。工作时用电流加热，使金属丝的温度高于周围温度，故称之为"热线"。流体流动时带走热线的热量，使热线的温度或电流发生变化，从而把流速转换为电信号。

热线也有其他形式，常见的有热膜、热球等。汽车上采用的就是热膜传感器，本实验采用的是专利产品铂热传感器，安装在风洞喷嘴的出风口处。

当热线温度恒定时，热线由电加热获得的热量等于热线散失的热量，可列出热平衡方程：

$$Q_d = Q + Q_2 + Q_3$$

式中，Q_d 为电流加热产生的热量，Q 为由于周围流体强迫对流散失的热量，Q_2 为由于热线支架热传导散失的热量，Q_3 为热线向周围空间热辐射散失的热量。

实际的传感器的构造设计可使 Q_2 和 Q_3 忽略不计，可以认为热线的换热基本只有强迫对流换热，热平衡方程可简化为

$$Q_d = Q$$

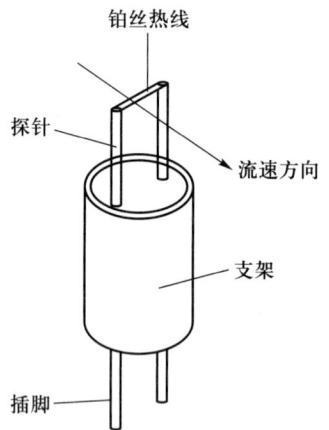

图 6-23-2

强迫对流散失的热量 Q 与流体强迫掠过热线的换热系数 K、热线表面积 S、热线温度 t_w 和流体温度 t_f 关系为

$$Q = KS(t_w - t_f) \tag{6-23-3}$$

显然,换热系数 K 与热线几何形状、流体流速 u、流体导热系数 λ、流体黏性系数 η、流体热扩散率 a 有关。

以长直细圆柱体热线为边界条件求解三维流场中的热交换微分方程组,可得到式(6-23-3)的具体形式:

$$Q = \left[A_2(\lambda, \eta, a, l) + B_2(\lambda, \eta, a, l, d) \right] u^{1/m}(t_w - t_f) \tag{6-23-4}$$

其中,A_2 和 B_2 是 λ、η、a,以及热线几何尺寸 d、l 的函数,与 u 无关,因此在传感器和被测流体确定后,对于变量 u,A_2 和 B_2 为常量,有

$$Q = (A_2 + B_2 u^{1/m})(t_w - t_f) \tag{6-23-5}$$

流经热线的电流 I 在热线上产生的热量 Q_d 为

$$Q_d = 0.24 U_B^2 / R \tag{6-23-6}$$

其中 U_B 是电桥电压,R 是热线电阻,因为 $Q_d = Q$,故有

$$U_B^2 = (A_1 + B_1 u^{1/m})(t_w - t_f) \tag{6-23-7}$$

写成 u 的显函数以方便应用,为

$$u = \left(A \frac{U_R^2}{t_w - t_f} - B \right)^m \tag{6-23-8}$$

式(6-23-7)、式(6-23-8)给出传感器端电压 U_B 与流速 u 之间的关系,是非线性关系,如图 6-23-3 所示。

上述结论同样适用于其他形状的传感器。

式(6-23-8)中的 A,B 和 m 可由实验获得,m 取值在 2 附近,本实验所用热线传感器 m 值为 2.2。

为了检验流速仪的传感器端电压 U_B 与流速 u 之间的关系是否符合式(6-23-8),可以把 U_B 与 u 之间的函数关系改写成

$$u^{\frac{1}{2.2}} = \left(A \frac{U_B^2}{t_w - t_f} - B \right) \tag{6-23-9}$$

或

$$U_B^2 = \frac{t_w - t_f}{A} u^{\frac{1}{2.2}} + \frac{t_w - t_f}{A} B \tag{6-23-10}$$

在温度 t_w 和 t_f 确定的情况下,$\dfrac{t_w - t_f}{A}$ 和 $\dfrac{t_w - t_f}{A} B$ 为常量,U_B^2 与 $u^{\frac{1}{2.2}}$ 之间为线性关系。可以通过作图法观察 U_B^2 与 $u^{\frac{1}{2.2}}$ 的关系曲线是不是直线,以验证它们是否满足线性关系,如果 U_B^2-$u^{\frac{1}{2.2}}$ 图线是直线,也就验证了式(6-23-8)的正确性,间接验证了导出式(6-23-8)的理论是正确的。通过作图法还可以求出斜率 $\dfrac{t_w - t_f}{A}$ 和截距 $\dfrac{t_w - t_f}{A} B$,进一步求出 A 和 B,代

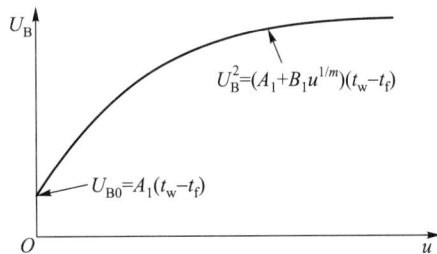

图 6-23-3

入式(6-23-8),可得 u 和 U_B 的具体表达式。

我们也可以利用最小二乘法对 U_B^2 和 $u^{\frac{1}{2.2}}$ 的一组数据进行直线拟合。在计算出这两个量之间的相关系数 $r \approx 1$(表示满足线性关系,相关系数越接近1,表示线性程度越好)的基础上,直接利用公式计算出直线的截距和斜率。对于本实验使用的热线流速仪,U_B^2 和 $u^{\frac{1}{2.2}}$ 的相关系数可达 0.999 以上。

热线流速仪主机的结构如图6-23-4所示。主机不仅提供热线传感器正确的工作点,还能完成线性化校正,其工作原理概述如下。

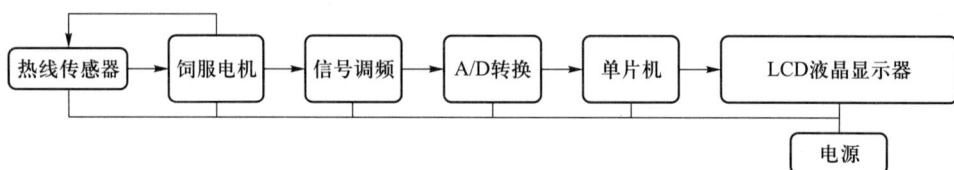

图6-23-4 热线流速仪主机结构框图

非平衡测量电桥根据热线电阻 R 的变化自动调整热线传感器的电流,补偿由风速变化带走的热量,使热线传感器处于恒温状态,这时电桥输出信号 U_B 与流速 u 满足式(6-23-8)的规律。U_B 经过信号调频和 A/D 转换,送入单片机进行处理,输出与流速成线性关系的信号 u_{Line}。

由于参量 A,B 与传感器状态、被测流体性质有关,当传感器状态或被测流体发生变化时,热线流速仪需要通过校正重新确定公式中 A、B 的值。常用的校正方法是把热线传感器置于风洞的已知流速的流体中,调整仪器参量使流速仪输出与已知风速一一对应。由于主机中的单片计算机已经进行线性化处理,u_{Line} 与 u 的关系是线性的,因此只要简单进行两点校正即可。具体做法是,调整流速仪上的调零旋钮,使流速为零时 u_{Line} 为零;调整满度旋钮,使流速最大时 u_{Line} 与流速值相等。经校正后的热线流速仪可以直接从仪器上读出现场的流速测量值。

【实验仪器】

气体流速测量实验装置如图6-23-5所示,由实验风洞、水柱压差计、热线流速仪主机构成。实验风洞由吸气风机、透明缓冲筒、喷嘴、进气口组成。风洞上有一风速旋钮用以调节风洞内空气流速的大小(不同型号的风洞该旋钮位置有所不同)。Δh 可由水柱压差计左右两个水柱读数差求出,代入式(6-23-2)可求出风洞喷嘴的风速值。热线传感器装在喷嘴后方的支架上,实验风洞上的传感器插座与主机上的传感器输入插座相连(不分正负)。主机上有调零旋钮和满度旋钮,调零旋钮用于使风洞流速为零时流速仪 u_{Line} 为零,满度旋钮用于使流速为测量最大值时 u_{Line} 与其对应。主机上有一个 LCD 液晶显示器,显示器第一行显示电桥电压 U_B,U_B 与风速 u 满足式(6-23-7)和式(6-23-8)的关系。第二行显示经过单片机处理的线性输出 u_{Line},u_{Line} 与 u 为线性关系,可以通过标定使它们在数值上相等。

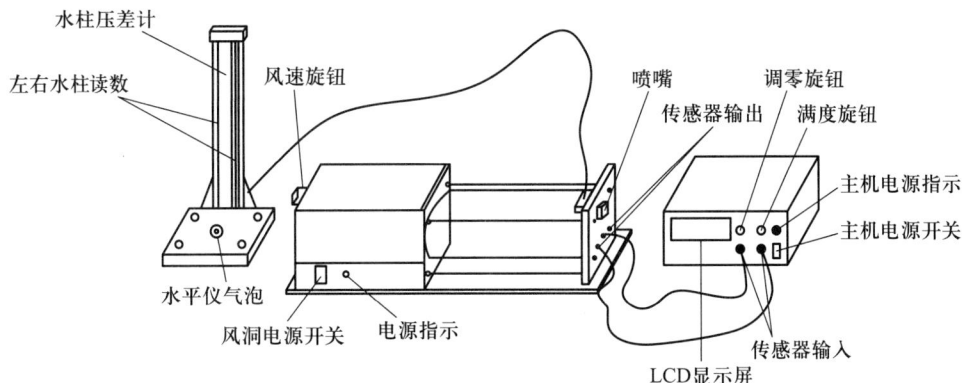

图 6-23-5　气体流速测量实验装置

【实验内容】

1. 实验前先熟悉实验风洞和热线流速仪主机，观察喷嘴及传感器的构造。

2. 把风速旋钮逆时针旋转到底($u=0$)，按图 6-23-5 所示连接好仪器(注意导线的极性)。

3. 调整水柱压差计的底脚，使水平仪气泡居中(保证压差计垂直)。

4. 打开主机电源、风洞电源，仪器开始工作。LED 的第一行显示电桥电压(U_B)，第二行显示风速 u_{Line}。缓慢调整风速旋钮(顺时针)，可以听到风机噪声加大，压差计水柱差变大，U_B 随 u 的增大而增大。如此反复 1~2 次后，即可开始做实验(注意：做实验时最大压差对应的 Δh 不宜超过 21 cm)。

5. 调整风速旋钮使风速为 0。调整主机调零旋钮使 u_{Line} 刚好为 0，并记下电桥输出电压 U_B。

6. 测量室温 t，根据式(6-23-2)计算出 $\Delta h = 20.00$ cm 时的风速 $u_{20.00\,cm}$。去掉风罩，调整风速使 $\Delta h = 20.00$ cm。调整满度旋钮使 $u_{Line} = u_{20.00\,cm}$。

7. 重复 5,6 两步骤 2~3 遍。

8. 完成以上步骤后记下水柱左右读数 $h_左$ 和 $h_右$。由小到大顺时针调整风速旋钮，逐渐改变风速。记下不同水柱差下的风速和电桥输出的读数，填入表 6-23-1。

【注意事项】

1. 由于采用单片机技术，可能出现程序"跑死"现象，此时关机后过 3 s 再重启即可。

2. 由于热线流速仪在低风速时灵敏度很高，因此调零时(风速为零)一定要罩上风罩，防止自然风在喷嘴处流动造成的 U_B 误差。而压差计在低风速时灵敏度较低，若在 Δh 较小时读数，要注意避免视觉误差。

3. 测量时应取下风罩。

4. 在风速较高时，由于喷嘴内存在一定的湍流干扰，导致压差计水柱不稳，u_{Line} 跳动，读数时取平均值即可。

【数据处理】

1. 记录数据。

实验风洞编号：_____，热线流速仪主机编号：_____，$h_{左}$ = _____ cm，$h_{右}$ = _____ cm，Δh = 20.00 cm 时的风速值 $u_{20.00\,cm}$ = _____ cm/s，热线温度 t_w = 200.0 ℃，流体温度（环境温度）t_f = _____。数据记入表 6-23-1。

表 6-23-1　数据记录表

Δh/cm	u/(cm·s^{-1})	$u^{\frac{1}{2.2}}$/(cm·s^{-1})$^{\frac{1}{2.2}}$	U_B/V				U_B^2/V^2	u_{Line}/(cm·s^{-1})			
			(1)	(2)	(3)	平均值		(1)	(2)	(3)	平均值
0.00											
2.00											
4.00											
6.00											
8.00											
10.00											
12.00											
14.00											
16.00											
18.00											
20.00											

2. 用毫米方格纸，选取适当坐标，分别绘出 u-Δh、u-U_B、u-u_{Line} 三条曲线，观察 u-Δh、u-U_B 的变化规律，观察 u-u_{Line} 的线性化程度。

3. 用毫米方格纸，选取适当坐标，绘出 U_B^2-$u^{\frac{1}{2.2}}$ 曲线；用作图法求出斜率 $=\dfrac{t_w-t_f}{A}$ 和截距 $\left(=\dfrac{t_w-t_f}{A}B\right)$；代入热线温度 t_w 和流体温度 t_f 的数据，解出参量 A 以及 B；按照式（6-23-8）写出 u 和 U_B 之间函数关系的解析式。

4. 利用公式计算 U_B^2 与 $u^{\frac{1}{2.2}}$ 这两个量之间的相关系数 r，对线性相关程度作出判断。

【思考题】

1. 简述压差流速仪和热线流速仪的工作原理。

2. 为什么使用热线流速仪前要进行校正？简述校正过程。在什么情况下不用进行校正？

3. 当 t_w 增加（热线温度上升），流速为零时，U_B 将增大还是减小？为什么？

4. 试论述 t_w 对测量风速的影响。

实验 24　用动态法测量金属的杨氏模量

实验 24
教学视频

杨氏模量 E 是表征固体材料弹性性质的重要力学参量,反映了固体材料抵抗外力产生形变的能力,也是进行热应力计算、防热与隔热层计算、选用机械构件材料的主要依据之一。因此,精确测量杨氏模量对理论研究和工程技术都具有重要意义。

金属杨氏模量的测量方法通常有静态法、动态法和波传播法三类。静态法(包括拉伸法、扭转法和弯曲法)通常适用于在大形变及常温下测量金属试样。波传播法(包括连续波法和脉冲波法)所用设备复杂,换能器转变温度低且价格昂贵,普遍应用受到限制。动态法(又称共振法或声频法)包括弯曲(横向)共振法、纵向共振法和扭转共振法,其中弯曲共振法所用设备易得,理论同实验吻合度高,适用于各种金属及非金属(脆性)材料的测量,而且测定的温度范围极广,可从液氮温度至 3 000 ℃ 左右。由于在测量上的优越性,动态法在实际应用中已经被广泛采用,也是国家推荐使用的测量杨氏模量的一种方法。本实验就是采用动态弯曲共振法测量常温条件下固体材料的杨氏模量。

【实验目的】

1. 理解动态法测量杨氏模量的基本原理;
2. 掌握动态法测量杨氏模量的基本方法,学会用动态法测量杨氏模量;
3. 了解压电陶瓷换能器的功能,熟悉信号源和示波器的使用。

【实验原理】

1. 测量原理

如图 6-24-1 所示,长度 L 远大于直径 $d(L \gg d)$ 的一根细长棒作微小横振动(弯曲振动)时,满足的动力学方程(横振动方程)为

$$\frac{\partial^4 y}{\partial x^4} + \frac{\rho S}{EJ} \frac{\partial^2 y}{\partial t^2} = 0 \qquad (6\text{-}24\text{-}1)$$

图 6-24-1　棒的横振动

式中,ρ、S、E 分别为棒的密度、横截面积、杨氏模量,$J = \int Sy^2 \mathrm{d}S$ 为棒的截面惯性矩。当棒的两端均处于自由状态时,用分离变量法解方程(6-24-1),对于圆形棒,有

$$E = 1.606\ 7\ \frac{L^3 m}{d^4} f^2 \qquad (6\text{-}24\text{-}2)$$

式中,m 为棒的质量,f 为基频振动的固有频率,d 为圆棒直径。

如果圆棒试样不能满足 $L \gg d$ 时,应乘上一个修正系数 T_1,即

$$E = 1.606\ 7\ \frac{L^3 m}{d^4} f^2 T_1 \qquad (6\text{-}24\text{-}3)$$

修正系数 T_1 可以根据径长比 d/L 查表 6-24-1 得到。

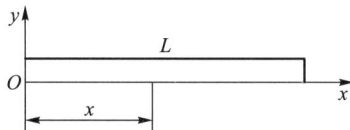

表 6-24-1　径长比与修正系数的对应关系

径长比 d/L	0.01	0.02	0.03	0.04	0.05	0.06	0.08	0.1
修正系数 T_1	1.001	1.002	1.005	1.008	1.014	1.019	1.033	1.055

对于圆棒或矩形棒试样,只要测出固有频率就可以计算试样的动态杨氏模量,所以本实验的主要任务就是测量试样的基频振动的固有频率。

本实验只能测出试样的共振频率 $f_共$。物体固有频率 $f_固$ 和共振频率 $f_共$ 是相关的两个不同概念,二者之间的关系为

$$f_固 = f_共 \sqrt{1 + \frac{1}{4Q^4}} \qquad (6-24-4)$$

式中 Q 为试样的机械品质因数。一般 Q 值远大于50,共振频率和固有频率相比只偏低0.005%,二者相差很小,通常忽略二者的差别,用共振频率代替固有频率。

2. 共振频率

用动态法测量杨氏模量的实验系统框图如图 6-24-2 所示。由信号发生器(信号源)1 输出的等幅正弦波信号加在激发换能器(激振器)2 上,使电信号变成机械振动,再由试样一端的悬丝 A 将机械振动传给试样3,使试样受迫作横振动,机械振动沿试样由另一端的悬丝 B 传送给接收换能器(拾振器)4,这时机械振动又转变成电信号,该信号经放大处理后送至示波器 5 显示。当信号源的频率不等于试样的固有频率时,试样不发生

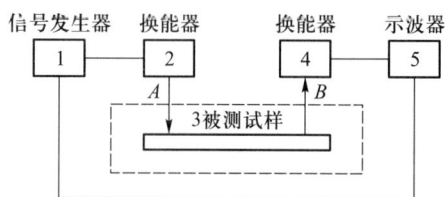

图 6-24-2　用动态法测量杨氏模量的实验系统框图

共振,示波器上几乎没有电信号波形或波形很小。当试样发生共振时,示波器上的电信号突然增大,这时可通过频率计读出信号源的频率即为试样的共振频率。

3. 观测共振频率

实验时也可采用李萨如图法测量共振频率。激振器和拾振器的信号分别输入示波器的 X 通道和 Y 通道,示波器处于观察李萨如图形状态,从小到大调节信号发生器的频率,直到出现稳定的正椭圆时,即达到共振状态。这是因为,激振器和拾振器的振动频率虽然相同,但是当激振器的振动频率不是被测样品的固有频率时,试样的振动振幅很小,拾振器的振幅也很小甚至检测不到振动,在示波器上无法合成李萨如图形(正椭圆),只能看到激振器的振动波形。只有当激振器的振动频率调节到试样的固有频率而达到共振时,拾振器的振幅突然很大,输入示波器的两路信号才能合成李萨如图形(正椭圆)。

4. 测量共振频率

本实验采用外延法测量共振频率。由振动理论可知,试样在基频共振时有两个节点,要测出试样的共振频率,只能将试样悬挂在位于 $0.224L$ 和 $0.776L$ 的两个节点处。但是,在两个节点处振动振幅几乎为零,悬挂在节点处的试样难以被激振和拾振。

实验时由于悬丝架对试样的阻尼作用,所以检测到的共振频率是随悬挂点或支撑点位置的变化而变化的。悬挂点偏离节点越远(距离棒的端点越近),可检测的共振信

号越强,但试样所受到的阻尼作用也越大,离试样两端自由这一定解条件的要求相差也越大,产生的系统误差就越大。由于压电陶瓷换能器拾取的是悬挂点的加速度共振信号,而不是振幅共振信号,因此所检测到的共振频率随悬挂点到节点距离的增大而变大。为了消除这一系统误差,测出试样的基频共振频率,可在节点两侧选取不同的点对称悬挂,用外延测量法找出节点处的共振频率。

所谓外延法,就是所需要的数据在测量数据范围之外,一般很难直接测量,而采用作图外推求值的方法求出所需要的数据。外延法的适用条件是在所研究的范围内没有突变,否则不能使用。

本实验中就是以悬挂点的位置为横坐标,以相对应的共振频率为纵坐标作出关系曲线,求出曲线最低点(即节点)所对应的共振频率即为试样的共振频率。

5. 共振的判断

实验测量中,激发换能器、接收换能器、悬丝等部件都有自己的共振频率,可能以其本身的基频或高次谐波频率发生共振。另外,根据实验原理可知,试样本身也不只在一个频率处发生共振现象,如图 6-24-3 所示,会出现几个共振峰,以至于在实验中难以确认哪个是基频共振峰,但是上述计算杨氏模量的公式只适用于基频共振的情况。因此,正确判断示波器上显示出的共振信号是否为试样真正的共振信号并且是否为基频共振成为关键。对此,可以采用下述方法来判断和解决。

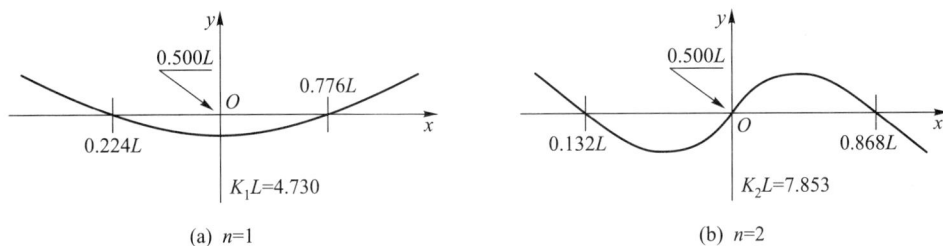

(a) $n=1$　　　　　(b) $n=2$

图 6-24-3　共振图样

(1)实验前先根据试样的材质、尺寸、质量等参量通过理论公式估算出基频共振频率的数值,在估算频率附近寻找。

(2)换能器或悬丝发生共振时可通过对上述部件施加负荷(例如用力夹紧),可使此类共振信号变化或消失。

(3)试样发生共振需要一个过程,共振峰有一定的宽度,信号也较强,切断信号源后信号会逐渐衰减。因此,发生共振时,迅速切断信号源,除试样共振会逐渐衰减外,其余干扰共振("假"共振)会很快消失。

(4)试样共振时,可用一小细杆沿纵向轻碰试样的不同部位,观察共振波振幅。波节处波的振幅不变,波腹处波的振幅减小。波形符合图 6-24-3(a)的规律即为基频共振。

(5)当输入某个频率在显示屏出现共振时,即使托起试样,示波器显示的波形仍然很少变化,说明这个共振频率不属于试样。悬丝共振时可明显看见悬丝上形成驻波。

(6)试样振动时,观察各振动波形的幅度,波幅最大的共振是基频共振。出现几个共振频率时,基频共振频率最低。

【实验内容】

1. 测量和安装试样棒。选择某一材料的试样棒,如钢棒,分别测量试样的质量 m、长度 L 和直径 d 各 6 次。小心地将试样悬挂于两悬丝之上,要求试样棒横向水平,悬丝与试样棒轴向垂直,两悬丝点到试样棒端点的距离相同,并处于静止状态。

2. 连接测量仪器。动态弹性模量测定仪激振信号输出端接激振器的输入端,拾振信号的输入端接拾振器的输出端,拾振信号的输出端接示波器 Y 通道。如果采用李萨如图形测量法,同时还要将示波器的 X 通道接激振信号的输出端。

3. 开机调试。开启仪器的电源,调节示波器处于正常工作状态,信号发生器的频率置于适当挡位,连续调节输出频率,此时激发换能器应发出相应声响。轻敲桌面,示波器 Y 通道信号大小立即变动并与敲击强度有关,这说明整套实验装置已处于工作状态。

4. 鉴频与测量。由低到高调节信号发生器的输出频率,正确找出试样棒的基频共振状态,从频率计上读出共振频率。继续升高频率,大约在 2.74 倍基频处看是否能测出另一谐波共振频率。

5. 外延法测量。在两个节点位置两侧各取 3 个测试点,各点间隔 5 mm。从外向内依次同时移动两个悬挂点的位置,每次移动 5 mm,分别测出不同位置处相应的基频共振频率。

6. 换用其他材料的试样,重复上述步骤进行测量。

【数据处理】

1. 列表记录并处理数据。测量试样基本参量和用外延法测量基频共振频率的数据记录参考表格如表 6-24-2 所示。

表 6-24-2　数据记录表

试样	直径 d/mm	长度 L/mm	质量 m/g
钢棒			
铜棒			

钢棒	悬挂点距端点位置/mm						
	共振频率 f/Hz						
铜棒	悬挂点距端点位置/mm						
	共振频率 f/Hz						

2. 用外延法测量基频共振频率。用直角坐标纸作出位置与共振频率的关系曲线，用外推法求出节点的基频共振频率。

3. 计算杨氏模量。计算试样的质量 m、直径 d、长度 L 和共振基频 f 的平均值，以及相应的不确定度。将计算出的值代入相应计算公式，求出试样的杨氏模量 E，并利用不确定度传播公式估算不确定度，写出杨氏模量的测量结果。

【思考题】

1. 在实验中是否发现假共振峰？是何原因？如何消除？是否有新的判据？

2. 如何用外推法算出试样棒真正的节点基频共振频率？

实验 25　阻尼振动与受迫振动

振动是自然界最普遍的运动形式之一，是物理量随时间作周期性变化的运动。同时，在微观科学研究中，"共振"也是一种重要研究手段，例如利用核磁共振和顺磁共振可研究物质结构等。表征受迫振动性质的是受迫振动的振幅−频率特性和相位−频率特性（简称幅频特性和相频特性）。

实验 25
教学视频

本实验中采用玻尔共振仪定量测量机械受迫振动的幅频特性和相频特性，并利用频闪方法来测定动态的物理量——相位差。

【实验目的】

1. 研究玻尔共振仪中弹性摆轮受迫振动的幅频特性和相频特性；

2. 研究不同阻尼力矩对受迫振动的影响，观察共振现象；

3. 学习用频闪法测定运动物体的某些量，如相位差。

【实验原理】

物体在周期外力的持续作用下发生的振动称为受迫振动，这种周期性的外力称为驱动力。如果外力是按简谐振动规律变化，那么稳定状态时的受迫振动也是简谐振动。此时，振幅保持恒定，振幅的大小与驱动力的频率、原振动系统无阻尼时的固有振动频率、阻尼系数有关。在受迫振动状态下，系统除了受到驱动力的作用外，同时还受到回复力和阻尼力的作用。所以在稳定状态时，物体的位移、速度变化与驱动力变化不是同相位的，存在一个相位差。当驱动力频率与系统的固有频率相同时，产生共振，此时振幅最大，相位差为 90°。

摆轮在弹性力矩作用下可自由摆动，本实验通过研究摆轮在电磁阻尼力矩作用下作受迫振动来分析受迫振动特性,可直观地显示机械振动中的一些物理现象。

当摆轮受到周期性强迫外力矩 $M = M_0 \cos \omega t$ 的作用,并在有空气阻尼和电磁阻尼的介质中运动时$\left(设阻尼力矩为 -b\dfrac{\mathrm{d}\theta}{\mathrm{d}t}\right)$,其运动方程为

$$J\frac{\mathrm{d}^2\theta}{\mathrm{d}t^2} = -k\theta - b\frac{\mathrm{d}\theta}{\mathrm{d}t} + M_0 \cos \omega t \qquad (6\text{-}25\text{-}1)$$

式中,J 为摆轮的转动惯量,$-k\theta$ 为弹性力矩,M_0 为驱动力矩的幅值,ω 为驱动力的圆频率。令 $\omega_0^2 = \dfrac{k}{J}$,$2\beta = \dfrac{b}{J}$,$m = \dfrac{M_0}{J}$,则式(6-25-1)变为

$$\frac{\mathrm{d}^2\theta}{\mathrm{d}t^2} + 2\beta\frac{\mathrm{d}\theta}{\mathrm{d}t} + \omega_0^2\theta = m\cos \omega t \qquad (6\text{-}25\text{-}2)$$

当 $m\cos \omega t = 0$ 时,式(6-25-2)变为自由阻尼振动方程。

当 $\beta = 0$,即在无阻尼情况时,式(6-25-2)变为简谐振动方程,系统的固有频率为 ω_0。方程(6-25-2)的通解为

$$\theta = \theta_1 \mathrm{e}^{-\beta t}\cos(\omega_0 t + \alpha) + \theta_2\cos(\omega t + \varphi) \qquad (6\text{-}25\text{-}3)$$

由式(6-25-3)可见,受迫振动可分成两部分:

第一部分(第一项)与初始条件有关,经过一定时间后衰减消失,此处不展开讨论。

第二部分(第二项)说明驱动力矩对摆轮做功,向振动体传送能量,最后达到一个稳定的振动状态。振幅为

$$\theta = \theta_2 = \frac{m}{\sqrt{(\omega_0^2 - \omega^2)^2 + 4\beta^2\omega^2}} \qquad (6\text{-}25\text{-}4)$$

它与驱动力矩之间的相位差为

$$\varphi = \arctan\frac{2\beta\omega}{\omega_0^2 - \omega^2} = \arctan\frac{\beta T_0^2 T}{\pi(T^2 - T_0^2)} \qquad (6\text{-}25\text{-}5)$$

由式(6-25-4)和式(6-25-5)可看出,对于确定的摆轮,振幅 θ_2 与相位差 φ 的数值取决于驱动力矩的幅值 M_0、驱动力的频率 ω、系统的固有频率 ω_0 和阻尼系数 β 四个因素,而与振动初始状态无关。

由 $\dfrac{\partial}{\partial\omega}[(\omega_0^2 - \omega^2)^2 + 4\beta^2\omega^2] = 0$ 极值条件可得出,当 $\omega = \sqrt{\omega_0^2 - 2\beta^2}$ 时,产生共振,θ 有极大值。若共振时的频率和振幅分别用 ω_r、θ_r 表示,则

$$\omega_r = \sqrt{\omega_0^2 - 2\beta^2} \qquad (6\text{-}25\text{-}6)$$

$$\theta_r = \frac{m}{2\beta\sqrt{\omega_0^2 - \beta^2}} \qquad (6\text{-}25\text{-}7)$$

式(6-25-6)、式(6-25-7)表明,阻尼系数 β 越小,共振时频率越接近于系统固有频率,振幅 θ_r 也越大。图 6-25-1 和图 6-25-2 表示出在不同 β 时受迫振动的幅频特性和相频特性。

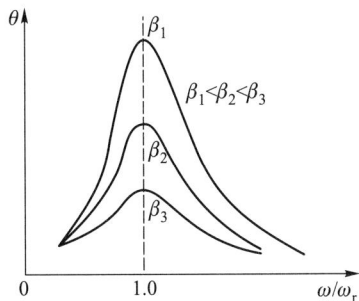

图 6-25-1　幅频特性

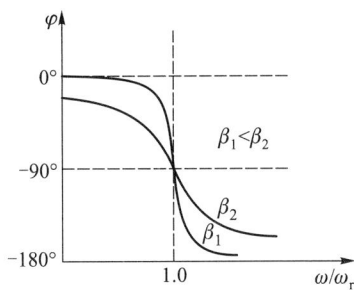

图 6-25-2　相频特性

【实验仪器】

ZKY-BG 型玻尔共振仪（以下简称玻尔共振仪）由振动仪和电器控制箱两部分组成，振动仪部分如图 6-25-3 所示。铜质摆轮 4 安装在机架 7 上，弹簧 6 的一端与铜质摆轮 4 的轴相连，另一端可固定在机架支柱上，在弹簧弹性力的作用下，摆轮可绕轴自由往复摆动。在铜质摆轮的外围有一圈槽型缺口，其中一个长凹槽 2 比其他凹槽长出许多。机架上对准长凹槽处有一个光电门 1（光电门 I），它与电器控制箱相连接，用来测量摆轮的振幅角度值和振动周期。在机架下方有一对带有铁芯的阻尼线圈 8，铜质摆轮 4 恰巧嵌在铁芯的空隙，当线圈中通过直流电流时，摆轮受到一个电磁阻尼力的作用，改变电流的大小即可使阻尼大小相应变化。为使铜质摆轮 4 作受迫振动，在电动机轴上装有偏心轮，通过连杆 9 带动摆轮。在电动机轴上装有带刻线的有机玻璃转盘 13，它随电机一起转动，由它可以从角度读数盘 12 读出相位差 φ。调节控制箱上的十圈电机转速调节旋钮，可以精确改变加于电机上的电压，使电机的转速在实验范围（每分钟 30~45 转）内连续可调。由于电路中采用特殊稳速装置，且电动机采用惯性很小的、带有测速发电机的特种电机，所以转速极为稳定。电机的有机玻璃转盘 13 上装有两个挡光片。在角度读数盘 12 中央上方 90°处也有一个光电门 11（光电门 II）（驱动力矩信号），并与控制箱相连，用来测量驱动力矩的周期。

受迫振动时，摆轮与外力矩的相位差是利用小型闪光灯 16 来测量的。闪光灯受摆轮信号光电门控制，每当摆轮上长凹槽 2 通过平衡位置时，光电门 1 接受光，引起闪光，这一现象称为频闪现象。在稳定情况时，由闪光灯照射下可以看到有机玻璃转盘指针好像一直"停在"某一刻度处，所以此数值可方便地直接读出，误差不大于 2°。实验中闪光灯放置位置如图 6-25-3 所示，搁置在底座 14 上，切勿拿在手中直接照射转盘。

摆轮振幅是通过光电门 1 测出摆轮外圈上凹型缺口的个数而得到的，并在控制箱液晶显示器上直接显示出此值，精度为 1°。

玻尔共振仪电器控制箱的前面板和后面板分别如图 6-25-4 和图 6-25-5 所示。

通过电机转速调节旋钮，可改变驱动力矩的周期。

可以通过软件控制阻尼线圈内直流电流的大小，达到改变摆轮系统阻尼系数的目的。阻尼挡位的选择通过软件控制，共分 3 挡，分别是"阻尼 1""阻尼 2""阻尼 3"。阻

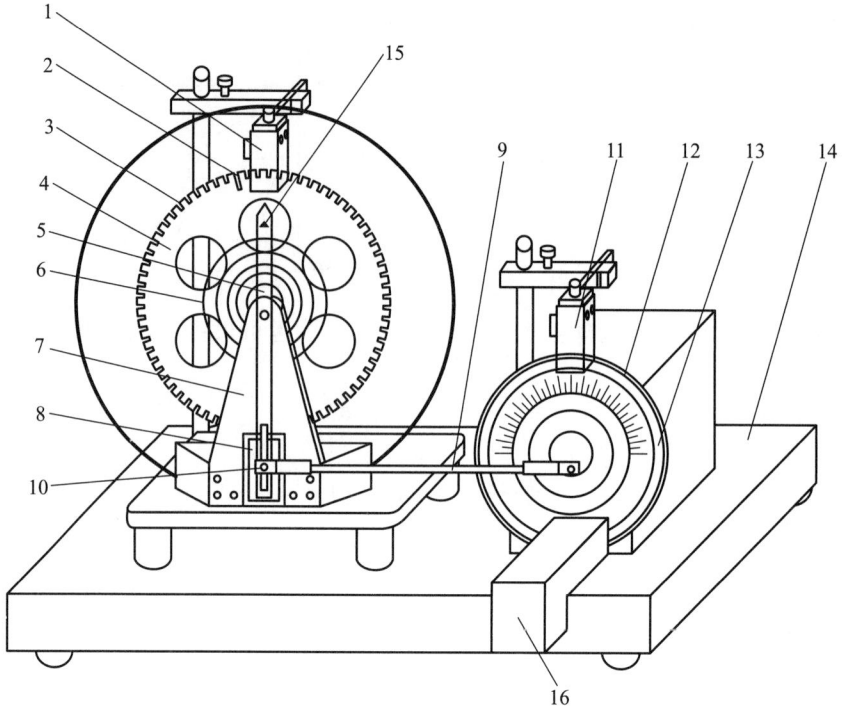

1—光电门Ⅰ;2—长凹槽;3—短凹槽;4—铜质摆轮;5—摇杆;6—蜗卷弹簧;7—机架;8—阻尼线圈;
9—连杆;10—摇杆调节螺丝;11—光电门Ⅱ;12—角度读数盘;13—有机玻璃转盘;14—底座;
15—弹簧夹持螺钉;16—闪光灯。

图 6-25-3　玻尔共振仪的振动仪部分

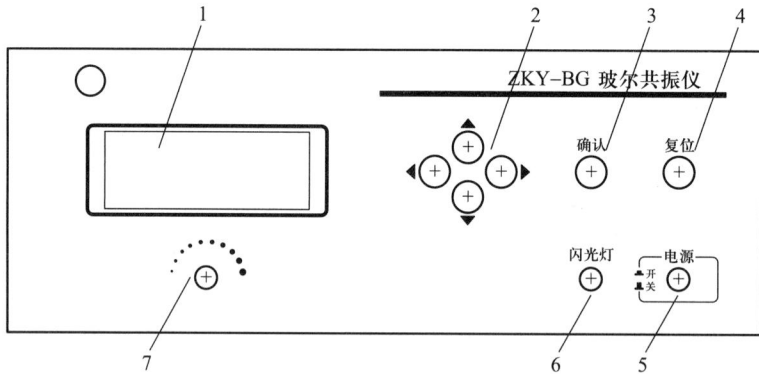

1—液晶显示屏;2—方向控制键;3—确认键;4—复位键;
5—电源开关;6—闪光灯开关;7—电机转速调节旋钮。

图 6-25-4　玻尔共振仪电器控制箱的前面板示意图

尼电流由恒流源提供,实验时根据不同情况进行选择(可先选择在"阻尼 2"处,若共振时振幅太小则可改用"阻尼 1"),振幅在 150° 左右。

闪光灯开关用来控制闪光与否,当按住闪光灯开关、摆轮长缺口通过平衡位置时便产生闪光。由于频闪现象,可从角度读数盘上看到似乎静止不动的读数(实际有机玻璃

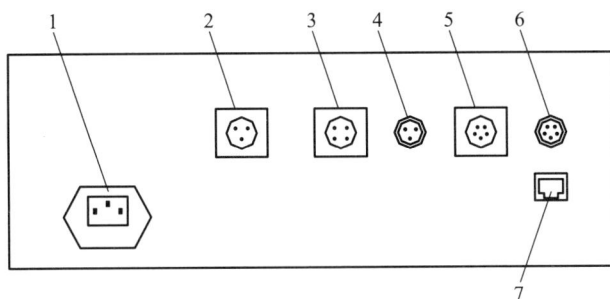

1—电源插座(带保险);2—闪光灯接口;3—阻尼线圈;

4—电机接口;5—振幅输入;6—周期输入;7—通信接口。

图 6-25-5　玻尔共振仪电器控制箱的后面板示意图

转盘上的刻度线一直在匀速转动),从而读出相位差数值。为使闪光灯管不易损坏,采用按钮开关,仅在测量相位差时才按下按钮。

电器控制箱与闪光灯、共振仪之间通过各种专业电缆相连接,不会发生接线错误的情况。

【实验内容】

1. 实验准备

按下电源开关后,屏幕上出现欢迎界面,其中 NO.0000X 为电器控制箱与计算机主机相连的编号。几秒后,屏幕上显示如图 6-25-6(a)所示的"按键说明"字样。符号"◄"为向左移动,"►"为向右移动,"▲"为向上移动,"▼"向下移动。下文中的按键符号不再重复介绍。

注意:为保证使用安全,三芯电源线须可靠接地。

2. 选择实验方式

根据是否连接计算机选择联网模式或单机模式。这两种方式下的操作完全相同,故不再重复介绍。

3. 自由振荡——测量摆轮振幅 θ 与系统固有周期 T_0 的关系

自由振荡实验的目的,是为了测量摆轮振幅 θ 与系统固有振动周期 T_0 的关系。

在图 6-25-6(a)状态按确定键,显示图 6-25-6(b)所示的实验类型,默认选中项为自由振荡,字体变白为选中。再按确定键显示,如图 6-25-6(c)所示。

用手转动摆轮 160°左右,放开手后按"▲"或"▼"键,测量状态由"关"变为"开",控制箱开始记录实验数据,振幅的有效数值范围为 50°~160°(振幅小于 160°时测量开,小于 50°测量时自动关闭)。测量显示关时,数据已保存并发送至主机。

查询实验数据,可按"◄"或"►"键,选中回查,再按确定键,如图 6-25-6(d)所示,表示第一次记录的振幅 $\theta_1 = 134°$,对应的周期 $T = 1.442$ s。然后按"▲"或"▼"键可查看所有记录的数据,该数据为每次测量振幅相对应的周期数值。回查完毕,按确认键,返回到图 6-25-6(c)所示的状态。由此可作出 θ 与 T_0 的对应表,该对应表将在稍后的

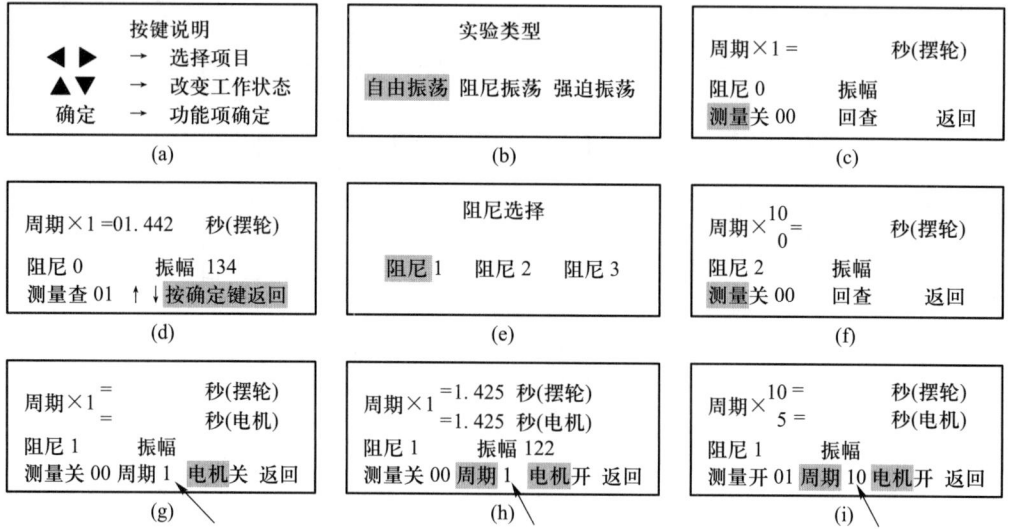

按键说明	
◀ ▶	→ 选择项目
▲ ▼	→ 改变工作状态
确定	→ 功能项确定

(a)

实验类型

自由振荡 阻尼振荡 强迫振荡

(b)

周期×1 =　　　　秒(摆轮)

阻尼 0　　　振幅

测量关 00　　回查　　返回

(c)

周期×1 =01.442　秒(摆轮)

阻尼 0　　　振幅 134

测量查 01　↑ ↓按确定键返回

(d)

阻尼选择

阻尼 1　　阻尼 2　　阻尼 3

(e)

周期×$\frac{10}{0}$ =　　　　秒(摆轮)

阻尼 2　　　振幅

测量关 00　　回查　　返回

(f)

周期×1 =　　　　秒(摆轮)
　　　　　　　　秒(电机)

阻尼 1　　　振幅

测量关 00 周期 1　电机关 返回

(g)

周期×1 =1.425　秒(摆轮)
　　　 =1.425　秒(电机)

阻尼 1　　　振幅 122

测量关 00 周期 1　电机开 返回

(h)

周期×$\frac{10}{5}$ =　　　　秒(摆轮)
　　　　　　　　秒(电机)

阻尼 1　　　振幅

测量开 01 周期 10 电机开 返回

(i)

图 6-25-6

"幅频特性和相频特性"数据处理过程中使用。

　　若进行多次测量,可重复操作。自由振荡完成后,选中返回,按确定键可回到前面图 6-25-6(b)所示的状态,进行其他实验。

　　因电器控制箱只记录每次摆轮周期变化时所对应的振幅值,因此有时转盘转过光电门几次,测量才记录一次(其间能看到振幅变化)。当回查数据时,有的振幅数值被自动剔除了(当摆轮周期的第 5 位有效数字发生变化时,控制箱记录对应的振幅值,控制箱上只显示 4 位有效数字,故无法看到第 5 位有效数字的变化情况,在计算机主机上则可以清楚地看到)。

　　4. 测量阻尼系数 β

　　在图 6-25-6(b)所示的状态下, 根据实验要求,按"▶"键,选中阻尼振荡, 按确定键显示阻尼,如图 6-25-6(e)所示。阻尼分三个挡,阻尼 1 最小。根据实验要求选择阻尼挡,例如选择阻尼 2 挡,按确定键,如图 6-25-6(f)所示。

　　将有机玻璃盘指针放在 0° 位置,用手转动摆轮 160° 左右,选取 θ_1 在 150° 左右,按"▲"或"▼"键,测量由"关"变为"开",并记录数据。仪器记录 10 组数据后,测量自动关闭,此时振幅大小还在变化,但仪器已经停止记数。

　　阻尼振荡的回查同自由振荡类似,可参考实验内容 3 中的操作。若改变阻尼挡测量,仿照阻尼 2 的操作步骤即可。

　　从液晶显示屏读出摆轮作阻尼振动时的振幅数值 $\theta_1,\theta_2,\cdots,\theta_n$,利用公式

$$\ln \frac{\theta_1 e^{-\beta t}}{\theta_1 e^{-\beta[t+(n-1)T]}} = (n-1)\beta\overline{T} = \ln \frac{\theta_1}{\theta_n} \tag{6-25-8}$$

求出 β 值。式中,n 为阻尼振动的周期次数,θ_n 为第 n 次振动时的振幅,$\overline{T}$ 为阻尼振动周期的平均值。实验中可以测出 10 个摆轮振动周期值,然后取出平均值 $\overline{T}$。阻尼系数一般需测量 2~3 次。

5. 测量受迫振动的幅度特性和相频特性曲线

在进行强迫振荡前必须先完成阻尼振荡,否则无法实验。

在图 6-25-6(b)所示的状态下,选中强迫振荡,按确定键,显示图 6-25-6(g)所示的状态,默认选中电机。

按"▲"或"▼"键,让电机启动。此时保持周期为 1,待摆轮和电机的周期相同,特别是振幅已稳定,变化不大于 1,表明两者已经稳定了,如图 6-25-6(h)所示,方可开始测量。

测量前应先选中周期,按"▲"或"▼"键把周期由 1[图 6-25-6(g)]改为 10[图 6-25-6(i)],目的是减少误差。若不改周期,测量无法变为"开"。再选中测量,按下"▲"或"▼"键,测量打开并记录数据,如图 6-25-6(i)所示。

在一次测量完成,显示测量关后,可读取摆轮的振幅值,并利用闪光灯测定受迫振动位移与驱动力间的相位差。

调节旋钮改变电机的转速,即改变强迫外力矩频率 ω,从而改变电机转动周期。电机转速的改变可依据控制 $\Delta\varphi \approx 10°$ 来定,可进行多次这样的测量。

每次改变了驱动力矩的周期,都需要等待系统稳定,约需 2 min,即返回到图 6-25-6(h)所示的状态,等待摆轮和电机的周期相同,然后再进行测量。

由于曲线在共振点附近变化较大,因此测量数据相对密集些,此时电机转速的极小变化会引起 $\Delta\varphi$ 的很大改变。电机转速调节旋钮上的读数是一个参考数值,建议在不同 ω 时都记下此值,以便实验中要重新测量时能快速寻找到参考值。

测量相位时应把闪光灯放在电动机转盘前下方,按下闪光灯开关,根据频闪现象来测量,仔细观察相位位置。

强迫振荡测量完毕,按"◀"或"▶"键,选中返回,按确定键,重新回到图 6-25-6(b)所示的状态。

【注意事项】

1. 强迫振荡时,调节电机转速调节旋钮改变电机转动周期为不同的值,该实验必须做 10 次以上,其中必须包括电机转动周期与自由振荡周期相同的数值。

2. 强迫振荡时,须待电机与摆轮的周期相同(末位数差异不大于 2)即系统稳定后,方可记录实验数据。且每次改变驱动力矩的周期,都需要重新等待系统稳定。

3. 因为闪光灯的高压电路及强光会干扰光电门采集数据,因此须待一次测量完成,显示测量关后,才可使用闪光灯读取相位差。

4. 做完实验,须等待测量数据保存后,才可在主机上查看特性曲线及振幅比值。

5. 关机。在图 6-25-6(b)所示的状态下,按住复位键保持不动,几秒后仪器自动复位,此时所做实验数据全部清除。然后按下电源开关,仪器关机。

【数据处理】

1. 摆轮振幅 θ 与系统固有周期 T_0 的关系

将数据记入表 6-25-1 中。

表 6-25-1　θ 与 T_0 的关系

振幅 θ	固有周期 T_0/s	振幅 θ	固有周期 T_0/s	振幅 θ	固有周期 T_0/s	振幅 θ	固有周期 T_0/s

2. 测量阻尼系数 β

将数据记入表 6-25-2 中。

表 6-25-2　测量阻尼系数 β 数据表

阻尼挡位_____，$10T=$_____ s，$\overline{T}=$_____ s

序号 i	振幅 θ_i	序号 i	振幅 θ_i	$\ln\dfrac{\theta_i}{\theta_{i+5}}$
1		6		
2		7		
3		8		
4		9		
5		10		
$\ln\dfrac{\theta_i}{\theta_{i+5}}$ 平均值				

用逐差法处理所测数据，利用公式

$$5\beta\overline{T}=\ln\frac{\theta_i}{\theta_{i+5}} \qquad (6-25-9)$$

求出 β 值。式中 i, 为阻尼振动的周期次数, θ_i 为第 i 次振动时的振幅。

3. 测量幅频特性和相频特性

将数据记入表 6-25-3 中, 并由表 6-25-1 获取与 θ 对应的 T_0 值, 也填入表 6-25-3 中。

表 6-25-3　测量幅频特性和相频特性数据表

阻尼挡位_____

驱动力矩周期 T/s	振幅 θ 测量值	相位差 φ 读取值	由表 6-25-1 得出的与 θ 对应的 T_0/s	$\dfrac{\omega}{\omega_r}$	$\left(\dfrac{\theta}{\theta_r}\right)^2$	$\varphi = \arctan\dfrac{\beta T_0^2 T}{\pi(T^2 - T_0^2)}$

以 ω 为横轴, $(\theta/\theta_r)^2$ 为纵轴, 作出幅频特性 $(\theta/\theta_r)^2$-ω 曲线; 以 ω/ω_r 为横轴, 相位差 φ 为纵轴, 作出相频特性曲线。

本实验的重点应放在相频特性曲线的测量。以下内容一般不要求做。

在阻尼系数较小 ($\beta^2 \leqslant \omega_0^2$) 时, 在共振位置附近 ($\omega \approx \omega_0$), 由于 $\omega_0 + \omega \approx 2\omega_0$, 由式 (6-25-4) 和式 (6-25-7) 可得

$$\left(\frac{\theta}{\theta_r}\right)^2 \approx \frac{4\beta^2\omega_0^2}{4\omega_0^2(\omega-\omega_0)^2 + 4\beta^2\omega_0^2} = \frac{\beta^2}{(\omega-\omega_0)^2 + \beta^2} \qquad (6-25-10)$$

当 $\theta = \dfrac{1}{\sqrt{2}}\theta_r$, 即 $\left(\dfrac{\theta}{\theta_r}\right)^2 = \dfrac{1}{2}$ 时, 由式 (6-25-10) 可得

$$\omega - \omega_0 = \pm\beta$$

此 ω 对应于曲线中 $\left(\dfrac{\theta}{\theta_r}\right)^2 = \dfrac{1}{2}$ 处的两个值 ω_1, ω_2, 由此可得

$$\beta = \frac{\omega_2 - \omega_1}{2}$$

将此法与逐差法求得的 β 值作比较并讨论。

【思考题】

1. 为什么当受迫振动稳定后, 才能进行幅频特性和相频特性的测量?

2. 分析所作的幅频特性和相频特性曲线的物理意义。

实验 26 多普勒效应综合实验

多普勒效应是一种常见的物理现象,当波源和接收器之间有相对运动时,接收器接收到的波的频率与波源发出的波的频率不同的现象称为多普勒效应。多普勒效应在科学研究、工程技术、交通管理、医疗诊断等方面都有十分广泛的应用。本实验既可研究超声波的多普勒效应,又可利用多普勒效应将超声探头作为运动传感器,研究物体的运动状态。

【实验目的】

1. 测量超声接收器运动速度与接收频率之间的关系,验证多普勒效应,并由 f-v 关系曲线的斜率求声速;

2. 利用多普勒效应测量物体运动过程中多个时间点的速度,通过 v-t 关系曲线或有关测量数据,即可得出物体在运动过程中的速度变化情况,可研究:

(1) 匀加速直线运动——测量力、质量与加速度之间的关系,验证牛顿第二定律;

(2) 自由落体运动——由 v-t 关系曲线的斜率求重力加速度;

(3) 简谐振动——测量简谐振动的周期等参量,并与理论值比较;

(4) 其他变速直线运动。

【实验原理】

1. 超声的多普勒效应

根据声波的多普勒效应公式,当声源与接收器之间有相对运动时,接收器接收到的频率 f 为

$$f=f_0(u+v_1\cos\alpha_1)/(u-v_2\cos\alpha_2) \tag{6-26-1}$$

式中,f_0 为声源发射频率,u 为声速,v_1 为接收器运动速率,α_1 为声源与接收器连线与接收器运动方向之间的夹角,v_2 为声源运动速率,α_2 为声源与接收器连线与声源运动方向之间的夹角。

若声源保持不动,运动物体上的接收器沿声源与接收器连线方向以速率 v 运动,则由式(6-26-1)可得,接收器接收到的频率应为

$$f=f_0(1+v/u) \tag{6-26-2}$$

当接收器向着声源运动时,v 取正;反之,v 取负。

若 f_0 保持不变,用光电门测量物体的运动速度,并由仪器对接收器接收到的频率自动计数,根据式(6-26-2),作 f-v 关系图,可直观验证多普勒效应。且由实验点所作直线的斜率应为 $k=f_0/u$,由此可计算出声速 $u=f_0/k$。

由式(6-26-2)可解出:

$$v=u(f/f_0-1) \tag{6-26-3}$$

若已知声速 u 及声源频率 f_0,通过设置使仪器以某种时间间隔对接收器接收到的频率 f 采样计数,由微处理器按式(6-26-3)计算出接收器运动速度,由显示屏显示 v-t 关系曲

线,或查阅有关测量数据,即可得出物体在运动过程中的速度变化情况,进而对物体运动状况及规律进行研究。

2. 超声的红外调制与接收

早期产品中,接收器接收的超声信号由导线接入实验仪进行处理。由于超声接收器安装在运动体上,导线的存在对运动状态有一定影响,导线的折断也给使用带来麻烦。新仪器对接收到的超声信号采用了无线的红外调制—发射—接收方式,即用超声信号对红外波进行调制后发射,固定在运动导轨一端的红外接收端接收红外信号后,再将超声信号解调出来。由于红外发射、接收的过程中信号的传输速度是光速,远远大于声速,它引起的多普勒效应可忽略不计。采用此技术可将实验中运动部分的导线去掉,使得测量更准确,操作更方便。信号的调制—发射—接收—解调,在信号的无线传输过程中是一种常用的技术。

【实验仪器】

本实验所用多普勒效应综合实验仪器组由实验仪,超声发射、接收器,红外发射、接收器,导轨,运动小车,支架,光电门,电磁铁,弹簧,滑轮,砝码等组成,其中,实验仪内置微处理器,并带有液晶显示屏。

实验 26.1　验证多普勒效应并计算声速

【实验内容】

1. 实验任务

让小车以不同速度通过光电门,仪器自动记录小车通过光电门时的平均运动速度和与之对应的平均接收频率。由仪器显示的 $f-v$ 关系曲线可看出,若测量点成直线,符合式(6-26-2)描述的规律,即直观验证了多普勒效应。用作图法计算 $f-v$ 直线的斜率 k,由 k 计算声速 u,并与声速的理论值比较,计算百分误差。

2. 仪器安装

如图 6-26-1 所示,所有需固定的附件均安装在导轨上,并在两侧的安装槽上固定。调节水平超声发射(传感)器(位于水平超声发射组件中)的高度,使其与超声接收器(位于超声接收组件中,已固定在小车上)在同一个平面上。再调节红外接收器(位于红外接收支架组件中)的高度和方向,使其与红外发射器(已固定在小车上,图中未画出)在同一轴线上。将组件电缆接入实验仪的对应接口上。

调节光电门的高度,如图 6-26-2 所示,使小车能很顺利地从光电门中穿过。

3. 测量准备

(1)实验仪开机后,先要输入室温值。因为计算物体运动速度时要代入声速,而声速是温度的函数。利用"◄""►"将室温 θ(单位为℃)调到实际值,按"确认"。本仪器所有操作,均要按"确认"键后,数据才被写入仪器。

(2)第二个界面要求对超声发射器的驱动频率进行调谐。在应用超声时,需要将发射器与接收器的频率匹配,并将驱动频率调到谐振频率 f_0,这样接收器获得的信号幅

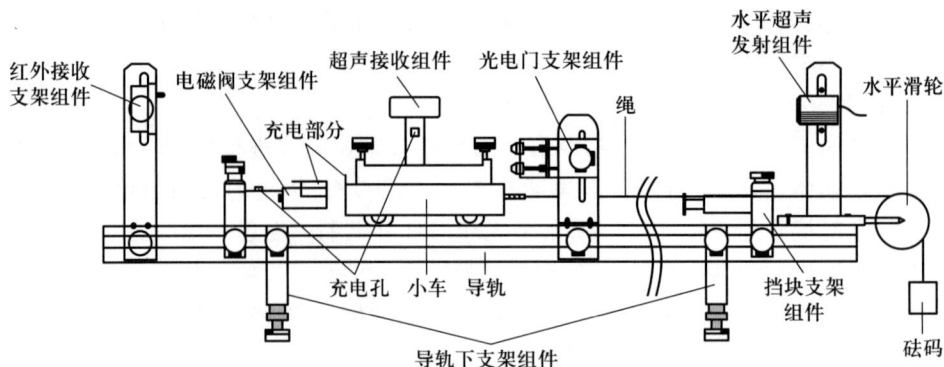

图 6-26-1 多普勒效应验证实验及测量小车水平运动仪器安装示意图

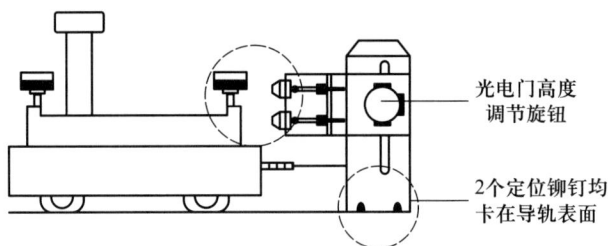

图 6-26-2 光电门的安装及高度调节示意图

度才最强,才能有效地发射与接收超声波。一般 f_0 在 40 kHz 左右。调谐完成后,面板上的锁定灯将熄灭。

(3)将电流调至最大值,按"确认"。

4. 测量步骤

(1)在液晶显示屏上,选中"多普勒效应验证实验",按"确认"。

(2)用"▶"修改测试总次数(选择范围 5~10,一般选 5 次),按"▼",选中"开始测试"。

(3)准备好后,按"确认",释放电磁铁,开始测试,仪器自动记录小车通过光电门时的平均运动速度和与之对应的平均接收频率。可用以下两种方式改变小车的运动速度:

① 砝码牵引:利用砝码的不同组合实现;

② 用手推动:沿水平方向对小车施以变力,使其通过光电门。

为了便于操作,一般由小到大改变小车的运动速度。

(4)每完成一次测试,都有"存入"或"重测"的提示,可根据实际情况选择。按"确认"后回到测量状态,并显示测量总次数和已完成的测量次数。

(5)改变砝码质量(砝码牵引方式),并退回小车让磁铁吸住,按"开始",进行下一次测量。

(6)完成设定的测量次数后,仪器自动存储数据,并显示 f-v 关系曲线和测量数据。

【数据处理】

由 $f\text{-}v$ 关系曲线可看出,若测量点成直线,符合式(6-26-2)描述的规律,即直观验证了多普勒效应。用作图法计算 $f\text{-}v$ 关系直线的斜率 k。由 k 计算声速 $u=f_0/k$,并与声速的理论值比较。声速理论值由

$$u_0 = 331 \ \text{m/s} \times \left(1+\frac{\theta}{273 \ \text{℃}}\right) \qquad (6\text{-}26\text{-}4)$$

计算,其中 θ 表示室温,单位为℃。测量数据的记录是仪器自动进行的。在测量完成后,将数据记入表 6-26-1 中,然后按照上述公式计算出相关结果并填入表格。

表 6-26-1　验证多普勒效应并计算声速

室温 $\theta=$ _____ ℃ , $f_0 = 40\ 002$ Hz

采样次数 i	1	2	3	4	5
$v_i/(\text{m}\cdot\text{s}^{-1})$					
f_i/Hz					
$k=$	, $u=f_0/k=$		, $u_0=$	, $(u-u_0)/u_0=$	

实验 26.2　研究自由落体运动,求自由落体加速度

【实验内容】

1. 实验任务

让带有超声接收器的自由落体接收组件自由下落,利用多普勒效应测量物体运动过程中多个时间点的速度,查看 $v\text{-}t$ 关系曲线,并查阅有关测量数据,即可得出物体在运动过程中的速度变化情况,进而计算自由落体加速度。

2. 仪器安装与测量准备

仪器安装如图 6-26-3 所示。为保证超声发射器(位于发射组件中)与超声接收器(位于接收组件中)在同一条竖直线上,可用细绳拴住超声接收器,检查它从电磁铁下垂时是否正对超声发射器。若未对齐,可用底座螺钉进行调节。

充电时,让电磁阀吸住自由落体接收组件,并让该组件上的充电部分和电磁阀上的充电针接触良好。

充满电后,将接收组件脱离充电针,下移悬挂在电磁铁上。

3. 测量步骤

(1)在液晶显示屏上,用"▼"选中"变速运动测量实验",并按"确认"。

(2)用"►"修改测量点总数为 9;用"▼"选择采样步距,并修改为 40 ms,选中"开始测试"。

(3)按"确认"后,电磁铁释放,接收组件自由下落。测量完成后,显示屏上显示 $v\text{-}t$

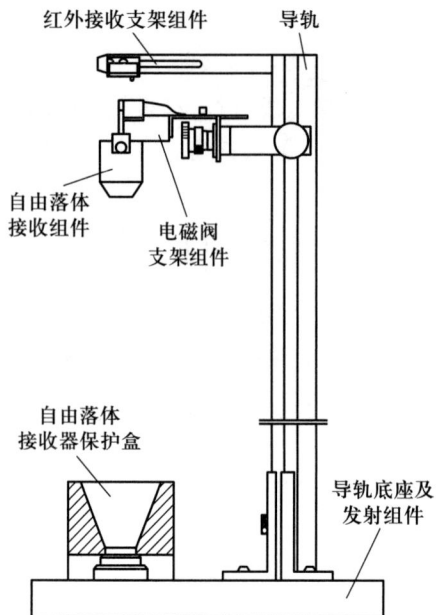

图 6-26-3 自由落体运动实验仪器安装示意图

曲线,用"▶"选择"数据",阅读并记录测量结果。

(4)在结果显示界面中用"▶"选择"返回","确认"后重新回到测量设置界面。可按以上程序进行新的测量。

【数据处理】

将测量数据记入表 6-26-2 中,由测量数据求得 v-t 直线的斜率,即重力加速度。为减小偶然误差,可作多次测量(例如 4 次),取各次结果 $g_j(j=1,2,3,4)$ 的平均值作为测量值 g,并将测量值与理论值 g_0 比较,求百分误差。

表 6-26-2 研究自由落体运动

采样次数 i	2	3	4	5	6	7	8	9
$t_i[=0.04(i-1)]/\text{s}$								
$v_{i1}/(\text{m}\cdot\text{s}^{-1})$								
$v_{i2}/(\text{m}\cdot\text{s}^{-1})$								
$v_{i3}/(\text{m}\cdot\text{s}^{-1})$								
$v_{i4}/(\text{m}\cdot\text{s}^{-1})$								

$g_1 =$, $g_2 =$, $g_3 =$, $g_4 =$

$g =$

$g_0 =$

$(g-g_0)/g_0 =$

实验 26.3　研究简谐振动

【实验内容】

1. 实验任务

当质量为 m 的物体受到大小与位移成正比而方向指向平衡位置的力的作用时,若以物体的运动方向为 x 轴,其运动方程为

$$m \frac{\mathrm{d}^2 x}{\mathrm{d} t^2} = -kx \qquad (6-26-5)$$

由式(6-26-5)描述的运动称为简谐振动。当初始条件为 $t=0$ 时,$x=-A_0$,$v=\mathrm{d}x/\mathrm{d}t=0$,则式(6-26-5)的解为

$$x = -A_0 \cos \omega_0 t \qquad (6-26-6)$$

将式(6-26-6)对时间求导,可得速度方程:

$$v = \omega_0 A_0 \sin \omega_0 t \qquad (6-26-7)$$

由式(6-26-6)、式(6-26-7)可见,物体作简谐振动时,位移和速度都随时间作周期变化,式中 $\omega_0 = (k/m)^{1/2}$,为振动的角频率。

测量时仪器的安装如图 6-26-4 所示,若忽略空气阻力,根据胡克定律,作用力与位移成正比,悬挂在弹簧上的物体应作简谐振动,而式(6-26-5)中的 k 为弹簧的弹性系数。

2. 仪器安装与测量准备

将弹簧悬挂于电磁铁上方的挂钩孔中,将接收组件的尾翼悬挂在弹簧上,测量弹簧长度。加挂质量为 m 的砝码,测量加挂砝码后弹簧的伸长量 Δx,记入表 6-26-3 中,然后取下砝码。由 m 及 Δx 就可计算 k。

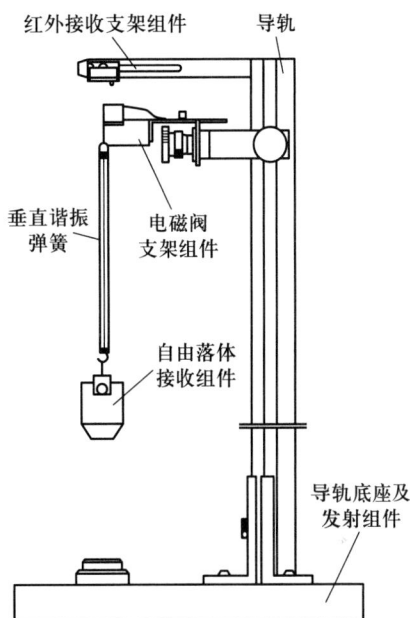

图 6-26-4　垂直简谐振动
实验仪器安装示意图

用天平称量接收组件的质量 $m_{组}$,由 k 和 $m_{组}$ 就可计算 ω_0,并与角频率的测量值 ω 比较。

3. 测量步骤

(1) 在液晶显示屏上,用"▼"选中"变速运动测量实验",并按"确认"。

(2) 用"►"修改测量点总数为 150(选择范围 8~150),用"▼"选择采样步距,并修改为 100 ms(选择范围 50~100 ms),选中"开始测试"。

(3) 将接收组件从平衡位置垂直向下拉约 20 cm,松手让接收组件自由振荡,然后按"确认",接收组件开始作简谐振动。实验仪按设置的参量自动采样,测量完成后,显示屏上出现速度随时间变化关系的曲线。

(4) 在结果显示界面中用"►"选择"返回","确认"后重新回到测量设置界面。可

按以上程序进行新的测量。

【数据处理】

查阅数据,记录第 1 次速度达到最大时的采样次数 N_{1max} 和第 11 次速度达到最大时的采样次数 N_{11max},就可计算实际测量的运动周期 $T = 0.01(N_{11max} - N_{1max})$ 及角频率 $\omega = 2\pi/T$,并可计算 ω_0 与 ω 的百分误差并填入下表中。

表 6-26-3 研究简谐振动

$m_{组}/$ kg	$\Delta x/$ m	$k(=mg/\Delta x)/$ $(kg \cdot s^{-2})$	ω_0/s^{-1}	N_{1max}	N_{11max}	T/s	ω/s^{-1}	$(\omega-\omega_0)/\omega_0$

实验 26.4 研究匀变速直线运动,验证牛顿第二运动定律

【实验内容】

1. 实验任务

质量为 $m_{组}$ 的接收组件与质量为 m 的砝码组件(砝码托及砝码)悬挂于滑轮的两端($m_{组} > m$),系统的受力情况为:

接收组件的重力为 $m_{组}g$,方向向下。砝码组件通过细绳和滑轮施加给接收组件的力为 mg,方向向上。

摩擦阻力的大小与接收组件对细绳的张力成正比,可表示为 $\mu m_{组}(g-a)$,其中 a 为加速度,μ 为摩擦因数,摩擦力的方向与运动方向相反。

系统所受合外力为 $m_{组}g - mg - \mu m_{组}(g-a)$。

运动系统的总质量为 $m_{组} + m + J/R^2$,其中 J 为滑轮的转动惯量,R 为滑轮绕线槽半径,J/R^2 相当于将滑轮的转动等效为线性运动时的等效质量。

根据牛顿第二定律,可列出运动方程:

$$m_{组}g - mg - \mu m_{组}(g-a) = (m_{组} + m + J/R^2)a \qquad (6-26-8)$$

实验时,改变砝码组件的质量 m,即改变了系统所受的合外力和质量。对不同的组合,测量其运动情况,采样结束后会显示 v-t 曲线,将显示的采样次数及对应速度记入表 6-26-4 中。由记录的 t, v 数据求得 v-t 曲线的斜率即为此次实验的加速度。

式(6-26-8)可以改写为

$$a = g[(1-\mu)m_{组} - m]/[(1-\mu)m_{组} + m + J/R^2] = gm' \qquad (6-26-9)$$

以由表 6-26-4 数据得出的加速度 a 为纵轴,以 $m' = [(1-\mu)m_{组} - m]/[(1-\mu)m_{组} + m + J/R^2]$ 为横轴作图,若为线性关系,符合式(6-26-9)描述的规律,即验证了牛顿第二定律,且直线的斜率即为重力加速度。

在本实验中,摩擦因数 $\mu = 0.07$,滑轮的等效质量 $J/R^2 = 0.014$ kg。

2. 仪器安装

（1）仪器安装如图 6-26-5 所示，让电磁阀吸住接收组件。

（2）用天平称量接收组件的质量 $m_{组}$ 和砝码组件的质量 m，每次取不同质量的砝码放于砝码托上，记录每次实验对应的 m。

3. 测量步骤

（1）在液晶显示屏上，用"▼"选中"变速运动测量实验"，并按"确认"。

（2）用"►"修改测量点总数为 8，用"▼"选择采样步距，并修改为 50 ms，选中"开始测试"。

（3）按"确认"后，磁铁释放，接收组件拉动砝码作垂直方向的运动。测量完成后，显示屏上出现测量结果。

（4）在结果显示界面中选择"返回"，"确认"后重新回到测量设置界面。改变砝码质量，按以上程序进行新的测量。

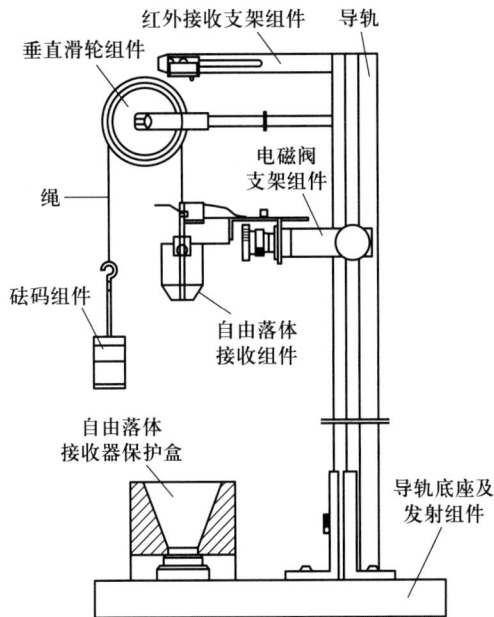

图 6-26-5　匀变速直线运动实验仪器安装示意图

【数据处理】

采样结束后显示 v-t 直线，用"►"选择"数据"，将显示的采样次数及相应速度记入表 6-26-4 中，t_i 为采样次数与采样步距的乘积。由记录的 t，v 数据求得 v-t 曲线的斜率即为此次实验的加速度 $a_j(j=1,2,3,4)$，取平均值 $a=\dfrac{1}{4}\sum\limits_{j=1}^{4}a_j$ 作为测量值。

改变 m，计算 m'，测出对应的 a，由 a-m' 曲线求出重力加速度 g。表格自拟。

表 6-26-4　研究匀变速直线运动

$m_{组}=0.106$ kg，$\mu=0.07$，$J/R^2=0.014$ kg，$m=$ _____ kg，$m'=$ _____ kg

采样次数 i	2	3	4	5	6	7	8
t_i [$=0.05(i-1)$]/s							
$v_{i1}/(\mathrm{m\cdot s^{-1}})$							
$v_{i2}/(\mathrm{m\cdot s^{-1}})$							
$v_{i3}/(\mathrm{m\cdot s^{-1}})$							
$v_{i4}/(\mathrm{m\cdot s^{-1}})$							

$a_1=$ 　　　　，$a_2=$ 　　　　，$a_3=$ 　　　　，$a_4=$

$a=$

实验 27　声速的测量

声波是一种频率介于 20 Hz ～ 20 kHz 的纵波,由机械振动在弹性介质中传播而形成。波长、强度、传播速度等是声波的重要参量。在实验室中可以利用声速 v 与振动频率 f、波长 λ 之间的关系(即 $v = \lambda f$)测出声速,也可以利用 $v = L/t$ 测出声速 v,其中 L 为声波传播的路程,t 为声波传播的时间。

【实验目的】

1. 了解超声波产生、发射、传播和接收的原理;

2. 了解作为传感器的压电陶瓷的功能;

3. 用共振干涉法和相位比较法测量声速,并加深对共振、振动合成、波的干涉等理论知识的理解。

【实验原理】

1. 超声波的产生和接收

超声波的产生和接收可以由两个结构完全相同的压电陶瓷换能器分别完成。超声波的产生利用了压电陶瓷的逆压电效应,在交变电压作用下,压电陶瓷纵向长度周期性地伸缩,产生机械振动而激发出超声波。超声波的接收利用了压电陶瓷的正压电效应,使声压变化转换为电压的变化。

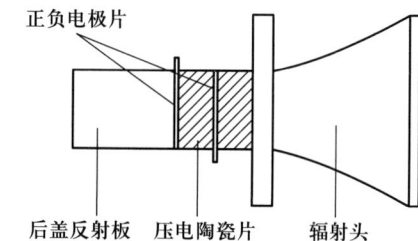

压电陶瓷换能器的内部结构如图 6-27-1 所

图 6-27-1　压电陶瓷换能器的内部结构图

示。压电片是由多晶结构的压电材料(如石英、锆钛酸铅陶瓷等)做成的,在应力作用下,压电片的两极产生异号电荷,两极间产生电压,这称为正压电效应;而当压电材料两端间加上外加电压时,又能产生应变,这称为逆压电效应。利用上述可逆效应可将压电材料制成压电换能器,以实现声能与电能的相互转换,既可以把电能转换为声能作为声波发生器,也可把声能转换为电能作为声波接收器。

压电换能器系统有一个谐振频率 f_0,当输入电信号的频率等于谐振频率时,压电换能器产生机械谐振,此时,它的振幅最大,它作为波源的辐射功率就最大。当外加驱动力以谐振频率迫使压电换能器产生机械谐振时,它作为接收器转换的电信号最强,即灵敏度最高。

2. 共振干涉(驻波)法

实验装置如图 6-27-2 所示,图中 S_1 和 S_2 为压电陶瓷换能器。发射换能器 S_1 是超声波发射端,低频信号发生器输出的正弦交变电压信号接到换能器 S_1 上,使 S_1 发出一平面波。接收换能器 S_2 是超声波接收端,可将接收到的声压转换成交变的正弦电压信号后输入示波器观察。

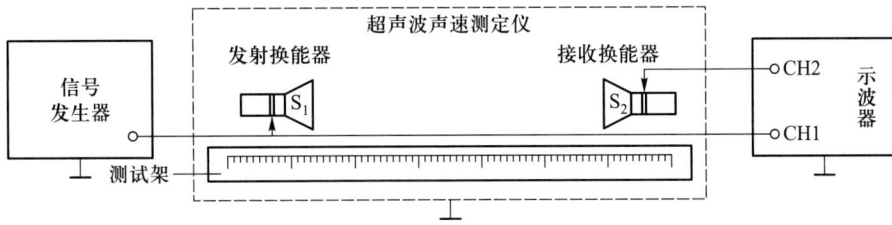

图 6-27-2 共振干涉法实验装置图

S_2 在接收超声波的同时还反射一部分超声波,因此,由 S_1 发出的超声波和由 S_2 反射的超声波在 S_1 和 S_2 之间产生定域干涉,而形成驻波。由干涉理论可知,当入射波振幅 A_1 与反射波振幅 A_2 相等,即 $A_1 = A_2 = A$ 时,某一位置 x 处的合振动方程为

$$y_1 + y_2 = \left(2A\cos 2\pi \frac{x}{\lambda} \right) \cos \omega t \qquad (6\text{-}27\text{-}1)$$

当

$$2\pi \frac{x}{\lambda} = (2k+1)\frac{\pi}{2} \quad (k = 0,1,2,\cdots) \qquad (6\text{-}27\text{-}2)$$

即

$$x = (2k+1)\frac{\lambda}{4} \quad (k = 0,1,2,\cdots) \qquad (6\text{-}27\text{-}3)$$

时,这些点的振幅始终为零,即为"波节"。当

$$2\pi \frac{x}{\lambda} = k\pi \quad (k = 0,1,2,\cdots) \qquad (6\text{-}27\text{-}4)$$

即

$$x = k\frac{\lambda}{2} \quad (k = 0,1,2,\cdots) \qquad (6\text{-}27\text{-}5)$$

时,这些点的振幅最大,等于 $2A$,即为"波腹"。由此可知,相邻波腹(或波节)的距离为 $\frac{\lambda}{2}$。

对一个振动系统来说,当振动激励频率与系统固有频率相近时,系统将发生能量积聚而产生共振,此时振幅最大。因此,当信号发生器的激励频率等于系统固有频率时,产生共振,声波波腹处的振幅达到相对最大值。当激励频率偏离系统固有频率时,驻波的形状不稳定,且声波波腹的振幅比最大值小得多。

由式(6-27-5)可知,当 S_1 和 S_2 之间的距离 L 恰好等于半波长的整数倍,即

$$L = k\frac{\lambda}{2} \quad (k = 0,1,2,\cdots) \qquad (6\text{-}27\text{-}6)$$

时,将形成驻波,示波器上可观察到较大幅度的信号。不满足该条件时,观察到的信号幅度较小。移动 S_2,对某一特定波长,将相继出现一系列共振态,任意两个相邻的共振态之间,S_2 的位移为

$$L = L_{k+1} - L_k = (k+1)\frac{\lambda}{2} - k\frac{\lambda}{2} = \frac{\lambda}{2} \qquad (6\text{-}27\text{-}7)$$

所以当 S_1 和 S_2 之间的距离 L 连续改变时,示波器上的信号幅度每作一次周期性变化,

相当于 S_1 和 S_2 之间的距离改变了 $\dfrac{\lambda}{2}$。此距离 $\dfrac{\lambda}{2}$ 可由游标卡尺测得,频率 f 由信号发生器读得,由 $v=\lambda f$ 即可间接测出声速。

3. 相位比较法

波是振动状态的传播,也可以说是相位的传播。当 S_1 发出的平面超声波通过介质到达接收器 S_2 时,在发射波和接受波之间产生相位差:

$$\Delta\varphi = \varphi_1 - \varphi_2 = 2\pi\frac{L}{\lambda} = 2\pi f\frac{L}{v} \tag{6-27-8}$$

因此可以通过测量 $\Delta\varphi$ 来测出声速。

$\Delta\varphi$ 的测量可用相互垂直振动合成的李萨如图形来进行。设输入 X 轴的入射波振动方程为

$$x = A_1\cos(\omega t + \varphi_1) \tag{6-27-9}$$

输入 Y 轴的是由 S_2 接收到的波动,其振动方程为

$$y = A_2\cos(\omega t + \varphi_2) \tag{6-27-10}$$

上两式中,A_1 和 A_2 分别为 X 轴、Y 轴振动的振幅,ω 为角频率,φ_1 和 φ_2 分别为 X 轴、Y 轴振动的初相位,则合成振动方程为

$$\frac{x^2}{A_1^2} + \frac{y^2}{A_2^2} - \frac{2xy}{A_1 A_2}\cos(\varphi_2 - \varphi_1) = \sin^2(\varphi_2 - \varphi_1) \tag{6-27-11}$$

式(6-27-11)的轨迹为椭圆,椭圆长、短轴和方位由相位差 $\Delta\varphi = \varphi_1 - \varphi_2$ 决定。当 $\Delta\varphi = 0$ 时,由式(6-27-11)得 $y = \dfrac{A_2}{A_1}x$,即轨迹为处于第一和第三象限的一条直线,直线的斜率为 $\dfrac{A_2}{A_1}$,如图 6-27-3 所示;当 $\Delta\varphi = \pi$ 时,得 $y = -\dfrac{A_2}{A_1}x$,则轨迹为处于第二和第四象限的一条直线。改变 S_1 和 S_2 之间的距离 L,相当于改变了发射波和接收

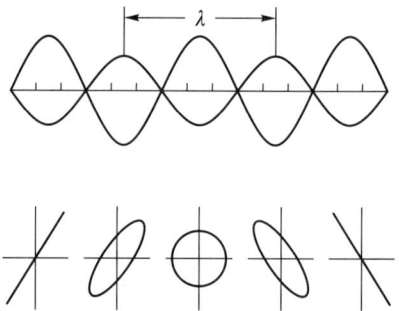

图 6-27-3 振动合成与李萨如图

波之间的相位差,荧光屏上的图形也随 L 不断变化。当 S_1、S_2 之间距离改变半个波长 $\Delta L = \dfrac{\lambda}{2}$ 时,$\Delta\varphi = \pi$。随着振动的相位差从 $0 \sim \pi$ 变化,李萨如图形从斜率为正的直线变为椭圆,再变到斜率为负的直线。因此,每移动半个波长,就会重复出现斜率符号相反的直线。测得了波长 λ 和频率 f,根据式 $v = \lambda f$ 可求得室温下声波在介质中传播的速度。

4. 声波在空气中的传播速度

$$v = 331.45\sqrt{\left(1 + \frac{t}{T_0}\right)\left(1 + 0.319\,2\,\frac{p_w}{p_0}\right)} \tag{6-27-12}$$

式中,v 的单位为 m/s,t 为室温,单位为℃,$T_0 = 273$ K,$p_w = rp_s$ 为水蒸气的分压强,r 为空气相对湿度,p_s 为室温时空气的饱和蒸气压,单位为 Pa,$p_0 = 1.013\times10^5$ Pa 为大气压强。

【实验仪器】

数字函数(信号)发生器,超声波声速测定仪,数字存储示波器。

接通电源后,调节信号发生器(即信号源),选择介质为空气的初始状态,预热 15 min。各仪器之间的连接如图 6-27-2 所示。

1. 测试架上的换能器与信号源之间的连接

信号源面板上的发射端换能器接口(S_1)用于输出相应频率的功率信号,接至测试架左边的发射换能器(S_1);接收端换能器接口(S_2)接至测试架右边的接收换能器(S_2)。

2. 示波器与信号源之间的连接

信号源面板上的发射波形接口(Y_1)接至示波器的 CH1,用于观察发射波形;接收波形接口(Y_2)接至示波器的 CH2,用于观察接收波形。

3. 选择信号源的输出频率,使换能器系统处于谐振状态

只有当 S_1 发射面与 S_2 接收面保持平行时,才有较好的接收效果。为了得到较清晰的接收波形,应将外加的驱动信号频率调节到发射换能器 S_1 谐振频率点,才能有效地进行声能与电能的相互转换,以提高测量精度,得到较好的实验效果。

各仪器都正常工作后,需使示波器上获得稳定波形。边调节信号源输出电压(100~500 mV 之间)和信号频率(在 35~40 kHz),边观察接收波的电压幅度变化。在某一频率点处(35~40 kHz)电压幅度最大,同时信号源的信号指示灯亮,此频率即为压电换能器 S_1、S_2 相匹配的频率点,记录其值 f_n 填入表 6-27-1。改变 S_1 和 S_2 之间的距离,选择适当位置(使示波器屏上呈现出最大电压波形幅度时的位置),微调信号频率。如此重复调整,再次测定工作频率(即换能器的谐振频率),共测 5 次,取平均值 $\bar{f}$。

【实验内容】

1. 共振干涉法

将测试方法设置为连续波方式,设定最佳工作频率,观察示波器,找到接收波形幅度的最大值。然后转动距离调节鼓轮,这时波形的幅度会发生变化(注意此时在示波器上可以观察到来自接收换能器的振动曲线波形发生位移),记录幅度为最大时的距离 L_i。再由近至远(必须是同一个方向)调节,当接收波形幅度由大变小,再由小变大并达到最大时,记录此时的 L_{i+1}。连续记录 20 组数据,填入表 6-27-2,并用逐差法求波长,根据 $v=\lambda f$ 求出声速。

2. 相位比较法

将测试方法设置为连续波方式,设定最佳工作频率,开始时仍置示波器于双踪显示功能,观察发射和接收信号波形。转动距离调节鼓轮,置接收信号幅度达最大值时的位置。调节示波器 CH1 和 CH2 衰减灵敏度旋钮、信号源发射强度、接收增益,令两波形幅度几乎相等,观察两波形曲线间的关系。置示波器于 X-Y 功能方式,观察李萨如图形,调节鼓轮使图形变为斜线。将接收器由近至远(或由远至近)移动,每当李萨如图形由斜线变为椭圆,再由椭圆变为斜线时(包括斜率为正和斜率为负两种情况),记录下此时的位置 L_i。连续记录 20 组数据,填入表 6-27-3,并用逐差法求波长,根据 $v=\lambda f$ 求出声速。

【数据处理】

1. 压电陶瓷换能器系统最佳工作频率（数据记入表 6-27-1）

表 6-27-1

n	1	2	3	4	5	平均值
f_n/kHz						$\bar{f}=$

2. 共振干涉法测量数据（数据记入表 6-27-2）

表 6-27-2

i	L_i/mm	L_{i+10}/mm	$5\lambda/\mathrm{mm}$
1	$L_1=$	$L_{11}=$	
2	$L_2=$	$L_{12}=$	
3	$L_3=$	$L_{13}=$	
4	$L_4=$	$L_{14}=$	
5	$L_5=$	$L_{15}=$	
6	$L_6=$	$L_{16}=$	
7	$L_7=$	$L_{17}=$	
8	$L_8=$	$L_{18}=$	
9	$L_9=$	$L_{19}=$	
10	$L_{10}=$	$L_{20}=$	

3. 相位比较法测量数据（数据记入表 6-27-3）

表 6-27-3

i	L_i/mm	L_{i+10}/mm	$10\lambda/\mathrm{mm}$
1	$L_1=$	$L_{11}=$	
2	$L_2=$	$L_{12}=$	
3	$L_3=$	$L_{13}=$	

续表

i	L_i/mm	L_{i+10}/mm	$10\lambda/\text{mm}$
4	$L_4 =$	$L_{14} =$	
5	$L_5 =$	$L_{15} =$	
6	$L_6 =$	$L_{16} =$	
7	$L_7 =$	$L_{17} =$	
8	$L_8 =$	$L_{18} =$	
9	$L_9 =$	$L_{19} =$	
10	$L_{10} =$	$L_{20} =$	

【思考题】

1. 测量声速可以采用哪几种方法?
2. 如何判断测量系统是否处于共振状态?
3. 如何确定最佳工作频率?
4. 驻波中各质点振动时,振幅与坐标有何关系?
5. 实验中,风是否会影响声波的传播速度?

实验 28　空气比热容比的测量

空气比热容比是空气的比定压热容与比定容热容之比,是气体的一个重要热学参量。本实验用新型扩散硅压力传感器测空气的压强,用电流型集成温度传感器测空气的温度变化,从而得到空气的比热容比。

【实验目的】

1. 用绝热膨胀法测量空气的比热容比;
2. 观测热力学过程中状态变化及基本物理规律;
3. 了解压力传感器和电流型集成温度传感器的使用方法及特性。

实验 28
电子教案

实验 28
教学视频

【实验原理】

理想气体的压强 p、体积 V 和温度 T 在准静态绝热过程中,遵守绝热方程:
$$pV^\gamma = 常量$$
式中 γ 是气体的比定压热容 c_p 与比定容热容 c_V 之比,即 $\gamma = c_p/c_V$。通常 γ 称为该气体的比热容比,也称为绝热指数。

如图 6-28-1 所示,我们以储气瓶内的空气(近似为理想气体)作为所研究的热力学系统,对以下实验过程进行分析。

(1) 打开放气阀 A,储气瓶与大气相通,瓶内充满与周围空气同温(设为 T_0)同压

（设为 p_0）的气体，再关闭 A。

（2）打开充气阀 B，用充气球向瓶内打气，充入一定量的气体，然后关闭充气阀 B。此时瓶内空气被压缩，压强增大，温度升高。等待内部气体温度稳定，即达到与周围温度相等后，此时体积为 V_1 的气体处于状态 I（p_1, V_1, T_0）。

（3）迅速打开放气阀 A，使瓶内气体与大气相通，当瓶内压强降至 p_0 时，立刻关闭放气阀 A，将有体积为 ΔV 的气体喷出储气瓶。由于放气过程较快，瓶内保留的气体来不及与外界进行热交换，可以近似看作一个绝热膨胀的过程。在此过程后瓶中的气体由状态 I（p_1, V_1, T_0）转变为状态 II（p_0, V_2, T_2），其中 V_2 为储气瓶的容积，V_1 为保留在瓶中这部分气体在状态 I（p_1, T_0）时的体积。

（4）由于瓶内气体温度 T_2 低于室温 T_0，所以瓶内气体慢慢从外界吸热，直至达到室温 T_0，此时瓶内气体压强也随之增大为 p_2，则稳定后的气体状态为 III（p_2, V_2, T_0）。由状态 II → III 的过程可以看作一个等容吸热的过程。状态 I → II → III 的过程如图 6-28-2 所示。

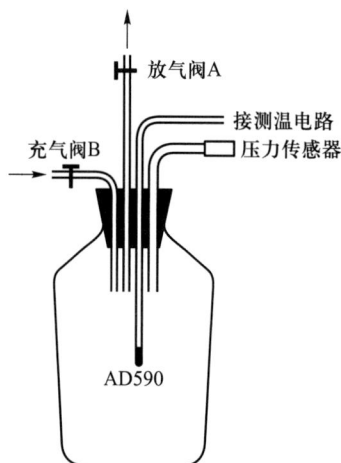

图 6-28-1 实验装置简图

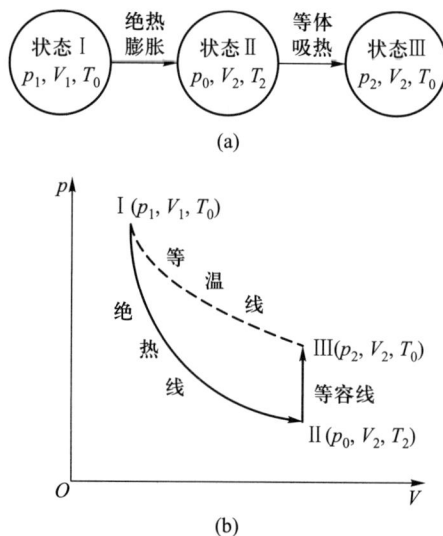

图 6-28-2 气体状态变化及 p-V 曲线

I → II 是绝热过程，由绝热方程得

$$p_1 V_1^{\gamma} = p_0 V_2^{\gamma} \tag{6-28-1}$$

状态 I 和状态 III 的温度均为 T_0，由气体物态方程得

$$p_1 V_1 = p_2 V_2 \tag{6-28-2}$$

联立式（6-28-1）、式（6-28-2），消去 V_1、V_2，得

$$\gamma = \frac{\ln p_1 - \ln p_0}{\ln p_1 - \ln p_2} = \frac{\ln(p_1/p_0)}{\ln(p_1/p_2)} \tag{6-28-3}$$

由式（6-28-3）可以看出，只要测得 p_0、p_1、p_2，就可求得空气的比热容比 γ。

【实验仪器】

FD-NCD 型空气比热容比测定仪,温度计(用于测室温,测温范围−25~45 ℃,精度 1 ℃),气压计。

本实验采用的 FD-NCD 型空气比热容比测定仪由 AD590 集成温度传感器、扩散硅压力传感器、电源、容积约为 1 000 mL 的玻璃储气瓶、打气球及导线等组成。温度测量灵敏度为 5 mV/℃,压强测量灵敏度为 20 mV/kPa,如图 6-28-3、图 6-28-4 所示。

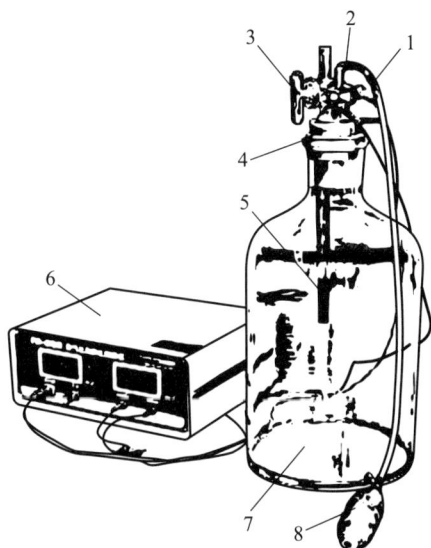

1—充气阀 B;2—扩散硅压力传感器;
3—放气阀 A;4—瓶塞;5—AD590
集成温度传感器;6—电源;
7—玻璃储气瓶;8—打气球。

图 6-28-3　FD-NCD 型空气比热容比测定仪

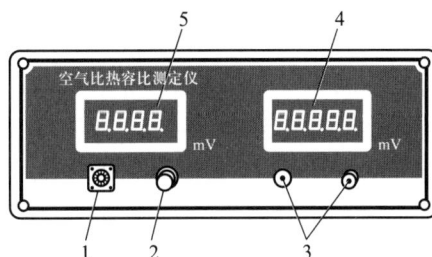

1—压力传感器接线端口;2—调零电位器旋钮;
3—温度传感器接线插孔;4—四位半数字电压表面板
(对应温度);5—三位半数字电压表面板(对应压强)。

图 6-28-4　测定仪电源面板示意图

1. AD590 集成温度传感器

AD590 是一种新型的半导体温度传感器,测温范围为−50~150 ℃。当施加 4~30 V 的激励电压时,这种传感器可起恒流源的作用,其输出电流与传感器所处的温度成线性关系。若用 t 表示摄氏温度,则输出电流为

$$I = Kt + I_0 \qquad (6\text{-}28\text{-}4)$$

式中 $K = 1$ μA/℃,对于 I_0,其值为 273~278 μA,略有差异。

AD590 输出的电流 I 可以在远距离处通过一个适当阻值的电阻 R,转化为电压 U,如图 6-28-5 所示。由公式 $I = U/R$ 算出输出的电流,从而可算出温度值。若串接 5 kΩ 电阻,可产生 5 mV/℃ 的信号电压,接入 0~2 V 量程四位半数字电压表,最小可检测到 0.02 ℃ 的温度变化。

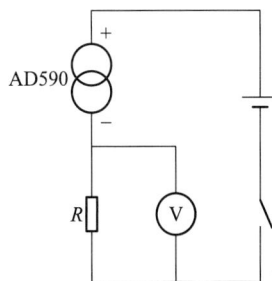

图 6-28-5　AD590 电路简图

2. 扩散硅压力传感器

扩散硅压力传感器可把压强转化为电信号,由同轴电缆线输出,与仪器内的放大器及三位半数字电压表相接。它显示的是容器内的气体压强大于容器外环境大气压的压强差值。当待测气体压强为 $p_0+10.00$ kPa 时,数字电压表显示为 200 mV,气体压强测量灵敏度为 20 mV/kPa,测量精度为 5 Pa。测量公式为

$$p = p_0 + U/2\ 000 \tag{6-28-5}$$

其中电压 U 的单位为 mV,压强 p、p_0 的单位为 10^5 Pa。

空气的公认值为:$c_p = 1.003\ 2$ J/(g·℃),$c_V = 0.710\ 6$ J/(g·℃),$\gamma = 1.412$。

【实验内容】

1. 打开放气阀 A,按图 6-28-4 的提示连接电路,集成温度传感器的正负极请勿接错,电源机箱后面的开关拨向内。用气压计测量大气压强 p_0,用温度计测量环境室温 T_0。开启电源,让电子仪器部件预热 20 min,然后旋转调零电位器旋钮,把用于测量空气压强的三位半数字电压表指示值调到"0",并记录此时四位半数字电压表指示值 U_{T_0}。

2. 关闭放气阀 A,打开充气阀 B,用充气球向瓶内打气,使三位半数字电压表指示值升高到 100~150 mV。然后关闭充气阀 B,观察 U_p、U_T 的变化,经历一段时间后,U_p、U_T 指示值不变时,记下其值(U_{p_1}, U_{T_1}),此时瓶内气体近似为状态 I(p_1, T_0)。

3. 迅速打开放气阀 A,使瓶内气体与大气相通,由于瓶内气压高于大气压,瓶内 ΔV 体积的气体将突然喷出,发出"嘶"的声音。当瓶内空气压强降至环境大气压强 p_0 时(放气声刚结束),立刻关闭放气阀 A,这时瓶内气体温度降低,状态变为 Ⅱ。

4. 当瓶内空气的温度上升至温度 T_3,且压强稳定后,记下(U_{p_2}, U_{T_3})此时瓶内气体近似为状态 Ⅲ(p_2, T_0)。

5. 打开放气阀 A,使储气瓶与大气相通,便于下次测量。

6. 把测得的电压值(以 mV 为单位)填入表 6-28-1 中,由公式(6-28-5)计算气压值,由式(6-28-3)计算空气的比热容比 γ。

7. 重复步骤 2 至 4,测量 6 次,比较多次测量中气体的状态变化有何异同,并计算 $\bar{\gamma}$。

8. 分析实验中的误差影响因素,计算比热容比的不确定度(要求方法、公式正确合理)。

【注意事项】

1. 实验中玻璃储气瓶及各仪器应放于合适位置,不要将玻璃储气瓶放于靠桌沿处,以免摔落打破。

2. 转动充气阀和放气阀的活塞时,一定要一只手扶住活塞,另一只手转动活塞,避免损坏活塞。

3. 实验前应检查系统是否漏气,方法是关闭放气阀 A,打开充气阀 B,用充气球向瓶内打气,使瓶内压强升高 4 000~6 000 Pa(对应电压值为 80~120 mV)。关闭充气阀

B,观察压强是否稳定,若读数始终下降则说明系统有漏气之处,须找出原因。

4. 做好本实验的关键是放气要进行得十分迅速,即打开放气阀后又关上放气阀的动作要快捷,使瓶内气体与大气相通要充分,且尽量快地完成。

5. 实验结束后要打开放气阀 A。

【数据处理】

表 6-28-1

$p_0 =$ _____ Pa, $T_0 =$ _____ ℃

次数	状态 I		状态 Ⅲ		$p_1/(10^5 \text{ Pa})$	$p_2/(10^5 \text{ Pa})$	γ
	U_{p_1}/mV	U_{T_1}/mV	U_{p_2}/mV	U_{T_3}/mV			
1							
2							
3							
4							
5							
6							

【思考题】

1. 本实验研究的热力学系统,是指哪部分气体?在室温下,该部分气体体积与储气瓶容积相比如何?为什么?

2. 实验内容 2 中的 T_1 值一定与初始时室温 T_0 相等吗?为什么?若不相等,对 γ 有何影响?

3. 实验时若放气不充分,则所得 γ 值是偏大还是偏小?为什么?若放气时间过长呢?

4. 如何检查系统是否漏气?如有漏气,对实验结果有何影响?

实验 29 热机效率综合实验

热机效率综合实验仪(图 6-29-1,简称热效率实验仪)可以作为热机或热泵使用。当它作为热机使用时,从高温热源发出的热量通过电流流过负载电阻而做功,可以测出热机的实际效率,并与理论最大效率相比较。当它作为热泵时,将热量从低温热源传递到高温热源,可以测出热泵的实际制冷系数,并与理论上的制冷系数相比较。

实验 29
教学视频

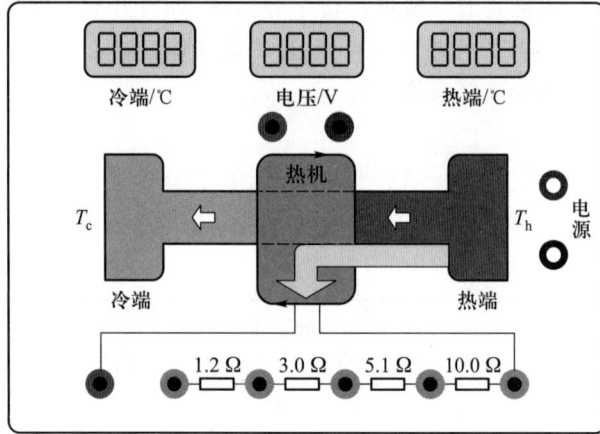

图 6-29-1　热机效率综合实验仪

（图中 T 表示热力学温度）

1821 年，德国物理学家泽贝克（Seebeck）发现，当给连接在一起的不同金属加热时，就会产生电流。这一现象称为泽贝克效应，它也是热电偶的基本原理。之后，在 1834 年，法国物理学家佩尔捷（Peltier）发现了泽贝克效应的逆效应，根据电流的流向，连接在一起的金属会引起吸热或放热。这种热电转换器件称为佩尔捷片，本实验仪器就是以佩尔捷片为核心构建的。

佩尔捷片是由 P 型和 N 型半导体构成的，如图 6-29-2 所示。当 PN 对的两端存在温度差时，N 型半导体中的电子由热端向冷端扩散，使 N 型半导体的冷端带负电而热端带正电；同时 P 型半导体中的空穴也由热端向冷端扩散，使 P 型半导体的冷端带正电而热端带负电。通过金属片将 P 型半导体和 N 型半导体的热端连接起来形成 PN 对，则在 P 型半导体的冷端和 N 型半导体的冷端输出直流电压。将多个 PN 对串联起来就可以得到较大的输出电压，从而实现"温差发电"，如图 6-29-3 所示。当给佩尔捷片通直流电流时，根据电流方向的不同，将在一端吸热，在另一端放热，从而实现"制冷"，如图 6-29-4 所示。

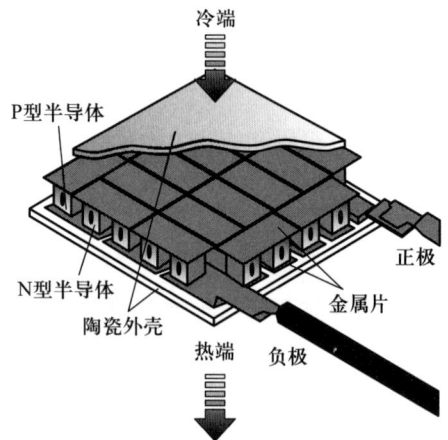

图 6-29-2　佩尔捷内部结构

佩尔捷片虽然效率低，但可靠性高，不需要循环流体或移动部件。典型的应用有卫星电源和远程无人气象站等。

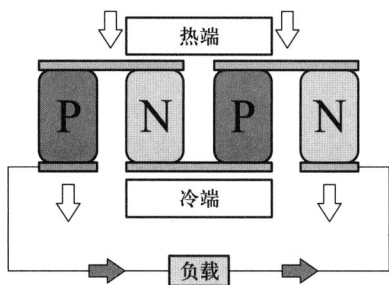

图 6-29-3 发电过程　　　　图 6-29-4 制冷过程

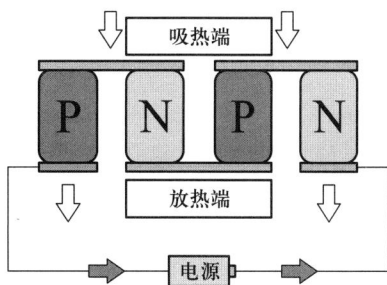

【实验原理】

1. 热机

热机是利用一个高温热源和一个低温热源的温差来做功的。对于热效率实验仪，热机是利用电流通过一个负载电阻来做功的，做功最终产生的热量被负载电阻所消耗（焦耳热）。

热机原理如图 6-29-5 所示，根据能量守恒定律和热力学第一定律，有

$$Q_h = W + Q_c$$

即热机的热输入等于热机所做的功加上向低温热源的排热量。

（1）实际效率

热机的效率定义为

$$\eta = \frac{W}{Q_h}$$

图 6-29-5 热机原理

如果把所有的热输入转化成有用功，热机的效率就会为 1，因此它的效率总是小于 1 的。

注意：用热效率实验仪测量效率时，测量的是功率而不是能量。由 $P_h = \mathrm{d}Q_h/\mathrm{d}t$（其中 P 表示功率，t 表示时间），方程 $Q_h = W + Q_c$ 变成 $P_h = P_W + P_c$，效率为

$$\eta_{实} = \frac{P_W}{P_h}$$

（2）卡诺效率

卡诺指出，热机的最大效率仅与热源的温度有关，而与热机的类型无关，即

$$\eta_C = \frac{T_h - T_c}{T_h}$$

式中温度必须用热力学温度。只有运作在 T_h 和绝对零度之间的热机效率能够达到 100%。假设没有由于摩擦、热传导、热辐射或装置内部电阻的焦耳热量而引起的能量损失，对于给定的两个温度，卡诺效率是最高的热机效率。

（3）调整效率

利用热效率实验仪，可以将损失的能量添加回功率 P_W 和 P_h，最终的调整效率接近

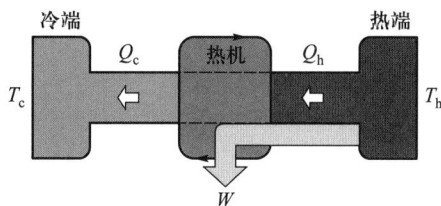

于卡诺效率。

2. 热泵(制冷机)

(1)原理

热泵是热机的逆向运行,作为热泵工作时,将热量从低温热源抽到高温热源。例如,冰箱将热量从冷藏室抽到温室。

热泵的原理如图6-29-6所示。注意:相比于图6-29-5中的热量箭头,此处是逆向的。能量守恒为 $Q_c + W = Q_h$,功率守恒为 $P_c + P_W = P_h$。

(2)实际制冷系数

制冷系数是从低温热源抽出的热量与消耗的功率之比:

$$e = \frac{P_c}{P_W}$$

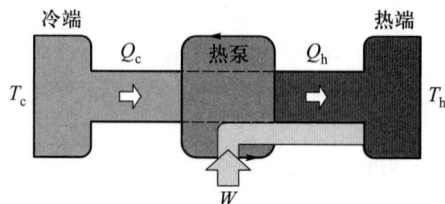

图 6-29-6　热泵原理

它类似于热机效率,但效率总是小于 1,而制冷系数可以大于 1 的。

(3)最大制冷系数

热泵的最大制冷系数只取决于热源的温度:

$$e_{max} = \frac{T_c}{T_h - T_c}$$

公式中须用热力学温度。

(4)调整制冷系数

如果所有的损失都是由摩擦、热传导、热辐射或焦耳热导致的,实际的制冷系数是可以调整的,调整后可使它接近于最大制冷系数。

3. 实验测量量

通过热效率实验仪能够直接测量的量有三个:温度、传递到热机的功率、负载电阻消耗的功率。

(1)温度

冷、热源的温度由仪器面板直接显示出来。

(2)高温热源的功率(P_h)

高温热源利用电流通过电阻使其保持在一个恒定的温度,由于电阻随温度变化,所以必须测量电流和电压来获得输入功率,即 $P_h = I_h U_h$。

(3)负载电阻消耗的功率(P_W)

负载电阻消耗的功率可通过测量已知负载电阻的电压求得:

$$P_W = \frac{U^2}{R}$$

负载电阻有 1% 的允许误差。注意:因为电阻随温度的变化不明显,所以我们可用 $P_W = \frac{U^2}{R}$ 来求负载电阻的功率。当热效率实验仪作为一个热泵而不是一个热机工作时,不能使用负载电阻。外加电源可显示电流和电压,输入功率可用公式 $P_W = I_W U_W$ 计算得出。

通过热效率实验仪间接测量的量主要有:热机的内阻、传导和辐射的热量、从低温热源抽走的热量。

(4) 内阻

按照图 6-29-7 接线,在有负载电阻的情况下,其等效电路如图 6-29-8 所示。由基尔霍夫定律,有

$$U_S - IR_0 - IR = 0$$

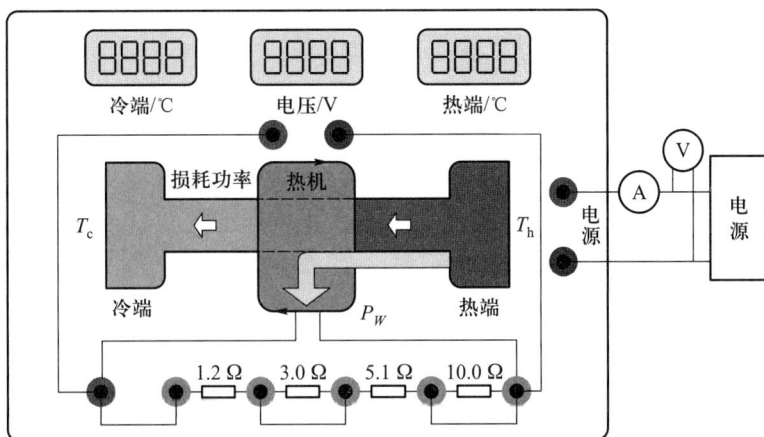

图 6-29-7　有外加负载的热机

在没有负载的情况下,如图 6-29-9 所示,有

$$U_S - \left(\frac{U_W}{R}\right) R_0 - U_W = 0$$

得出内阻为
$$R_0 = \left(\frac{U_S - U_W}{U_W}\right) R$$

(5) 热传导和热辐射

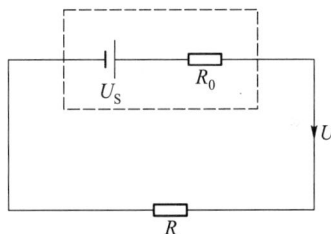

图 6-29-8　测量内阻等效电路

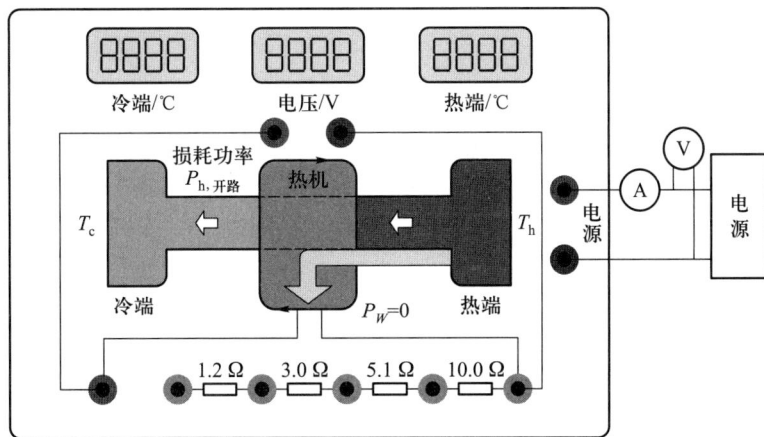

图 6-29-9　无外加负载的热机

高温热源的热量一部分被热机用来做功,而其他部分从高温热源辐射掉,或通过热机传到冷端。假设热辐射与热传导在工作与不工作时一样,即没有负载时,高温热源保持在相同温度下,单位时间内通过加热电阻输入到高温热源的热量等于从高温热源中传导和辐射的能量即 $P_{h,开路}$。

（6）从低温热源抽走的热量

当热效率实验仪作为一个热泵工作时,单位时间内从低温热源抽走出的热量 P_c 等于传递到高温热源的热量 P_h 减去做的功 P_W。当热泵工作时,如果高温热源的温度保持不变,根据能量守恒定律,传递到高温热源的热量等于传导和辐射的热量。可以通过测量无负载时的热源输入功率求得此温差下的散热。

实验 29.1　热机与温差

【实验目的】

确定热机的实际效率和卡诺效率是运行温度的函数。

【实验内容】

1. 实验准备

（1）接通仪器电源,仪器自动制冷。

（2）在右端接线柱上连接电源,调节电压,使热端温度达到实验要求。注意:不应在超过 75 ℃时连续运行 5 min 以上。

（3）任选一个负载电阻,用导线连接。

2. 实验步骤

（1）等待冷端与热端平衡(5～10 min)。若想加速这一过程,可以先逐步增大电压,等热端升温后再调回原值。

（2）测量热端、冷端温度。

（3）测量 U_h,I_h,U_W。

（4）重复步骤（1）至（3）,将电源电压从 4.00 V 调至 14.00 V,每次增加 2.00 V,记录下 6 组数据,填入表 6-29-1。

【数据处理】

表 6-29-1　热　机　数　据

R/Ω	T_h/K	T_c/K	$\Delta T/K$	U_h/V	I_h/A	U_W/V

R/Ω	T_h/K	T_c/K	$\Delta T/K$	U_h/V	I_h/A	U_W/V

1. 计算 P_h 与 P_W。

2. 计算温差 $\Delta T = T_h - T_c$。

3. 计算实际效率 $\eta_{实} = \dfrac{P_W}{P_h}$。

4. 计算卡诺效率 $\eta_C = \dfrac{T_h - T_c}{T_h}$。

将计算结果填入表 6-29-2。

表 6-29-2 计 算 结 果

P_h/W	P_W/W	$\eta_{实}$	η_C

【思考题】

为比较实际效率与卡诺效率,可采用作图法。在同一张图上作出 $\eta_{实}$-ΔT 图与 η_C-ΔT 图,并比较。注意:我们在此假定 T_c 为定值或近似不变。

1. 卡诺效率是实际热机在给定温度下工作时的最大效率,图上的实际效率是否低于卡诺效率?

2. 温差增加时,卡诺效率与实际效率是增加还是减少?

3. 实际效率占理想效率一定比例,所以实际效率综合反映了使用可用能量的本领。你能算出本热机使用可用能量的本领吗?

实验 29.2 热机效率研究

【实验目的】

确定热机的实际效率和卡诺效率。

【实验内容】

分两种工作状态:闭路态(热机工作)与开路态(热机不工作)。闭路态为正常工作状态,开路态用来测量热源的散热。

1. 闭路态

同实验 29.1 实验步骤的(1)至(3)。

2. 开路态

(1)断开负载电阻。

(2)降低热源电压,使其在原温度平衡,记录 T_h,T_c,填入表 6-29-3。

(3)记录 U_h,I_h,开路电压 U_S。

表 6-29-3　实 验 数 据

R/Ω	T_h/K	T_c/K	$\Delta T/K$	U_h/V	I_h/A	U_W/V	U_S/V
							—
						—	

【数据处理】

将计算结果填入表 6-29-4。

1. 实际效率

$$\eta_{实}=\frac{P_W}{P_h}, \quad P_W=\frac{U_W^2}{R}, \quad P_h=I_h U_h$$

2. 卡诺效率

$$\eta_C=\frac{T_h-T_c}{T_h}$$

3. 调整效率

(1)实际做功为

$$P'_W=P_W+I_W^2 R_0=\frac{U_W^2}{R}+\left(\frac{U_W}{R}\right)^2 R_0$$

而原 $P_W=\dfrac{U_W^2}{R}$ 只是有用功。

(2)实际高温热源提供热量为

$$P'_h=P_h-P_{h,开路}$$

因为 $P_{h,开路}$ 为热散失,在任何情况下均存在。

(3)调整效率为

$$\eta_C=\frac{P'_W}{P'_h}=\frac{P_W+I_W^2 R_0}{P_h-P_{h,开路}}$$

其中

$$R_0 = \left(\frac{U_{\mathrm{S}} - U_{W}}{U_{W}} \right) R$$

（4）调整后百分误差为

$$E = \frac{\eta_{\max} - \eta_{\text{调}}}{\eta_{\max}} \times 100\%$$

表 6-29-4　计算数据及结果

$P_{\mathrm{h}}/\mathrm{W}$	P_{W}/W	I_{W}/A	R_0/Ω	$\eta_{\text{实}}$	η_{C}	$\eta_{\text{调}}$	E

【思考题】

1. 若温差减小,三种效率将如何变化?

2. 计算总熵变 ΔS,对任一热源,有 $\dfrac{\Delta S}{\Delta t} = \dfrac{\Delta Q / \Delta t}{T} = \dfrac{P}{T}$,总熵变为正还是负?

实验 29.3　热泵制冷效率

【实验内容】

1. 接通仪器电源,仪器自动制冷。

2. 在热机上连接电源(图 6-29-10),输入功率恒定,等待热源平衡。

3. 测出输入功率 $P_{W} = I_{W} U_{W}$ 及热、冷源温度 T_{h}、T_{c},填入表 6-29-5。

4. 使热机处于开路状态,调节高温热源的加热电压,至前一热源温度,测出散热量 P_{h}。

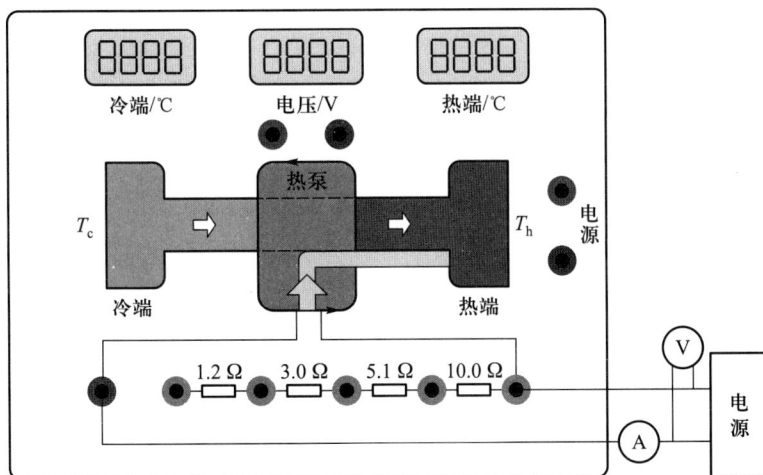

图 6-29-10　热泵接线

【注意事项】

1. 电源的正负极切勿接反。
2. 要将连接电压表头的两根导线拔去。
3. 接线检查无误后方可通电。
4. 实验结束后,先关闭直流稳压电源,再关闭主机电源。

【数据处理】

将计算结果填入表 6-29-5。

1. 实际制冷系数

$$e_{实} = \frac{P_c}{P_W} = \frac{P_h - P_W}{P_W} = \frac{P_h - I_W U_W}{I_W U_W}$$

2. 最大制冷系数

$$e_{max} = \frac{T_c}{T_h - T_c}$$

3. 调整制冷系数

$$e_{调} = \frac{P_h - I_W U_W}{I_W U_W - I_W^2 R_0}$$

4. 百分误差

$$E = \frac{e_{max} - e_{调}}{e_{max}} \times 100\%$$

表 6-29-5 热 泵 数 据

T_h/K	T_c/K	$\Delta T/K$	U_h/V	I_h/A	U_W/V	I_W/A
P_h/W	P_W/W	$e_{实}$	e_{max}	$e_{调}$	E	

【思考题】

1. 温差减小时,e_{max} 增大还是减小?

2. 计算总熵变 ΔS,对任一热源,有 $\dfrac{\Delta S}{\Delta t} = \dfrac{\Delta Q/\Delta t}{T} = \dfrac{P}{T}$,总熵变为正还是负?

实验 29.4 热导率

【数据处理】

传导热量与厚度 X 成反比,与截面积 A 成正比,与温差 ΔT 成正比,比例系数 k 称为热导率:

$$P = \frac{\mathrm{d}Q}{\mathrm{d}t} = k\frac{A(\Delta T)}{X}$$

本实验仪器的 $\dfrac{X}{A} = \dfrac{4.725}{128}\ \mathrm{cm}^{-1}$ 由实验室给出。因为是开路热传导,故

$$k = \frac{P_{\mathrm{h,开路}}(X/A)}{\Delta T}$$

将相关数据填入表 6-29-6。

表 6-29-6　热导率数据及结果

$T_{\mathrm{h}}/\mathrm{K}$	$T_{\mathrm{c}}/\mathrm{K}$	$\Delta T/\mathrm{K}$	$\dfrac{X}{A}/\mathrm{cm}^{-1}$	$P_{\mathrm{h}}/\mathrm{W}$	k

【思考题】

计算出的热导率与铜的热导率相比如何? 已知铜在 0 ℃时的热导率为 401 W/(m·K)。

实验 29.5　最佳负载

【实验内容】

1. 求最佳负载

热效率实验仪作为热机时,输出功率为 $P = I^2 R$,但实际电路满足 $U_{\mathrm{S}} = I(R_0 + R)$。若温差不变,$U_{\mathrm{S}}$ 不变,此时输出功率将随负载电阻 R 而变化,有一极大值。如图 6-29-11 所示,$P = I^2 R = \left(\dfrac{U_{\mathrm{S}}}{R_0 - R}\right)^2 R$,当 $R = R_0$ 时,P 取最大值。

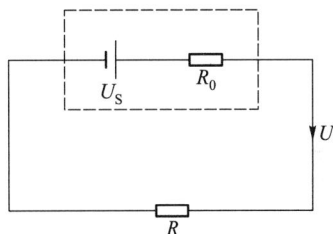

图 6-29-11　有负载电阻的热效率实验仪

2. 实验步骤

(1) 按图 6-29-12 连接电路,将电源接入热源供电,将温度差调到 44 K。

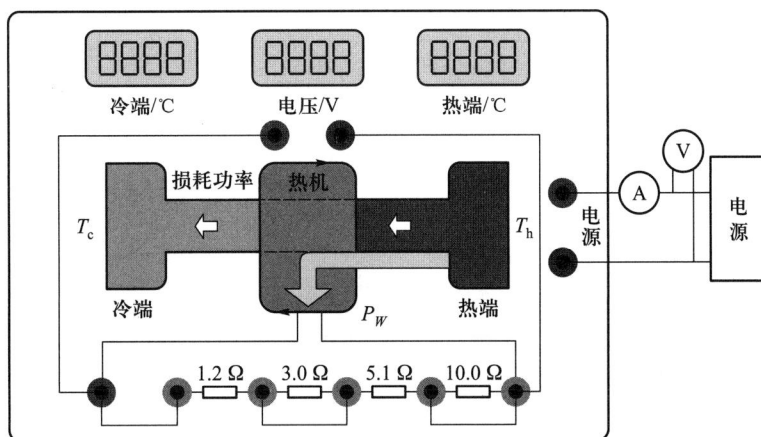

图 6-29-12　热机负载电阻接线

（2）连接 1.2 Ω 电阻作为负载。

（3）等待热平衡。

（4）从仪器上读取热、冷源温度和输出电压。

（5）记录 U_h，I_h，U_W。

（6）计算输入功率 $P_h = I_h U_h$ 及有用功率 $P_L = \dfrac{U_W^2}{R}$，计算效率 $\eta = \dfrac{P_L}{P_h}$。

（7）改变负载电阻为 3.0 Ω，5.1 Ω，6.3 Ω，8.1 Ω，10.0 Ω，15.1 Ω，19.3 Ω，并改变输入功率的大小，使热、冷源保持温度不变，重复上述步骤，数据记入表 6-29-7。

（8）将温度差调到 54 K 和 64 K，重复上述步骤，数据记入表 6-29-8 和表 6-29-9。

（9）比较效率为 η_{max} 时的 R 值。

表 6-29-7　温度差为 44 K 时的数据

R/Ω	T_c/K	T_h/K	U_W/V	U_h/V	I_h/A	P_h/W	P_L/W	η

表 6-29-8　温度差为 54 K 时的数据

R/Ω	T_c/K	T_h/K	U_W/V	U_h/V	I_h/A	P_h/W	P_L/W	η

表 6-29-9　温度差为 64 K 时的数据

R/Ω	T_c/K	T_h/K	U_w/V	U_h/V	I_h/A	P_h/W	P_L/W	η

【注意事项】

1. 电源的正负极切勿接反。

2. 接线检查无误后方可通电。

3. 实验结束后,先关闭直流稳压电源,再关闭主机电源。

【思考题】

1. 效率最高时,R 为多少?

2. 效率最高时,实验值 R 与内阻 R_0 相比如何?

实验 30　PN 结物理特性的研究及玻耳兹曼常量的测定

半导体 PN 结的物理特性是物理学和电子学的重要基础内容之一。本实验用物理实验方法,测量 PN 结扩散电流与电压的关系,证明此关系遵循指数分布规律,同时较精确地测出玻耳兹曼常量(物理学重要常量之一),了解测量弱电流的一种新方法。并测量 PN 结结电压与热力学温度的关系,求得其灵敏度,并近似求得 0 K 时硅材料的禁带宽度。

实验 30
电子教案

实验 30
教学视频

【实验目的】

1. 测量同一温度下,PN 结正向电压随正向电流的变化关系,绘制伏安特性曲线;

2. 在同一恒定正向电流条件下,测绘 PN 结正向电压随温度的变化曲线,确定其灵敏度,估算被测 PN 结材料的禁带宽度;

3. 学习用 Excel 或 Origin 软件进行指数函数曲线回归的方法,并计算出玻耳兹曼常量;

4. 应用探究实验:用给定的 PN 结测量未知温度;

5. 探究与创新实验:估算用通常方法难以测量的反向饱和电流 I_s;

6. 探究实验:用普通内阻的数字电压表测量 PN 结的伏安特性,并进行比较,观察内阻对测量的影响;

7. 拓展实验:观察 PN 结正向电流中复合电流的大小及其影响。

【实验原理】

1. PN 结的正向特性

在理想情况下,PN 结的正向电流 I_F 随正向电压 U_F 按指数规律变化,并存在如下近关系式:

$$I_F = I_S \exp\left(\frac{qU_F}{kT}\right) \tag{6-30-1}$$

其中 q 为电子电荷量的绝对值,即 1.602×10^{-19} C;k 为玻耳兹曼常量;T 为热力学温度;I_S 为反向饱和电流,它是一个和 PN 结材料的禁带宽度及温度有关的系数,可以证明:

$$I_S = CT^r \exp\left[-\frac{qU_{g(0)}}{kT}\right] \tag{6-30-2}$$

其中 C 是与结面积、杂质浓度等有关的常量;r 也是常量(r 的数值取决于少数载流子迁移率对温度的关系,通常取 $r = 3.4$);$U_{g(0)}$ 为绝对零度时,PN 结材料的导带底与价带顶的电势差,对应的 $qU_{g(0)}$ 即为禁带宽度。

将式(6-30-2)代入式(6-30-1),两边取对数,可得

$$U_F = U_{g(0)} - \left(\frac{k}{q}\ln\frac{C}{I_F}\right)T - \frac{kT}{q}\ln T^r = U_1 + U_{nl} \tag{6-30-3}$$

其中
$$U_1 = U_{g(0)} - \left(\frac{k}{q}\ln\frac{C}{I_F}\right)T, \quad U_{nl} = -\frac{kT}{q}\ln T^r$$

式(6-30-3)就是 PN 结正向电压作为电流和温度函数的表达式,它是 PN 结温度传感器的基本方程。令 $I_F =$ 常量,则正向电压只随温度而变化,但是在式(6-30-3)中还包含非线性项 U_{nl}。下面来分析一下 U_{nl} 项所引起的非线性误差。

设温度由 T_1 变为 T 时,正向电压由 U_{F1} 变为 U_F,由式(6-30-3)可得

$$U_F = U_{g(0)} - [U_{g(0)} - U_{F1}]\frac{T}{T_1} - \frac{kT}{q}\ln\left(\frac{T}{T_1}\right)^r \tag{6-30-4}$$

按理想的线性温度响应,U_F 应取如下形式:

$$U_{理想} = U_{F1} + \frac{\partial U_{F1}}{\partial T}(T - T_1) \tag{6-30-5}$$

$\dfrac{\partial U_{F1}}{\partial T}$ 等于 T_1 温度时的 $\dfrac{\partial U_F}{\partial T}$ 值。

由式(6-30-3)求导,并变换可得

$$\frac{\partial U_{F1}}{\partial T} = -\frac{U_{g(0)} - U_{F1}}{T_1} - \frac{k}{q}r \tag{6-30-6}$$

所以
$$U_{理想} = U_{F1} + \left[-\frac{U_{g(0)} - U_{F1}}{T_1} - \frac{k}{q}r\right](T - T_1)$$

$$= U_{g(0)} - [U_{g(0)} - U_{F1}] \frac{T}{T_1} - \frac{k}{q} (T - T_1) r \qquad (6\text{-}30\text{-}7)$$

将理想线性温度响应式(6-30-7)和实际响应式(6-30-4)相比较,可得实际响应对线性的理论偏差为

$$\Delta = U_{\text{理想}} - U_F = -\frac{k}{q}(T - T_1)r + \frac{kT}{q}\ln\left(\frac{T}{T_1}\right)^r \qquad (6\text{-}30\text{-}8)$$

设 $T_1 = 300$ K,$T = 310$ K,取 $r = 3.4$,由式(6-30-8)可得,$\Delta = 0.048$ mV,而相应的 U_F 的改变量为 20 mV 以上,相比之下误差 Δ 很小。不过当温度变化范围增大时,U_F 温度响应的非线性误差将有所递增,这主要由于 r 因子的变化所致。

综上所述,在恒定小电流的条件下,PN 结的 U_F 对 T 的依赖关系取决于线性项 U_1,即正向电压几乎随温度升高而线性下降,这也就是用 PN 结测温度的理论依据。

2. 求 PN 结温度传感器的灵敏度,估算禁带宽度

由前所述,我们可以得到一个测量 PN 结的结电压 U_F 与热力学温度 T 的近似关系式:

$$U_F = U_1 = U_{g(0)} - \left(\frac{k}{q}\ln\frac{C}{I_F}\right)T = U_{g(0)} + ST \qquad (6\text{-}30\text{-}9)$$

式中 S(单位为 mV/℃)为 PN 结温度传感器的灵敏度,T 的单位是 K。

用实验的方法测出 U_F-T 关系曲线,其斜率 $\Delta U_F / \Delta T$ 即为灵敏度 S。在求得 S 后,根据式(6-30-9)可知

$$U_{g(0)} = U_F - ST \qquad (6\text{-}30\text{-}10)$$

从而可求出温度为 0 K 时,半导体材料的近似禁带宽度 $E_{g(0)} = qV_{g(0)}$。硅材料的 $E_{g(0)}$ 约为 1.21 eV。

在实际测量中,二极管的正向 I-U 关系虽然能较好,满足指数关系,但求得的常量 k 往往偏小。这是因为通过二极管的电流不只是扩散电流,还有其他电流,一般包括三个部分:

(1)扩散电流,它严格遵循式(6-30-2);

(2)耗尽层复合电流,它正比于 $e^{qU/2kT}$;

(3)表面电流,它是由 Si 和 SiO_2 界面中杂质引起的,其值正比于 $e^{qU/mkT}$,一般 $m > 2$。

因此,为了求出准确的常量 q/k,不宜采用硅二极管,而采用硅三极管接成共基极线路,因为此时集电极与基极短接,集电极电流中仅仅是扩散电流。复合电流主要在基极出现,在测量集电极电流时,将不包括复合电流。本实验中选取性能良好的硅三极管(S9013 型),实验中又处于较低的正向偏置,因此表面电流的影响也完全可以忽略,所以此时集电极电流(扩散电流)与结电压将满足式(6-30-2)。实验线路如图 6-30-1 所示。

必须指出,上述结论仅适用于杂质全部电离且本征激发可以忽略的温度区间,对于通常的硅二极管来说,温度区间为 -50~150 ℃。如果温度低于或高于上述范围时,由于杂质电离因子减小或本征载流子迅速增加,U_F-T 关系将产生新的非线性。这一现象说明,U_F-T 特性还因 PN 结的材料而异,对于宽带材料(如 GaAs,E_g 为 1.43 eV)的 PN 结,

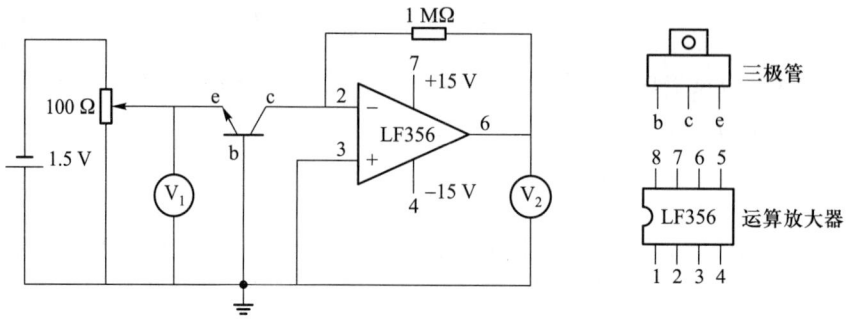

图 6-30-1　PN 结扩散电流与结电压关系测量线路图

其高温端的线性范围宽;而材料杂质电离能小(如 InSb)的 PN 结,则低温端的线性范围宽。对于给定的 PN 结,即使在杂质导电和非本征激发温度范围内,其线性度亦随温度的高低而有所不同,这是由非线性项 U_{n1} 引起的。由 U_{n1} 对 T 的二阶导数 $\dfrac{\mathrm{d}^2 U}{\mathrm{d} T^2} = \dfrac{1}{T}$ 可知,

$\dfrac{\mathrm{d} U_{n1}}{\mathrm{d} T}$ 的变化与 T 成反比,所以 $U_F - T$ 的线性度在高温端优于低温端,这是 PN 结温度传感器的普遍规律。此外,由式(6-30-3)可知,减小 I_F 可以改善线性度,但并不能从根本上解决问题,目前行之有效的方法大致有两种:

(1) 利用对管的两个 PN 结(将三极管的基极、集电极短路,与发射极组成 PN 结),分别在不同电流 I_{F1}、I_{F2} 下工作,由此获得电压之差($U_{F1} - U_{F2}$)与温度成线性函数关系,即

$$U_{F1} - U_{F2} = \frac{kT}{q} \ln \frac{I_{F1}}{I_{F2}} \tag{6-30-11}$$

本实验所用的 PN 结是由三极管的 c、b 极短路后构成的。尽管还有一定的误差,但与单个 PN 结相比,线性度与准确度均有所提高。

(2) 本实验没有采用电流函数发生器来消除非线性误差。由式(6-30-3)可知,非线性误差来自 T^r 项,利用函数发生器,可使 $I_F \alpha T^r$,则 $U_F - T$ 的线性理论误差 $\Delta = 0$,实验结果与理论值相比较就会比较一致。

3. 求玻耳兹曼常量

由式(6-30-11)可知,在保持 T 不变的情况下,只要分别在不同电流 I_{F1}、I_{F2} 下测得相应的 U_{F1}、U_{F2},就可求得玻耳兹曼常量 k:

$$k = \frac{q}{T} (U_{F1} - U_{F2}) / \ln \left(\frac{I_{F1}}{I_{F2}} \right) \tag{6-30-12}$$

为了提高测量的准确度,也可根据式(6-30-1),由指数函数的曲线回归求得 k 值。方法是以公式 $I_F = A \exp(B U_F)$ 的正向电流 I_F 和正向电压 U_F 为变量,根据测得的数据,用 Excel 或者 Origin 软件进行指数函数的曲线回归,求得 A、B 值,再由 $B = q/kT$ 求出玻耳兹曼常量 k。

4. 估算反向饱和电流 I_S

反向饱和电流 I_S 是一个非常重要的参量,但是 I_S 值非常小,用普通方法难以直接测

量。由公式(6-30-1)可知,在测量出正向电流 I_F、正向电压 U_F,以及 PN 结的热力学温度 T 时,就可以计算出 I_S。具体方法是用 Excel 或者 Origin 软件进行指数函数的曲线回归,求得 A 值,则 $A = I_S$。

需要注意的是,在不同的测量条件下,I_S 是不同的。有兴趣的读者可以查阅资料,结合本实验,研究并判断:I_S 大小是恒定值吗? 与温度有关吗?

【实验仪器】

ZC1606 型 PN 结特性研究与玻耳兹曼常量测定仪(图 6-30-2),ZC1606 型温度加热装置,三极管,温度控制(连接)线,短路线和电源线。

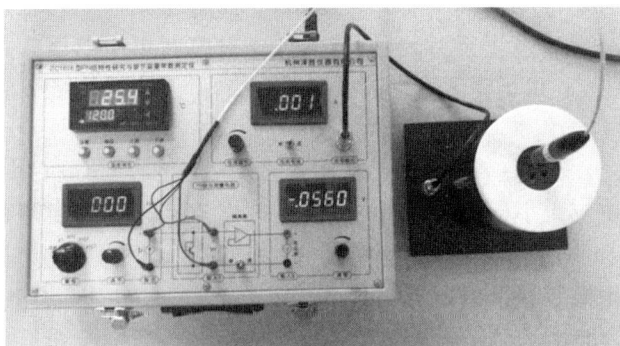

图 6-30-2 ZC1606 型 PN 结特性研究与玻耳兹曼常量测定仪

【实验内容】

参考图 6-30-1 和图 6-30-2 连接温度控制线和 PN 结温度传感器。

打开电源开关,温度控制仪表上将显示出室温。仪器通电后须预热 5 min。

测量前先对 4 位半数字电压表进行调零,调零应在输入短路状态下进行。先将微电流源置于"开路",按颜色接好 PN 结的四个引脚,红、黑两端接到仪器面板上的 I_F 输出端,绿、蓝两端接到 PN 结测量电路的输入端。再用仪器配置的短路线将 PN 结的红、黑两线或绿、蓝两线短路,将隔离器的开关置于"通"挡,调节"调零"电位器使数字电压表显示为零。调零完成后去掉短路线即可进行后续实验。

1. 测量同一温度下(室温、45 ℃、60 ℃ 三组数据),正向电压随正向电流的变化关系,绘制伏安特性曲线。

为了获得较为准确的测量结果,先以室温为基准,测量 PN 结正向伏安特性的数据。注意在实验过程中,不可使温度传感器和 PN 结传感器受到额外热源的影响。另外,如果前组实验完成后未来得及完全降温,可将 PN 结单独取出降至室温,再记录室温,也可进行本项实验。

先将实验仪电流量程置于×1 挡,再调整电流调节旋钮,观察对应的 U_F 值的读数变化。将开关切换到×10、×100、×1 000 挡,记录相应的正向电压值。改变电流值并记录电压值,注意电流的取值间隔要合适,避免电压值变化太小。每个量程建议至少取 10 个数据点,记入表 6-30-1。

将电流量程换到其他量程,测量不同电流下的正向电压,记录数据。

2. 在同一恒定正向电流条件下,测绘 PN 结正向电压随温度的变化曲线,确定其灵敏度 S,估算被测 PN 结材料的禁带宽度(选做),记入表 6-30-2。

选择合适的正向电流 I_F,并在整个实验过程中保持不变。一般 I_F 选 10~50 μA 的值,以减小自身热效应。

实验中可采用单个温度控制法或降温法测量。单个温度控制法需要逐一设定需要测量的温度,温度和正向电压的对应性较好,适合于升温测量。但其实验时间较长,可能导致来不及完成其他实验,或者导致后一组人员实验时来不及降温。这时也可使用降温法测量,节省测量时间。具体方法是先将 PN 结升温到 60 ℃,稳定一段时间后,关闭加热电流,依次记录温度下降时,不同的温度点对应的正向电压值,并且无需等待降到室温就可完成实验。由于温度下降的速度并不快,所以测量的结果也符合实验要求。

【注意事项】

1. 对于扩散电流太小(起始状态),以及扩散电流接近或达到饱和时的数据,在处理数据时应删去,因为这些数据可能偏离式(6-30-2)。

2. 必须观测恒温装置上温度计的读数,待三极管温度处于恒定时(即处于热平衡时),才能记录 U_{F1} 和 U_{F2}。

3. 本实验中,三极管温度可采用的范围为 0~50 ℃。若要在 -120~0 ℃ 范围内做实验,必须有低温恒温装置。

4. 由于不同公司的运算放大器(LF356)性能有差异,在更换 LF356 后,有可能同一台仪器达到的饱和电压 U_{F2} 的值不相同。

5. 本实验仪器的电源具有短路自动保护装置。若运算放大器的 15 V 电源接反或地线漏接,本仪器也有装置予以保护,一般情况下集成电路不易损坏。实验中切勿将二极管的保护装置拆除。

【数据处理】

表 6-30-1 同一温度下正向电压与正向电流的关系

$t =$ _____ ℃

序号	1	2	3	4	5	6	7	8	9	10
I_F/nA										
U_F/V										
序号	11	12	13	14	15	16	17	18	19	20
I_F/nA										
U_F/V										

续表

序号	21	22	23	24	25	26	27	28	29	30
I_F/nA										
U_F/V										
序号	31	32	33	34	35	36	37	38	39	40
I_F/nA										
U_F/V										

表 6-30-2　同一 I_F 下,正向电压与温度的关系

$I_F = $ _____ nA

序号	1	2	3	4	5	6	7	8	9	10
t/℃										
T/K										
U_F/V										
序号	11	12	13	14	15	16	17	18	19	20
t/℃										
T/K										
U_F/V										

1. 计算玻耳兹曼常量。

对于表 6-30-1 中的数据,在×100、×1 000 挡电流量程内,利用两组不同的正向电流和电压数据,多次计算,用式(6-30-11)或式(6-30-12)拟合曲线(画图),用作图法求斜率,然后计算玻耳兹曼常量。

利用公式 $k = q/(BT)$ 计算玻耳兹曼常量,并计算其与标准值 $1.381×10^{-23}$ J/K 的相对误差。

2. 求被测 PN 结正向电压随温度变化的灵敏度 S。

可以用表 6-30-2 的数据根据式(6-30-9)手动计算灵敏度 S。以 T 为横坐标,U_F 为纵坐标,作 U_F-T 曲线(画图),其斜率就是 S。

(1) 斜率,即传感器灵敏度 $S = $ _____ mV/K;

(2) 截距 $U_{g(0)} = $ _____ V(0 K 温度)。

3. 估算被测 PN 结材料的禁带宽度(选做)。

由前已知,PN 结正向电压随温度变化曲线的截距就是 $U_{g(0)}$ 的值,而 $E_{g(0)} = qU_{g(0)}$ 就是禁带宽度。将实验所得的 $E_{g(0)} = qU_{g(0)} = $ _____ eV,与硅材料的公认值 1.21 eV 比较,并求其误差。

注意:需要指出的是,式(6-30-9)本身是一个近似公式。而且实验使用的 PN 结是由硅材料通过掺杂等工艺制作而成的,所以其实际禁带宽度并不严格等于本征硅半导体的禁带宽度 1.21 eV,并且禁带宽度与温度也有一定的关系。作为近似,为检验实验结果,我们仍将 1.21 eV 作为真值,计算测量误差。

【思考题】

1. 实验中为什么选用三极管?
2. 实验中温度为什么不能超过 100 ℃?

实验 31　用示波器测量动态磁滞回线

实验 31
教学视频

磁性材料应用广泛,从常用的永久磁铁、变压器铁芯到录音、录像、计算机存储的磁盘等都采用磁性材料。磁滞回线和基本磁化曲线反映了磁性材料的主要特征。通过实验,不仅能掌握用示波器观察磁滞回线和基本磁化曲线的测量方法,还能从理论和实际应用上加深对铁磁材料的认识。

铁磁材料分为硬磁材料和软磁材料两大类,其根本区别在于矫顽磁力 H_c 的大小不同。硬磁材料的磁滞回线宽,剩磁和矫顽力大(120~20 000 A/m),因而磁化后磁性可长久保持,适宜做永久磁铁。软磁材料的磁滞回线窄,矫顽力 H_c 一般小于 120 A/m,但其磁导率与饱和磁感应强度大,容易磁化和退磁,故广泛用于电机、电器和仪表制造等工业部门。磁化曲线和磁滞回线是铁磁材料的重要特性,是设计电磁机构和仪表的重要依据之一。

磁学量的测量一般比较困难,通常利用相应的物理规律,将磁学量转换为易于测量的电学量。这种转换测量法是物理实验中常用的基本测量方法。测绘磁化曲线和磁滞回线常用冲击电流计法和示波器法,均是磁测量的基本方法。前一种方法准确度较高,但较复杂;后一种方法虽然准确度低,但却具有直观、方便、迅速,以及能在脉冲磁化下测量等优点。本实验采用示波器法。

【实验目的】

1. 了解铁磁质在磁场中磁化的原理及其磁化规律;
2. 学习使用双踪示波器测绘基本磁化曲线和磁滞回线;
3. 测定样品的磁滞回线,确定矫顽力、剩余磁感应强度、最大磁感应强度等参量。

【实验原理】

1. 磁化曲线

如果在由电流产生的磁场中放入铁磁物质,则磁场将明显增强,此时铁磁物质中的磁感应强度比没放入铁磁物质时电流产生的磁感应强度大百倍甚至在千倍以上。铁磁物质内部的磁场强度 H 与磁感应强度 B 有如下的关系:

$$B = \mu H$$

对于铁磁物质而言,磁导率 μ 并非常量,而是随 H 的变化而变化,即 $\mu = \mu(H)$,为非

线性函数,因此 B 与 H 也是非线性关系,如图 6-31-1
所示。

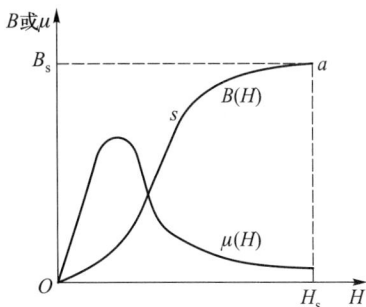

图 6-31-1 磁化曲线和 μ-H 曲线

铁磁材料的磁化过程为:其未被磁化时的状态称
为去磁状态,这时若在铁磁材料上加一个由小到大变
化的磁化场,则铁磁材料内部的磁场强度 H 与磁感应
强度 B 也随之变大。但当 H 增加到一定值(H_s)后,B
几乎不再随着 H 的增加而增加,说明磁化达到饱和,
如图 6-31-1 中的 Oa 段曲线 s 所示。从未磁化到饱
和磁化的这段磁化曲线称为材料的起始磁化曲线。
可以看出,铁磁材料的 B-H 曲线不是直线,即铁磁材料的磁导率 $\mu = B/H$ 不是常量。

2. 磁滞回线

当铁磁材料的磁化达到饱和之后,如果将磁场减小,则铁磁材料内部的 B 和 H 也随
之减小。但其减小的过程并不是沿着磁化时的 Oa 段退回,如图 6-31-2 所示。显然,当
磁化场撤去,$H = 0$ 时,磁感应强度仍然保持一定数值 $B = B_r$,称为剩磁(剩余磁感应
强度)。

若要使被磁化的铁磁材料的磁感应强度 B 减
小到 0,必须加上一个反向磁场并逐步增大。当铁
磁材料内部反向磁场强度增加到 $H = H_c$ 时(图 6-
31-2 上的 c 点),磁感应强度 B 才为 0,达到退磁。
图 6-31-2 中的 bc 段曲线为退磁曲线。H 按 $O \rightarrow$
$H_s \rightarrow O \rightarrow -H_c \rightarrow -H_s \rightarrow O \rightarrow H_c \rightarrow H_s$ 的顺序变化时,B
相应沿 $O \rightarrow B_s \rightarrow B_r \rightarrow O \rightarrow -B_s \rightarrow -B_r \rightarrow O \rightarrow B_s$ 的顺序
变化。图中的 Oa 段曲线即为起始磁化曲线,所形
成的封闭曲线 $abcdefa$ 称为磁滞回线。

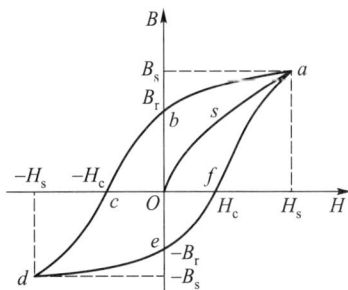

图 6-31-2 起始磁化曲线和磁滞回线

由图 6-31-2 可知:

当 $H = 0$ 时,$B \neq 0$,这说明铁磁材料还残留一定的磁感应强度 B_r,即剩磁。若要使铁
磁物质完全退磁,即 $B = 0$,必须加一个反向磁场 H_c,这个反向磁场强度 H_c 称为该铁磁材
料的矫顽力。B 的变化始终落后于 H 的变化,这种现象称为磁滞现象。H 上升与下降
到同一数值时,铁磁材料内部的 B 值并不相同,即磁化过程与铁磁材料过去的磁化经历
有关。

当从初始状态 $H = 0$,$B = 0$ 开始,周期性地改变磁场强度的幅值时,在磁场由弱到强
单调增加过程中,可以得到面积由小到大的一簇磁滞回线,如图 6-31-3 所示。其中最
大面积的磁滞回线称为极限磁滞回线。

由于铁磁材料磁化过程的不可逆性及具有剩磁的特点,在测定磁化曲线和磁滞回线
时,首先,须将铁磁材料预先退磁,以保证外加磁场 $H = 0$ 时,$B = 0$;其次,磁化电流在实验过
程中只允许单调增加或减少,不能时增时减。理论上,要消除剩磁 B_r,只需改变磁化电流
方向,使外加磁场正好等于铁磁材料的矫顽力即可。实际上,矫顽力的大小通常并不知道,
因而无法确定退磁电流的大小。我们从磁滞回线得到启示,如果使铁磁材料磁化达到磁

饱和,然后不断改变磁化电流的方向,同时逐渐减小磁化电流,直至为零,则该材料的磁化过程就是一连串逐渐缩小而最终趋于原点的环状曲线,如图 6-31-4 所示。

实验表明,经过多次反复磁化后,B-H 的量值关系形成一条稳定的闭合的"磁滞回线",通常以这条曲线来表示该材料的磁化性质,这种反复磁化的过程称为"磁锻炼"。本实验采用 50 Hz 的交变电流,所以每个状态都是经过充分的"磁锻炼",随时可以获得磁滞回线。

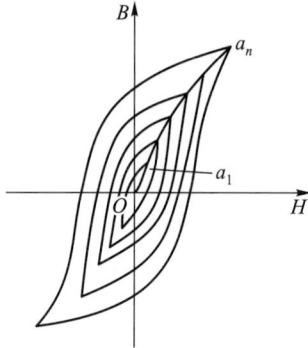

图 6-31-3

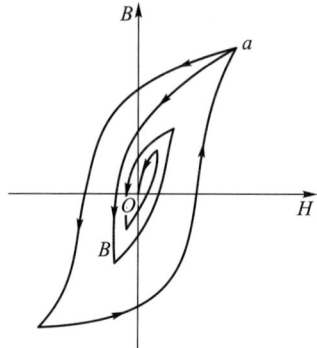

图 6-31-4

我们把图 6-31-3 中原点和各个磁滞回线的顶点 $O, a_1, a_2, a_3, \cdots, a_n$ 所连成的曲线称为铁磁材料的基本磁化曲线。不同的铁磁材料其基本磁化曲线是不同的。为了使样品的磁特性可以重复出现,也就是所测得的基本磁化曲线都是由原始状态($H=0, B=0$)开始,在测量前必须进行退磁,以消除样品中的剩余磁性。

3. 用示波器显示 B-H 曲线的原理和线路

用示波器测量 B-H 曲线的实验线路如图 6-31-5 所示。

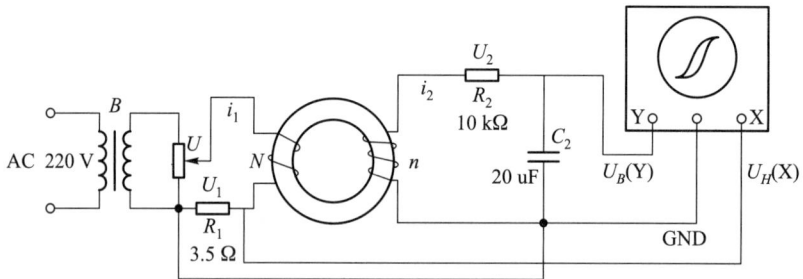

图 6-31-5

本实验研究的铁磁物质为环形和 EI 型矽钢片,N 为励磁绕组,n 为用来测量磁感应强度 B 而设置的绕组。R_1 为励磁电流取样电阻,设通过 N 的交流励磁电流为 i_1,根据安培环路定理,样品的磁化场强为

$$H = \frac{N i_1}{L}$$

L 为样品的平均磁路长度,如图 6-31-6 所示。

因为

$$i_1 = \frac{U_1}{R_1}$$

所以

$$H = \frac{Ni_1}{L} = \frac{N}{LR_1} \cdot U_1 \qquad (6-31-1)$$

式(6-31-1)中的 N、L、R_1 均为已知常量,所以由 U_1 可确定 H。

在交变磁场下,样品的磁感应强度瞬时值 B 由测量绕组 n 和 R_2C_2 电路给出,根据法拉第电磁感应定律,由于样品中的磁通 Φ 的变化,在测量线圈中产生的感生电动势的大小为

$$E_2 = n\frac{\mathrm{d}\Phi}{\mathrm{d}t}$$

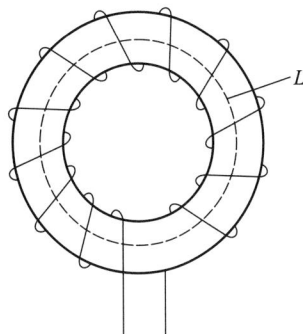

图 6-31-6

则

$$\Phi = \frac{1}{n}\int E_2 \mathrm{d}t$$

$$B = \frac{\Phi}{S} = \frac{1}{nS}\int E_2 \mathrm{d}t \qquad (6-31-2)$$

式中 S 为样品的截面积。

如果忽略自感电动势和电路损耗,则回路方程为

$$E_2 = i_2 R_2 + U_2$$

式中 i_2 为感生电流,U_2 为积分电容 C_2 两端电压,设在 Δt 时间内,i_2 向电容 C_2 充电的电荷为 Q,则

$$U_2 = \frac{Q}{C_2}$$

所以

$$E_2 = i_2 R_2 + \frac{Q}{C_2}$$

如果选取足够大的 R_2 和 C_2,使 $i_2 R_2 \gg \frac{Q}{C_2}$,则

$$E_2 = i_2 R_2$$

因为

$$i_2 = \frac{\mathrm{d}Q}{\mathrm{d}t} = C_2\frac{\mathrm{d}U_2}{\mathrm{d}t}$$

所以

$$E_2 = C_2 R_2 \frac{\mathrm{d}U_2}{\mathrm{d}t} \qquad (6-31-3)$$

由式(6-31-2)、式(6-31-3)可得

$$B = \frac{C_2 R_2}{nS} U_2 \qquad (6-31-4)$$

上式中 C_2、R_2、n 和 S 均已知常量,所以由 U_2 可确定 B。

综上所述,将图 6-31-5 中的 $U_1(U_H)$ 和 $U_2(U_B)$ 分别加到示波器的"X 输入"和"Y

输入",便可观察样品的动态磁滞回线。接入数字电压表则可以直接测出 $U_1(U_H)$ 和 $U_2(U_B)$ 的值,即可绘制出 B-H 曲线。通过计算可测定样品的饱和磁感应强度 B_s、剩磁 B_r、矫顽力 H_c、磁滞损耗 (BH),以及磁导率 μ 等参量。

【实验仪器】

双踪示波器,DH4516C 型磁滞回线实验仪(以下简称磁滞回线实验仪)(图 6-31-7)。

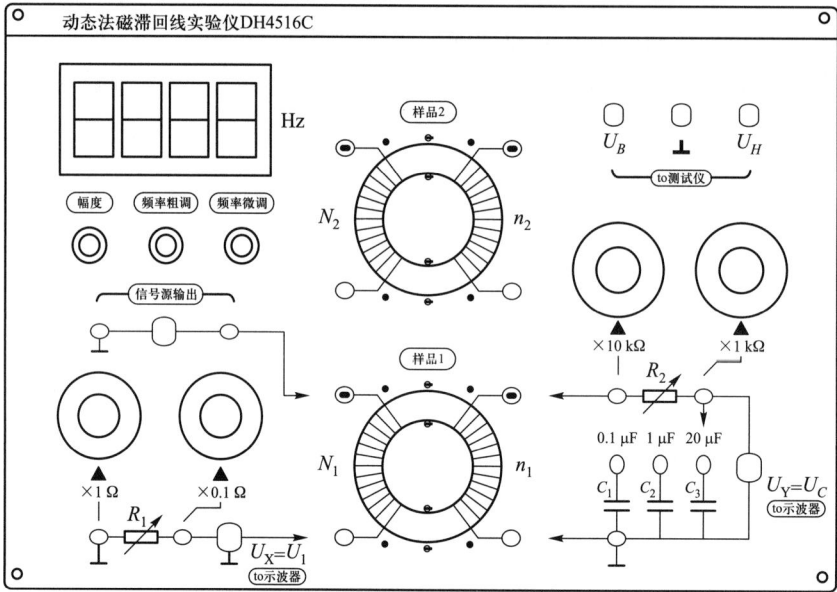

图 6-31-7　磁滞回线实验仪面板

实验使用的仪器由测试样品、功率信号源、可调标准电阻、标准电容和接口电路等组成。测试样品有两种,一种磁滞损耗较大,另一种较小,其他参量相同。信号源的频率在 20~250 Hz 间可调。可调标准电阻 R_1 的调节范围为 0.1~11 Ω;R_2 的调节范围为 1~110 kΩ。标准电容有 0.1 μF、1 μF、20 μF 三挡可选。

接口电路包括:U_X、U_Y 接示波器的 X、Y 通道,U_B、U_H 接磁滞回线实验仪。可自动测量 H、B、H_c、B_r 等参量,连接微机后可用微机作磁滞回线曲线,并测量 H、B、H_c、B_r 等参量。

【实验内容】

1. 电路连接

选择样品 2,按实验仪上所给的电路接线图连接线路。开启仪器电源开关,调节信号源输出励磁电压 $U=0$,U_H 和 U_B 分别接示波器的"X 输入"和"Y 输入"。

2. 样品退磁

开启仪器电源开关,对样品进行退磁。沿顺时针方向转动 U 的调节旋钮,通过观察数字电压表可看到 U 从 0 逐渐增加至最大;然后沿逆时针方向转动 U 的调节旋钮,将 U

逐渐从最大值调为 0。这样做的目的是消除剩磁,确保样品处于磁中性状态,即 $B = H = 0$,如图 6-31-8 所示。

3. 观察样品在 50 Hz 交流信号下的磁滞回线

开启示波器电源,断开时基扫描,调节示波器上"X"位移旋钮和"Y"位移旋钮,使光点位于坐标网格中心。调节励磁电压 U 和示波器的 X 和 Y 轴灵敏度,使显示屏上出现大小合适且美观的磁滞回线图形(若图形顶部出现编织状的小环,如图 6-31-9 所示,可通过降低 U 予以消除)。

4. 测绘基本磁化曲线,并据此描绘 μ-H 曲线

开启实验仪电源,对样品进行退磁后,依次测定 $U = 0, 0.2\ \mathrm{V}, 0.4\ \mathrm{V}, 0.6\ \mathrm{V}, \cdots,$ $3.0\ \mathrm{V}$ 时的若干组 H 和 B 的值,作 B-H 曲线和 μ-H 曲线。

5. 令 $U = 3.00\ \mathrm{V}$,观测动态磁滞回线

从已标定好的示波器上读取 $U_\mathrm{X}(U_H)$、$U_\mathrm{Y}(U_B)$ 值(峰值),计算相应的 H 和 B,逐点描绘得到磁滞回线。再由磁滞回线测定样品 2 的 B_s、B_r 和 H_c 等参量。

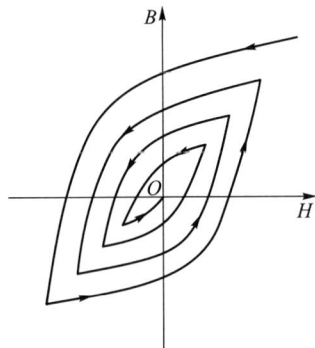

图 6-31-8　退磁示意图

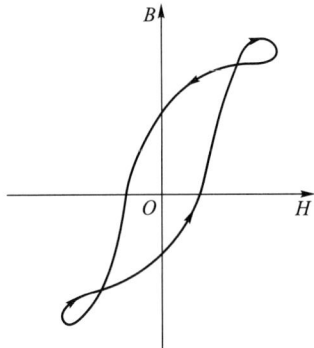

图 6-31-9　U_2 与 U_B 的相位差等因素引起的畸变

【数据处理】

1. 作 B-H 基本磁化曲线与 μ-H 曲线

选择不同的 U 值,分别记录 U_X、U_Y 并填入表 6-31-1。因为本实验仪的输出 $U_\mathrm{Y} = U_B$,$U_\mathrm{X} = U_H$,可先作出 U_Y-U_X 曲线。

根据公式

$$B = \frac{C_2 R_2}{nS} U_2 \qquad (\text{其中 } U_2 = U_B = U_\mathrm{Y})$$

$$H = \frac{N i_1}{L} = \frac{N}{L R_1} U_1 \qquad (\text{其中 } U_1 = U_H = U_\mathrm{X})$$

可分别计算出 B 和 H,作出 B-H 基本磁化曲线与 μ-H 曲线。

表 6-31-1

U/V	X轴格数乘灵敏度	U_X/V	Y轴格数乘灵敏度	U_Y/mV	$H/$ ($A \cdot m^{-1}$)	B/T	$\mu(=B/H)/$ ($H \cdot m^{-1}$)
0.0							
0.2							
0.4							
0.6							
0.8							
1.0							
1.2							
1.4							
1.6							
1.8							
2.0							
2.2							
2.4							
2.6							
2.8							
3.0							

2. 动态磁滞回线的描绘

在示波器荧光屏上调出美观的磁滞回线,测出磁滞回线不同点所对应的格数,然后将数据填入表 6-31-2。

表 6-31-2

X/格	-3.6	-3.4	-3	-2.8	-2.6	-2.2	-2	-1.8	-1.6	-1.4	-1.2
Y_1/格											
Y_2/格											
X/格	-1	0	1	1.6	1.8	2	2.2	2.4	2.6	3	3.4
Y_1/格											
Y_2/格											

从图可知:

Y 最大值即 U_2(峰值),据此计算出磁性材料的饱和磁感应强度 B_s;

X 为 0 时,根据 Y 方向上的格数可计算出对应的剩磁 B_r;

Y 为 0 时,根据 X 方向上的格数可计算出 U_1(峰值)计算出矫顽力 H_c。

(1) B_s 的计算

由式(6-31-4)得,Y 最大时,有

$$B_s = \frac{C_2 R_2}{nS} U_2 = KU_2 = K \times \text{Y 轴格数} \times \text{灵敏度} \times \frac{\sqrt{2}}{2}$$

(2) B_r 的计算

$$B_r = \frac{C_2 R_2}{nS} U_2 = KU_2 = K \times \text{Y 轴格数} \times \text{灵敏度} \times \frac{\sqrt{2}}{2}$$

此时 $U_1 = 0$。

(3) H_c 的计算

由式(6-31-1)得

$$H_c = \frac{Ni_1}{L} = \frac{N}{LR_1} U_1 = K' U_1 = K' \times \text{X 轴格数} \times \text{灵敏度} \times \frac{\sqrt{2}}{2}$$

此时 $U_2 = 0$。

【思考题】

1. 测绘磁滞回线和磁化曲线前为何要先退磁?如何退磁?

2. 本实验通过什么方法获得 H 和 B 这两个磁学量?

实验 32　地磁场的测量

地磁场的数值较小,约为 10^{-5} T,但在直流磁场测量,特别是弱磁场测量中,往往需要知道其数值,并设法消除其影响。地磁场作为一种天然磁源,在军事、工业、医学、探矿等领域中也有着重要用途。本实验采用新型坡莫合金磁阻传感器测定地磁场磁感应强度及地磁场磁感应强度的水平分量和垂直分量,测量地磁场的磁倾角和磁偏角,从而掌握磁阻传感器的特性及测量地磁场的一种重要方法。由于磁阻传感器体积小、灵敏度高、易安装,因而在弱磁场测量方面有广泛的应用前景。

实验 32
电子教案

实验 32
教学视频

【实验目的】

1. 了解磁阻传感器的特性;

2. 掌握测量地磁场的一种重要方法。

【实验原理】

1. 磁阻效应

物质的电阻率在磁场中发生变化的现象称为磁阻效应。对于铁、钴、镍等磁性金属及其合金,当外加磁场平行于磁体内部磁化方向时,电阻几乎不随外加磁场变化;当外

加磁场偏离金属的内部磁化方向时,此类金属的电阻减小。这就是强磁金属的各向异性磁阻效应。

2. HMC1021Z 磁阻传感器的特性

HMC1021Z 磁阻传感器的电路原理请参见本实验附录。HMC1021Z 磁阻传感器输出电压 U_{out} 与外界磁场的磁感应强度 B 成线性关系,即

$$U_{\text{out}} = U_0 + KB \tag{6-32-1}$$

式中,K 为传感器的灵敏度;B 为待测磁感应强度;U_0 为外加磁场为零时传感器的输出量。当磁阻传感器的管脚方向与外加磁场方向相同时,输出电压 U_{out} 最大;相反时,则 U_{out} 最小。

3. 亥姆霍兹线圈的特性

由于亥姆霍兹线圈的特点是能在其轴线中心点附近产生较宽范围的均匀磁场区,所以,为了测定磁阻传感器的灵敏度,常用亥姆霍兹线圈的中心磁场作为弱磁场的标准磁场来定标。亥姆霍兹线圈公共轴线中心位置的磁感应强度 B 可由下式给出:

$$B = \frac{8\mu_0 NI}{5^{3/2} R} \tag{6-32-2}$$

式中,N 为线圈匝数;I 为流过线圈的电流;R 为亥姆霍兹线圈的平均半径;μ_0 为真空磁导率。

4. 地磁场

地球本身具有磁性,所以地球和近地空间之间存在着磁场,叫做地磁场。地磁场的强度和方向随地点(甚至随时间)而异。地磁场的北极、南极分别在地理南极、北极附近,彼此并不重合,如图 6-32-1 所示,而且两者间的偏差随时间不断地在缓慢变化。地磁轴与地球自转轴并不重合,有 11° 交角。

在一个不太大的范围内,地磁场基本上是均匀的,可用三个参量来表示地磁场的方向和大小,如图 6-32-2 所示。

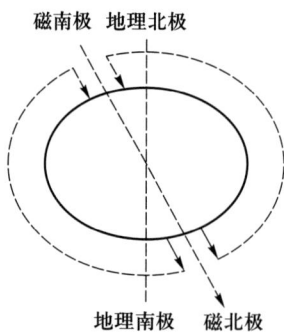

图 6-32-1　地球的极性关系

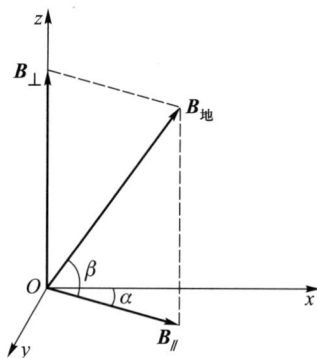

图 6-32-2　地磁场磁感应强度的矢量分解关系

(1)磁偏角 α

地球表面任一点的地磁场矢量所在垂直平面(图 6-32-2 中 $\boldsymbol{B}_{/\!/}$ 与 z 轴构成的平面,称地磁子午面)与地理子午面(图 6-32-2 中 x 轴、z 轴构成的平面)之间的夹角。

（2）磁倾角 β

磁感应强度 $\boldsymbol{B}_{地}$ 与水平面（即图 6-32-2 中矢量 $\boldsymbol{B}_{地}$ 和 x 轴、y 轴构成平面的夹角）之间的夹角。

（3）水平分量 $\boldsymbol{B}_{//}$

地磁场 $\boldsymbol{B}_{地}$ 在水平面上的投影。

测量地磁场的这三个参量，就可以确定某一地点地磁场 $\boldsymbol{B}_{地}$ 矢量的方向和大小。当然，这三个参量的数值随时间不断地在改变，但是这一变化极其缓慢且极其微弱。

【实验仪器】

地磁场测定仪，磁阻传感器，亥姆霍兹线圈，引线等，如图 6-32-3 所示。

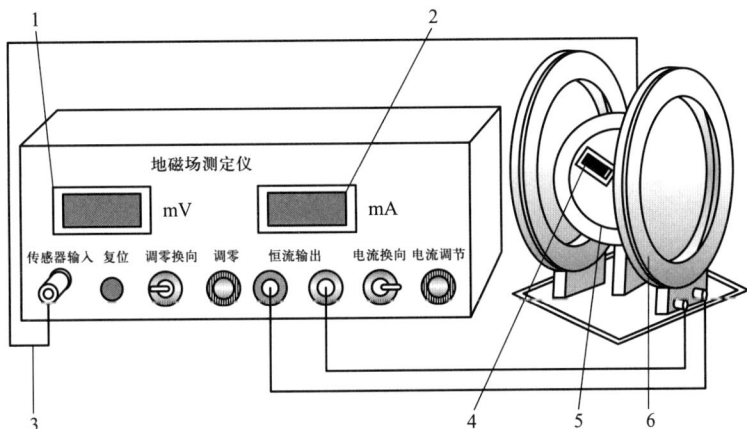

1—数字电压表；2—恒流源；3—磁阻传感器输入输出引线；

4—磁阻传感器；5—旋转刻度盘；6—亥姆霍兹线圈。

图 6-32-3　实验装置图

【实验内容】

1. 测量传感器的灵敏度 K

将磁阻传感器放置在亥姆霍兹线圈公共轴线中心，并使管脚与轴线平行。用亥姆霍兹线圈产生的磁场作为已知量，确定磁阻传感器的灵敏度 K。考虑到地磁场沿着亥姆霍兹线圈公共轴线方向的影响，此时，输出电压

$$U_{\text{out}} = U_0 + KB + KB_{地} \tag{6-32-3}$$

可以采用以下两种方法测算磁阻传感器的灵敏度 K。

（1）方法一

设励磁电流为正方向时，测得的磁阻传感器的输出电压为正向输出电压 U_+，励磁电流为反向时，传感器输出电压为反向输出电压 U_-。于是有

$$\begin{cases} U_+ = U_0 + KB + KB_{地} \\ U_- = U_0 - KB + KB_{地} \end{cases} \tag{6-32-4}$$

则
$$K=\frac{|U_+-U_-|}{2B} \tag{6-32-5}$$

令励磁电流 I 分别为 $10\,\mathrm{mA}$,$20\,\mathrm{mA}$,$30\,\mathrm{mA}$,$\cdots$,$60\,\mathrm{mA}$,记录各 I 值对应的 U_{+i} 和励磁电流 I 换向后的 U_{-i},课后计算 K_i、$\overline{K}$,推导不确定度 $u(K_i)$ 和 $u(\overline{K})$,并写出灵敏度的完整表示 $\overline{K}\pm u(\overline{K})$。

（2）方法二

式(6-32-4)中,短时间内在同一位置,U_0 和 $KB_{\text{地}}$ 是常量,输出电压 U_{out} 与磁感应强度 B 成线性关系,无论是 U_+、U_-,式(6-32-4)中斜率的大小就是灵敏度 K。因此,可以采用作图法测算灵敏度 K。

令励磁电流 I 分别为 $10\,\mathrm{mA}$,$20\,\mathrm{mA}$,$30\,\mathrm{mA}$,$\cdots$,$60\,\mathrm{mA}$,记录各 I 值对应的输出电压 U_i,课后作出 U_i-B 曲线。在线性曲线上,取不为实验数据点而且尽量远的两点计算出斜率大小,即得到灵敏度 K。作图法的优点是相比于方法一计算量更小,缺点是作图法在图线的绘制上往往会引入附加误差,尤其在根据图线确定常量时,这种误差有时很明显。为了克服这一缺点,在数理统计中研究了直线拟合问题(或称一元线性回归问题),常用一种以最小二乘法为基础的直线拟合方法来计算相关系数。

一般采用方法一测算灵敏度 K 较好,不但准确度较高,而且最主要的是可以提高推导不确定度等分析误差的能力。

2. 测算地磁场的水平分量 $B_{\text{//}}$

将磁阻传感器平行固定在转盘上,调整转盘至水平(可用水准器指示)。水平旋转转盘,找到传感器输出电压最大的方向,这个方向就是地磁场磁感应强度的水平分量 $\boldsymbol{B}_{\text{//}}$ 的方向。记录此时传感器输出电压 $U_{\text{//max}}$ 后,再旋转转盘,记录传感器输出的最小电压 $U_{\text{//min}}$。同时记录 $U_{\text{//max}}$ 和 $U_{\text{//min}}$ 两个位置转盘的角度参量 $\Psi_{\text{//max}}$ 和 $\Psi_{\text{//min}}$,从而记录水平分量 $\boldsymbol{B}_{\text{//}}$ 的方向。课后由

$$B_{\text{//}}=\frac{|U_{\text{//max}}-U_{\text{//min}}|}{2K}$$

求得当地地磁场水平分量的大小 $B_{\text{//}}$。

3. 测算磁倾角 β

将带有磁阻传感器的转盘平面调整至竖直,并使装置边缘沿着地磁场磁感应强度水平分量 $\boldsymbol{B}_{\text{//}}$ 的方向放置。(怎样调节可达到此要求?)转动调节转盘,分别记下磁阻传感器输出电压最大和最小时转盘的指示值 $\Psi_{\perp\text{max}}$ 和 $\Psi_{\perp\text{min}}$,同时记录输出电压的最大值 $U_{\perp\text{max}}$ 和最小值 $U_{\perp\text{min}}$,课后计算与极值电压相应的磁阻传感器管脚方向与水平面之间的夹角 β_1 和 β_2。由 $\beta=\dfrac{\beta_1+\beta_2}{2}$ 得到磁倾角 β 值(若 $\Psi_{\perp\text{max}}$ 和 $\Psi_{\perp\text{min}}$ 小于 $90°$,则 $\beta_1=\Psi_{\perp\text{max}}$,$\beta_2=\Psi_{\perp\text{min}}$;若 $\Psi_{\perp\text{max}}$ 和 $\Psi_{\perp\text{min}}$ 大于 $90°$,则 $\beta_1=180°-\Psi_{\perp\text{max}}$,$\beta_2=180°-\Psi_{\perp\text{min}}$)。

4. 计算地磁场磁感应强度 $B_{\text{地}}$ 和垂直分量 $B_{\perp}$

由 $B_{\text{地}}=\dfrac{|U_{\perp\text{max}}-U_{\perp\text{min}}|}{2K}$,计算地磁场磁感应强度 $B_{\text{地}}$ 的值。并计算地磁场的垂直分

量 $B_\perp = B\sin\beta$。

5. 选做内容

用磁阻传感器测量通电单线圈产生的磁场分布,并与理论值进行比较。

【注意事项】

1. 实验仪器周围的一定范围内不应存在铁磁性金属物体,以保证测量结果的准确性。

2. 当磁阻传感器遇强磁场时,会产生磁畴饱和现象,使灵敏度降低。这时应按"复位"按钮,可使它恢复原灵敏度。

【思考题】

1. 磁阻传感器和霍尔传感器在工作原理和使用方法方面各有什么特点和区别?

2. 如果在测量地磁场时,在磁阻传感器周围较近处放一个铁钉,对测量结果将产生什么影响?

3. 为何坡莫合金磁阻传感器遇到较强磁场时,其灵敏度会降低? 用什么方法可恢复其原来的灵敏度?

【附录】

1. HMC1021Z 磁阻传感器的电路原理

HMC1021Z 型磁阻传感器(以下简称磁组传感器)是由长而薄的坡莫合金(铁镍合金)制成的一维磁阻微电路集成芯片(用二维和三维磁阻传感器可以测量二维或三维磁场)。它利用半导体工艺,将坡莫合金薄膜附在硅片上,如图 6-32-4 所示。薄膜的电阻率 ρ 依赖于磁化强度 M 与电流 I 方向间的夹角 θ,具有以下关系:

$$\rho(\theta) = \rho_\perp + (\rho_\parallel - \rho_\perp)\cos^2\theta \qquad (6-32-6)$$

其中 $\rho_\parallel$、$\rho_\perp$ 分别是电流 I 平行于磁化强度 M 和垂直于 M 时的电阻率。当沿着坡莫合金的长度方向通以一定的直流电流,并在垂直于电流方向施加一个外界磁场时,坡莫合金自身的阻值会发生较大的变化,利用坡莫合金阻值这一变化,可以测量磁场阻值大小和方向。同时,制作时还在硅片上设计了两条铝合金(电流)带,一条是置位与复位带,由于该传感器遇到强磁场(大于 20 Gs)感应时,将产生磁畴饱和现象,使测量灵敏度下降,用"置位/复位"功能将产生一个 4 A 的脉冲,这相当于 100 Oe 的磁场,该磁场可以使每一个坡莫合金传感器重新确定磁化方向,以提供最大的输出灵敏度。另一条是偏置磁场带,用于产生一个偏置磁场,补偿环境磁场中的弱磁场部分(当外加磁场较弱时,磁阻相对变化值与磁感应强度成二次方关系),使磁阻传感器输出显示线性关系。

磁阻传感器是一种单边封装的磁场传感器,它能测量方向与管脚平行的磁场。传感器由四条坡莫合金磁电阻构成一个非平衡直流电桥,非平衡直流电桥的输出部分连接集成运算放大器,将信号放大输出,传感器内部结构如图 6-32-5 所示。

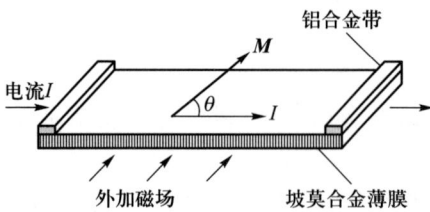

图 6-32-4 磁阻传感器的构造示意图

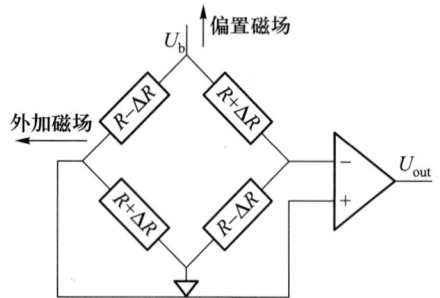

图 6-32-5 磁阻传感器内的惠斯通电桥

由于适当配置的四个磁电阻电流方向不相同,当存在外界磁场时,引起电阻值变化有增有减。因而输出电压 U_{out} 可表示为

$$U_{out} = \frac{\Delta R}{R} U_b \qquad (6-32-7)$$

对于一定的工作电压 U_b,例如 5.00 V,磁阻传感器的输出电压 U 与外界磁场的磁感应强度 B 成线性关系,即

$$U_{out} = U_0 + KB \qquad (6-32-8)$$

2. 亥姆霍兹线圈的参考数据

本实验中,亥姆霍兹线圈每个线圈匝数 $N = 500$,线圈的半径 $R = 10$ cm,真空磁导率 $\mu_0 = 4\pi \times 10^{-7}$ N/A。亥姆霍兹线圈(2 个串联)公共轴线中心磁感应强度为

$$B = \frac{8\mu_0 NI}{5^{3/2} R} = 44.96 \times 10^{-4} I \quad (\text{SI 单位})$$

3. 地磁场参量

中国部分城市的地磁场参量如表 6-32-1 所示。

表 6-32-1 中国部分城市的地磁场参量

城市	地理位置		磁偏角 α（偏西）	磁倾角 β	水平分量 $B_{//}/(10^{-4}$ T)	测定年份
	北纬	东经				
北京	39°56′	116°20′	4°48′	57°23′	0.289	1936
沈阳	41°50′	123°28′	6°49′	58°43′	0.277	
长春	43°51′	126°36′	7°30′	60°20′	0.266	1916
天津	39°05′	117°11′	4°04′	56°21′	0.293	1916
太原	37°51′	112°33′	3°18′	55°11′	0.301	1932
济南	36°39′	117°01′	3°36′	53°06′	0.308	1915
兰州	36°03′	103°48′	1°15′	53°24′	0.312	
郑州	34°45′	113°43′	0°18′	50°43′	0.320	1932

城市	地理位置		磁偏角 α（偏西）	磁倾角 β	水平分量 $B_{//}/(10^{-4}\ \text{T})$	测定年份
	北纬	东经				
西安	34°16′	108°57′	3°02′	50°29′	0.323	1932
南京	32°03′	118°48′	1°42′	46°43′	0.331	1922
上海	31°11′	121°26′	3°13′	45°25′	0.333	
成都	30°38′	104°03′	0°58′	45°06′	0.346	
武汉	30°37′	114°20′	2°23′	44°34′	0.343	
杭州	30°16′	120°08′	2°59′	44°05′	0.337	1917
南昌	28°42′	115°51′	1°51′	41°49′	0.349	1917
长沙	28°12′	112°53′	0°50′	41°11′	0.352	1907
福州	26°02′	119°11′	1°43′	27°28′	0.355	1917
桂林	25°17′	110°12′	0°05′	36°13′	0.366	1907
昆明	25°04′	102°42′	0°04′	35°19′	0.372	1911
广州	23°06′	113°28′	0°47′	31°41′	0.375	

实验 33　光栅衍射实验

由大量等宽、等间距的平行狭缝构成的光学器件称为光栅。一般常用的光栅是在玻璃片上刻出大量平行刻痕制成的,刻痕为不透光部分,两刻痕之间的光滑部分可以透光,相当于狭缝。精制的光栅,在 1cm 宽度内刻有几千条乃至上万条刻痕。这种利用透射光衍射的光栅称为透射光栅,还有利用两刻痕间的反射光衍射的光栅,如在镀有金属层的表面上刻出许多平行刻痕,两刻痕间的光滑金属面可以反射光,这种光栅称为反射光栅。

实验 32
背景

实验 33
电子教案

实验 33
教学视频

【实验目的】

1. 进一步熟悉分光计的调节与使用方法;
2. 学习利用衍射光栅测定光波波长及光栅常量的原理和方法;
3. 加深理解光栅衍射公式及其成立条件。

【实验原理】

1. 测定光栅常量和光波波长

光栅上的刻痕起着不透光的作用,当一束单色光照射在光栅上时,各狭缝的光线因衍射而向各方向传播,经过透镜会聚相互产生干涉,并在透镜的焦平面上形成一系列明暗相间的条纹。

如图 6-33-1 所示,光栅 G 的光栅常量 $d=|AB|$,有一束平行光与光栅的法线成 i 角入射到光栅上产生衍射。从 B 点作 BC 垂直于入射光 CA,再作 BD 垂直于衍射光 AD,AD 与光栅法线所成的夹角为 φ。如果在衍射方向上由于光振动的加强而在 F 处产生了一个明纹,则光程差 $|CA|+|AD|$ 必等于波长的整数倍,即

$$d(\sin \varphi \pm \sin i)=k\lambda \tag{6-33-1}$$

式中,λ 为入射光的波长,$k=0,\pm 1,\pm 2,\pm 3,\cdots,k$ 为衍射级次。当入射光和衍射光都在光栅法线同侧时,式(6-33-1)括号内取正号,当在光栅法线两侧时,式(6-33-1)括号内取负号。

如果入射光垂直入射到光栅上,即 $i=0$,则式(6-33-1)变成

$$d\sin \varphi_k=k\lambda \tag{6-33-2}$$

式中,φ_k 为第 k 级谱线的衍射角。

2. 用最小偏向角法测定光波波长

如图 6-33-2 所示,波长为 λ 的光束入射到光栅 G 上,入射角为 i。若与入射线在光栅法线同侧的 m 级衍射光的衍射角为 φ,则由式(6-33-1)可知

$$d(\sin \varphi+\sin i)=m\lambda \tag{6-33-3}$$

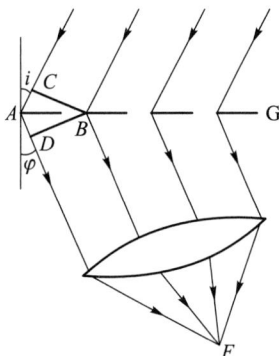

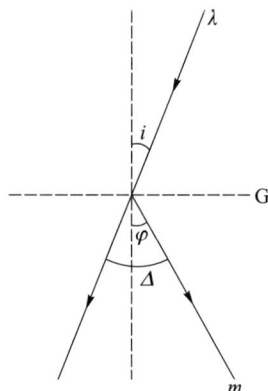

图 6-33-1　光栅的衍射　　　　图 6-33-2　衍射光谱的偏向角示意图

若以 Δ 表示入射光与第 m 级衍射光的夹角,称为偏向角,则

$$\Delta=\varphi+i \tag{6-33-4}$$

显然,Δ 随入射角 i 而变,不难证明,$\varphi=i$ 时,Δ 为一极小值,记作 δ,称为最小偏向角。并且仅在入射光和衍射光处于法线同侧时才存在最小偏向角,此时

$$\varphi=i=\frac{\delta}{2} \tag{6-33-5}$$

带入式(6-33-3)得

$$2d\sin \frac{\delta}{2}=m\lambda, \quad m=0,\pm 1,\pm 2,\cdots \tag{6-33-6}$$

由此可见,若已知光栅常量 d,只要测出了最小偏向角 δ,就可根据式(6-33-6)算出波长 λ。

【实验仪器】

1. 分光计

分光计的结构和调节方法见实验 21。在本实验的各项任务中,为实现平行光入射并测准光线方位角,分光计的调节应满足:望远镜适合于观察平行光,平行光管发出平行光,并且二者的光轴都垂直于分光计主轴。

2. 光栅

如前所述,光栅上有许多平行的、等距离的刻线。在本实验中应使光栅刻线与分光计主轴平行。如果光栅刻线不平行于分光计主轴,将会导致衍射光谱是倾斜的并且倾斜方向垂直于光栅刻痕的方向,即光栅刻痕不平行于分光计主轴,但谱线本身仍平行于狭缝,显然这会影响测量结果。通过调节小平台,可使光栅刻痕平行于分光计主轴。为调节方便,放置光栅时应使光栅平面垂直于小平台的两个调水平螺钉的连线。

3. 水银灯

(1) 水银灯谱线的波长

如表 6-33-1 所示。

表 6-33-1　水银灯谱线的波长

颜色	紫	绿	黄	红
波长/nm	404.7	491.6	577.0	607.3
	407.8	546.1	579.1	612.3
	410.8			623.4
	433.9			690.7
	434.8			
	435.8			

(2) 水银灯光谱图

如图 6-33-3 所示。

(3) 使用水银灯注意事项

① 水银灯在使用中必须与扼流线圈串接,不能直接接 220 V 电源,否则会烧毁。

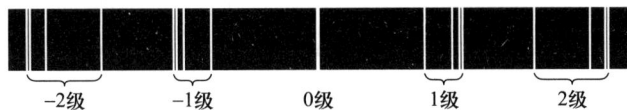

图 6-33-3　水银灯的多级衍射光谱

② 水银灯在使用过程中不要频繁开关,否则会降低其寿命。

③ 水银灯的紫外线很强,不可直视。

【实验内容】

1. 调节分光计和光栅以满足测量要求。

2. 在光线垂直入射的情形下,即 $i = 0$ 时,测定光栅常量和光波波长。

（1）调节光栅平面与平行光管的光轴垂直。平行光垂直入射于光栅平面,这是式（6-33-2）成立的条件,因此应做仔细调节,使该项要求得到满足。调节方法是:先将望远镜的竖叉丝对准零级谱线的中心,从刻度盘读出入射光的方位（注意:零级谱线很强,长时间观察会伤害眼睛,观察时必须在狭缝前加一两层白纸以减弱其光强）。再测出同一 $|m|$ 对应的左右两侧一对衍射谱线的方位角,分别计算出它们与入射光的夹角,如果二者之差不超过 $2'$ 角度,就可认为是垂直入射。（思考:是否可用分光计调节的自准法?）

（2）课前由式（6-33-2）推导出 d 和 λ 的不确定度公式。为了减少测量误差,应根据观察到的各级谱线的强弱及不确定度公式来决定测量第几级的 φ_m 较为合理。

（3）测定 φ_m。光线垂直于光栅平面入射时,对于同一波长的光,同一 $|m|$ 对应的左右两侧衍射级次的衍射角是相等的。为了提高精度,一般测量零级左右两侧各对应级次的衍射线的夹角 $2\varphi_m$。测量时应注意消除偏心差。

（4）求 d 及 λ。已知水银灯绿光的波长 $\lambda = 546.1$ nm,由测得的绿光衍射角 φ_m 求出光栅常量 d。再用已求出的 d 测出水银灯的两条黄光和一条最亮的紫光的波长,并计算 d 和 λ 的不确定度。

3. 在 $i = 15°0'$ 时,测定水银灯光谱中波长较短的黄光的波长。

（1）使光栅平面法线与平行光管光轴的夹角（即入射角）等于 $15°0'$,同时记下入射光方位和光栅平面的法线方位。调节方法自拟,请于课前考虑好。

（2）测定波长较短的黄光的衍射角 φ_m。与光线垂直入射时的情况不同,在斜入射的情况下,对于同一波长的光,其分居入射光两侧且对应于同一 $|m|$ 的谱线的衍射角并不相等,因此,其 φ_m 只能分别测出。

（3）根据上述读数,判断衍射光线和入射光线位居光栅平面法线同侧还是异侧。

（4）确定 m 的符号并用已求出的 d 计算水银灯光谱中波长较短的黄光的波长。

4. 用最小偏向角法测定波长较长的黄光的波长（选做）。

确定 δ 的方法与确定三棱镜的最小偏向角的方法相似。改变入射角,则谱线将随之移动,找到黄光某一条谱线与零级谱线的偏离为最小值的方位后,就可由该谱线的方位及零级谱线的方位（即入射光的方位）测出最小偏向角 δ。

实际测量时,为提高测量精度,可测出 2δ。方法是:先找到黄光中与入射光线位居光栅平面法线同侧的某一条谱线,改变入射角,当其处于最小偏向角位置时,记下该谱线的方位。然后以平行光管的光轴为对称轴,通过转动小平台,使光栅平面的法线转到对称位置上,在入射线的另一侧,对应级次的衍射线也同时处于最小偏向角位置,记下其方位,前后两种情况下衍射线的夹角即为 2δ。

再利用已测出的 d 和式（6-33-6）,即可求出水银灯光谱中波长较长的黄光的波长。与实验内容 2 中得到的实验结果相比较。

【数据处理】

1. $i = 0°$ 时,测定光栅常量和光波波长,数据记入表 6-33-2。

光栅编号:_____；$u_{仪}$ = _____；入射光方位 φ_{10} = _____；φ_{20} = _____。

表 6-33-2

谱线	黄 1		黄 2		绿		紫	
衍射光谱级次 m								
游标	I	II	I	II	I	II	I	II
左侧衍射光方位 $\varphi_左$								
右侧衍射光方位 $\varphi_右$								
$2\varphi_m = \varphi_左 - \varphi_右$								
$\overline{2\varphi_m}$								
$\overline{\varphi_m}$								

（1）由绿光波长和最小偏向角计算光栅常量 d；

（2）计算紫光波长 $\lambda_紫$，黄光波长 $\lambda_{黄1}$ 和 $\lambda_{黄2}$；

（3）计算光栅常量不确定度 $u(d)$；

（4）计算紫光波长不确定度 $u(\lambda_紫)$；计算黄光波长不确定度 $u(\lambda_{黄1})$ 和 $u(\lambda_{黄2})$；

（5）表示最终结果。

2. $i = $ _____ 时，测量波长较短的黄光的波长，数据记入表 6-33-3。

光栅编号：_____；光栅平面法线方位 $\varphi_{1n} = $ _____；$\varphi_{2n} = $ _____。

表 6-33-3

光谱级次 m	游标	入射光方位 φ_0	入射角 i	$\bar{i}$	
1	I				
	II				
光谱级次 m	游标	左侧衍射光方位 $\varphi_左$	衍射角 $\varphi_{m左}$	$\overline{\varphi_{m左}}$	同（异）侧
	I				
	II				
光谱级次 m	游标	右侧衍射光方位 $\varphi_右$	衍射角 $\varphi_{m右}$	$\overline{\varphi_{m右}}$	同（异）侧
	I				
	II				

3. 用最小偏向角法测定波长较长的黄光的波长（选做）。

自行设计实验方案,自拟表格,由指导教师确认后进行实验。

【思考题】

1. 用式 $d\sin\varphi_m = m\lambda$ 测 d(或 λ),要先保证什么条件?如何实现?

2. 用式 $d\sin\varphi_m = m\lambda$ 推导 $\dfrac{u(d)}{d}$ 和 $\dfrac{u(d)}{\lambda}$ 的表达式,分析它们的大小和 φ_m 的关系。

3. 如何保证入射角等于 $15°0'$?

4. 对于同一光栅,分别利用光栅分光和棱镜分光,产生的光谱有何区别?

实验 34　用迈克耳孙干涉仪测量空气折射率

迈克耳孙干涉仪两束相干光的光路各有一段在空间中是分开的,可以在其中一条光路上放入研究对象而不影响另一条光路,这就给它的应用带来极大的方便。

【实验目的】

1. 学习一种测量空气折射率的方法;

2. 进一步了解光的干涉现象及其形成条件;

3. 学习调节光路的方法。

【实验原理】

如图 6-34-1 所示,在迈克耳孙干涉仪中,当光束垂直入射至 M_1、M_2 时,两光束的光程差 δ 可表示成

$$\delta = 2(n_1 L_1 - n_2 L_2) \qquad (6\text{-}34\text{-}1)$$

式中,n_1 和 n_2 分别是路程 L_1 和 L_2 上介质的折射率。设单色光在真空中的波长为 λ_0,当

$$\delta = k\lambda_0 \quad (k = 0,1,2,\cdots) \qquad (6\text{-}34\text{-}2)$$

时,产生相长干涉,相应地,在接收屏中心总光强为极大。由式(6-34-1)可知,两束相干光的光程差不但与几何路程有关,而且与路程上介质的折射率有关。假设当 L_1 支路上介质(置于管内)的折射率改变 Δn_1 时,因光程差的相应改变而引起的干涉条纹变化数为 Δk,由式(6-34-1)和式(6-34-2)可知

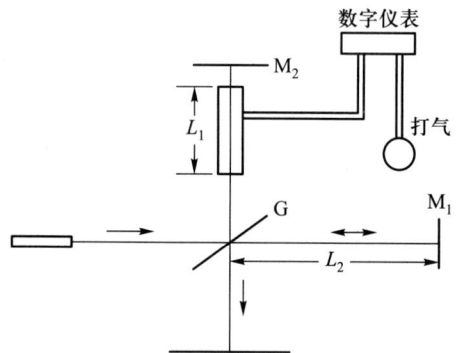

图 6-34-1　迈克耳孙干涉仪原理图

$$\Delta n_1 = \frac{\Delta k \lambda_0}{2L_1} \qquad (6\text{-}34\text{-}3)$$

例如,取 $\lambda_0 = 589.3$ nm 和 $L_1 = 100$ mm,若条纹变化 $\Delta k = 60$,则可测得 $\Delta n_1 = 0.000\ 2$。可见,测出接收屏上某一处干涉条纹的变化数 Δk,就能测出光路中折射率的微小变化。

当管内压强由大气压强 p_b 变到 0 时,折射率由 n 变到 1,若屏上某一点(通常观察屏的中心)在此过程中的条纹变化数为 m,并令 $L_1 = L$,则由式(6-34-3)可知

$$n-1 = \frac{m\lambda_0}{2L} \qquad (6-34-4)$$

通常在温度处于 $15\sim30$ ℃范围时,空气折射率可由下式求得:

$$(n-1)_{t,p} = \frac{2.879\,3p}{1+0.003\,671t} \times 10^{-9} \qquad (6-34-5)$$

式中温度 t 的单位为℃,压强 p 的单位为 Pa。因此,在一定温度下,$(n-1)_{t,p}$ 可以看成是压强 p 的线性函数。由式(6-34-4)和式(6-34-5)可知,从压强 p 由 p_b 变为真空时的条纹变化数 m 与压强 p 的关系也是线性函数,因而对于两数据点 (p_1,m_1) 和 (p_2,m_2),应有 $m/p = m_1/p_1 = m_2/p_2$,由此得

$$m = \frac{m_2-m_1}{p_2-p_1}p \qquad (6-34-6)$$

代入式(6-34-4),得

$$n-1 = \frac{\lambda_0}{2L}\frac{m_2-m_1}{p_2-p_1}p \qquad (6-34-7)$$

可见,只要测出管内压强由 p_1 变到 p_2 时的条纹变化数 (m_2-m_1),即可由式(6-34-7)计算压强为 p 时的空气折射率 n,管内压强不必从 0 开始变化。

测量时,先充气使管内压强与大气压强之差大于 0.09 MPa,读出真空表指示值 p_1,取对应的 $m_1=0$。然后放气,相应地看有多少条纹移过屏中心(即前面所说的条纹变化)。当移过 60 个条纹时,记录真空表读数 p_2 值。然后再重复前面的步骤,一共取 6 组数据,求出移动 60 个条纹所对应的管内压强的变化值 (p_2-p_1) 的 6 次平均值 $\overline{p}$,并求其标准偏差 S_p,算出空气折射率为

$$n = 1 + \frac{\lambda_0}{2L}\frac{60}{\overline{p}}p_b = 1 + \frac{30\lambda_0 p_b}{L\overline{p}} \qquad (6-34-8)$$

式中 p_b 为实验时的大气压强。

【实验仪器】

实验仪器主要由气室组件,气管,数字仪表等组成,如图 6-34-2 所示。

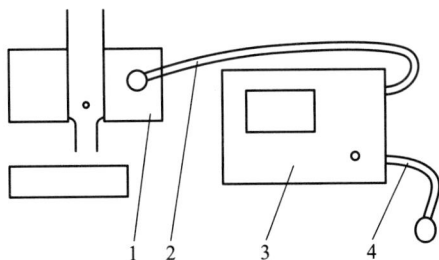

1—气室组件;2,4—气管;3—数字仪表。

图 6-34-2　实验仪器示意图

【数据处理】

室温 t = _____ ℃；大气压强 p_b = _____ Pa；L = _____ cm；λ_0 = 589.3 nm；m = 60。数据记入表 6-34-1。

表 6-34-1

i	1	2	3	4	5	6
p_1/MPa						
p_2/MPa						
(p_2-p_1)/MPa						
$\bar{p}$/MPa						
S_p/MPa						

1. 由式（6-34-8），根据误差传递公式可得

$$\frac{u(n-1)}{n-1} = \sqrt{\left[\frac{u(L)}{L}\right]^2 + \left[\frac{u(m)}{m}\right]^2 + \left[\frac{u(P_P)}{P_P}\right]^2 + \left[\frac{u(p_b)}{p_b}\right]^2}$$

其中取 $u(m) = 0.2$，$u(L)$ 由实验室给出，$u(p_b)$ 由气压计的仪器误差决定，$u(P_P) = \sqrt{S_{P_P}^2 + \Delta_{P_P仪}^2}$，$u(p_b) = \sqrt{S_{p_b}^2 + \Delta_{p_b仪}^2}$，其中 $\Delta_{p_b仪}$ 由真空表的仪器误差求得，注意 $\bar{p}$ 是由两次读数之差得到的。求出不确定度 $u(n-1)$ 并给出 $n-1$ 的结果。

$$(n-1) = \overline{(n-1)} \pm u(n-1)$$

2. 一般来说，在 15～30℃ 范围内，由式（6-34-5）求得 $(n-1)_{t,p}$ 的相对误差小于 0.3%，因此在本实验条件下，可把这一理论值当作标准值。将 p 和 t（即实验时的大气压强和室温）代入式（6-34-5），求出标准值，并与实验值比较，分析结果。

【思考题】

1. 如何利用将气室抽空后充气的方法测量空气的折射率？
2. 本实验中能否用白炽灯作为光源？
3. 试简述如何使干涉条纹的宽度变大。

实验 35　偏振光实验

光的干涉和衍射实验证明了光的波动性质。而偏振现象表明，光是横波而不是纵波，即其 **E** 和 **H** 的振动方向垂直于光的传播方向。对于光偏振现象的解释在光学发展史中有很重要的地位。

1809 年，马吕斯在实验中发现了光的偏振现象。在进一步研究光的简单折射中的偏振时，他发现光在折射时是部分偏振的。因为惠更斯曾提出过光是一种纵波，而纵波不可能发生这样的偏振，这一发现清楚地显示了光的横波性。1811 年，布儒斯特在研究光的偏振现象时，发现了光的偏振现象的经验规律。

　　偏振光是指只在某个方向上振动或者某个方向的振动占优势的光。太阳光本身并不是偏振光,但当它穿过大气层,受到大气分子或尘埃等颗粒的散射后,便变成了偏振光。天空中任何一点偏振光的方向都垂直于由太阳、观察者和该点所组成的平面。因此,根据天空偏振光的图形,就可以确定太阳的位置。偏光天文罗盘就是科学家从蜜蜂等动物利用偏振光定向的本领中得到启发而制成的用于航空和航海的一种定向仪器。

　　光的偏振性使人们对光的传播(反射、折射、吸收和散射)的规律有了新的认识。偏振光在国防、科研和生产中有着广泛的应用,海防前线用于观望的偏光望远镜、立体电影中的偏光眼镜、光纤通信系统和分析化学等工业中用的偏振计和量糖计都与偏振光有关。激光电源是很强的偏振光源,高能物理中同步加速器是很好的 X 射线偏振源,液晶光开关是根据偏振特性来完成光交换的技术,偏振镜是数码影像的基础。随着新技术的飞速发展,偏振光已成为研究光学晶体、表面物理的重要手段。

【实验目的】

1. 观察光的偏振现象,加深理解偏振的基本概念;
2. 了解偏振光的产生和检验方法;
3. 观测布儒斯特角、椭圆偏振光和圆偏振光。

【实验原理】

　　按照经典电磁理论,光波属于电磁波,是横波。在大多数情况下,电磁辐射同物质相互作用时,起主要作用的是电场,所以常以电矢量作为光波的振动矢量,其振动方向相对于传播方向的空间取向称为偏振,光的这种偏振现象是横波的特征。

　　根据偏振的概念,如果电矢量的振动只限于某一确定方向的光,称为平面偏振光,也称线偏振光;如果电矢量随时间作有规律的变化,其末端在垂直于传播方向的平面上的轨迹呈椭圆(或圆),这样的光称为椭圆偏振光(或圆偏振光);若电矢量的取向与大小都随时间作无规则变化,各方向的取向概率相同,称为自然光;若电矢量在某一确定的方向上最强,且各方向的电振动无固定相位关系,则称为部分偏振光。

　　1. 获得偏振光的方法

　　(1) 通过非金属镜面的反射。当自然光从空气照射在折射率为 n 的非金属镜面(如玻璃、水等)上时,反射光与折射光都将成为部分偏振光。当入射角增大到某一特定值 φ 时,镜面反射光成为完全偏振光,其振动面垂直于入射面,这时的入射角 φ 称为布儒斯特角,也称为起偏振角。由布儒斯特定律得

$$\tan \varphi_0 = n \tag{6-35-1}$$

式中 n 为折射率。

　　(2) 通过多层玻璃片的折射。当自然光以布儒斯特角入射到叠在一起的多层平行玻璃片上时,经过多次反射后透过的光就近似于线偏振光,其振动在入射面内。

　　(3) 由于晶体双折射产生的寻常光(o 光)和非常光(e 光),均为线偏振光。

　　(4) 用偏振片可以得到一定程度的线偏振光。

　　2. 偏振光、波长片及其作用

（1）偏振片

偏振片是利用某些有机化合物晶体的二向色性,将其渗入透明塑料薄膜中,经定向拉制而成的。偏振片能吸收某一方向振动的光,而透过与此方向垂直振动的光。由于在应用时起的作用不同而叫法不同,用来产生偏振光的偏振片叫作起偏器,用来检验偏振光的偏振片叫作检偏器。

按照马吕斯定律,强度为 I_0 的线偏振光通过检偏器后,透射光的强度为

$$I = I_0 \cos^2 \theta \qquad (6-35-2)$$

式中 θ 为入射偏振光偏振方向与检偏器振轴之间的夹角。显然,当以光线传播方向为轴转动检偏器时,透射光强度 I 将发生周期性变化。当 $\theta = 0°$ 时,透射光强度为极大值;当 $\theta = 90°$ 时,透射光强为极小值(消光状态);当 $0° < \theta < 90°$ 时,透射光强介于极大和极小值之间。图 6-35-1 表示自然光通过起偏器与检偏器的变化。

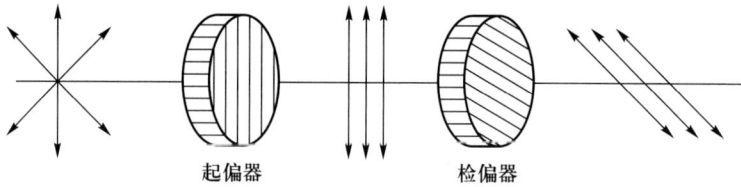

图 6-35-1

（2）波长片(波片)

当线偏振光垂直入射到厚度为 L、表面平行于自身光轴的单轴晶片时,寻常光(o 光)和非常光(e 光)沿同一方向前进,但传播的速度不同。这两种偏振光通过晶片后,它们的相位差 φ 为

$$\varphi = \frac{2\pi}{\lambda}(n_o - n_e)L \qquad (6-35-3)$$

式中,λ 为入射偏振光在真空中的波长,n_o 和 n_e 分别为晶片对 o 光 e 光的折射率,L 为晶片的厚度。

我们知道,两个互相垂直的、同频率且有固定相位差的简谐振动(如通过晶片后 o 光和 e 光的振动),可用下列方程表示:

$$x = A_e \sin \omega t, \quad y = A_o \sin(\omega t + \varphi)$$

从两式中消去 t,经三角运算后可得全振动的方程为

$$x^2/A_e^2 + y^2/A_o^2 - \frac{2xy}{A_e A_o}\cos \varphi = \sin^2 \varphi \qquad (6-35-4)$$

由式(6-35-4)可知:

① 当 $\varphi = k\pi(k = 0, 1, 2, \cdots)$ 时,为线偏振光。

② 当 $\varphi = (k + 1/2)\pi(k = 0, 1, 2, \cdots)$ 时,为正椭圆偏振光。在 $A_o = A_e$ 时,为圆偏振光。

③ 当 φ 为其他值时,为椭圆偏振光。

在某一波长的线偏振光垂直入射于晶片的情况下,能使 o 光和 e 光产生相位差 $\varphi = (2k+1)\pi$(相当于光程差为 $\lambda/2$ 的奇数倍)的晶片,称为对应于该单色光的二分之一波

片(1/2 波片)。与此相似,能使 o 光与 e 光产生相位差 $\varphi = (2k+1/2)\pi$(相当于光程差为 $\lambda/4$ 的奇数倍)的晶片,称为四分之一波片(1/4 波片)。本实验中的 1/4 波片是对 632.8 nm(He-Ne 激光)而言的。

如图 6-35-2 所示,当振幅为 A 的线偏振光垂直入射到 1/4 波片上,振动方向与波片光轴成 θ 角时,由于 o 光和 e 光的振幅分别为 $A\sin\theta$ 和 $A\cos\theta$,所以通过 1/4 波片后合成的偏振状态也随角度 θ 的变化而不同。

　① 当 $\theta = 0°$ 时,获得振动方向平行于光轴的线偏振光。

　② 当 $\theta = \pi/2$ 时,获得振动方向垂直于光轴的线偏振光。

　③ 当 $\theta = \pi/4$ 时,$A_e = A_o$,获得圆偏振光。

　④ 当 θ 为其他值时,经过 1/4 波片后为椭圆偏振光。

　3. 椭圆偏振光的测量

椭圆偏振光的测量包括长、短轴之比及长、短轴方位的测定。如图 6-35-3 所示,当检偏器方位与椭圆长轴的夹角为 φ 时,则透射光强为

$$I = A_1^2\cos^2\varphi + A_2^2\sin^2\varphi$$

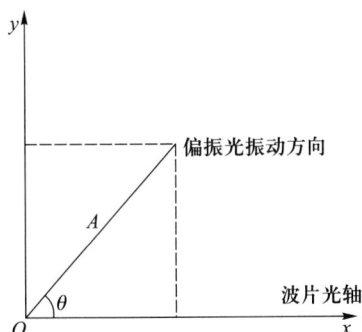

图 6-35-2

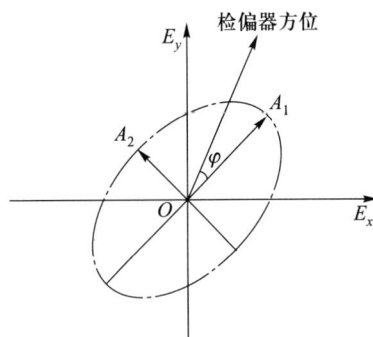

图 6-35-3

当 $\varphi = k\pi$ 时,$I = I_{max} = A_1^2$;当 $\varphi = (2k+1)\pi/2$ 时,$I = I_{min} = A_2^2$。则椭圆长短轴之比为

$$\frac{A_1}{A_2} = \sqrt{\frac{I_{max}}{I_{min}}} \tag{6-35-5}$$

椭圆长轴的方位即 I_{max} 的方位。

【实验仪器】

JJY-1′型分光计,激光器,光电检流计,检偏器,起偏器,1/4 波片,光电转换装置。

【实验内容】

　1. 调节分光计

按照实验 21 进行操作,调节望远镜与平行光管共轴,它们所在的平面平行于刻度盘,并且两个平面垂直于分光计主轴。

　2. 起偏与检偏,鉴别自然光与偏振光

（1）卸下平行光管的狭缝,安装好激光器,调整好激光器角度,使得光斑位于望远镜中心轴上。

（2）卸下望远镜的目镜,安装好光电倍增管,打开检流计电源。

（3）在平行光管另一端安装起偏器 P_1,旋转 P_1,通过光电倍增管的视窗观察光斑强度的变化情况。

（4）在望远镜另一端安装检偏器 P_2。固定 P_1 的方位。旋转 P_2,转过 360°,观察光斑强度的变化情况及有几个消光方位,并记录。

（5）旋转 P_2,每转过 10° 记录一次相应的光电流值,共转 180°,在坐标纸上作出 I_0-$\cos^2\theta$ 关系曲线。

3. 观测布儒斯特角,测定玻璃折射率

（1）在起偏器 P_1 后放置好测布儒斯特角装置,再在 P_1 和装置之间插入一个带小孔的光屏。调节玻璃平板,使反射光束与入射光束重合。记下初始角 φ_1。

（2）一边转动玻璃平板,一边转动起偏器 P_1,使其透过方向在入射面内。重复调节,直到反射光消失为止,记下此时玻璃平板的角度 φ_2。重复测量 3 次,求平均值。算出布儒斯特角 $\varphi_0 = \varphi_2 - \varphi_1$,并由式（6-35-1）计算玻璃折射率。

（3）把玻璃平板固定在布儒斯特角的位置上,去掉起偏器 P_1,在反射光束中插入检偏器 P_2,旋转 P_2,观察反射光的偏振状态。

4. 观测椭圆偏振光和圆偏振光

（1）先使起偏器 P_1 和检偏器 P_2 的偏振轴垂直（即检偏器 P_2 后的光屏上处于消光状态）,在起偏器 P_1 和检偏器 P_2 之间插入 1/4 波片,转动波片使 P_2 后的光屏上仍处于消光状态。用硅光电池（及光点检流计组成的光电转换器）取代光屏。

（2）将 P_1 起角转过 20°,调节硅光电池使透过 P_2 的光全部进入硅光电池的接收孔内。转动 P_2 找出最大电流的位置,并记下光电流的数值。重复测量 3 次,求平均值。

（3）转动 P_1,使 P_1 的光轴与 1/4 波片光轴的夹角依次为 30°、45°、60°、75°、90°,在取上述每一个角度时,都将 P_2 转动一周,观察透过 P_2 的光的强度变化。

【注意事项】

1. 不要直视激光,以免伤害眼睛。
2. 注意保护光学仪器,不要用手触摸光学镜头。
3. 必须精确调节分光计,确保平行光管与望远镜共轴。

【数据处理】

1. 数据表格自拟。
2. 在坐标纸上绘出 I_0-$\cos^2\theta$ 关系曲线。
3. 求出布儒斯特角 $\varphi_0 = \varphi_2 - \varphi_1$,并由式（6-35-1）求出平板玻璃的折射率。

【思考题】

1. 如何通过观测起偏和检偏鉴别自然光和偏振光?

2. 玻璃平板处于布儒斯特角位置时,反射光束是哪种偏振光? 它的振动是平行于入射面还是垂直于入射面?

3. 当 1/4 波片与 P_1 的夹角为何值时产生圆偏振光? 为什么?

实验 36　单丝直径的测量

【实验目的】

1. 观察单缝、单丝、小孔的夫琅禾费衍射现象,了解缝宽、线径、孔径变化引起衍射图样变化的规律,加深对光的衍射理论的理解;

2. 利用衍射图样测量单缝的宽度和单丝的直径,并将实验结果与其他方法的测量结果进行比较。

实验 36
教学视频

【实验原理】

在夫琅禾费衍射中,光源发出的平行光垂直照射在单缝(或单丝)上。根据惠更斯-菲涅耳原理,单缝上每一点都可以看成向各方向发射球面波的新波源,波在接收屏上叠加形成一组平行于单缝的明暗相间的条纹。为实现平行光的衍射,即要求光源 S 及接收屏到单缝距离都是无穷远或相当于无穷远,因而实验中借助两个透镜来实现,如图 6-36-1 所示。位于透镜 L_1 的前焦平面上的"单色狭缝光源"S,经过镜 L_1 后变成平行光,垂直照射在单缝 D 上。通过单缝 D 发生衍射,在透镜 L_2 的后焦平面上呈现出单缝的衍射图样,它是一组平行于狭缝的明暗相间的条纹。

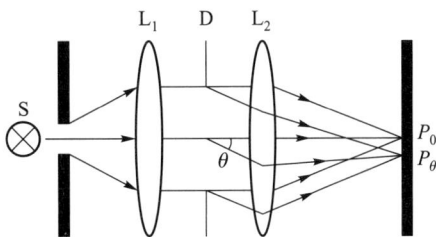

与单缝平面垂直的衍射光束会聚于接收屏上 $x=0$ 处(P_0 点),它是中央亮纹的中心,其光强为 I_0。与光轴成 θ 角的衍射光束会聚于 P_θ 处,由惠更斯-菲涅耳原理可知,P_θ 处的光强 I 为

图 6-36-1

$$I = I_0 \frac{\sin^2 u}{u^2} \tag{6-36-1}$$

式中 $u = \dfrac{\pi a \sin \theta}{\lambda}$,其中 a 为狭缝宽度,λ 为单色光波长,θ 为衍射角。当 $\theta=0$ 时,$I=I_0$,为中央主极大。当 $\sin \theta = k\lambda/a$($k=\pm 1, \pm 2, \cdots$)时,$u=k\pi$,$I=0$,为暗纹。由于 θ 很小,故 $\sin \theta \approx \theta$,所以近似认为暗纹出现在 $\theta = k\lambda/a$ 处。中央亮纹的角宽度 $\Delta\theta = 2\lambda/a$,其他任意两条相邻暗纹间的夹角为 $\Delta\theta = \lambda/a$,即暗纹以 $x=0$ 处为中心,等间距地左右对称分布,除中央亮纹外,两相邻暗纹之间的宽度是中央亮纹宽度的 1/2。当使用激光器作光源时,由于激光器的准确性,可将透镜 L_1 去掉。如果屏远离单缝(或金属丝),则 L_2 也可省略。

当单缝至屏距 $z \gg a$ 时,θ 很小,此时 $\sin \theta \approx \tan \theta = \dfrac{x_k}{z}$,各级暗纹衍射角应为

$$\sin \theta \approx k\lambda / a = \frac{x_k}{z} \qquad (6-36-2)$$

所以单缝宽度为

$$a = \frac{k\lambda z}{x_k} \qquad (6-36-3)$$

式中，k 是暗纹级数，z 为单缝至屏间的距离，x_k 为第 k 级暗纹至中央主极大中心位置的距离。

用单丝代替单缝，式（6-36-2）和式（6-36-3）同样成立。

【实验仪器】

光具座（滑块），半导体激光器（波长 650.0 nm）及转盘，单缝（三种缝宽），单丝（三种线径），支架，小孔架（板），屏，米尺，直尺，读数显微镜，激光器专用电源。

【实验内容】

1. 观察夫琅禾费单缝衍射、单丝衍射和小孔衍射。

将半导体激光器和单缝利用滑块和支架放置于光具座上，将屏连同滑块放置在桌面上，屏与单缝的距离大于 1 m，屏与缝的距离可以用米尺测量滑块下刻线间距得到。观察不同缝宽时，屏上衍射图样的变化，试解释其变化的原因。再用单丝和小孔替代单缝，观察不同线径或孔径时屏上衍射图样的变化，说明衍射图样变化的原因。

2. 测量某金属细丝的直径。

用米尺测量屏与细丝的间距 z。用直尺测量第 k 级暗纹中心与中央主极大中心的距离，测量 5 次，求平均值。已知激光器波长 $\lambda = 650.0$ nm，将实验数据代入公式（6-36-3），求出金属丝直径 a，并与读数显微镜测量结果比较。

3. 用与实验内容 2 相似的方法，测量单缝宽度 a，并与读数显微镜的测量结果比较。注意：

（1）不要正对着激光束观察，以免损坏眼睛。

（2）测量第 k 级暗纹中心至中央主极大中心的距离时，可以在屏上贴一张作图纸用铅笔画点，也可以在白纸上画点。

4. 半导体激光器工作电压为 3 V 直流电压，应用专用的 220 V/3 V 直流电源，该电源可避免在接通电源瞬间因电感效应产生高电压，以延长半导体激光器的工作寿命。

【数据处理】

数据记入表 6-36-1。

表 6-36-1

$\lambda = 650.0$ nm

k	z/cm	$\overline{x_k}/\mathrm{cm}$	a/mm

k	z/cm	$\overline{x_k}$/cm	a/mm

用读数显微镜测量单丝直径的平均值,计算两种方法测量单丝直径的相对误差。

实验 37　金属丝电阻率的测量

实验 37
教学视频

电阻率是用来表示各种物质电阻特性的物理量。某种物质的电阻率等于由该物质所制成的元件的电阻值与横截面积的乘积除以长度。电阻率与导体的长度、横截面积等因素无关,是导体材料本身的电学性质,由导体材料的种类决定,且与温度、压力、磁场等外界因素有关。电阻率在国际单位制中的单位是 $\Omega \cdot m$,读作欧姆米。

【实验目的】

1. 训练综合使用仪器的能力;
2. 测量金属丝的电阻率;
3. 学习设计实验的思路与方法。

【实验原理】

由于

$$R = \frac{\rho l}{S} = \frac{4\rho l}{\pi d^2}$$

所以

$$\rho = \frac{\pi d^2 R}{4l} \tag{6-37-1}$$

式中,R 为待测金属丝的电阻值,ρ 为待测金属丝的电阻率,l 与 d 分别为待测金属丝的长度与直径。R 可以用电桥直接测出,d 可以用螺旋测微器采用多次测量的方法测出。由于金属丝杂乱无章,l 不可直接测量,可采用先测其体积再除以其截面积的方法间接测出,即长度为

$$l = \frac{V}{S} = \frac{4V}{\pi d^2}$$

所以

$$\rho = \frac{\pi d^2 R}{4 \times \dfrac{4V}{\pi d^2}} = \frac{\pi^2 d^4 R}{16V} \tag{6-37-2}$$

对于体积,可采用流体静力平衡法来测量,先测出金属丝在空气中的质量 m_1,再测出金属丝在空气中的质量 m_2,则

$$F_{浮} = (m_1 - m_2)g = \rho_{水}\, gV$$

故
$$V = \frac{m_1 - m_2}{\rho_{水}}$$

所以
$$\rho = \frac{\pi^2 d^4 R \rho_{水}}{16(m_1 - m_2)} \qquad\qquad (6-37-3)$$

为避免金属丝浸入水中后其表面吸附水,从而给测量直径与电阻带来不便,可先测出其直径与电阻,再测 m_1 与 m_2。

注意:带有绝缘漆的公式和式(6-37-3)不同,请自行推导。

【实验仪器】

天平,待测金属丝(带有绝缘漆),螺旋测微器,箱式单电桥,砂纸,钢卷尺,万用表,烧杯,自来水,打火机等。

【实验内容】

1. 用螺旋测微器测量金属丝直径 6 次。
2. 用砂纸将金属丝两端磨光,先用万用表粗测金属丝电阻,再用电桥精确测量其阻值。
3. 测量金属丝在空气中的质量 m_1。
4. 测量金属丝悬浮在水中的质量 m_2。
5. 测量完毕将烧杯中的水倒回池中,整理仪器。

【注意事项】

1. 不可忽略螺旋测微器的零点读数及仪器误差。
2. 不可在砂纸打磨过的地方测量金属丝直径。
3. 使用天平前必须调节底座水平与横梁平衡。在加减砝码及读取数据时,必须把横梁放在支架上。测量完毕注意读取仪器误差。
4. 使用电桥前必须注意短路金属片的连接(外接短路)、检流计的调零及比例臂的选取。测量完毕注意读取准确度等级,并复位短路金属片(内接短路)。
5. 测量完毕注意各仪器的整理复位。

【数据处理】

$$\bar{d} = \frac{\sum_{i=1}^{n} d_i}{n} \quad (n = 6)$$

$$\Delta d_i = d_i - \bar{d}$$

$$\sigma_{\bar{d}} = \sqrt{\frac{\sum \Delta d_i^2}{n(n-1)}}$$

$$\sigma_d = \max(\sigma_{\bar{d}}, \sigma_{仪})　（\sigma_{仪}\text{ 为螺旋测微器的仪器误差})$$

$$E_d = \frac{\sigma_d}{\bar{d}}$$

$$E_R = \frac{\sigma_R}{R} = \frac{R\alpha\%}{\sqrt{3}\,R} = \frac{\alpha\%}{\sqrt{3}}　（\alpha\text{ 为电桥准确度等级})$$

$$E_{\Delta m} = \frac{\sigma_{\Delta m}}{\Delta m} = \frac{\sqrt{2}\,\sigma_{仪}}{\Delta m}, \quad \Delta m = (m_1 - m_2)　（\sigma_{仪}\text{ 为电桥仪器误差})$$

$$E_\rho = \sqrt{4^2 E_d^2 + E_R^2 + E_{\Delta m}^2}, \quad \sigma_\rho = \rho E_\rho$$

$$\rho = \rho \pm \sigma_\rho$$

实验 38　半导体热敏电阻特性的研究及温度计的设计和组装

吸收辐射后引起温升而使电阻改变,导致负载电阻两端电压的变化,并给出电信号的器件叫做热敏电阻。热敏电阻通常分为金属热敏电阻和半导体热敏电阻两种。用半导体材料做成的热敏电阻是对温度变化非常敏感的元件,用它能测量出温度的微小变化,并且有体积小、工作稳定、结构简单等优点,因此在测温、无线电、自动化和遥控等技术中都有广泛的应用。

实验 38
电子教案

实验 38
教学视频

【实验目的】

1. 研究热敏电阻的温度特性;
2. 设计和组装热敏温度计。

【实验原理】

半导体热敏电阻的基本特性是它的温度特性,而这种特性又与半导体材料的导电机制密切相关。由于半导体中的载流子数目随温度升高而按指数规律迅速增加,温度越高,载流子的数目越多,导电能力越强,电阻率也就越小,因此随着温度的升高,热敏电阻的电阻值将按指数规律迅速减小。这与金属中的自由电子导电情况恰恰相反,金属的电阻率是随着温度的上升而缓慢增大的,一般成线性变化。

实验表明,在一定温度范围内,半导体材料的电阻 R_T 与热力学温度 T 的关系可表示为

$$R_T = A\mathrm{e}^{B/T} \tag{6-38-1}$$

其中,常量 A 不仅与半导体材料的性质有关,还与它的尺寸有关,而常量 B 仅与材料的性质有关。常量 A, B 可通过实验方法测得,例如,温度为 T_1、T_2 时测得其电阻分别为

$$R_{T_1} = A\mathrm{e}^{B/T_1}, \quad R_{T_2} = A\mathrm{e}^{B/T_2} \tag{6-38-2}$$

将两式相除,消去 A,再取对数,有

$$B = \frac{\ln R_{T_1} - \ln R_{T_2}}{\dfrac{1}{T_1} - \dfrac{1}{T_2}} \tag{6-38-3}$$

把由此得出的 B 代入式(6-38-1),又可算出常量 A。一般由这种方法确定的常量 A 和 B 误差较大。为减少误差,常利用多个 T 和 R_T 的组合测量值,通过作图的方法(最好用回归法)来确定常量 A 和 B。为此,取式(6-38-1)两边的对数,变换成直线方程:

$$\ln R_T = \ln A + \frac{B}{T} \tag{6-38-4}$$

或写作

$$Y = a + bX \tag{6-38-5}$$

式中,$Y = \ln R_T$,$a = \ln A$,$b = B$,$X = 1/T$,然后取 X,Y 分别为横、纵坐标,对不同的温度 T 测得对应的 R_T 值,经过变换后作 Y-X 曲线,它应当是一条截距为 a、斜率为 b 的直线。根据斜率求出 B,又由截距可以求出

$$A = e^a \tag{6-38-6}$$

确定了半导体材料的常量 A 和 B 后,便可计算出这种材料的激活能 $E = Bk$(k 为玻耳兹曼常量),以及它的温度系数:

$$\alpha = \frac{1}{R_T} \frac{\mathrm{d}R_T}{\mathrm{d}T} = -\frac{B}{T^2} \times 100\% \tag{6-38-7}$$

显然,半导体热敏电阻的温度系数是负的,并与温度有关。

热敏电阻在不同温度时的电阻值可由惠斯通电桥测得。

【实验仪器】

箱式惠斯通电桥,恒温水槽,直流稳压电源,可变电阻箱,导线,NTC 半导体热敏电阻等。

【实验内容】

1. 用数字电压表作显示仪器,用电阻箱作桥臂电阻,设计在 35~45 ℃ 温度区间内的热敏电阻温度计线性化非平衡电桥线路,确定线路参量。假定 $B = 3\,950$ K,课前先进行计算,课上再根据测得的热敏电阻特性确定实际的 B 值,进行正式计算。

2. 在室温到 45 ℃ 的范围内测量热敏电阻的温度特性,从而确定 A、B 的值及 40 ℃ 处的温度系数 α。绘制 R_T-T 温度曲线。

3. 组装热敏电阻温度计。在设定的温区内测量电桥的输出电压 U_T(单位为 V)与温度 t(单位为℃)的关系(测量中注意监视电源电压 E,使之保持不变)。对测得的 U_T-t 作直线拟合,用以检查温度计的线性。

【思考题】

1. 半导体热敏电阻具有怎样的温度特性?
2. 怎样用实验的方法确定式(6-38-1)中的 A、B?

【附录】

设计热敏电阻温度计时常用非平衡电桥电路。设 4 个桥臂电阻中,R_T 为热敏电阻,R_2、R_3、R_4 分别为桥臂上的固定电阻。当电源电压 E 一定时,非平衡电桥的输出电压 U_T

由下式决定：

$$U_T = E\left(\frac{R_2}{R_2-R_T} - \frac{R_3}{R_3+R_4}\right) \qquad (6\text{-}38\text{-}8)$$

R_T 改变，则 U_T 随之改变。所以热敏电阻温度计常常是通过非平衡电桥的输出电压 U_T 来确定温度值的。由热敏电阻的温度特性式(6-38-1)及式(6-38-8)可以看出，U_T 与 T 的关系是非线性的，这给温度的标定和显示带来了困难。通常可通过适当选择桥路参量，使 U_T 与 T 在一定温度范围内近似具有线性关系，这就是所谓的线性化设计。线性化设计方法很多，下面介绍一种比较简单的方法。

我们将 U_T 在考虑温区的中点 T_1 处按泰勒级数展开：

$$U_T = U_{T_1} + U'_{T_1}(T-T_1) + U_n \qquad (6\text{-}38\text{-}9)$$

其中

$$U_n = \frac{1}{2}U''_{T_1}(T-T_1)^2 + \sum_{n=3}^{\infty}\frac{1}{n!}U^{(n)}_{T_1}(T-T_1)^n \qquad (6\text{-}38\text{-}10)$$

$$U^{(n)}_{T_1} = \left(\frac{\partial^n}{\partial T^n}U_T\right)_{T_1}, \quad n = 0,1,2,\cdots$$

式(6-38-9)中，U_{T_1} 为常量项，即不随温度变化的 $U^{(0)}_{T_1}$，$U'_{T_1}(T-T_1)$ 为线性项，U_n 代表所有的非线性项。为使 U_T-T 具有良好的线性，U_n 要越小越好。为此，让式(6-38-10)右边的第一项(二次项)为零。第二项(三次项)可看成非线性误差。从第三项(四次项)开始，数值更小，可忽略不计。根据以上分析，可将式(6-38-9)改写为

$$U_T = \lambda + m(t-t_1) + n(t-t_1)^3 \qquad (6\text{-}38\text{-}11)$$

式中 t 和 t_1 分别为 T 和 T_1 对应的摄氏温度。线性部分为

$$U_T = \lambda + m(t-t_1) \qquad (6\text{-}38\text{-}12)$$

式中的 λ 和 m 分别为

$$\lambda = E\left(\frac{B-2T_1}{2B} - \frac{R_3}{R_3+R_4}\right) \qquad (6\text{-}38\text{-}13)$$

$$m = \frac{E(B^2-4T_1^2)}{4BT_1^2} \qquad (6\text{-}38\text{-}14)$$

线性化设计过程如下：根据所给的温度范围确定 T_1，再根据给定的仪表或显示要求，选取适当的 λ 和 m。例如，当采用数字毫伏表的读数作为显示值时，可考虑使显示的电压值在数值上恰好等于摄氏温度的值。这样，T_1，λ 和 m 就都可以确定了。然后将式(6-38-13)和式(6-38-14)改写为

$$E = \frac{4BmT_1^2}{B^2-4T_1^2} \qquad (6\text{-}38\text{-}15)$$

$$\frac{R_4}{R_3} = \frac{2BE}{E(B-2T_1)-2B\lambda} - 1 \qquad (6\text{-}38\text{-}16)$$

由 T_1，B，λ 和 m 可定出 E 及 R_4/R_3 的数值。然后取定 R_3 使之与热敏电阻大小为同一数量级，这样 R_3 和 R_4 就都可以确定了。

实验 39 密立根油滴实验

美国物理学家密立根在 1909—1917 年间所做的测量微小油滴上所带电荷的工作，即油滴实验，堪称物理实验的精华和典范。密立根在这一实验工作上花费了近十年的心血，取得了具有重大意义的结果，那就是：

（1）证明了电荷的不连续性，即电荷的量子性；

（2）测量并得到了元电荷，即电子电荷量的绝对值，其值大约为 1.60×10^{-19} C。

这一实验用相对宏观的实验方法精确地测定了微观物理量，设计思想简明巧妙，方法简单，而结论却具有不容置疑的说服力。正是由于在利用油滴测定元电荷的实验和光电效应实验上所取得的巨大成就，1923 年，密立根荣获了诺贝尔物理学奖。

近年来，根据这一实验的设计思想改进的用磁漂浮的方法测量分子电荷的实验，使古老的实验又焕发了青春，也更能说明密立根油滴实验是富有强大生命力的实验。

【实验目的】

1. 验证电荷的不连续性并测量元电荷；

2. 了解 CCD（电荷耦合器件）传感器、光学系统成像原理及视频信号处理技术的工程应用；

3. 培养做物理实验应具有的严谨态度和坚韧不拔的科学精神。

【实验原理】

密立根油滴实验测定元电荷的基本设计思想是使带电油滴在测量范围内处于受力平衡状态。按运动方式可将测量方法分为动态测量法和静态平衡测量法。

1. 动态测量法（也可称为运动法或升降法）

用喷雾器将油喷入两块相距为 d、水平放置的平行极板之间，油在喷射成雾状的一瞬间撕裂成许多小油滴，这些小油滴一般都是带电的。

当两极板间未加电压时，悬浮于空气中的油滴在降落过程中除受重力和浮力作用外还受黏性阻力的作用。根据斯托克斯定律，黏性阻力与物体运动速度成正比。开始时，油滴加速下降，当油滴下降一小段距离后，随着速度的增大，重力 mg、浮力 F_f 和黏性阻力 Kv_f 逐渐达到平衡，油滴以匀速 v_f 下降，如图 6-39-1 所示，此时有

$$mg - F_f - Kv_f = 0 \tag{6-39-1}$$

式中，m 为油滴质量，g 为重力加速度，K 为比例系数。由于表面张力作用，油滴呈小球状。设油滴半径为 a，密度为 ρ_1，则质量 $m = \dfrac{4}{3}\pi a^3 \rho_1$。如果空气密度为 ρ_2，则空气浮力为 $F_f = \dfrac{4}{3}\pi a^3 \rho_2 g$。根据斯托克斯定律，黏性阻力 $F_f = Kv_f = 6\pi\eta a v_f$，其中比例系数 $K = 6\pi\eta a$，η 为空气的黏度。因此式（6-39-1）可以写成

$$\frac{4}{3}\pi a^3 \rho_1 g - \frac{4}{3}\pi a^3 \rho_2 g - 6\pi\eta a v_f = 0 \tag{6-39-2}$$

于是可得油滴半径为

$$a = \sqrt{\frac{9\eta v_\mathrm{f}}{2\rho g}} \qquad (6\text{-}39\text{-}3)$$

式中 $\rho = \rho_1 - \rho_2$。当在平行极板间加上电压 U 时，在两板的中心区域就会产生匀强电场 $E = \dfrac{U}{d}$，d 为极板间距离。对于悬浮在极板间带有电荷 q 的油滴，如果所受到的电场力 Eq 与重力方向相反且大于重力和浮力的差值，油滴就会上升。随着油滴向上的速度逐渐增大，黏性阻力逐渐增大直至再次达到各力平衡，此时油滴就会以速度 v_r 匀速上升，如图 6-39-2 所示。此时空气的黏性阻力为 $F_\mathrm{f} = K v_\mathrm{r} = 6\pi\eta a v_\mathrm{r}$。于是有

$$\frac{4}{3}\pi a^3 \rho_1 g - \frac{4}{3}\pi a^3 \rho_2 g + 6\pi\eta a v_\mathrm{r} - qE = 0 \qquad (6\text{-}39\text{-}4)$$

将式(6-39-3)和 $E = \dfrac{U}{d}$ 代入式(6-39-4)，整理后得油滴所带电荷量为

$$q = 18\pi \frac{d}{U}\left(\frac{\eta^3}{2\rho g}\right)^{1/2} v_\mathrm{f}^{1/2}(v_\mathrm{f} + v_\mathrm{r}) \qquad (6\text{-}39\text{-}5)$$

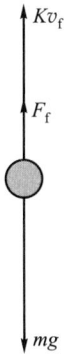

图 6-39-1　重力场中油滴受力示意图　　图 6-39-2　电场中油滴受力示意图

因此，只要测出油滴在极板间某一段距离 s 内匀速下降的时间 t_f 和匀速上升的时间 t_r，就可以分别得到 $v_\mathrm{f} = \dfrac{s}{t_\mathrm{f}}$ 和 $v_\mathrm{r} = \dfrac{s}{t_\mathrm{r}}$，从而计算出油滴所带电荷量 q。

密立根在实验中发现，只有当油滴半径远大于油滴所在流体(本实验中为空气)分子的平均自由程时，斯托克斯定律才是正确的。当二者大小可以相比较时，例如，本实验中油滴的半径小到 10^{-6} m，空气的黏度 η 应作如下修正：

$$\eta' = \frac{\eta}{1 + \dfrac{b}{pa}} \qquad (6\text{-}39\text{-}6)$$

式中，b 为修正常量，p 为当地大气压强，a 为油滴半径，具体数值参见本节附录。

用式(6-39-6)中的 η' 代替式(6-39-3)中的 η，可得

$$a = \sqrt{\frac{9\eta v_{\mathrm{f}}}{2\rho g\left(1 + \dfrac{b}{pa}\right)}} = \frac{a_0}{\sqrt{1 + \dfrac{b}{pa}}} \tag{6-39-7}$$

式中 $a_0 = \sqrt{\dfrac{9\eta v_{\mathrm{f}}}{2\rho g}}$，$a_0$ 的意义为未考虑修正时计算出的油滴半径。当 a 为 10^{-6} m 时，$\dfrac{b}{pa}$ 是个很小的量值，a 与 a_0 相差不大，因此有

$$a_1 = \sqrt{\frac{9\eta v_{\mathrm{f}}}{2\rho g\left(1 + \dfrac{b}{pa_0}\right)}}$$

$$a_2 = \sqrt{\frac{9\eta v_{\mathrm{f}}}{2\rho g\left(1 + \dfrac{b}{pa_1}\right)}}$$

$$\cdots\cdots\cdots$$

$$a_{n+1} = \sqrt{\frac{9\eta v_{\mathrm{f}}}{2\rho g\left(1 + \dfrac{b}{pa_n}\right)}} \tag{6-39-8}$$

直到 $\dfrac{\mid a_{n+1} - a_n\mid}{a_{n+1}} < 0.5\%$，从而得到在相对误差允许的范围内较为接近真实值的油滴半径 a_n，这种计算方法称为"迭代法"。

将得到的 $a = a_n$ 代入式(6-39-6)，并用 η' 代替式(6-39-5)中的 η，整理得

$$q = 18\pi\frac{d}{U}\left(\frac{\eta^3}{2\rho g}\right)^{1/2}\frac{v_{\mathrm{f}}^{1/2}(v_{\mathrm{f}} + v_{\mathrm{r}})}{\left(1 + \dfrac{b}{pa_n}\right)^{3/2}} \tag{6-39-9}$$

综上所述，只要测出加在相距为 d 的两极板间的提升电压 U，以及在固定距离 s 内油滴匀速下落的时间 t_{f} 和匀速上升的时间 t_{r}，就可以计算出油滴的半径 a_n 和所带电荷量 q。

2. 静态平衡测量法

静态平衡测量法的出发点是使油滴在均匀电场中静止在某一位置，或在重力场中作匀速下降运动。

油滴在重力场中的匀速下降运动过程与"动态测量法"相同。

当油滴在电场中平衡时，油滴在两极板间受到的电场力 Eq（这里令平衡电压为 U_{e}，则 $E = \dfrac{U_{\mathrm{e}}}{d}$）、重力 mg 和浮力 F_{f} 达到平衡，从而静止在某一位置。与"动态测量法"的匀速上升过程相比，即为 $v_{\mathrm{r}} = 0$，没有受到黏性阻力作用的情形，因此，很容易由式(6-39-9)得到

$$q = 18\pi\frac{d}{U_{\mathrm{e}}}\left(\frac{\eta^3}{2\rho g}\right)^{1/2}\left(\frac{v_{\mathrm{f}}}{1 + \dfrac{b}{pa_n}}\right)^{3/2} \tag{6-39-10}$$

由式(6-39-10)可知,只要测出加在相距为 d 的两极板间的平衡电压 U_e 和在固定距离 s 内油滴匀速下落的时间 t_f,就可以得到油滴所带电荷量。但是,正如在雾天悬浮在空气中的水滴一样,在有限的时间和空间内,很难判断视场内的油滴是否真正静止,所以静态平衡测量法的误差相对较大。

3. 元电荷的测量方法

(1) 最大公约数法

测量油滴电荷量的目的是找出电荷的最小单位 e。为此,密立根当初测量了上千个不同油滴所带的电荷量 q_i,发现它们近似为某一最小单位电荷的整数倍,这一最小单位电荷即油滴电荷量的最大公约数,或油滴电荷量之差的最大公约数,这一最小单位电荷就是元电荷 e(电子是带有负电最小电荷的粒子)。

(2) 倒过来验证法

如果测量多个不同油滴的电荷量,可以在计算出每个油滴电荷量 q_i 之后,"倒过来"用 e 的公认值去除,得到每个油滴所带元电荷数目的近似值 $n_i = \dfrac{q_i}{e}$(n_i 取整数),然后计算出 $e_i = \dfrac{q_i}{n_i}$,最后取平均值得到 e。

(3) 直线拟合法

由于电荷的量子化特性,$q_i = n_i e$ 应为一直线方程,其中 n_i 为自变量,q_i 为因变量。e 为斜率。若找到满足这一关系的曲线,也可以采用作图法或直线拟合法通过求斜率得到 e。

(4) 最小值法

实验中也经常通过紫外线、X 射线或放射源等改变同一油滴所带电荷量,测量油滴电荷量的改变值 Δq_i,而 Δq_i 应是元电荷 e 的整数倍,即

$$\Delta q_i = \Delta n_i e \qquad\qquad (6-39-11)$$

式中 Δn_i 为整数。

在电荷量改变次数足够多的情况下,一般取 $|\Delta n_i e|$ 中最小值为元电荷 e。

【实验仪器】

本实验所用密立根油滴仪由 CCD 成像系统、油滴盒、监视器等部件组成。油滴仪主机箱如图 6-39-3 所示,其中包括可控高压电源、计时装置、A/D 采样、视频处理等单元模块。CCD 成像系统包括 CCD 传感器、光学成像部件等。油滴盒包括高压电极、照明装置(发光二极管)、防风罩等部件。监视器是视频信号的输出设备。

CCD 成像系统用来捕捉暗室中油滴的像,同时将图像信息传给主机的视频处理模块。实验过程中可以通过调焦旋钮来改变物距,使油滴的像清晰地呈现在监视器上。

油滴盒是一个关键部件,具体构成如图 6-39-4 所示。油滴盒的高压电极由两块经过精磨的平行极板(上、下电极板)中间垫以绝缘环组成。平行极板之间的距离为 d。绝缘环上有发光二极管进光孔、显微镜观察孔。上电极板中央有一个直径为 0.4 mm 的油雾孔,油滴从油雾杯经进油量开关落入油雾孔中,再进入上、下电极板之间,被高亮度发

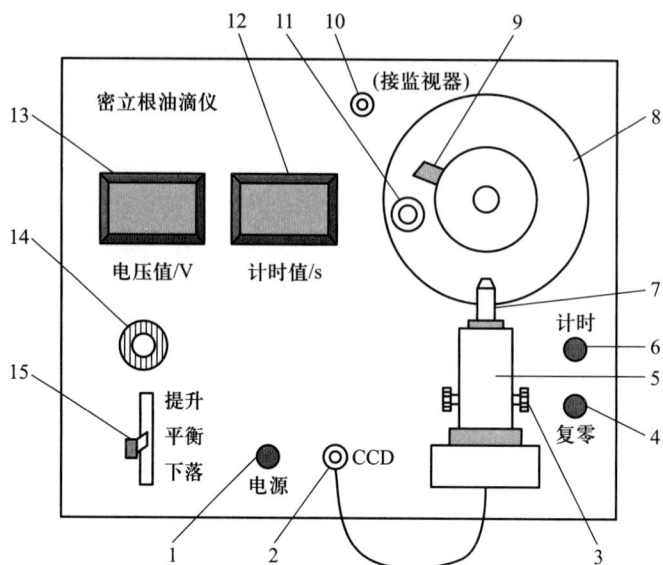

1—电源开关;2—CCD 视频输入接口;3—调焦旋钮;4—复位键;5—显微镜;6—计时键;

7—物镜镜头;8—油滴盒;9—发光二极管照明;10—CCD 视频输出接口;11—水准泡;

12—计时显示;13—电压显示;14—电压调节旋钮;15—电压转换开关。

图 6-39-3　密立根油滴仪主机箱示意图

光二极管照亮。可通过调平螺钉调节油滴盒水平,并由水准泡进行检查。通过主机箱上的电压转换开关可以调整极板之间的电压,用来控制油滴的平衡、下落及提升。

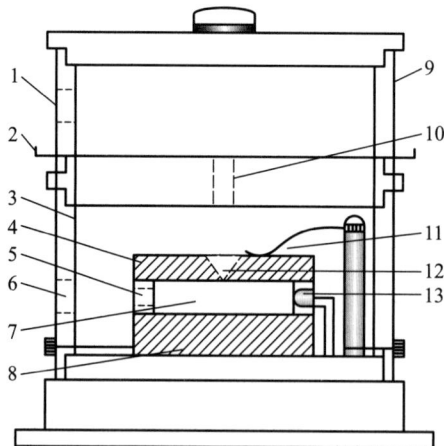

1—喷雾口;2—进油量开关;3—防风罩;4—上极板;5、6—显微镜观察孔;7—油滴室;

8—下极板;9—油雾杯;10、12—油雾孔;11—上极板压簧片;13—发光二极管。

图 6-39-4　油滴盒示意图

【实验内容】

1. 调节仪器

在打开主机箱电源之前,将油滴仪放平稳,调节仪器底部左右两个调平螺钉,使水准泡指示水平,这时平行极板处于水平位置。预热 10 min,利用预热时间从显微镜中观察,如果分划板位置不正,则转动目镜,将分划板调正,物镜镜头要插到底。

将油从油雾杯右侧的喷雾口喷入(喷一次即可),微调显微镜的调焦旋钮,这时视场中即出现大量清晰的油滴,如夜空繁星。

对于 CCD 一体化的屏显密立根油滴仪,从监视器荧光屏上观察油滴的运动。若油滴沿斜向运动,可转动显微镜上的圆形 CCD 部件,使油滴沿垂直方向运动。

注意:油本身不带电荷,关键是喷雾的一瞬间,原本黏在一起的油被撕裂成许多小油滴,这些小油滴因此而带电。喷雾器中注油约 5 mm 深,不能太多。喷雾时,要竖拿喷雾器,喷口对准油雾杯的喷雾口,切勿伸入油雾杯内。按一下橡皮球即可。因为油本身具有一定的污染性,所以注意不要将油喷到油滴盒外面。

调整仪器时,如果需要打开有机玻璃油雾杯,应先将电压转换开关置于"下落"挡,以免触电。

使用监视器时,将监视器的对比度调至最大,背景亮度稍暗些。

2. 练习测量

(1) 练习控制油滴。

喷入油前,注意将电压转换开关置于"下落"挡,此时平行极板上未加电压,以保证油滴可以落入极板之间,否则,油滴很难下落。在油滴下落过程中,缓慢调节显微镜的调焦旋钮至油滴大部分较为清晰,待油滴已经布满显示屏时,调节电压转换开关至"平衡"挡(注意:喷油之前,已经将"平衡"的工作电压调节至 150 V 左右),驱走不需要的油滴,直到剩下几颗缓慢运动的为止。注视其中的某一颗油滴,仔细调节平衡电压,使这颗油滴静止不动,然后去掉平衡电压,让它自由下落,下落一段距离后再加上"提升"电压,使油滴上升。如此反复多次地进行练习,以掌握控制油滴的方法。

(2) 练习测量油滴的运动时间。

任意选择几颗运动速度快慢不同的油滴,用计时器测出它们下降一段距离所需要的时间,或者加上一定的电压,测出它们上升一段距离所需要的时间。如此反复多练几次,以掌握测量油滴运动时间的方法。

(3) 练习选择油滴。

要做好本实验,很重要的一点是选择合适的油滴。所选油滴体积不能太大,太大的油滴虽然比较亮,但一般带的电荷量比较多,下降速度也比较快,时间不容易测准确。油滴也不能选得太小,太小则受空气分子碰撞而引起的布朗运动比较明显。通常可以选择平衡电压为 150~400 V 时,匀速下降 2 mm 距离的时间 t_f 为 10~30 s 的油滴,其电荷量和质量大小都比较合适。

3. 测量与数据处理

(1) 选油滴。调节好仪器后,按照上述"练习测量"的方法,根据实验需要选择一个或者多个合适的油滴进行测量。由于实验时间有限,一般可以选择一个电荷量和质量符合上述要求的油滴。

(2) 用动态测量法测量油滴电荷量。

选择合适的油滴后,分别记录平衡电压 U_e、提升电压 U 的数值,测量油滴在监视器的显示屏上 0 到 2 刻度线之间(对应上下极板之间的距离为 2 mm)的 10 组匀速下落时间 t_f 和匀速上升时间 t_r,然后根据式(6-39-8)和式(6-39-9),利用动态测量法计算油滴的电荷量。

选做内容:也可根据式(6-39-10),利用"静态平衡测量法"计算油滴的电荷量,并与动态测量法的测量结果进行比较。

(3) 用"倒过来验证法"计算元电荷 e。如果实验时间允许,可以测量多个不同油滴的电荷量,分别计算 e_i,取平均值。

【注意事项】

1. CCD 成像系统、调平螺钉、摄像镜头的机械位置不能改变,否则会对像距及成像角度造成影响。

2. 油滴仪使用环境为 0~40 ℃ 的静态空气中。

3. 注意调整进油量开关,并避免外界空气流动对油滴测量造成影响。

4. 油滴仪内有高压电,不可用手接触电极板。

5. 实验前应对油滴盒内部进行清洁,防止异物堵塞油雾孔。

6. 注意仪器的防尘保护。

【思考题】

1. 动态测量法与静态平衡测量法相比有哪些优点?

2. 在动态测量法中,测量油滴匀速下落过程的目的是什么? 测量油滴匀速上升过程的目的又是什么?

【附录】

1. 标准状况指大气压强 $P = 1.013\,25 \times 10^5$ Pa,温度 $t = 20$ ℃,相对湿度为 50% 的空气状态。实际大气压强可以由气压表读出。

2. 由于油的密度远远大于空气的密度,即 $\rho_1 \gg \rho_2$,因此 ρ_2 相对于 ρ_1 可以忽略不计。油的密度 ρ_1 随温度 t 的变化关系如表 6-39-1 所示。

表 6-39-1　油的密度 ρ_1 随温度 t 变化关系

$t/℃$	0	10	20	30	40
$\rho_1/(\text{kg} \cdot \text{m}^{-3})$	991	986	981	976	971

3. 其他数据参考如下:

极板间距 $d = 5.00 \times 10^{-3}$ m;

空气黏性系数 $\eta = 1.83 \times 10^{-5}$ kg·m^{-1}·s^{-1};

下落距离 $s = 2.0 \times 10^{-3}$ m;

油的密度 $\rho_1 = 981$ kg·m^{-3}(20 ℃);

空气密度 $\rho_2 = 1.292\ 8$ kg·m^{-3}(标准状况下);

重力加速度 $g = 9.803\ 2$ m·s^{-2};

修正常量 $b = 0.008\ 23$ N/m;

标准大气压强 $p_0 = 1.013\ 25 \times 10^5$ Pa。

4. 密立根简介

密立根(图 6-39-5)是美国物理学家,1868 年出生于伊利诺伊州。1887 年进入奥伯林大学,读完二年级时,被聘任为初等物理班的教员。他很喜爱这份工作,从此便致力于钻研物理学。

图 6-39-5 密立根
(Millikan,1868—1953)

1891 年他大学毕业后,继续在初等物理班讲课。1893 年取得硕士学位,同年得到哥伦比亚大学物理系攻读博士学位的奖金。迈克耳孙在实验中的精湛技术和普平在讲课中强调熟练的教学手段,都对他的影响很大。

1895 年,他获得博士学位后留学欧洲,听过庞加莱、普朗克等人的讲课。1896 年回到美国任教于芝加哥大学。由于教学成绩优异,第二年就升任副教授。

密立根最著名的实验成就,是用在电场和重力场中运动的带电油滴精确地测定了元电荷。这个工作从 1907 年开始,直到 1913 年才最后完成。与此同时,他还致力于光电效应的研究。经过细心观测,到 1916 年,他的实验结果完全肯定了爱因斯坦的光电效应方程,并且从图像中测出当时最好的普朗克常量的值。

1921 年起,密立根任教于加州理工学院。由于他的努力,该校成为世界上最著名的科学中心之一。

他还从事于电子在强电场作用下逸出金属表面的实验研究,以及部分金属的 X 射线研究,发现了近 1 000 条谱线,波长直到 13.66 nm,从而有助于把 X 射线谱和可见光光谱连接起来。他对 X 射线谱的分析工作,在理论上与索末菲的可见光双重线理论产生极大分歧,引起了物理学界的广泛注意,促成了乌伦贝克和古兹密特两人在 1925 年提出电子自旋理论。

密立根在宇宙(射)线方面也做过研究,积累了大量不同地区、不同高度的实验数据,发现了宇宙线的纬度效应的大小与经度有关,纠正了早期宇宙线由光子组成的观点。他和他的团队用强磁场中的云室对宇宙线的实验研究,促成了他的学生安德森在 1932 年发现了正电子。

实验 40 弗兰克-赫兹实验

20 世纪初,在原子光谱的研究中确定了原子能级的存在。1914 年,德国物理学家弗兰克和赫兹对勒纳用来测量电离电位的实验装置作了改进,他们同样采取慢电子(几个到几十个电子伏)与单原子气体原子碰撞的办法,但着重观察碰撞后电子发生了什么

实验 40
电子教案

实验 40
教学视频

变化(勒纳则观察碰撞后离子流的情况)。通过实验测量,电子和原子碰撞时会交换某一定值的能量,且可以使原子从低能级激发到高能级。这直接证明了原子发生跃迁时吸收和发射的能量是分立的、不连续的,也就证明了原子能级的存在,从而证明了玻尔理论的正确。弗兰克和赫兹因此获得了1925年诺贝尔物理学奖。

弗兰克-赫兹实验至今仍是探索原子结构的重要手段之一,实验中用"拒斥电压"筛去小能量电子的方法,已成为广泛应用的实验技术。

【实验目的】

通过测定氩原子的第一激发电位(也称临界电位、中肯电位),证明原子能级的存在。

【实验原理】

玻尔的原子理论指出:

(1)原子只能较长地停留在一些稳定状态(称为定态)。原子在这些状态时,不发射或吸收能量。各定态有一定的能量,其数值是分立的。不论通过什么方式改变原子的能量,它只能从一个定态跃迁到另一个定态。

(2)原子从一个定态跃迁到另一个定态而发射或吸收辐射时,辐射频率是一定的。如果用 E_m 和 E_n 分别代表前后两定态的能量,辐射的频率 ν 决定于以下关系:

$$h\nu = E_m - E_n \tag{6-40-1}$$

式中 h 为普朗克常量,其值为

$$h = 6.63 \times 10^{-34} \text{ J} \cdot \text{s}$$

为了使原子从低能级向高能级跃迁,可以通过让具有一定能量的电子与原子相互碰撞进行能量交换的办法来实现。

设初速度为零的电子在电位差为 U_0 的加速电场作用下,获得能量 eU_0。当具有这种能量的电子与稀薄气体的原子发生碰撞时,就会发生能量交换。如以 E_1 代表氩原子的基态能量,以 E_2 代表氩原子的第一激发态能量,那么当氩原子吸收从电子传递来的能量恰好为

$$eU_0 = E_2 - E_1 \tag{6-40-2}$$

时,氩原子就会从基态跃迁到第一激发态,相应的电位差 U_0 称为氩的第一激发电位。测出 U_0,就可以根据式(6-40-2)求出氩原子的基态和第一激发态之间的能量差了。其他元素气体原子的第一激发电位也可依此法求得。

弗兰克-赫兹实验装置的原理如图6-40-1所示。在充氩的弗兰克-赫兹管中,电子由热阴极 K 发出,K 和第二栅极 G_2 之间的加速电压 U_{G_2K} 使电子加速。在板极 A 和第二栅极 G_2 之间有反向拒斥电压 U_{G_2A}。管内空间电位分布如图6-40-2所示。第一栅极电压 U_{G_1K} 的作用主要是消除空间电荷对阴极电子发射的影响,提高发射效率。当电子通过 KG_2 空间进入 G_2A 空间时,如果有较大的能量($\geq eU_{G_2A}$),就能冲过反向拒斥电场到达板极而形成板极电流,被微安表检测出。如果电子在 KG_2 空间与氩原子碰撞,把自己一部分能量传给氩原子而使后者激发,电子本身所剩余的能量就很小,以致通过第二

栅极后不足以克服拒斥电场而被折回到第二栅极,这时,通过微安表的电流将显著减小。

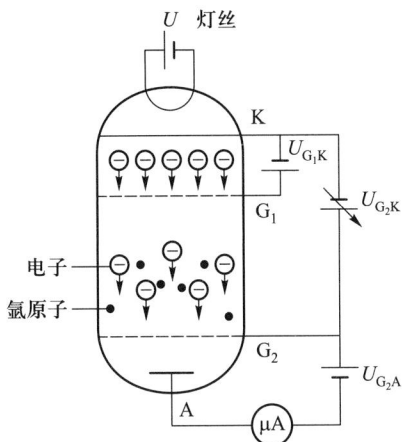

图 6-40-1　弗兰克-赫兹实验装置原理图

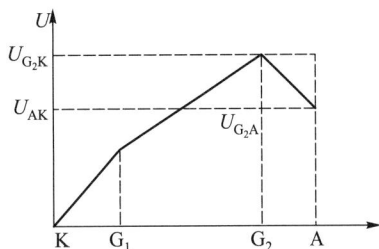

图 6-40-2　弗兰克-赫兹管内空间电位分布

实验时,使 U_{G_2K} 电压逐渐增加并仔细观察微安表的电流指示,如果原子能级确实存在,而且基态和第一激发态之间有确定的能量差的话,就能观察到如图 6-40-3 所示的 I_A-U_{G_2K} 曲线。

图 6-40-3 所示的曲线反映了氩原子在 KG_2 空间与电子进行能量交换的情况。当 KG_2 空间电压逐渐增加时,电子在 KG_2 空间被加速而获得越来越大的能量。但起始阶段,由于电压较低,电子的能量较小,即使在运动过程中它与原子相碰撞也只有微小的能量交换(为弹性碰撞)。穿过第二栅极的电子所形成的板极电流 I_A 将随第二栅极电压 U_{G_2K} 的增加而增大(Oa 段)。当 KG_2 间的电压达到氩原子的第一激发电位 U_0 时,电子在第二栅

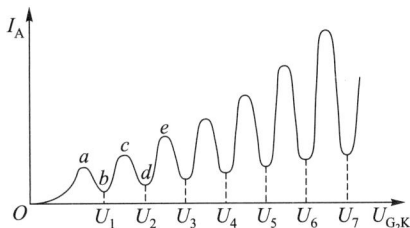

图 6-40-3　弗兰克-赫兹管的 I_A-U_{G_2K} 曲线

极附近与氩原子碰撞,将自己从加速电场中获得的全部能量传递给氩原子,并且使后者从基态激发到第一激发态。而电子本身由于把全部能量给了氩原子,即使穿过了第二栅极也不能克服反向拒斥电场而被折回第二栅极(被筛选掉)。所以板极电流将显著减小(ab 段)。随着第二栅极电压的增加,电子的能量也随之增大,在与氩原子碰撞后还留下足够的能量,可以克服反向拒斥电场而达到板极 A,这时电流又开始上升(bc 段)。直到 KG_2 间电压两倍于氩原子的第一激发电位时,电子在 KG_2 间又会因二次碰撞而失去能量,因而又会造成第二次板极电流的下降(cd 段)。同理,凡在

$$U_{G_2K} = nU_0 \quad (n = 1, 2, 3, \cdots) \tag{6-40-3}$$

的地方板极电流 I_A 都会相应下降,形成规则起伏变化的 I_A-U_{G_2K} 曲线。而各次板极电流 I_A 下降相对应的电压之差 $U_{n+1}-U_n$ 应是氩原子的第一激发电位 U_0。

本实验通过实际测量来证实原子能级的存在,并测出氩原子的第一激发电位(公认值为 $U_0 = 11.61$ V)。

【实验仪器】

ZKY-FH-2智能弗兰克-赫兹实验仪(以下简称为弗兰克-赫兹实验仪)。

1. 弗兰克-赫兹实验仪前后面板说明

(1)弗兰克-赫兹实验仪前面板说明

前面板如图 6-40-4 所示,以功能划分为八个区。

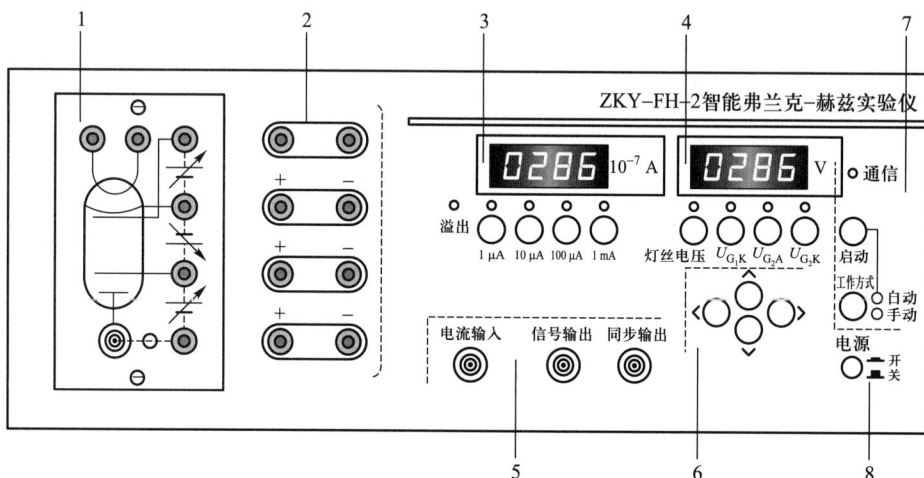

图 6-40-4　弗兰克-赫兹实验仪前面板

1 区是弗兰克-赫兹管各输入电压连接插孔和板极电流输出插座。

2 区是弗兰克-赫兹管所需激励电压的输出连接插孔,其中左侧输出孔为正极,右侧的为负极。

3 区是测试电流指示区,四位七段数码管指示电流值。四个电流量程挡位选择按键用于选择不同的最大电流量程挡,每一个量程选择备有一个选择指示灯指示当前电流量程挡位。

4 区是测试电压指示区,四位七段数码管指示当前选择电压源的电压值。四个电压源选择按键用于选择不同的电压源,每一个电压源选择备有一个选择指示灯指示当前选择的电压源。

5 区是测试信号输入输出区。电流输入插座用于输入弗兰克-赫兹管板极电流,信号输出和同步输出插座可将信号送示波器显示。

6 区是调整按键区,用于改变当前电压源的电压设定值,并可设置查询电压点。

7 区是工作状态指示区。通信指示灯用于指示实验仪与计算机的通信状态;启动按键与工作方式按键用于共同完成多种操作。

8 区是电源开关。

(2)弗兰克-赫兹实验仪后面板说明

弗兰克-赫兹实验仪后面板上有交流电源插座,插座上自带保险管座。如果实验仪已升级为微机型,则通信插座可连接计算机,否则,该插座不可使用。

2. 基本操作

（1）弗兰克-赫兹实验仪连线说明

在确认供电电压无误后,将电源连线插入后面板的电源插座中。连接面板上的连接线时,务必反复检查,切勿连错!

（2）开机后的初始状态

开机后,实验仪面板状态显示如下:

① 实验仪的“1 mA”电流挡位指示灯亮,表明此时电流的量程为 1 mA 挡。电流显示值为 0000.×10^{-7} A,若最后一位不为 0,属正常现象。

② 实验仪的“灯丝电压”挡位指示灯亮,表明此时修改的电压为灯丝电压。电压显示值为 000.0 V,最后一位在闪动,表明现在修改位为最后一位。

③ “手动”指示灯亮,表明此时实验操作方式为手动操作。

（3）变换电流量程

如果想变换电流量程,则按下 3 区中的相应电流量程按键,对应的量程指示灯亮起,同时电流指示的小数点位置随之改变,表明量程已变换。

（4）变换电压源

如果想变换不同的电压,则按下 4 区中的相应电压源按键,对应的电压源指示灯亮起,表明电压源变换已完成,可以对选择的电压源进行电压值设定和修改。

（5）修改电压值

按下前面板 6 区中的“<”“>”键,当前电压的修改位将进行循环移动,同时闪动,以提示目前修改的电压位置。按下“∧”“∨”键,电压值将在当前修改位增大或减小一个单位。

注意:如果当前电压值增大一个单位后将超过允许输出的最大电压值,再按下“∧”键,电压值只能修改为最大电压值。如果当前电压值减小一个单位后小于零,再按下“∨”键,电压值只能修改为零。

【**实验内容**】

1. 准备

按照要求连接弗兰克-赫兹管各组工作电源线,检查无误后开机。将实验仪预热 20~30 min。

2. 手动测量氩原子的第一激发电位

（1）设置仪器为“手动”工作状态。按“工作方式”键,“手动”指示灯亮。

（2）设定电流量程。按下相应电流量程键,对应的量程指示灯亮起。

（3）设定电压源的电压值。用 6 区的调整按键完成,需设定的电压源有:灯丝电压 U_F、第一加速电压 U_{G_1K}、拒斥电压 U_{G_2A}。

（4）按下“启动”键,实验开始。用 6 区的调整按键完成 U_{G_2K} 的调节。从 0.0 V 起,按步长 1 V（或 0.5 V）调节 U_{G_2K},同步记录 U_{G_2K} 值和对应的 I_A 值,同时仔细观察弗兰克-赫兹管的板极电流值 I_A 的变化（可用示波器观察）。**注意:**为保证实验数据的唯一性,U_{G_2K} 必须从小到大单向调节,不可在过程中反复。记录完最后一组数据后,立即将 U_{G_2K} 快速归零。

(5) 重新启动

在手动测量的过程中,按下启动按键,将使 U_{G_2K} 的值被设置为零,内部存储的测试数据被清除,示波器上显示的波形被清除,但 U_F、U_{G_1}、U_{G_2A}、电流挡位等的状态不发生改变。这时,操作者可以在该状态下重新进行测试,或修改状态后再进行测试。

建议手动测量 I_A-U_{G_2K} 一次,修改 U_F 后再测量一次。

【数据处理】

1. 在坐标纸上描绘各组数据对应的 I_A-U_{G_2K} 曲线。

2. 计算每两个相邻峰或谷所对应的 U_{G_2K} 之差值 ΔU_{G_2K},并求出其平均值 $\overline{U_0}$。将实验值 $\overline{U_0}$ 与氩的第一激发电位 $U_0 = 11.61$ V 比较,计算相对误差。

【思考题】

1. 拒斥电压增大时,I_A 如何变化?

2. 原子状态的改变通常在哪两种情况下发生?

实验 41　用光电效应测定普朗克常量

在原子物理、量子力学的发展史上大致有三类最重要的实验:第一类是证实光量子的实验,包括黑体辐射、光电效应、康普顿散射等实验;第二类是证实原子中量子态的实验,如氢光谱及其他原子、分子光谱实验、弗兰克-赫兹实验、施特恩-格拉赫实验等;第三类是证实物质波动性的实验,最重要的是电子衍射实验。另外,还有元电荷的精确测量,以及作为电子自旋假设重要依据的塞曼效应等实验。这些实验构成了一个比较完整的体系,成为量子理论的坚实基础。

其中,光电效应实验不仅论证了爱因斯坦的光量子理论,而且首次在实验中准确测量和验证了普朗克常量。普朗克常量联系着微观世界普遍存在的波粒二象性和能量交换量子化的规律。因此,光电效应实验的成功从根本上确立了量子世界的存在,成为量子物理领域的重要奠基石。

如今,光电效应原理已经被广泛地应用于各种科技领域,利用光电效应原理制成的光电器件(如光电管、光电池、光电倍增管、夜视仪和光电鼠标等)已成为生产和科研中不可缺少的器件。本实验用"减速法"验证爱因斯坦光电效应方程,并由此测出普朗克常量。通过本实验能了解光电效应基本规律,加深对光的粒子性的认识。

【实验目的】

1. 通过实验了解光的量子性;

2. 测量光电管的弱电流特性,找出不同光频率下的截止电压;

3. 验证爱因斯坦光电效应方程,并由此求出普朗克常量。

实验 41
电子教案

实验 41
教学视频

【实验原理】

1. 光电效应的定义

当一定频率的光照射到金属或其化合物表面上时,表面附近的电子吸收光子能量获得动能,并克服逸出功进入表面外空间,成为自由电子的现象,称为光电效应(相对于后来发现的内光电效应现象,确切说这里指的是外光电效应)。

2. 光电效应现象的实验规律

(1)仅当入射光频率 $\nu > \nu_c$(ν_c 为截止频率)时才发生光电效应,截止频率与材料有关,但与入射光强无关。

(2)光电子的最大初动能与入射光强度无关,只随入射光频率的增大而增大。截止电压 U_c 与入射光频率 ν 具有线性关系。这一线性关系是由爱因斯坦在 1905 年预言,并由密立根在 1914 年通过实验证实的。

(3)当 $\nu > \nu_c$ 时,在同一频率下,饱和光电流强度 I_m 正比于入射光强 P。

(4)光电效应是瞬时效应。当光照射到金属表面时,几乎立即就有光电子逸出,时间约为 10^{-9} s。

3. 光电效应现象的解释

爱因斯坦突破了光的能量连续分布的观念,他认为光是以能量 $E = h\nu$ 的光量子的形式一份一份向外辐射。光电效应中,具有能量 $h\nu$ 的一个光子作用于金属中的一个自由电子,光子能量或者被电子完全吸收,或者完全不吸收。电子吸收光子能量 $h\nu$ 后,一部分用于克服逸出功 W,剩余部分成为逸出电子的初动能,为

$$\frac{1}{2}mv_0^2 = h\nu - W \tag{6-41-1}$$

式(6-41-1)称为爱因斯坦光电效应方程。式中,h 为普朗克常量,其公认值 $h = 6.626 \times 10^{-34}$ J·s,v_0 为光电子进入到表面外空间的初速度,m 为电子的静止质量。

由式(6-41-1)可知,当 $h\nu - W = 0$,即 $h\nu = h\nu_c = W$ 时,$\frac{1}{2}mv_0^2 = 0$,即存在一个截止频率 ν_c,当 $\nu = \nu_c$ 时,吸收的光子能量 $h\nu_c$ 恰好等于电子逸出功 W,没有多余能量;当 $\nu < \nu_c$ 时,没有光电流;只有当入射光频率 $\nu > \nu_c$ 时,才有光电流。由于不同金属的逸出功不同,所以截止频率也不同。而且,当光子入射金属表面时,若 $\nu > \nu_c$,一个光子携带的能量 $h\nu$ 一次被一个电子全部吸收,电子立即逸出而不需要时间积累,即光电效应具有瞬时性。当 ν 远大于 ν_c 时,光电子具有较大的初动能,在阳极不加电压,甚至阳极电位低于阴极电位时,也会有光电子到达阳极,产生光电流。

4. 实验方法解析

本实验采用电场减速法,如图 6-41-1 所示。

单色光透过光电管的玻璃窗照射到阴极 K 上,从 K 发射出的光电子向阳极 A 运动,在阳极加上相对阴极为负的电压

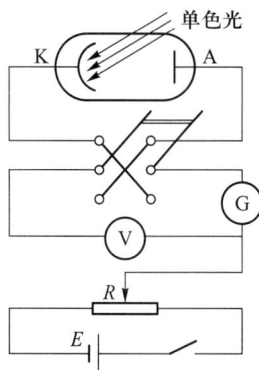

图 6-41-1 光电效应
实验电路图

U,以阻止光电子向阳极运动。随着反向电压 U 的增加,到达阳极的电子数减少,光电流减少。当反向电压满足

$$eU = eU_c = \frac{1}{2}mv_0^2 \tag{6-41-2}$$

时,将没有光电子到达阳极,光电流为零,称 U_c 为截止电压。由式(6-41-1)式(6-41-2)得

$$eU_c = h\nu - W$$

则

$$U_c = \frac{h\nu}{e} - \frac{W}{e} \tag{6-41-3}$$

将 $h\nu_c = W$ 代入式(6-41-3),有

$$U_c = \frac{h\nu}{e} - \frac{h\nu_c}{e} \tag{6-41-4}$$

式(6-41-4)表明,对于由同一种阴极光电材料制成的光电管,其截止电压 U_c 和入射光频率 ν 成线性关系,直线斜率 $k = \dfrac{h}{e}$。当 $\nu = \nu_c$ 时,$U_c = 0$,没有光电子逸出。

对于不同频率的光,可以得到与之对应的光电伏安特性曲线(I-U 曲线)和截止电压 U_c 的值。在方格坐标纸上作出 U_c-ν 曲线,根据已知的元电荷 e 和直线斜率 k 即可确定普朗克常量 h。

5. 确定截止电压 U_c

理想状态下,当光电管被单色光照射时,只可能产生阴极电流,但是实际的 I-U 特性曲线比较复杂,因为实际测得的光电流还包含暗电流、本底电流以及阳极电流:

(1)暗电流和本底电流

阴极电流包括暗电流和本底电流。暗电流是由于电子的热运动及光电管壳漏电等原因使阴极未受光照也会产生的电子流。本底电流是由各种杂散光所产生的光电流。两者都随外加电压的变化而变化。

(2)阳极电流

在制作阴极时,阳极也会被溅射上阴极材料,所以只要有光射到阳极上,阳极也会发射光电子,产生阳极电流即反向电流。

因此,实际光电管 I-U 曲线如图 6-41-2 所示。由图可见,由于阳极电流的存在,当实测光电流为零时,阴极电流并不等于零,U_c' 并不为截止电压 U_c。但对于阳极电流较小,并且在截止电压附近阴极电流上升得很快的光电管,其 U_c' 很接近 U_c,因此可以选择 U_c' 作为 U_c,这种确定 U_c 的方法称为"交点法"。另外,实测电流刚刚达到饱和时的拐点电压 U_c'' 显然也不是截止电压,但对于阳极电流很容易饱和的光电管,U_c'' 很接近 U_c,因此可以选择 U_c'' 作为 U_c,这种方法称为"拐点法"。究竟采用哪

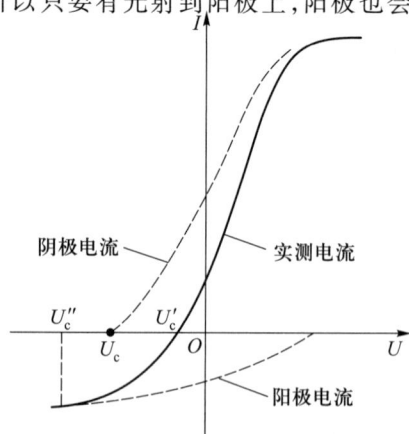

图 6-41-2　光电管的 I-U 曲线

一种方法,应根据所用光电管而定。本实验中所用的光电管正向电流(即阴极电流)上升很快,反向电流(即阳极电流)很小,故本实验中可用交点法来确定截止电压 U_c。

【实验仪器】

光电管,高压汞灯,滤波片,微电流测量放大器,ZKY-GD-4 光电效应(普朗克常量)实验仪。

【实验内容】

1. 测试前的准备

(1) 认真阅读光电效应实验仪的使用说明书。

(2) 安放好仪器,用遮光罩罩住光电效应实验仪暗盒的光窗。插上电源,预热 20～30 min,然后调整微电流测量放大器的零点和校正挡位。

2. 测量光电管的暗电流(选做)

(1) 连接好光电暗盒与微电流测量放大器之间的屏蔽电缆、地线和阳极电源线。测量放大器的"倍率"旋钮置于"×10^{-13}"挡("×10^{-13}"挡最灵敏,若该挡位电流示数不稳定,则可以从"×10^{-12}"挡开始。)

(2) 顺时针缓慢旋转"电压调节"旋钮,并适当地改变"电压量程"和"电压极性"开关。仔细记录不同电压下的对应电流值(电表读数×倍率,单位为安培),此时所读得的值即为光电管的暗电流。

3. 测量光电管的 I-U 特性

(1) 测量前,取下遮光罩后,须在暗盒光窗处装上指定光阑孔径的光阑。让光源出射孔对准暗盒光阑孔,并使暗盒光阑孔距离光源出射孔 30～50 cm。测量放大器"倍率"旋钮置×10^{-13} 挡。撤去遮光罩,换上滤波片。"电压调节"从−2 V(本实验仪器只能达到−1.998 V,近似值为−2 V)调起,缓慢增加,先观察不同滤波片下的电流变化情况,记下电流明显变化时的电压值,以使测量精确。

(2) 在上述粗略测量的基础上进行精确测量。从短波长起小心地逐次换上滤波片,仔细读出不同频率时入射光照射下的光电流,并记录数据,注意在电流开始变化的地方多读几个值。根据实际操作经验,一般来说,对于每个不变的入射光波长,电压 U 应从−2 V 到 50 V 变化,同时测量光电流的变化,其中−2 V 到 0 V 至少取 10 个点,从 0 V 到 50 V 可取约 20 个点。

4. 测量截止电压

(1) 交点法

对于每个入射光波长,将微电流测量"倍率"旋钮置于"×10^{-13}"挡或者"×10^{-12}"挡,从−2 V 到 0 V 缓慢调节电压 U,当电流为零时,相应的电压即截止电压 U_c。

(2) 拐点法(选做)

在坐标纸上仔细作出不同波长(频率)的 I-U 曲线,从曲线中找出负电流刚刚开始变化的临界"拐点",确定相应的电压为截止电压 U_c。

5. 计算普朗克常量

把不同频率 ν 单色光下的截止电压 U_c 描绘在坐标纸上。如果光电效应遵守爱因斯坦光电效应方程，则 $U_c = f(\nu)$ 的曲线应该是一条直线。应用作图法，取直线上不为实验点且尽量远的两点，求出直线的斜率 $k = \dfrac{\Delta U_c}{\Delta \nu}$，计算出普朗克常量 $h = ek$，并求测量值与公认值之间的相对误差。

6. 观察不同参量对实验结果的影响（选做）

改变光源出射孔与暗盒光阑孔的距离 L 和暗盒光阑孔的直径 Φ，重复上述步骤 3～5 次，观察 $I-U$ 曲线的变化和对截止电压 U_c 的影响。

【注意事项】

1. 光源射出的光必须直射光电管的阴极，此时暗盒可进行左右或高低调节。为避免光线直射阳极，测试时光窗处应加光阑孔直径为 2～4 mm 的光阑。

2. 必须在了解仪器的使用规则后方可进行实验。

3. 滤波片是经过加工和精选的，更换时注意避免污染。使用前，应用擦镜纸认真擦试滤波片以保证其具有良好的透光性。

4. 更换滤波片时应先遮住光源出射孔。实验完毕后应用遮光罩盖住暗盒光窗，以免强光照射阴极缩短光电管寿命。

5. 测量放大器必须充分预热，才能测量准确。接线时先接好地线，再接信号线，注意不能将输出端与地短路，以免烧毁电源。

【数据处理】

1. 测量 5 个不同波长的滤波片对应单色光的截止电压 U_c，将数据记入表 6-41-1。

表 6-41-1

单色光波长 λ/nm	365	405	436	546	577
截止电压 U_c/V					

2. 测量 436 nm 单色光对应的光电管负电压伏安特性曲线（$I-U$ 曲线）。

注意：要从 -1.998 V（约等于 -2 V）到 0 V 单向测量。记录电流时，一定要注明量程数量级。

（1）-2 V 至 U_c 均匀测量 8 个点，将数据记入表 6-41-2。

表 6-41-2

序号	1	2	3	4	5	6	7	8
U/V	-2							U_c
I/A								

（2）U_c 至 0 V 均匀测量 4 个点,将数据记入表 6-41-3,加上表 6-41-2 中的 2 个点共 6 个点。

表 6-41-3

序号	1	2	3	4	5	6
U/V	U_c					0
I/A						

【思考题】

1. 什么是光电效应? 爱因斯坦提出的光电效应理论有哪些内容?

2. 说明光电效应与入射光频率、光强、逸出功、截止电压、截止频率的关系,简述暗电流产生的原因及测量方法。

3. 用什么方法求出普朗克常量 h? 截止电压 U_c 与入射光频率 ν 有什么关系? 当 $U_c = 0$ 时有什么结论?

4. 在实验中,若改变光电管上的辐射强度,对 I-U 曲线有何影响?

5. 实验时,为什么必须将滤波片放到光电管的暗盒光阑孔上?

6. 讨论本实验中"拐点"U_c'' 和"交叉点"U_c' 的平均值与截止电压 U_c 的关系。

【附录】

1. 普朗克常量的提出

普朗克(图 6-41-3)是德国物理学家,量子物理学的开创者和奠基人,1918 年诺贝尔物理学奖获得者。

1900 年,普朗克抛弃了能量是连续的传统经典物理观念,导出了与实验完全符合的黑体辐射经验公式,从而解救了经典物理的"紫外灾难"。提出若从理论上推导出黑体辐射公式,必须假设物质辐射的能量是不连续的,只能是某一个最小能量的整数倍。普朗克把这一最小能量单位称为"能量子"。普朗克的假设解决了黑体辐射的理论困难,他还进一步提出了能量子 E 与频率 ν 成正比的观点,并引入了普朗克常量 h,即 $E = h\nu$。

普朗克常量 h 的发现,找到了微观与宏观之间的定量尺度,能量量子化的假设标志着人类对自然规律的认识进入了微观领域。

图 6-41-3　普朗克
(Planck,1858—1947)

2. 光电效应现象的发现与研究进展

在 1886—1887 年间,赫兹最先通过实验证实了电磁波的存在和光传播的麦克斯韦电磁理论。在实验中,赫兹发现当两个电极之一受到紫外线照射时,两电极间的放电就比较容易,这一现象就是后来的"光电效应现象"。可以说光电效应现象是赫兹在研究电磁波工作中的"副产品",是他仔细观察实验现象的意外收获。

赫兹的发现引起了不少研究者的兴趣,哈尔瓦克斯、斯托列托夫、埃尔斯特和盖特尔相继对其进行过研究。1889年,勒纳德以实验证明,光电发射中产生的粒子就是汤姆孙不久前发现的电子,并称它为"光电子"。1902年,勒纳德宣布了光电效应规律(但他无法根据当时的理论加以解释),并因此获得了1905年的诺贝尔物理学奖。

3. 光量子假设的提出

1905年3月,爱因斯坦(图6-41-4)运用并发展了普朗克的量子论,提出了"光量子"假设:光在空间传播时是不连续的,也具有粒子性,即一束光是一束以光速运动的粒子流。爱因斯坦把这些不连续的量子称为"光量子",1926年,刘易斯将它简称为"光子"。

爱因斯坦的光量子理论解决了经典理论与光电效应实验事实之间的尖锐矛盾,圆满解释了实验现象。

然而,尽管爱因斯坦的光电效应方程预言了截止电压与光的频率成线性关系,但是,在1905年爱因斯坦发表论文时,还没有人从实验中得到过这个线性关系,因为要测量不同光频率下纯粹由光引起的微弱电流并不是一件容易的事。一方面是由于理论没有得到实验的验证,另一方面,勒纳德

图6-41-4 爱因斯坦
(Einstein,1879—1955)

的触发假说占了上风,更重要的是,经典理论的传统观念束缚了人们的思想,因此,爱因斯坦的光量子理论和光电效应方程长期没有得到普遍承认。甚至相信量子概念的一些著名物理学家都反对他,就连能量子假说的提出者普朗克也持否定态度,认为爱因斯坦走得太远了。

4. 光电效应实验的成功及其重要地位

量子论和相对论是近代物理学的两大支柱,而早期量子论又是近代量子力学发展过程中不可逾越的重要阶段。无论是早期量子理论还是近代量子力学甚至近代粒子物理等科学理论,其建立的基础和检验其正确与否的标准都是科学实验。

爱因斯坦关于光量子的假设,激励了美国芝加哥大学的物理学家密立根(图6-39-5)。他从1905年开始从事光电效应的研究,而后的十年对其进行了精确的定量研究。密立根有说服力地验证了爱因斯坦的光量子理论,并精确地测定了普朗克常量,取得了与普朗克的理论值一致的实验结果。之后,他将整个工作的详细描述发表在1916年的《物理学评论》上。

为此,普朗克获得了1918年诺贝尔物理学奖,爱因斯坦获得了1921年诺贝尔物理学奖,密立根凭借在光电效应实验和元电荷测定实验等方面所取得的重要成就获得了1923年诺贝尔物理学奖。从此,科研工作者将人类带入了一个崭新的量子微观领域,并由此衍生了核物理等一批更有生命力的新兴科技领域,带动了近代科技的飞速发展。

第七章　研究性实验

实验 42　热电偶的定标

热电偶是温度测量仪器中常用的测温元件,它可直接用于测量温度,并把温度信号转换成热电动势信号,通过电气仪表(二次仪表)转换成被测介质的温度值。各种热电偶的外形常因需要而极不相同,但是它们的基本结构却大致相同,通常由热电极、绝缘套保护管和接线盒等主要部分组成,一般与显示仪表、记录仪表及电子调节器配套使用。

【实验目的】

1. 加深对温差电现象的理解;
2. 了解用热电偶测温的基本原理和方法;
3. 了解热电偶定标基本方法。

【实验原理】

1. 温差电效应

如果用 A、B 两种不同的金属构成一闭合电路,并使两接点处于不同温度,如图 7-42-1 所示,则电路中将产生温差电动势,并且有温差电流流过,这种现象称为温差电效应。

2. 热电偶

在物理测量中,经常将非电学量如温度、时间、长度等转换为电学量进行测量,这种方法叫做非电学量的电测法。其优点是不仅使测量方便、迅速,而且可提高测量精密度。热电偶(也称温差电偶)是利用温差电效应制作的测温元件,在温度测量与控制中有广泛的应用。本实验是研究一给定热电偶的温差电动势与温度的关系。

将两种不同金属串接在一起,其两端可以和仪器相连进行测温,如图 7-42-2 所示,这类元件就是热电偶。热电偶的温差电动势与两端温度之间的关系比较复杂,但在较小温差范围内,可以近似认为温差电动势 E_t 与温度差$(t-t_0)$成正比,即

$$E_t = c(t-t_0) \tag{7-42-1}$$

式中,t 为热端的温度,t_0 为冷端的温度,c 称为温差系数(或称热电偶常量),单位为 $\mu V \cdot ℃^{-1}$,它表示两端温度相差 1 ℃时所产生的电动势,其大小取决于组成热电偶材料的性质,有

$$c = (k/e)\ln(n_{0A}/n_{0B}) \tag{7-42-2}$$

式中,k 为玻耳兹曼常量,e 为元电荷,n_{0A} 和 n_{0B} 为两种金属单位体积内的自由电子数目。

如图 7-42-3 所示,热电偶与测量仪器有两种连接方式:

(1) 金属 B 的两端分别和金属 A 焊接,测量仪器 M 接入 A 中间(也可接入 B 中间);

（2）A、B 的一端焊接,另一端分别和测量仪器连接。

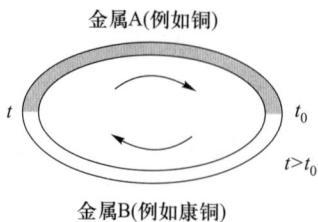

图 7-42-1

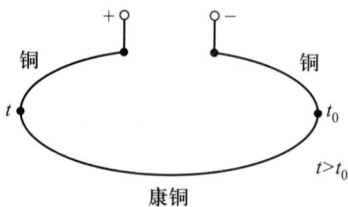

图 7-42-2

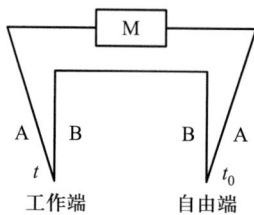

(a)

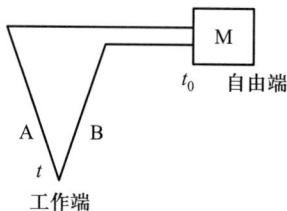

(b)

图 7-42-3

在使用热电偶时,总要将它接到电位差计或数字电压表上,这样除构成热电偶的两种金属外,必将有第三种金属接入电路中。理论上可以证明,在 A、B 两种金属之间插入任何一种金属 C,只要维持它和 A、B 的连接点在同一温度,那么这个闭合电路中的温差电动势总是和只由 A、B 两种金属组成的热电偶中的温差电动势相同。

热电偶的测温范围可以从 4.2 K(−268.95 ℃)的低温直至 2 800 ℃ 的高温。必须注意,不同的热电偶所能测量的温度范围各不相同。

3. 热电偶的定标

热电偶定标的方法有两种。

（1）比较法

用被校热电偶和一个标准热电偶去测同一温度,测得一组数据,将由被校热电偶测得的热电势由标准热电偶所测的热电势校准。在被校热电偶的使用范围内改变不同的温度,进行逐点校准,就可得到被校热电偶的一条校准曲线。

（2）固定点法

选取几种合适的纯物质,在一定气压下(一般是标准大气压)将这些纯物质的沸点或熔点温度作为已知温度,测出热电偶在这些温度下对应的电动势,从而得到电动势-温度关系曲线,这就是所求的校准曲线。

本实验采用固定点法,且连接方法参照图 7-42-3(a)中的方式对热电偶进行定标。

实验中的铜-康铜热电偶分为了"热电偶热端"和"热点偶冷端"两部分,它们都是由受热管和两股材料分别为铜和康铜的导线组成,如图 7-42-4 所示。其中,铜导线外部是红色绝缘

图 7-42-4

层,康铜导线外部是黑色绝缘层,且两股导线在受热管中焊接在一起,但和外部的受热管绝缘,受热管的作用只是让其内部的两导线焊接端良好受热。

连接热电偶时,将"热电偶热端"和"热电偶冷端"的"红"接"红","黑"接"黑",以保证形成热电偶。为了测出电压,可将数字万用表接在它们的"红"与"红"之间,或"黑"与"黑"之间。把冷端浸入冰水共存的保温杯中,热端插入加热盘的恒温腔中,如图7-42-5所示,是其中一种连接方法。

定标时,加热盘可恒温在 50~120 ℃。用数字万用表测定出对应点的温差电动势。以电动势 E 为纵轴,以热端温度 t 为横轴,标出各点,连成直线,如图 7-42-6 所示,即热电偶的定标曲线。有了定标曲线,就可以利用该热电偶测温了。这时,仍将冷端保持在原来的温度($t_0 = 0$ ℃),将热端插入待测物中,测出此时的温差电动势,再由 E-t 曲线,查出待测温度。

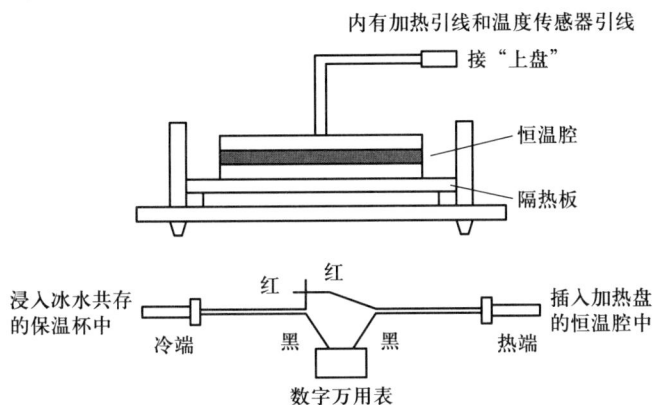

图 7-42-5

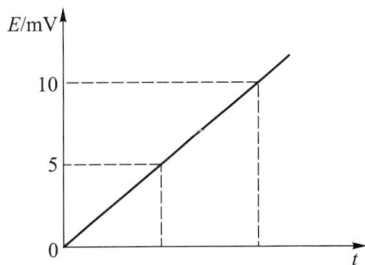

图 7-42-6

【实验仪器】

铜-康铜热电偶,数字智能化热学综合实验仪,保温杯,数字万用表等。

【实验内容】

1. 测量温差电动势

连接好实验装置,将热电偶热端置于恒温腔中,将热电偶冷端置于保温杯的冰水混合物中,将"温度选择"开关置于"设定温度"。调节"设定温度初选"和"设定温度细选",选择加热盘所需的温度(如 50 ℃),按下"加热开关"开始加热。加热盘温度稳定时,温度可能达不到设定值,可适当调节"设定温度细选"使温度达到所需的温度(如 50.0 ℃),此时设定的温度值要高于所需的温度。读出数字万用表中此时的温差电动势。

2. 热电偶定标

类似于步骤 1,调节加热盘的温度,使其每次递增 10 ℃(如依次达到 60 ℃,70 ℃,80 ℃,90 ℃,100 ℃),热电偶冷端不变,测量不同温度下的温差电动势,作出热电偶的 E-t 定标曲线。

3. 利用热电偶测温验证 $E\text{-}t$ 定标曲线

使恒温腔的温度达到某一值（如 75 ℃），将冷端置于保温杯中，热端插入恒温腔中，测出此时的温差电动势。由 $E\text{-}t$ 定标曲线查出对应的温度值，与恒温腔的实际温度值进行比较，分析误差。

【数据处理】

1. 测量对应温度的温差电动势（数据记入表 7-42-1）。

表 7-42-1

$t/℃$	E/mV
$t_0 =$	$E_0 =$
$t_1 = t_0 + 10$ ℃ $=$	$E_1 =$
$t_2 = t_0 + 20$ ℃ $=$	$E_2 =$
$t_3 = t_0 + 30$ ℃ $=$	$E_3 =$
$t_4 = t_0 + 40$ ℃ $=$	$E_4 =$
$t_5 = t_0 + 50$ ℃ $=$	$E_5 =$

2. 作出热电偶的 $E\text{-}t$ 定标曲线。

3. 验证 $E\text{-}t$ 定标曲线（数据记入表 7-42-2）。

表 7-42-2

恒温腔的实际温度/℃	
测出的温差电动势/mV	
由曲线查出的对应温度/℃	

4. 分析误差。

【思考题】

1. 实验中的误差是如何产生的？

2. 如果实验过程中，热电偶的冷端不在冰水混合物中，而是暴露在空气中（即室温下），对实验结果有何影响？

3. 大气压对实验结果有何影响？

实验 43　灵敏电流计的研究

用普通的微安表很难测出几微安的电流，因为这种电表的转动部件采用了游丝弹簧、轴承支架的结构，存在着机械接触的摩擦阻力。

灵敏电流计是一种高灵敏度的磁电式仪表。在精密测量中，它除了用于测量微小电流，还可用来检测电路中是否有微小电流通过，所以也称为检流计。灵敏电流计通常可分为指针式和光点式两种。本实验研究的复射式灵敏电流计（也称光点式灵敏电流计）采用了极细的悬丝代替轴承，且将线圈悬挂在磁场中。由于悬丝细而长，反抗力矩很小，所以当有极弱的电流通过线圈时就会使它有明显的偏转，因而它比一般的电流表灵敏的多，可以测量 $10^{-11} \sim 10^{-6}$ A 的微弱电流和 $10^{-8} \sim 10^{-3}$ V 的微小电压，如光电流、物理电流、温差电动势等，更常用作检流计，如在电桥、电位差计中作指零仪。

【实验目的】

1. 了解灵敏电流计的基本结构和工作原理；
2. 掌握测量灵敏电流计内阻和灵敏度的方法；
3. 学会正确使用灵敏电流计。

【实验原理】

1. 光点式灵敏电流计的基本结构和工作原理

光点式灵敏电流计的结构如图 7-43-1 所示。在永久磁铁之间有一圆柱型软磁铁芯，使空隙中的磁场呈辐射状分布。用张丝将一个多匝矩形线圈垂直悬挂于空隙中，在线圈下端安装了一个平面小镜。从光源发出的一束定向聚焦光先投射在小镜上，反射后射到凸面镜上，再反射到长条平面镜上，最后反射到弧形标尺上，形成一个中间有一条黑色准丝像的方形光斑。当有微弱电流通过线圈时，此线圈（及小镜）在电磁力矩作用下以张丝为轴发生偏转，于是小镜的反射光也将改变方向，该反射光起了电流计指针的作用。由于这种装置没有轴承，消除了难以避免的机械摩擦。又由于发射光线多次来回反射，增加了"光指针"的长度，使在同样转角下，"光指针针尖"（光斑）所扫过的弧长增加，所以这种电流计的灵敏度大大提高。

由前面讨论可知，光点式灵敏电流计是磁电式电表的一种，因此，通过电流计线圈的电流 I_g 与线圈的偏角 θ 成正比。由图 7-43-2 可知，线圈（及小镜）的偏转角 θ 又与光斑的位移 d 成正比，所以，通过线圈的电流 I_g 与光斑的位移 d 成正比，即

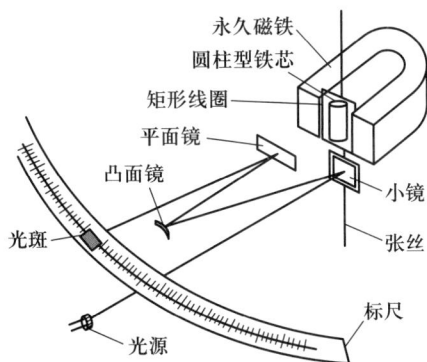

图 7-43-1

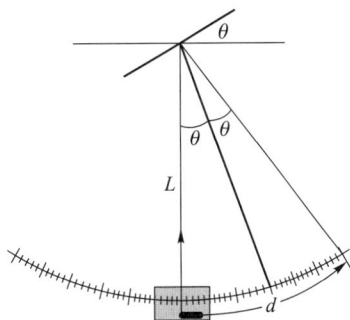

图 7-43-2

$$I_g = Kd \qquad\qquad (7\text{-}43\text{-}1)$$

式中的比例系数 K 称为电流计常量,单位是 A/mm,也就是光斑偏转 1 mm 所对应的电流值,它的倒数

$$S_i = \frac{1}{K} = \frac{d}{I_g} \tag{7-43-2}$$

称为电流计的电流灵敏度。显然,S_i 越大(K 越小),电流计就越灵敏。

要定量测量电流,就必须知道 K 或 S_i。一般在电流计的铭牌上标明了 K 或 S_i 的数值,但由于长期使用和检修等因素,其数值往往有所改变,所以使用电流计定量测量之前,必须测定 K 或 S_i 的数值。

2. 灵敏电流计线圈的三种运动状态

在使用灵敏电流计时会发现,在某些情况下,当电流发生变化后,光标会来回摆动很久才逐渐停在新的平衡位置上,这样读数很浪费时间。一般的指针式电表内部装有电磁阻尼线圈,通电流后指针很快摆到平衡位置,上述问题不会引人注意。但灵敏电流计的阻尼问题要求使用者在外部线路解决,这就需要研究如何用电磁阻尼控制线圈的运动状态。

由电磁感应定律可知,闭合线圈在磁场中转动时因切割磁感线而产生感生电动势和感生电流。这个感生电流也要受磁场作用,故线圈受到一个阻碍线圈转动的电磁阻尼力矩 M 的作用,其大小与由电流计内阻 R_g 和外电阻 $R_{外}$ 组成的闭合回路的总电阻成反比:

$$M \propto \frac{1}{R_g + R_{外}} \tag{7-43-3}$$

由此可见,可以通过改变 $R_{外}$ 的大小来控制电磁阻尼力矩 M 的大小。M 不同,线圈的运动状态也不同,按其性质可分为三种不同的状态:

(1)当 $R_{外}$ 较大时,M 较小,线圈作振幅逐渐衰减的振荡。也就是说,线圈偏转到相应位置 θ_0 处不会立即停止不动,而是越过此位置,并以此位置为中心来回振荡,需较长时间才能停在平衡位置 θ_0 处。$R_{外}$ 越大,M 越小,振荡时间也就越长。这种状态称为阻尼振荡状态或欠阻尼状态,如图 7-43-3 中曲线 1 所示。

(2)当 $R_{外}$ 较小时,M 较大,线圈缓慢地趋向于新的平衡位置,也不会越过此平衡位置。$R_{外}$ 越小,M 越大,达到平衡位置的时间也越长,这种状态称为过阻尼状态,如图 7-43-3 中曲线 3 所示。

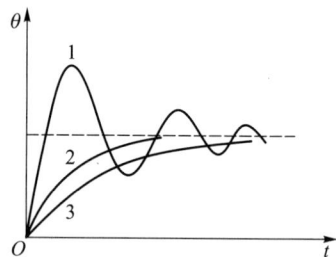

图 7-43-3

(3)当 $R_{外}$ 适当时,线圈能很快达到平衡位置而又不发生振荡,处于欠阻尼与过阻尼的中间状态。这种状态称为临界状态,如图 7-43-3 中曲线 2 所示。这时对应的 $R_{外}$ 叫作临界外电阻 $R_{外临}$,$R_{外临}$ 的数值标在铭牌上或说明书中。

3. 测定灵敏电流计的内电阻 R_g 和灵敏度 S_i

测量电路如图 7-43-4 所示,S_2 置于 1,电源电压经 R_0 分压后由电压表测出,再经 R_2、R_3 二次分压后加到电阻箱 R_1 和电流计 G 上,使电流计偏转一定的数值。一般 R_2 取

几万欧姆,R_3 取几欧姆,(R_g+R_1) 取几百欧姆。在计算 R_3 两端的电压 U_{bc} 时,因为 $(R_g+R_1)\gg R_3$,且 $R_2\gg R_3$,bc 间的电阻 R_{bc} 应为 R_3 与 (R_g+R_1) 的并联值,故

$$R_{bc}=\frac{(R_g+R_1)R_3}{R_g+R_1+R_3} \tag{7-43-4}$$

由于 R_3 是 R_2 几万分之一,所以

$$U_{bc}\approx U_{ac}\frac{R_{ab}}{R_2} \tag{7-43-5}$$

通过电流计的电流为

$$I_g=\frac{U_{ac}R_3}{(R_g+R_1+R_3)R_2} \tag{7-43-6}$$

式(7-43-6)可以整理为

$$R_1=-(R_g+R_3)+\frac{R_3}{R_2I_g}U_{ac} \tag{7-43-7}$$

式中除 R_1 和 U_{ac} 外,其余量均保持不变,故它是直线方程,令

$$A=-(R_g+R_3),\quad B=\frac{R_3}{R_2I_g}$$

则

$$R_1=A+B\cdot U_{ac} \tag{7-43-8}$$

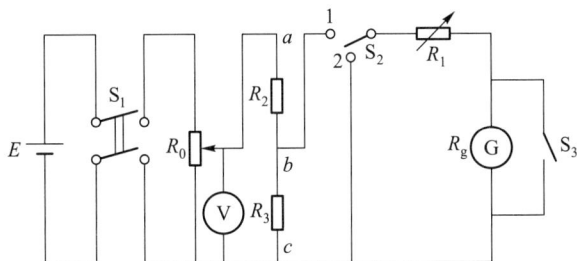

图 7-43-4

实验时由 R_1 控制电流计的偏转位移为固定的数值 d,测出 n 组 (R_1,U_{ac}),可用最小二乘法求出系数 A,B。又 R_2,R_3 为已知值,所以

$$R_g=-(R_3+A),\quad I_g=\frac{R_3}{R_2B} \tag{7-43-9}$$

则电流计的灵敏度 S_i 为

$$S_i=\frac{1}{K}=\frac{d}{I_g}=\frac{dR_2B}{R_3} \tag{7-43-10}$$

【实验仪器】

AC15 型灵敏电流计,直流稳压电源,滑动变阻器,电阻箱,标准电阻,直流电压表等。

AC15 型灵敏电流计(以下简称为灵敏电流)的面板如图 7-43-5 所示。图中零点

调节为粗调旋钮。固定在标尺上的手柄为零点细调,左右移动它可使光斑准确对准零点。面板的左上部有一个转换旋钮(分流器),当它指"×1"挡时,灵敏度最高,指"×0.1"或"×0.01"挡时,灵敏度分别降低 1/10 或 1/100。如果在标尺上找不到光点影像,可将分流器旋钮置于"直接"挡,并将电流计轻微摆动。若有光点影像扫掠,则可调节零点调节器,将光点调至标尺上。当光斑晃动不止或搬动检流计时,应将分流器旋钮置于"短路"挡,以便保护电流计的张丝。

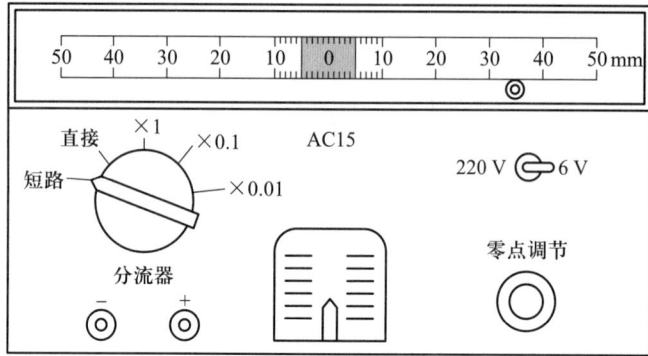

图 7-43-5　灵敏电流计面板

【实验内容】

1. 观察灵敏电流计的三种运动状态与 R_1 的关系,并确定外临界电阻值。

按图 7-43-4 连接电路,取 R_3 和 R_2 为 1 Ω 和 3 000 Ω,预置 R_1 等于 $4R_{外临}$(仪器铭牌上注有外临界阻值,若不知此值,可采用优选法逐渐逼近求得),然后依次置 R_1 等于 $R_{外临}/4$ 和 $R_{外临}$。滑动变阻器置于零,接通检流计电源,分流器旋钮拨至"直接"挡,调零。接通稳压电源,调至 6 V。推动滑动变阻器使检流计在三种 R_1 值下分别使光标满偏(50 mm)。断开 S_2,同时用秒表记录三种运动状态达到平衡位置不动的时间,确定 $R_1(=R_{外临})$ 的值,并画出三种运动状态曲线。

2. 求灵敏电流计内阻 R_g、灵敏度 S_i 和电流计常量 K 的值。

仍按图 7-43-4 连接电路,取 R_3 和 R_2 为 0.5 Ω 和 10 kΩ,滑动变阻器置于零,调节电源为 4 V。将 U_{bc} 分别调为 0.5 V、0.6 V、0.7 V、0.8 V、0.9 V、1.0 V,并对应调节 R_1,使光标每次满偏。再反向由 1.0 V 依次调节,直至 0.5 V,得到与之对应的 R_1,取两次平均值。作 R_1-U_{ac} 曲线,用作图法求出 R_g 和 I_g,并计算出 S_i 和 K(更严格地,可以用最小二乘法)。

3. 实验结束后置分流器旋钮于"短路"挡。

【思考题】

1. 灵敏电流计之所以有较高的灵敏度是由于结构上作了哪些改进?
2. 电流计常量的意义是什么?
3. 图 7-43-4 中为什么要作二次分压?

4. 图 7-43-3 中三条曲线的物理意义是什么？

5. 灵敏电流计的线圈在磁场中运动时,受哪几种力作用？ 力矩产生的原因是什么？

实验 44　非线性电阻伏安特性的研究

【实验目的】

1. 学习设计实验电路;

2. 学习测绘各种非线性电阻元件的伏安特性曲线(I-U 曲线);

3. 学习和掌握从实验曲线上获取有关信息的方法,合理选用非线性电阻元件。

【实验原理】

在一个元件的两端加上电压,元件内就有电流通过。流动的电流随外加电压变化的曲线称为该元件的伏安特性曲线。若一个元件两端所加的电压与通过它的电流成正比,则伏安特性曲线为一条直线。直线斜率的倒数就是该元件的电阻,它是一个常量。这类元件遵守欧姆定律,称为线性元件。实验室常用的线绕电阻、碳膜电阻、金属膜电阻和其他金属导体均属此列。若在一个元件的两端加的电压与通过它的电流不成正比,则其伏安特性曲线不再是一条直线了,而是一条曲线。曲线上任意一点斜率的倒数表示了该元件在该工作状态下的电阻,它不是常量,随其工作状态的不同而改变,称为动态电阻。这类元件是非线性元件,包括灯泡的钨丝、二极管、热敏电阻、硅光电池等。严格地说,一切物体的电阻在一定程度上都具有非线性。

电阻的非线性特性能为我们提供一些有用的信息,例如,能检测温度、压力、光强等物理量的变化,从而使其在科学研究与工农业生产中获得了许多应用。因此,对具有非线性特性的元器件进行研究是有一定实用价值的。

研究非线性电阻特性最常用的方法是伏安法。用这种方法进行测量,必须考虑待测元器件的特性来设计控制电路和测试电路,还要顾及测量仪表的量程、内阻和灵敏度对测量结果的影响。为使测量结果更加精确,也还可以利用电位差计、示波器或电桥等仪器。

【实验仪器】

直流稳压电源,多量程电压表,多量程电流表,双踪示波器。可供选择的非线性元件有小电珠,整流二极管,稳压二极管,发光二极管,光电二极管,光敏电阻,其余所需元件自选。

【实验内容】

1. 从所提供的各种非线性电阻元件中任选两种,分别测绘出它们的伏安特性曲线和电阻-电流关系曲线,并求出经验公式。

（1）根据所给元器件的电学特性,合理选择实验方案。

（2）设计控制电路和测试电路。

（3）合理选择测量仪表的精度等级、量程与测试条件。

（4）测量、记录、处理数据。

2. 用示波器观测非线性电阻元件的伏安特性曲线。

（1）说明实验原理，画出设计线路图。

（2）描绘示波器荧屏上显示的伏安特性曲线。

3. 根据实验结果，说明如何获取有用信息，如何合理使用非线性电阻元器件。

【思考题】

1. 试从小电珠的伏安特性曲线中，求出灯丝的零电阻（即 $I=0$ 时的阻值），并比较和讨论它在小电流负荷下与在大电流负荷下（不能超过但要接近其额定值）的伏安特性。

2. 试根据测量得到的伏安特性曲线解释稳压二极管的稳压原理，并找出该稳压二极管的最佳运行参量（如动态电阻、稳定电压、工作电流、稳压系数等）。

实验 45　用直流双臂电桥测量低值电阻

电桥法是电磁学实验中最重要的测量方法之一，有着非常广泛的应用。它具有灵敏度和准确度都较高，结构简单，使用方便等特点，在非电学量（如压力、温度等）测量中也广泛采用。在现代自动化控制和仪器仪表中，许多都是利用电桥进行设计、调试和控制的。

本实验中可通过测量黄铜棒的电阻率了解直流双臂电桥的特点，还可自主设计电桥测量低值电阻。

【实验目的】

1. 掌握直流双臂电桥测低值电阻的原理及方法；

2. 学习测量低值电阻的设计思路；

3. 了解单臂电桥和双臂电桥的区别。

【实验原理】

对于 $1\ \Omega$ 以下的低值电阻，不能用惠斯通电桥进行准确的测量，主要原因是在电桥的接触处存在着接触电阻，大小在 $10^{-2}\ \Omega$ 数量级。当待测电阻小于 $10^{-1}\ \Omega$ 时，显然，用惠斯通电桥进行测量失去了意义。对于低值电阻，一般用直流双臂电桥（开尔文电桥）进行测量。对于 $10^6\ \Omega$ 以上的高值电阻，一般用专测高阻抗电阻的设备或兆欧表进行测量。

待测低值电阻 R_x 和标准低值电阻 R 一般都加工成四端法连接方式，如图 7-45-1 所示。用作电流接头的两端点 C_1、C_2 和用作电压接头的两端点 P_1、P_2 是各自分开的，这样在 I_x 的电流支路中，就没有接触电阻的影响。

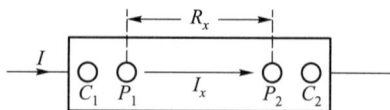

图 7-45-1　四端法示意图

直流双臂电桥是在惠斯通电桥的基础上加以改进而成的,其主要特点是消除接触电阻的影响。图 7-45-2 是直流双臂电桥的原理图。图中 R_x 是待测低值电阻,R_{01}、R_{02}、R_{03}、R_{04} 和 R_0 是接触电阻,其值很小。直流双臂电桥电路具有以下特点。

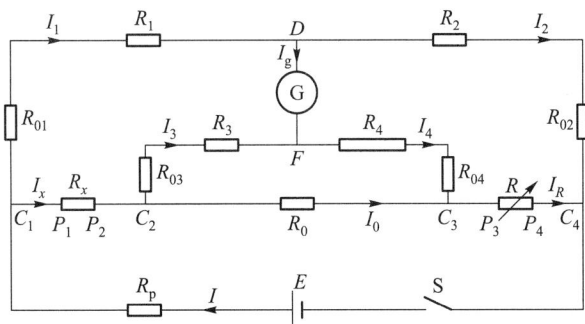

图 7-45-2 直流双臂电桥电路

(1)在检流计的下端增加了由 R_3、R_{03}、R_4 和 R_{04} 组成的附加电路。

(2)在 C_1 和 C_2 之间接入待测样品(低值电阻),连接时用了四个接头,C_1、C_2 为电流接头,P_1、P_2 为电压接头。被测电阻 R_x 是 P_1、P_2 之间的电阻。由于 R_1、R_2 和 R_3、R_4 并列,故称直流双臂电桥。附加电路中 R_3、R_4 远大于 R_x 和 R。R_1、R_2 也远大于 R_x 和 R。

(3)电流 I 从 C_1 处分成 I_1 和 I_x 两部分。电流 I_x 在 P_1 处没有接触电阻,因为它连续通过同一导体。电流 I_1 则要通过接触点,故产生接触电阻 R_{01},使桥臂电阻增大为 (R_1+R_{01})。R_{01} 一般远小于 R_1,而流经桥臂的电流又远小于流经 R_x 和 R 上的电流,因此经过桥路连线上的电压和接触电阻 R_{01}、R_{02}、R_{03}、R_{04} 上的电压远小于电阻 R_1、R_2、R_3 和 R_4 上的电压,故由它们引起的误差可忽略不计。

当直流双臂电桥电路中通过电流计的电流为零时,电桥达到平衡,此时有

$$U_{P_1C_1D} = U_{P_1P_2F}, \qquad U_{DC_4P_4} = U_{FP_3P_4} \tag{7-45-1}$$

即

$$I_1(R_1+R_{01}) = I_xR_x + I_3(R_3+R_{03}) \tag{7-45-2}$$

$$I_2(R_2+R_{02}) = I_4(R_4+R_{04}+R) + I_0R \tag{7-45-3}$$

$$I_3(R_3+R_{03}) + I_4(R_4+R_{04}) = I_0R_0 \tag{7-45-4}$$

由于

$$R_{01} \ll R_1, \quad R_{02} \ll R_2, \quad R_{03} \ll R_3, \quad R_{04} \ll R_4, \quad I_g=0 \tag{7-45-5}$$

故

$$I_1=I_2, \quad I_3=I_4, \quad I_x=I_R, \quad I_0=I_x-I_3 \tag{7-45-6}$$

可得

$$I_xR_x + I_3R_3 = I_1R_1 \tag{7-45-7}$$

$$I_xR + I_3R_4 = I_1R_2 \tag{7-45-8}$$

$$I_3(R_3+R_4) = (I_x-I_3)R_0 \tag{7-45-9}$$

联立以上方程解得

$$R_x = \frac{R_1}{R_2}R + \frac{R_4R_0}{R_3+R_4+RR_0}\left(\frac{R_1}{R_2} - \frac{R_3}{R_4}\right) \tag{7-45-10}$$

式中,第一项与惠斯通电桥相同,第二项为修正项。为了测量方便,一般选取测量参量时,若能满足

$$\frac{R_1}{R_2} - \frac{R_3}{R_4} = 0 \tag{7-45-11}$$

则式(7-45-10)可简化为

$$R_x = \frac{R_1}{R_2}R \tag{7-45-12}$$

若式(7-45-11)能严格成立,则直流双臂电桥的测量方法就等同于直流单臂电桥。要达到这点,在实验中,R_1、R_2、R_3 和 R_4 几个变阻器一般使用联动开关来调节。除此之外,还应尽量采用粗导线以减小导线电阻和接触电阻,使修正项尽量小,以致式(7-45-11)不严格成立时也可忽略修正项对测量结果的影响。

【实验仪器】

本实验仪器主要由自组电桥实验仪和附件盒(包含 6 个 250 g 的秤砣)组成,如图 7-45-3 所示,实验室还提供精度为 0.1 Ω 的电阻箱。

自组电桥实验仪的正常工作条件为:

环境温度:0~40 ℃;

相对湿度:≤90%;

大气压强:86~106 kPa;

电源:交流,220 V×(1±10%),50 Hz×(1±5%)。

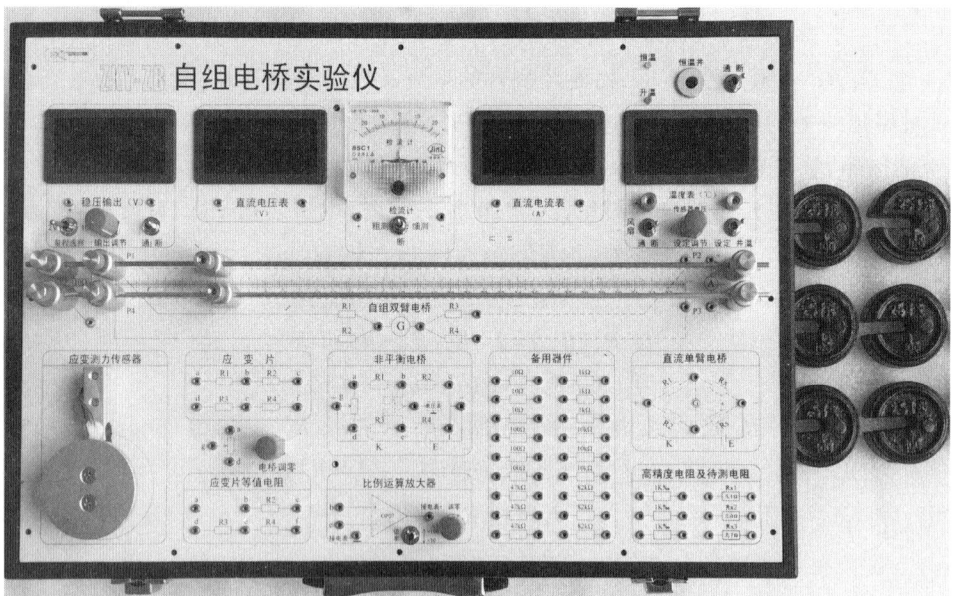

图 7-45-3 自组电桥实验仪

现从上到下、从左到右简要介绍实验仪面板各部分的功能。

(1)"稳压输出"为三位半数显直流电压表,量程为 0~19.99 V,是实验仪中唯一给实验电路供电的精密稳压电源。电压从表下方"+""−"两端子输出,还设有量程选择(0~2.00 V 和 0~10.00 V)开关、电压输出连续调节旋钮和通断开关。其最大输出电流为 1 A。

（2）"直流电压表"为四位半数显直流电压表，量程为 0～1.999 9 V，用以精确显示电桥电路中的电压值。未接待测电路时，该表处于悬浮状态，表头显示无规则数字。不用时，可将"+""－"端子短接。当示数不停闪烁时，表示输入电压超量程。

（3）"检流计"的量程为 －25～25 μA，表的下方除输入端子外，还有"粗测-断-细测"转换开关。"粗测"状态下，检流计的输入电路中串联一个较大的电阻，用于在桥路远离平衡点时，保护检流计不会被烧毁。

（4）"直流电流表"为三位半数显电流表，量程为 0～1.999 A，用来显示、监视实验电路中的电流值，使用时应串联入实验电路。

（5）"温度表"的测温量程为 0～199.9 ℃。

（6）"恒温井"。温度表的上方设有恒温井，井的左侧还有升温（红）、恒温（绿）指示灯。恒温井是干井，内部没有介质。内置温度传感器在井的中下部测量井温，待定标、校准、测试的传感器从井口插入。井的右侧是一个通断开关，控制了整个恒温系统的供电（温度表除外）。温度表的下方有风扇开关、温度设定调节旋钮和"设定-井温"转换开关。风扇在内部对恒温井降温，"设定调节"旋钮用来设置恒温温度。当"设定-井温"转换开关拨向"设定"，温度表上将显示待定温度，调节"设定调节"旋钮，井温可设置在 0～100.0 ℃。当"设定-井温"开关拨向"井温"，将显示实时井温，井温将在设定值±2 ℃ 内波动。

（7）"自组双臂电桥"在所有仪表的下方，它由两根"四端电阻"和一套固定电阻（100 Ω）的双臂电路组成。四端电阻为铝棒和黄铜棒各一根，已知铝的电阻率为 2.83×10⁻⁸ Ω·m，配合"比例运算放大器"和"直流电压表"可测量黄铜的电阻率。

（8）"应变测力传感器"选用 S 形的双弯曲梁为弹性元件，四个应变片分别粘贴在梁的上、下两表面。每个应变片的直流电阻为 1 000 Ω 左右，应变片端点引线直接接到控制面板上的"应变片"一栏。使用时可依据不同实验内容选择不同的连接方式，还可配合"应变片等值电阻"栏扩展实验内容。

（9）"非平衡电桥"绘有非平衡电桥接线示意图。

（10）"比例运算放大器"栏里有比例运算放大器接线插座，并有放大倍率转换开关，共分两挡：×10 和 ×100，还设有放大器调零旋钮。使用时，放大器应先调零。

（11）"备用器件"栏里有阻值为 10 Ω，100 Ω，1 kΩ，10 kΩ，47 kΩ，82 kΩ 的备用电阻各 3 个，实验中可由连接线引出使用。若需提高实验精度，还可使用实验室提供的精度为 0.1 Ω 的电阻箱。

（12）"直流单臂电桥"栏里绘有电桥电路图，可接入不同的桥臂电阻测量待测电阻的阻值，并练习消减误差。也可接入 Pt100 传感器等元件，标定不同温度下铂电阻的电阻值，用铂电阻测恒温井的温度，估计误差。

（13）"高精度电阻及待测电阻"栏里有三个相对误差为 ±1‰ 的精密电阻，还有三个没提供具体数值的电阻，但标示了电阻大概范围，可自行检测并计算误差。待测电阻是专为用惠斯通电桥测中值电阻而设置的。

【实验内容】

1. 按照图 7-45-2 连接好接线端钮,注意尽量减小导线电阻和接触电阻。由于通过桥臂回路中的电流较小,应先将 D、F 两端的信号放大 100 倍再接入直流电压表。

2. 将"自组双臂电桥"的两个活动夹头固定在左端某处,调节"电桥调零"旋钮使直流电压表输出为零。然后改变黄铜棒上活动夹头的位置,并调节铝棒的活动夹头的位置使直流电压表读数为零,以保证 $R_铜 = R_铝$。自拟表格记录相对位置。

3. 将电源反向连接,分别记录电桥平衡时活动夹头的位置。

4. 计算黄铜的电阻率。

【注意事项】

实验仪应放置在干燥、通风、无腐蚀性气体、无强日晒、无强电磁场的室内。为防止仪器损坏,在打开机箱前应先关机,并断开交流电源。

实验 46　压力传感器和温度传感器的研究

本实验中可通过惠斯通电桥了解直流单臂电桥的基本特点,还可自主设计电桥测量压力及温度。

【实验目的】

1. 学习压力传感器的原理及应用;

2. 学习铂热电阻温度传感器的原理。

【实验原理】

1. 压力传感器与非平衡电桥

(1) 压力传感器

压力传感器是把一种非电学量转换成电信号的传感器。其工作原理为弹性体在压力作用下产生形变,导致按电桥方式连接、粘贴于弹性体中的应变片产生电阻变化。

压力传感器的主要指标是它的最大载重(压力量程)、灵敏度、输出输入电阻值、工作电压(或激励电压 E)、输出电压(U_o)。

压力传感器由弹性体、电阻应变片和温度补偿电路组成,并采用非平衡电桥方式连接,最后密封在弹性体中。

① 弹性体

弹性体一般由合金材料制成,加工成 S 形、长条形、圆柱形等。为了产生一定弹性,会挖空或部分挖空其内部。

② 电阻应变片

金属导体的电阻 R 与其电阻率 ρ、长度 L、截面 A 的大小有关,即

$$R = \rho \frac{L}{A} \tag{7-46-1}$$

导体在承受机械形变的过程中,电阻率、长度、截面都要发生变化,从而导致其电阻变化,有

$$\frac{u(R)}{R}=\frac{u(\rho)}{\rho}+\frac{u(L)}{L}-\frac{u(A)}{A} \quad (7-46-2)$$

这样就把所承受的应力转变成应变,进而转换成电阻的变化。因此,电阻应变片能将弹性体上应力的变化转换为电阻的变化。

③ 电阻应变片的结构

电阻应变片一般由基底片、敏感栅、覆盖层及引线用黏合剂黏合而成,如图 7-46-1 所示。

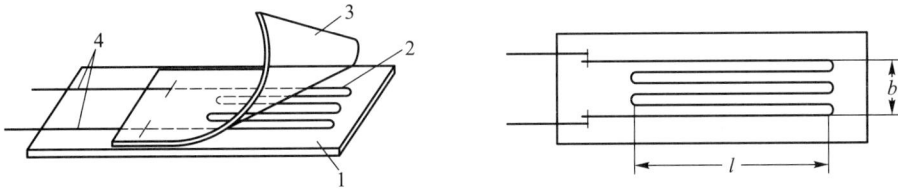

1—基底片;2—敏感栅(金属电阻丝);3—覆盖层;4—引线。

图 7-46-1　电阻丝应变片结构示意图

基底片:基底片将弹性体上的应变准确地传递到敏感栅上去,因此必须做得很薄,厚度一般为 0.03~0.06 mm,使它能与弹性体及敏感栅牢固地粘在一起。另外,它还具有良好的绝缘性、抗潮性和耐热性。基底材料有纸、胶膜和玻璃纤维布等。

敏感栅:敏感栅是感应弹性应变的部分。敏感栅由直径 0.01~0.05 mm 的高电阻系数的细丝弯曲成栅状,它实际上是一个电阻元件。敏感栅用黏合剂固定在基底片上。bl 称为应变片的使用面积(应变片工作宽度为 b,标距为 l),应变片的规格一般用使用面积和电阻值来表示,如 3×10 mm^2,350 Ω。

引线:引线的作用是将电阻元件敏感栅与测量电路相连接,一般由 0.1~0.2 mm 低阻镀锡钢丝制成。

覆盖层:覆盖层起保护作用。

黏合剂:将应变片用黏合剂牢固地粘在被测试件的表面上,随着试件受力形变,应变片的敏感栅也获得同样的形变,从而使其电阻随之发生改变。通过测量电阻值的变化可反映出外力作用的大小。

压力传感器是将四片电阻片分别粘贴在弹性平行梁 G 的上下两表面适当的位置而成的,如图 7-46-2 所示。R_1、R_2、R_3、R_4 是四片电阻片,梁的一端固定,另一端自由,用于加载荷(如外力 F)。

弹性梁受载荷作用而弯曲。梁的上表面受拉,电阻片 R_1、R_3 亦受拉伸作用,电阻增大;梁的下表面受压,R_2、R_4 电阻减小。外力的作用通过梁的形变而使四个电阻值发生变化。

应变片可以把应变转换为电阻的变化,为了显示和记录应变的大小,还需把电阻的变化再转换为电压或电流的变化。最常用的测量电路为电桥电路。

（2）单臂输入时电桥的电压输出特性

图 7-46-3 是惠斯通电桥的基本电路。当电桥平衡时，$R_1:R_2=R_4:R_3$，电路中 A、B 两点间的输出电压 $U_o=0$。若此时使一个桥臂的电阻（如 R_1）由 R 增加很小的电阻 ΔR，即令 $R_1=R+\Delta R$，则电桥失去平衡，电路中 A、B 两点间存在一定的电压 U_o，该电压即电桥不平衡时的输出电压。

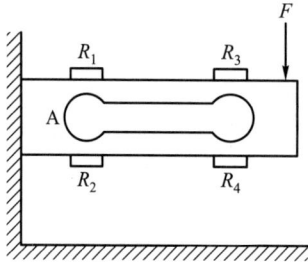

图 7-46-2 压力传感器   图 7-46-3 单臂电桥原理

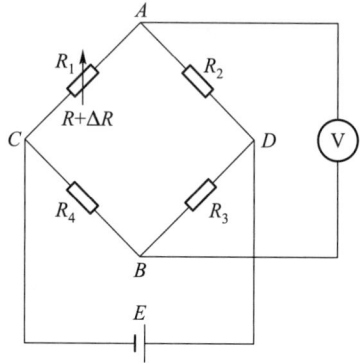

若电源电压为 E，根据串联电路分压原理，图 7-46-3 中的电路若以 C 点为零电位参考点，则电桥的输出电压为

$$U_o = V_A - V_B = \left(\frac{R+\Delta R}{R+\Delta R+R_2} - \frac{R_4}{R_3+R_4} \right) E$$

$$= \frac{\Delta R R_3}{(R+\Delta R+R_2)(R_3+R_4)} E$$

$$= \frac{\Delta R}{R\left(1+\dfrac{\Delta R}{R}+\dfrac{R_2}{R}\right)\left(1+\dfrac{R_4}{R_3}\right)} E$$

令电桥比率 $K=\dfrac{R_4}{R_3}$，根据电桥平衡条件 $\dfrac{R}{R_2}=\dfrac{R_4}{R_3}$，且当 $\Delta R \ll R$ 时，略去分母中的微小项 $\dfrac{\Delta R}{R}$，有

$$U_o \approx \frac{K \Delta R E}{(1+K)^2 R} \tag{7-46-3}$$

定义 $S_u = \dfrac{U_o}{\Delta R}$，为电桥的输出电压灵敏度，则有

$$S_u = \frac{KE}{(1+K)^2 R} \tag{7-46-4}$$

由式（7-46-3）可知，当 $\dfrac{\Delta R}{R} \ll 1$ 时，非平衡电桥输出电压与 ΔR 成线性关系。由式（7-46-4）可知，电桥的输出电压灵敏度由选择的电桥比率 K 及电源电压 E 决定。E 一

定,当 $K=1$ 时,电桥输出电压灵敏度最大,为

$$S_{\max} = \frac{E}{4R} \qquad\qquad (7\text{-}46\text{-}5)$$

若 $\dfrac{\Delta R}{R}$ 不能略去,则式(7-46-3)应为

$$U_{\text{o}} = \frac{\Delta R/R}{(1+K) + (\Delta R/R)K} \cdot \frac{K}{1+K} \cdot E \qquad\qquad (7\text{-}46\text{-}6)$$

（3）双臂输入时电桥的电压输出特性

在惠斯通电桥电路中,若在相邻臂内接入两个变化量的大小相等、符号相反的可变电阻,这种电桥电路称为**半桥差动电路**,如图 7-46-4 所示。

对于半桥差动电路,若电桥开始时是平衡的,则 $R_1 : R_2 = R_4 : R_3$。在对称情况下,$R_1 = R_2 = R$,$\Delta R_1 = \Delta R_2 = \Delta R$,则半桥差动电路的输出电压为

$$U_{\text{o}} = \frac{\Delta R}{2R}E \qquad\qquad (7\text{-}46\text{-}7)$$

电桥的输出电压灵敏度为

$$S = \frac{E}{2R} \qquad\qquad (7\text{-}46\text{-}8)$$

可见,半桥差动电路的输出电压灵敏度比单臂输入时的最大灵敏度提高了一倍。

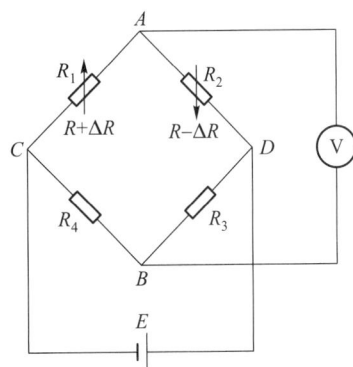

图 7-46-4　半桥差动电路

（4）四臂输入时电桥的电压输出特性

在惠斯通电桥电路中,若电桥的四个臂均采用可变电阻,即将两个变化量符号相反的可变电阻接入相邻桥臂内,而将两个变化量符号相同的可变电阻接入相对桥臂内,这样构成的电桥电路称为**全桥差动电路**。

为了消除电桥电路的非线性误差,通常采用非平衡电桥进行测量。传感器上的电阻 R_1、R_2、R_3、R_4 接成如图 7-46-5 所示的直流桥路,CD 两端接稳压电源 E,AB 两端为电桥电压输出端 U_{o},可得

$$U_{\text{o}} = E\left(\frac{R_1}{R_1 + R_2} - \frac{R_4}{R_3 + R_4}\right) \qquad\qquad (7\text{-}46\text{-}9)$$

当电桥平衡时,$U_{\text{o}} = 0$,于是有

$$R_1 R_3 = R_2 R_4 \qquad\qquad (7\text{-}46\text{-}10)$$

式(7-46-10)就是我们熟悉的电桥平衡条件。若在传感器上贴的电阻片是四片相同的电阻片,其电阻值相同,即

$$R_1 = R_2 = R_3 = R_4 = R \qquad\qquad (7\text{-}46\text{-}11)$$

则当传感器不受外力作用时,电桥满足平衡条件,AB 两

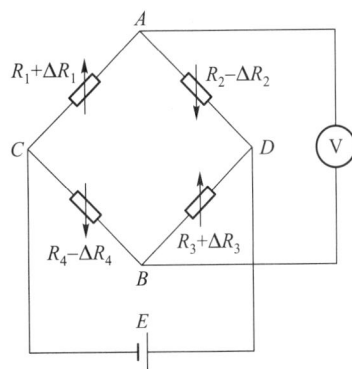

图 7-46-5　全桥差动电路

端输出的电压 $U_o = 0$。

当梁受到载荷 F 的作用时，R_1 和 R_3 增大，R_2 和 R_4 减小，这时电桥不平衡，并有

$$U_o = E\left(\frac{R_1 + \Delta R_1}{R_1 + \Delta R_1 + R_2 - \Delta R_2} - \frac{R_4 - \Delta R_4}{R_3 + \Delta R_3 + R_4 - \Delta R_4}\right) \quad (7\text{-}46\text{-}12)$$

假设

$$\Delta R_1 = \Delta R_2 = \Delta R_3 = \Delta R_4 = \Delta R \quad (7\text{-}46\text{-}13)$$

将式（7-46-11）、式（7-46-13）代入式（7-46-12），得全桥差动电路的输出电压为

$$U_o = E \cdot \frac{\Delta R}{R} \quad (7\text{-}46\text{-}14)$$

输出电压灵敏度为

$$S = \frac{U_o}{\Delta R} = \frac{E}{R} \quad (7\text{-}46\text{-}15)$$

由式（7-46-14）可知，电桥输出电压 U_o 与电阻的变化 ΔR 成正比，若测出 U_o 的大小即可反映外力 F 的大小。由式（7-46-14）还可知，若电源电压 E 不稳定将给测量结果带来误差，因此电源电压一定要稳定。另外，若要获得较大的输出电压 U_o，可以使用较高的电源电压，但电源电压的提高受两方面的限制，一是应变片的允许温度，二是应变电桥电阻的温度误差。

由式（7-46-15）可知，全桥差动电路的输出电压灵敏度在半桥差动电路的基础上提升了一倍。

2. Pt100 温度传感器

当温度变化时，导体或半导体的电阻随温度而变化，这称为热电阻效应。根据电阻与温度的对应关系，通过测量电阻的变化就可以检测温度的变化，由此可制成热电阻温度传感器。一般将金属材料的电阻温度传感器称为热电阻，半导体材料的则称为热敏电阻。

通常，金属材料的电阻随温度升高而增大。这是因为温度越高，晶格振动越剧烈，从而使电子和晶格的相互作用越强，因此金属热电阻一般具有正温度系数。常用的热电阻材料有铜和铂。

工业用铂热电阻（Pt10、Pt100、Pt1000）广泛用来测量-200~850 ℃范围的温度。在少数情况下，低温可测至-272 ℃，高温可测至 1 000 ℃。标准铂电阻温度计可作为961.78 ℃以下内插用标准温度计，它具有准确度高、灵敏度高、稳定性好等优点。

工业用铂热电阻的温度特性如下：

在-200~0 ℃，有

$$R_t = R_0[1 + At + Bt^2 + C(t-100)t^3] \quad (7\text{-}46\text{-}16)$$

在 0~850 ℃，有

$$R_t = R_0(1 + At + Bt^2) \quad (7\text{-}46\text{-}17)$$

式中，R_t 为温度为 t 时铂电阻的阻值，R_0 为 0 ℃时铂电阻的阻值，系数 $A = 3.908\,3 \times 10^{-3}\ ℃^{-1}$，$B = -5.775 \times 10^{-7}\ ℃^{-2}$，$C = -4.183 \times 10^{-12}\ ℃^{-4}$。

在-200~850 ℃，B 级工业用铂热电阻的有关技术参量为：

测温允许偏差：$\pm(0.30\ ℃ + 0.005\,|t|)$。

电阻比 $W_{100}(=R_{100}/R_0)$：1.385 ± 0.001。

当 $t=0$ ℃时，$R_0=100$ Ω；$t=100$ ℃时，$R_{100}=138.5$ Ω。

在 0~100 ℃，式（7-46-17）可近似为

$$R_t=R_0(1+A_1t) \tag{7-46-18}$$

式中 A_1 为正温度系数，约为 3.85×10^{-3} ℃$^{-1}$。

使用铂电阻测温时，可根据需要将其封装成不同形状的温度传感器。实验用铂电阻封装在不锈钢管中，距离管前端约 1 cm。

电阻通过电流会发热，当然就会影响温度测量的准确性。为减小误差就要减少电阻自身发热，希望通过 Pt100 的电流尽量小。一般要求流经 Pt100 的电流不能超过 5 mA。

Pt100 温度传感器就是利用 Pt100 的温度特性制成的传感器。将 Pt100 作为电桥的一个臂设计成电路，就可将温度信号转换成电信号输出。

【实验仪器】

自组电桥实验仪（详见实验 45）。

【实验内容】

1. 压力传感器的研究

（1）单臂输入时电桥的电压输出特性

将图 7-45-3"应变片"模块中的 R_1 接入"非平衡电桥"，非平衡电桥剩下的三个臂接"应变片等值电阻"中的对应电阻，将其他线路接好。打开电源开关，预热 5 min 以上，调节电源电压 $E=10.00$ V。旋转电桥调零旋钮，使直流电压表显示 0.000 0 V。

① 按顺序增加秤砣（每次 1 个，共 6 次），记录每次加载时的输出电压值 U_{o1}。

② 再按相反次序将秤砣逐一取下，记录输出电压值 U'_{o1}。

③ 用逐差法求出传感器的灵敏度 S_1：

$$S_1=\frac{\Delta U_o}{\Delta F}$$

（2）双臂输入时电桥的电压输出特性

将"应变片"模块中的 R_1 和 R_2 接入"非平衡电桥"，非平衡电桥剩下的两个臂接"应变片等值电阻"中对应的电阻，将其他线路接好。打开电源开关，预热 5 min 以上，调节电源电压 $E=10.00$ V。旋转电桥调零旋钮，使直流电压表显示 0.000 0 V。

① 按顺序增加秤砣（每次 1 个，共 6 次），记录每次加载时的输出电压值 U_{o2}。

② 再按相反次序将秤砣逐一取下，记录输出电压值 U'_{o2}。

③ 用逐差法求出传感器的灵敏度 S_2。

（3）测定压力传感器灵敏度

按照"非平衡电桥"的线路连接好电路。打开电源开关，预热 5 min 以上，调节电源电压 $E=10.00$ V。再旋转电桥调零旋钮，使直流电压表显示 0.000 0 V。

① 按顺序增加秤砣（每次 1 个，共 6 次），记录每次加载时的输出电压值 U_{o3}。

② 再按相反次序将秤砣逐一取下,记录输出电压值 U'_{o3}。

③ 用逐差法求出传感器的灵敏度 S_3。

比较 S_1、S_2 和 S_3 之间的关系。

(4) 测量传感器电桥输出电压 U_o 与电源电压 E 的关系

① 保持加载砝码的质量不变,改变压力传感特性测试仪的电源电压,使其由 5.00 V 变至 10.00 V,每隔 1.00 V 记录一个输出电压值 U_o。

② 在坐标纸上作 U_o-E 关系曲线,分析是否为线性关系。

(5) 用压力传感器测量物体的重量

① 设置电源电压为 10.00 V,将一个未知重量的物体放置于托盘上,测出电压 U_1,同一物体测量 3 次,求出平均值。

② 根据灵敏度求物体的重量。

2. 温度传感器的研究

(1) 自主设计、组合及搭建实验部件模块,测量 $25 \sim 85$ ℃温度范围内 Pt100 的电阻值;

(2) 拟合 Pt100 电阻值与温度的关系曲线,计算其温度系数。

(3) 将 Pt100 放在桌面上,测量其两端的阻值,计算室内温度。

实验 47　光栅单色仪的定标和光谱的测量

单色仪是指能从一束电磁辐射中分离出波长范围极窄的单色光的仪器。按照色散元件的不同可分为两大类:以棱镜为色散元件的棱镜单色仪和以光栅为色散元件的光栅单色仪。单色仪的构思可以追溯到 1666 年,牛顿在研究三棱镜时发现,太阳光通过三棱镜后被分解成七色光的彩色光谱,并将此分解现象称为色散。1814 年,夫琅禾费设计了包括狭缝、棱镜和视窗的光学系统,并研究发现了太阳光谱中的吸收谱线(夫琅禾费谱线)。棱镜的色散源于棱镜材料折射率对波长的依赖关系,对多数材料而言,折射率随着波长的减小而增大(正常色散),且波长越短的光,在介质中的传播速度越慢。1860 年,基尔霍夫和本生为研究金属光谱而设计完成了较完善的光谱仪,这标志着近代光谱学的诞生。由于棱镜光谱是非线性的,人们开始研究光栅光谱仪。光栅光谱仪是用光栅衍射的方法获得单色光的仪器,光栅光谱仪具有比棱镜单色仪更高的分辨率和色散率。衍射光栅可以工作于从几纳米到数百微米的整个光学波段,比色散棱镜的工作波长范围宽。此外,在一定范围内,光栅产生的是均匀光谱,比棱镜光谱的线性要好得多。它也可以从复合光光源(即不同波长的混合光光源)中提取单色光,即通过光栅一定的偏转角度得到某个波长的光,并可以测定它的波长和强度,因此可以进行复合光光源的光谱分析。

【实验目的】

1. 了解光栅单色仪的结构和工作原理,并熟练掌握其使用方法;

2. 掌握调节光路准直的基本方法和技巧,利用钠灯等标准光源对单色仪进行定标;

3. 测量红宝石、稀土化合物的吸收和发射光谱,加深对物质发光光谱特性的了解;

4. 测量滤波片和溶液的吸收曲线,掌握测量吸收曲线或透射曲线的原理和方法。

【实验原理】

光栅单色仪采用衍射光栅作为色散元件,因此光栅作为分光器件就成为决定光栅光谱仪性能的主要因素。

1. 衍射光栅

衍射光栅的种类非常多,按照工作方式分为反射光栅和透射光栅;按照表面形状可分为平面光栅和球面光栅;按照制造方法可分为刻划光栅、复制光栅和全息光栅;按照刻划形状可分为普通光栅、闪耀光栅和阶梯光栅等。在光谱仪中,多使用各种形式的反射光栅。以下以反射光栅为例作介绍。在一块平整的玻璃或者金属片的表面刻划出一系列平行、等宽、等距离的刻线,就制成了一块透射式或者反射式的衍射光栅。图 7-47-1 所示为反射式

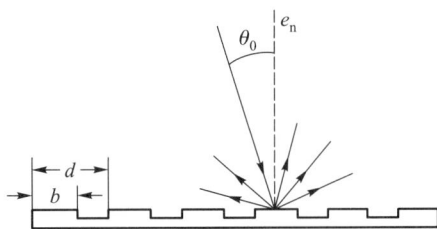

图 7-47-1　反射式衍射光栅

衍射光栅,图中 b 为刻划宽度,d 为两相邻刻划线间的距离,称为光栅常量。一般光栅的刻划密度在每毫米数百条线到数千条线之间,一块中等尺寸的光栅总的刻划线有 $10^4 \sim 10^5$ 条。

（1）工作原理

入射光照射在光栅上时,光栅上每条刻划线都可看成一个宽度极窄的线状发光源。由于衍射效应,这种极窄光源发出的光分布在空间很大的角度范围内(并不遵循光的反射定律)。但是不同刻划线发出的光有一定的相位差,由于干涉效应,使入射光中不同波长成分分别出现在空间不同方向上,即入射光发生了色散。由此可见,衍射光栅的色散实质上是基于单个刻划线对光的衍射(单缝衍射)和不同刻划线衍射光之间的干涉(多缝干涉)的综合结果,并且多缝干涉决定各种波长的出射方向,单缝衍射则决定它们的强度分布。

（2）光栅方程

设有一束光以入射角 θ_0 射向一块衍射光栅,则只有满足下式的一些特殊角度 θ_m,才有光束衍射出来:

$$d(\sin \theta_0 \pm \sin \theta_m) = m\lambda \qquad (7-47-1)$$

上式即著名的光栅方程,式中,θ_0 为入射角,θ_m 为衍射角,d 为光栅常量,λ 为入射光波长,$m = 0, \pm 1, \pm 2, \cdots, \pm k$,称为衍射级次。其中正负号的使用规定是:当 θ_0 和 θ_m 在光栅法线同侧时,取正号;在异侧时,则取负号。根据光栅方程,可以分析出在单色光、复色光入射的情况下,光栅衍射光的特点:① 单色光入射时,光栅将在 $(2k+1)$ 个方向上产生相应级次的衍射光。其中只有 $m = 0$ 的零级衍射光才是符合反射定律的光束方向,其他各级衍射光对称地分布在零级衍射光的两侧。级数越高的衍射光,离零级衍射光越远。② 复色光入射时,同样产生 $(2k+1)$ 个级次的衍射光。但是在同一级衍射光中,波长不同的光的衍射角又各不相同,长波长的衍射角大。也就是说,复色光经光栅衍射后产生

的是$(2k+1)$个级次的光谱。当 $m=0$ 时,任何波长的光都将衍射出来,即零级光谱是没有色散的。

图 7-47-2 给出了在复色光入射下,衍射光栅产生各级光谱的情形。从图中下部给出的光栅光谱可以看出,各级光谱之间有一定的重叠。例如,波长 600 nm 的一级衍射光,波长为 300 nm 的二级衍射光和波长为 200 nm 的三级衍射光……都出现在同一衍射方向上。理论上,各级光谱是完全重叠的,即波长为 λ 的一级衍射光将和波长为 λ/m 的 m 级衍射光出现在同一衍射方向上。实际上,由于被测光源的波长和光谱仪、探测器的响应总有一定的范围,因此光谱重叠的情况不会像理论预计的那样严重。但是实际测量中,确实要注意由于邻近谱级重叠所造成的干扰。

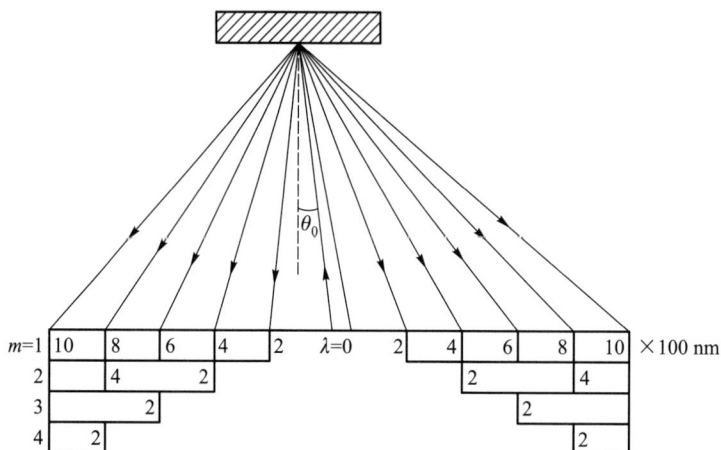

图 7-47-2　衍射光栅的光谱

（3）强度分布

光栅方程只说明了各级衍射的衍射方向,下面分析这些衍射光的强度分布情况。按照多缝衍射的理论,在强度为 I_0 的入射光照射下,光栅衍射光的强度分布为

$$I = I_0 A(\mu) \cdot B(\nu) = I_0 \frac{\sin^2 \mu}{\mu^2} \cdot \frac{\sin^2(N\nu)}{N^2 \sin^2 \nu} \qquad (7\text{-}47\text{-}2)$$

其中

$$\mu = (\pi b/\lambda)(\sin \theta_0 + \sin \theta_m) \qquad (7\text{-}47\text{-}3)$$

$$\nu = (\pi d/\lambda)(\sin \theta_0 + \sin \theta_m) \qquad (7\text{-}47\text{-}4)$$

式(7-47-2)中的 $A(\mu)$ 为单缝衍射对光强的分布影响,称为单缝衍射因子,如图 7-47-3(a)所示;$B(\nu)$ 为多缝干涉对光强分布的影响,称为多缝干涉因子,如图 7-47-3(b)所示,多缝干涉因子决定各级衍射方向。光栅衍射光的实际强度和方向则如图 7-47-3(c)所示,相当于多缝干涉因子受单缝衍射因子调制的结果,即式(7-47-2)所表示的情况。

从图 7-47-3 中还可以看出,在一些单缝衍射因子为零的位置上,多线宽度为 d、刻线宽度为 b 的光栅所缺级数为 nd/b,$n=1,2,3,\cdots$。在图 7-47-3 中,$d/b=3$,故缺少 3,6,9 等级次。以上的分析是针对单色光入射的情况。对于复色光入射,每个衍射级次均对应一个光谱。图 7-47-4 给出了入射光中包含 λ 和 λ' 两种波长,并考虑 $m=0,1,2,3$ 共四个级次的情况。

(a) 衍射

(b) 干涉

(c) 综合

$$-6\ -5\ -4\ -3\ -2\ -1\ \ 0\ \ 1\ \ 2\ \ 3\ \ 4\ \ 5\ \ 6\ \ \ m$$

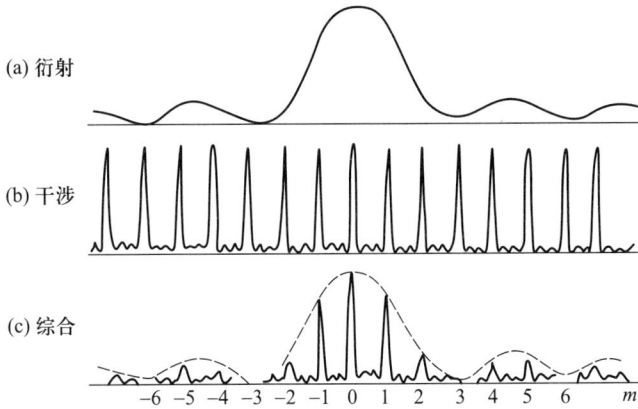

图 7-47-3　衍射光栅衍射光的光强分布

2. 光栅的色散和分辨本领

（1）光栅的角色散

从光栅方程可以得到光栅的角色散为

$$\frac{\mathrm{d}\theta_m}{\mathrm{d}\lambda} = \frac{m}{d\cos\,\theta_m} \qquad (7-47-5)$$

由式（7-47-5）可以看出：① 光栅的角色散
与衍射级次成正比，故较高的衍射级次会有
较大的角色散；② 角色散和光栅常量 d 成反
比，即刻划线密度大的光栅角色散大；③ 角
色散与 $\cos\,\theta_m$ 成反比。对于给定的光栅和级

图 7-47-4　衍射光栅的各级光谱的光强分布

次，衍射角越大，角色散越大。但是，当衍射角较小时（即在光栅法线附近），$\cos\,\theta_m \approx 1$，
则式（7-47-5）可变为

$$\frac{\mathrm{d}\theta_m}{\mathrm{d}\lambda} = \frac{m}{d} \qquad (7-47-6)$$

即光栅的角色散与波长无关，这就是光栅产生均匀光谱的原因和条件。

（2）光栅的分辨率

光栅衍射谱线的角宽度由多缝干涉因子决定，为

$$\Delta\theta_m = \frac{\lambda}{Nd\cos\,\theta_m} \qquad (7-47-7)$$

式中 N 为光栅的总刻划线数。波长为 λ 和 $(\lambda+\Delta\lambda)$ 的两谱线经光栅衍射后，产生的角距
离 $\Delta\theta'_m$ 可由式（7-47-5）计算，为

$$\Delta\theta'_m = \frac{m}{d\cos\,\theta_m}\Delta\lambda \qquad (7-47-8)$$

根据瑞利判据，要把上述两条谱线分开，式（7-47-8）至少要和式（7-47-7）相等，由此得
到光栅的分辨率为

$$\frac{\lambda}{\Delta\lambda} = Nm \qquad (7-47-9)$$

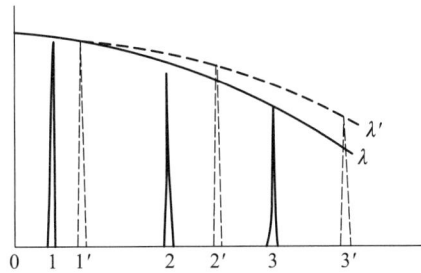

式(7-47-9)说明, N 越大, 使用的级数 m 越高, 则分辨率越高。为进一步说明光栅的分辨率和各种因素的关系, 利用光栅方程, 将式(7-47-9)改为

$$\frac{\lambda}{\Delta\lambda}=\frac{W}{\lambda}(\sin\theta_0+\sin\theta_m) \qquad (7-47-10)$$

式中 $W=Nd$ 为光栅的几何宽度。式(7-47-10)中括号内各项和的最大值为 2, 因此不管 N 多大, 光栅的分辨率最高只能达到 $2W/\lambda$。这说明, 单靠增加 N 来提高光栅的分辨率是有限的。原因是: 从光栅方程可见, d 不能小于 $\lambda/2$; d 比波长小时, 光栅的反射作用加强。因此, 只有在提高 N 的同时也增大光栅宽度 W, 才是提高光栅分辨率的有效方法。

3. 闪耀光栅

当光栅刻划成锯齿状的槽面时, 光能便集中在预定的方向即某一级光谱上。从这个方向探测时, 光谱的强度最大, 这种现象称为闪耀, 这种光栅称为闪耀光栅, 最大光强对应的波长称为闪耀波长。

闪耀光栅通常是以磨光的金属板或镀上金属膜的玻璃板为坯子, 用劈形钻石尖刀在其上刻出一系列锯齿状的槽面而形成的(注: 由于闪耀光栅的机械加工要求很高, 所以一般使用的光栅是由闪耀光栅复制的光栅)。刻槽面和光栅平面之间有一倾角 θ_b, 称为闪耀角, 如图 7-47-5 所示。通过调整倾角及选择适当的入射条件, 可以将单缝衍射因子的中央主极大调整到多缝干涉因子的较高级即我们所需要的级次上去。因为多缝干涉因

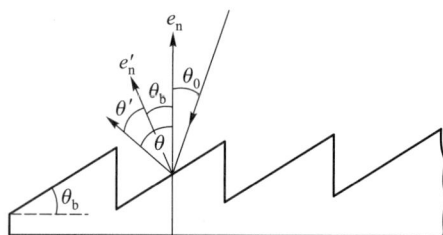

e_n—光栅平面法线方向; e_n'—刻槽面法线方向;
θ_0—入射角; θ 为衍射角; θ_b—光栅的闪耀角。

图 7-47-5　闪耀光栅

子的高级项(零级无色散)是有色散的, 而单缝衍射因子的中央主极大集中了光的大部分能量, 这样做可以大大提高光栅的衍射效率, 从而提高了测量的信噪比。

当入射光与光栅平面法线方向的夹角(入射角)为 θ_0 时, 取一级衍射项, 令衍射角为 θ, 则光栅方程为

$$d(\sin\theta_0+\sin\theta)=\lambda \qquad (7-47-11)$$

因此, 当光栅位于某一个角度(θ_0、θ 一定)时, 波长 λ 与 d 成正比。本实验所用光栅每毫米有 1 200 条刻痕, 一级光谱范围为 200~900 nm, 刻划尺寸为 64×64 mm^2。当入射光垂直于光栅平面时, 闪耀波长为 570 nm, 由此可以求出此光栅的闪耀角为 21.58°。当光栅在步进电机的带动下旋转时, 可以让不同波长以最大光强进入出射狭缝, 从而测出该光波的波长和强度值(注意计算时角度的符号规定)。

图 7-47-6 即为将衍射极大从零级[图 7-47-6(a)]调整到一级[图 7-47-6(b)]的情况。从这种意义上看, 普通光栅也是一种闪耀光栅, 只不过闪耀发生在没有色散的零级上。此外, 闪耀也是多级次的, 即对应于一级的闪耀, 必然也对应于二级的、三级的闪耀, 由此可知, 闪耀波长与光栅常量、入射条件均有关。

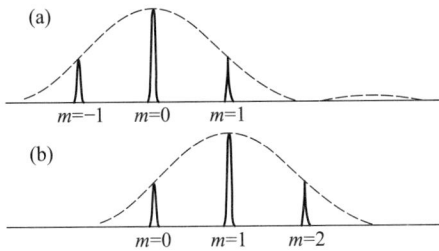

图 7-47-6　闪耀光栅的光谱

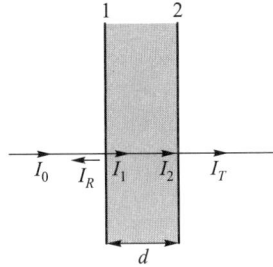

图 7-47-7　一束光入射到平板上

4. 吸收曲线测量原理

当一束光入射到一定厚度的介质平板上时,一部分光被反射,一部分光被介质吸收,剩下的光从介质透射出来。设有一束波长为 λ,入射光强为 I_0 的平行单色光垂直入射到一块厚度为 d 的介质平板上,如图 7-47-7 所示。如果从界面 1 反射回的反射光的光强为 I_R,从界面 1 向介质内透射的光的光强为 I_1,入射到界面 2 的光的光强为 I_2,从界面 2 出射的透射光的光强为 I_T,则定义介质板的光谱外透射率 T 和介质的光谱透射率 T_i 分别为

$$T = \frac{I_T}{I_0} \tag{7-47-12}$$

$$T_i = \frac{I_2}{I_1} \tag{7-47-13}$$

这里的 I_R, I_1, I_2 和 I_T 都应该是光在界面 1 和界面 2 上以及介质中多次反射和透射的总效果。

通常,介质对光的反射、折射和吸收不但与介质有关,而且与入射光的波长有关。这里为简单起见,对以上及以后的各个与波长有关的量都忽略波长标记,但都应将它们理解为光谱量。光谱透射率 T_i 与波长 λ 的关系曲线称为透射曲线。在介质内部(假定介质内部无散射),光谱透射率 T_i 与介质厚度 d 有如下关系:

$$T_i = e^{-\alpha d} \tag{7-47-14}$$

式中 α 称为介质的线性吸收系数,一般也称为吸收系数。吸收系数不仅与介质有关,而且与入射光的波长有关。吸收系数 α 与波长 λ 的关系曲线称为吸收曲线。

设光在单一界面上的反射率为 R,则透射光的光强为

$$
\begin{aligned}
I_T &= I_{T1} + I_{T2} + I_{T3} + I_{T4} + \cdots \\
&= I_0(1-R)^2 e^{-\alpha d} + I_0(1-R)^2 R^2 e^{-3\alpha d} + I_0(1-R)^2 R^4 e^{-5\alpha d} + I_0(1-R)^2 R^6 e^{-7\alpha d} + \cdots \\
&= I_0(1-R)^2 e^{-\alpha d}(1 + R^2 e^{-2\alpha d} + R^4 e^{-4\alpha d} + R^6 e^{-6\alpha d} + \cdots) \\
&= \frac{I_0(1-R)^2 e^{-\alpha d}}{1 - R^2 e^{-2\alpha d}} \tag{7-47-15}
\end{aligned}
$$

式中,$I_{T1}, I_{T2}, \cdots$ 分别表示光从界面 2 第一次透射,第二次透射……的光的光强。所以

$$T = \frac{I_T}{I_0} = \frac{(1-R)^2 e^{-\alpha d}}{1 - R^2 e^{-2\alpha d}} \tag{7-47-16}$$

通常,介质的光谱透射率 T_i 和吸收系数 α 是通过测量由同一材料加工成的(对于同一波长,α 相同)且表面性质相同(R 相同)但厚度不同的两块试样的光谱外透射率后计算得到的。设两块试样的厚度分别为 d_1 和 d_2,$d_2>d_1$,光谱外透射率分别为 T_1 和 T_2。由式(7-47-16)可得

$$\frac{T_2}{T_1}=\frac{\mathrm{e}^{-\alpha d_2}(1-R^2\mathrm{e}^{-2\alpha d_1})}{\mathrm{e}^{-\alpha d_1}(1-R^2\mathrm{e}^{-2\alpha d_2})} \qquad (7-47-17)$$

一般 R 和 α 都很小,故上式可近似为

$$\frac{T_2}{T_1}=\mathrm{e}^{-\alpha(d_2-d_1)} \qquad (7-47-18)$$

所以

$$\alpha=\frac{\ln T_1-\ln T_2}{d_2-d_1} \qquad (7-47-19)$$

比较式(7-47-18)和式(7-47-14)可知,厚度为 $d=d_2-d_1$ 时的光谱透射率为

$$T_i=\frac{T_2}{T_1} \qquad (7-47-20)$$

在合适的条件下,单色仪测量输出的数值与照射到它上的光的强度成正比。所以读出测量的强度值就可计算出光谱透射率和吸收系数:

$$T_i=\frac{I_2}{I_1} \qquad (7-47-21)$$

$$\alpha=\frac{\ln\dfrac{I_1}{I_2}}{d_2-d_1} \qquad (7-47-22)$$

式中,I_2 和 I_1 分别表示试样厚度为 d_1 和 d_2 时单色仪测量的强度值(正比于光强)。

【实验仪器】

光栅单色仪(光谱仪)是光谱分析研究的常用设备,主要包括光学系统,入射、出射狭缝调节旋钮,信号接收设备(光电倍增管/CCD),计算机及软件系统。图7-47-8给出了典型光栅单色仪的光学系统结构。光栅单色仪可用于研究诸如氢氖光谱、钠光谱等元素光谱(使用元素灯作为光源),也可以作为更为复杂的光谱仪器(如激光拉曼/荧光光谱仪)的后端分析设备。光栅由计算机软件控制的步进电机驱动,可以获得较高的精度。

从图7-47-8可知,光源或照明系统发出的光束均匀地照亮在入射狭缝 S_1 上。S_1 位于准直镜 M_1 的焦平面上,光通过 M_1 变成平行光照射到光栅上,再经过光栅衍射返回到 M_2,经过 M_2 会聚到出射狭缝 S_2。由于光栅的分光作用,从 S_2 出射的光为单色光。当光栅转动时,从 S_2 出射的光由短波到长波依次出现。如果在 S_2 后放置信号接收设备(光电倍增管/CCD),则可对出射光谱进行数据采集分析。本实验使用的仪器为 WDS-8 型组合式多功能光栅光谱仪,焦距为 $f=500$ mm,光栅条数为 1 200 mm^{-1}。狭缝宽度在 0~2 mm 内连续可调,示值精度为 0.01 mm。光电倍增管的测量范围为 200~800 nm,

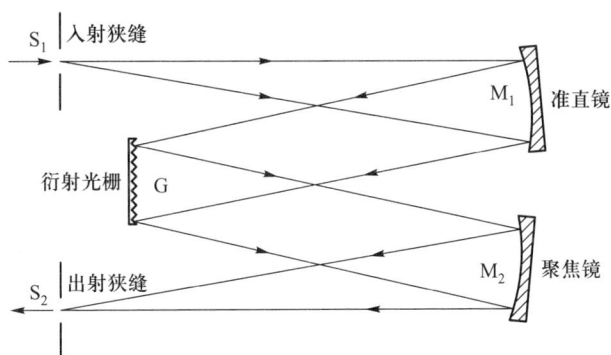

S_1 入射狭缝

M_1 准直镜

衍射光栅 G

S_2 出射狭缝

M_2 聚焦镜

图 7-47-8 光栅单色仪的光学系统结构

CCD 的测量范围为 300～900 nm。

【实验内容】

1. 光栅单色仪的定标

单色仪的定标指的是借助于波长已知的线光谱光源对由单色仪测量的波长进行标定,校正在使用过程中产生的波长误差,以保证测量波长的准确性。

定标用光源为氦氖激光器(632.8 nm),低压钠灯(589.0 nm 和 589.6 nm)。

自行设计和调整光路,把光导入入射狭缝,测量时须找出合适的负高压值,并利用采集程序设定合理的测量范围获取双光谱线(钠灯)完全分离开的光谱曲线。记录负高压值并保存光谱曲线。测量低压钠灯的光谱时,一般可观察到钠原子光谱的四个线系:主线系、第一辅线系(又称漫线系)、第二辅线系(又称锐线系)和伯格曼线系(又称基线系)。由同一谱线的波数差即可得到钠的里德伯常量(该单色仪可测得谱线的精细结构,对精细结构处理后即可得到谱线波数)。在仪器调整较好的情况下,可测得主线系的 589.0 nm 和 589.6 nm,锐线系的 616.0 nm 和 615.4 nm,以及漫线系的两对谱线 568.3 nm 和 568.86 nm,497.78 nm 和 498.2 nm。在数据处理时可由原子物理的知识计算出钠的里德伯常量。

2. 测量高压汞灯光谱

光源为高压汞灯。

自行设计和调整光路,采用透镜聚焦法把光导入入射狭缝,测量时须找出合适的负高压值,并利用采集程序设定合理的测量范围获取高压汞灯的各个分立峰的光谱曲线。记录负高压值并保存光谱曲线。

3. 测量红宝石晶体的发射和吸收光谱

光源为氦氖激光器(632.8 nm),半导体激光器(532 nm、650 nm),高压汞灯,溴钨灯(360～2 500 nm)。

红宝石是掺有少量 Cr 的 Al_2O_3 单晶。Cr 的外层电子组态为 $3d^5 4s^1$,掺入 Al_2O_3 晶格后,失去外层三个电子,变成三价的 Cr^{3+} 离子,红宝石晶体的光谱就是 Cr^{3+} 离子 3d 壳层上 3 个电子发生能级跃迁的反映。根据红宝石晶体的吸收光谱和晶体场理论可推知

Cr^{3+}离子参与激光作用的能级结构,用$^4A_2$表示基态,^2E能级($14\,400\ cm^{-1}$)是亚稳态,寿命比较长,约为 3 ms,$^4F_1$($25\,000\ cm^{-1}$)和$^4F_2$($17\,000\ cm^{-1}$)是两个吸收带。红宝石晶体的激光在^2E和$^4A_2$能级之间产生,输出的波长是 694.3 nm。由于^2E能级的电场分裂,在^2E和$^4A_2$能级之间跃迁对应两条强荧光线 R_1 和 R_2。R_1 线的波长是 694.3 nm,R_2 线的波长是 692.8 nm。由于高能级粒子数少于低能级粒子数,所以激光输出总是 R_1 线。

红宝石晶体对不同波长入射光的吸收不同,吸收系数随入射光波长变化的关系就是吸收光谱。Cr^{3+}能吸收中心波长为 410.0 nm 的蓝紫光而跃迁到强吸收带$^4F_1$态,也能吸收波长为 550.0 nm 的黄绿光而跃迁到另一强吸收带$^4F_2$态,这两个吸收带的带宽都在 100.0 nm 左右,与氙灯或汞弧灯的光谱匹配较好。

自行设计和调整光路,并选取合理的负高压值,测量出红宝石晶体的发射和吸收光谱。实验报告中要求分析红宝石晶体的发光原理和应用。

4. 测量滤光片的吸收曲线

光源为溴钨灯(360~2 500 nm)。

自行设计和调整光路,并在光路中插入滤光片,选取合适的负高压值,测量吸收曲线。实验报告中要求分析滤光片的性能和光学吸收特性。

5. 测量罗丹明 6G 溶液的发射和吸收光谱

光源为溴钨灯(360~2 500 nm)激光器(532 nm)。

使用的介质是罗丹明 6G 的水溶液和乙醇溶液,采用比色皿作为样品池。

自行设计和调整光路,并在光路中插入样品池,选取合适的负高压值,测量吸收曲线。实验报告中要求分析滤光片的性能和光学吸收特性。

6. 测量 LED 灯的光谱

光源为 LED 灯。

自行设计和调整光路,采用透镜聚焦方法,选取合适的负高压值,测量光谱曲线。实验报告中要求分析 LED 灯的发光原理和应用。

【思考题】

1. 如何求出入射狭缝的最佳宽度?

2. 如何计算单色仪的理论分辨本领? 如何测量单色仪的实际分辨本领?

3. 比较单色仪的理论分辨本领和实际分辨本领,说明两者差别较大的原因。

4. 解释光电倍增管的工作原理,为什么随着负高压的绝对值增大,采集灵敏度会显著提高?

5. 说明溴钨灯、钠灯和汞灯的光谱的区别和原因?

实验 48　用椭偏仪测量薄膜的厚度和折射率

椭圆偏振测量(椭偏术)是研究两介质界面或薄膜中发生的现象及其特性的一种光学方法,其原理是利用偏振光束在界面或薄膜上的反射或透射时出现的偏振变换。椭圆偏振测量的应用范围很广,可用于光学掩膜、圆晶、金属、介电薄膜、玻璃(或镀膜)、激光反射镜、大面积光学膜、有机薄膜、非晶半导体、聚合物薄膜等的测量,也可用于薄膜生长过程的实时监测。结合计算机使用，具有可手动改变入射角度、实时测量、快速获取数据等优点。

【实验目的】

1. 了解用椭偏仪测量薄膜参量的原理；
2. 初步掌握反射型椭偏仪的使用方法。

【实验原理】

1. 理论公式推导

在光学材料表面镀上各向同性的单层介质膜后，光线的反射和折射在一般情况下会同时存在的。通常，设介质层 1、2、3 的折射率分别为 n_1、n_2、n_3，φ_1 为入射角，那么在 1、2 介质交界面和 2、3 介质交界面会产生反射光和折射光的多光束干涉，如图 7-48-1 所示。

用 2δ 表示相邻两分波的相位差，其中 $\delta = 2\pi dn_2\cos\varphi_2/\lambda$，用 r_{1p}、r_{1s} 表示光线的 p 分量、s 分量在界面 1 的反射系数，用 r_{2p}、r_{2s} 表示光线的 p 分量、s 分量在界面 2 的反射系数。由多光束干涉的复振幅计算结果可知：

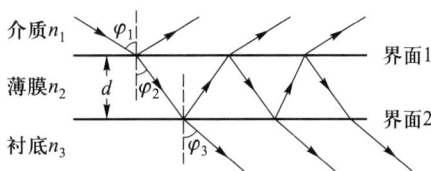

图 7-48-1

$$E_{rp} = \frac{r_{1p} + r_{2p}\mathrm{e}^{-2i\varphi}}{1 + r_{1p}r_{2p}\mathrm{e}^{-2i\delta}}E_{ip} \qquad (7-48-1)$$

$$E_{rs} = \frac{r_{1s} + r_{2s}\mathrm{e}^{-2i\varphi}}{1 + r_{1s}r_{2s}\mathrm{e}^{-2i\delta}}E_{is} \qquad (7-48-2)$$

其中 E_{ip} 和 E_{is} 分别代表入射光波电矢量的 p 分量和 s 分量，E_{rp} 和 E_{rs} 分别代表反射光波电矢量的 p 分量和 s 分量。由上述 E_{ip}、E_{is}、E_{rp}、E_{rs} 四个量可得到一个变量 G：

$$G = \frac{E_{rp}/E_{rs}}{E_{ip}/E_{is}} = \tan\psi\ \mathrm{e}^{i\Delta} = \frac{r_{1p} + r_{2p}\mathrm{e}^{-2i\varphi}}{1 + r_{1p}r_{2p}\mathrm{e}^{-2i\delta}} \Bigg/ \frac{r_{1s} + r_{2s}\mathrm{e}^{-2i\varphi}}{1 + r_{1s}r_{2s}\mathrm{e}^{-2i\delta}} \qquad (7-48-3)$$

定义 G 为反射系数比，它应为一个复数，可用 $\tan\psi$ 和 Δ 表示它的模和幅角。上述公式的过程量转换可由菲涅耳公式和折射公式给出：

$$\begin{cases} r_{1p} = (n_2\cos\varphi_1 - n_1\cos\varphi_2)/(n_2\cos\varphi_1 + n_1\cos\varphi_2) & (7-48-4) \\ r_{2p} = (n_3\cos\varphi_2 - n_2\cos\varphi_3)/(n_3\cos\varphi_2 + n_2\cos\varphi_3) & (7-48-5) \\ r_{1s} = (n_1\cos\varphi_1 - n_2\cos\varphi_2)/(n_1\cos\varphi_1 + n_2\cos\varphi_2) & (7-48-6) \\ r_{2s} = (n_2\cos\varphi_2 - n_3\cos\varphi_3)/(n_2\cos\varphi_2 + n_3\cos\varphi_3) & (7-48-7) \\ 2\delta = 4\pi dn_2\cos\varphi_2/\lambda & (7-48-8) \\ n_1\cos\varphi_1 = n_2\cos\varphi_2 = n_3\cos\varphi_3 & (7-48-9) \end{cases}$$

G 是变量 n_1、n_2、n_3、d、λ、φ_1 的函数（φ_2、φ_3 可用 φ_1 表示），而 $\psi = \arctan G$，$\Delta = \arg|G|$，ψ 和 Δ 称为椭偏量。复数方程(7-48-3)可表示两个方程：

$$\text{Re}(\tan\psi\ \text{e}^{\text{i}\Delta}) = \text{Re}\left(\frac{r_{1\text{p}}+r_{2\text{p}}\text{e}^{-2\text{i}\varphi}}{1+r_{1\text{p}}r_{2\text{p}}\text{e}^{-2\text{i}\delta}}\middle/\frac{r_{1\text{s}}+r_{2\text{s}}\text{e}^{-2\text{i}\varphi}}{1+r_{1\text{s}}r_{2\text{s}}\text{e}^{-2\text{i}\delta}}\right)$$

$$\text{Im}(\tan\psi\ \text{e}^{\text{i}\Delta}) = \text{Im}\left(\frac{r_{1\text{p}}+r_{2\text{p}}\text{e}^{-2\text{i}\varphi}}{1+r_{1\text{p}}r_{2\text{p}}\text{e}^{-2\text{i}\delta}}\middle/\frac{r_{1\text{s}}+r_{2\text{s}}\text{e}^{-2\text{i}\varphi}}{1+r_{1\text{s}}r_{2\text{s}}\text{e}^{-2\text{i}\delta}}\right)$$

若能通过实验测出 ψ 和 Δ，原则上可以解出 n_2 和 d（n_1、n_3、λ、φ_1 已知）。根据式（7-48-4）至式（7-48-9），可推导出 ψ、Δ 与 $r_{1\text{p}}$、$r_{1\text{s}}$、$r_{2\text{p}}$、$r_{2\text{s}}$、δ 的关系为

$$\tan\psi = \left(\frac{r_{1\text{p}}^2+r_{2\text{p}}^2+2r_{1\text{p}}r_{2\text{p}}\cos 2\delta}{1+r_{1\text{p}}^2r_{2\text{p}}^2+2r_{1\text{p}}r_{2\text{p}}\cos 2\delta}\cdot\frac{1+r_{1\text{s}}^2r_{2\text{s}}^2+2r_{1\text{s}}r_{2\text{s}}\cos 2\delta}{r_{1\text{s}}^2+r_{2\text{s}}^2+2r_{1\text{s}}r_{2\text{s}}\cos 2\delta}\right)^{1/2} \tag{7-48-10}$$

$$\Delta = \arctan\frac{-r_{2\text{p}}(1-r_{1\text{p}}^2)\sin 2\delta}{r_{1\text{p}}(1+r_{2\text{p}}^2)+r_{2\text{p}}(1+r_{1\text{p}}^2)\cos 2\delta}-\arctan\frac{-r_{2\text{s}}(1-r_{1\text{s}}^2)\sin 2\delta}{r_{1\text{s}}(1+r_{2\text{s}}^2)+r_{2\text{s}}(1+r_{1\text{s}}^2)\cos 2\delta}$$

$$\tag{7-48-11}$$

根据以上两式通过计算机运算，可制作出数表或计算程序，这就是椭偏仪测量薄膜的基本原理。若 d 已知，n_2 为复数，也可求出 n_2 的实部和虚部。那么，在实验中是如何测定 ψ 和 Δ 的呢？

现用复数形式表示入射光和反射光：

$$\boldsymbol{E}_{\text{ip}}=|E_{\text{ip}}|\text{e}^{\text{i}\beta_{\text{ip}}},\quad \boldsymbol{E}_{\text{is}}=|E_{\text{is}}|\text{e}^{\text{i}\beta_{\text{is}}},\quad \boldsymbol{E}_{\text{rp}}=|E_{\text{rp}}|\text{e}^{\text{i}\beta_{\text{rp}}},\quad \boldsymbol{E}_{\text{rs}}=|E_{\text{rs}}|\text{e}^{\text{i}\beta_{\text{rs}}} \tag{7-48-12}$$

由式（7-48-3）和式（7-48-12），得

$$G=\tan\psi\ \text{e}^{\text{i}\Delta}=\frac{|E_{\text{rp}}/E_{\text{rs}}|}{|E_{\text{ip}}/E_{\text{is}}|}\text{e}^{\text{i}[(\beta_{\text{rp}}-\beta_{\text{rs}})-(\beta_{\text{ip}}-\beta_{\text{is}})]} \tag{7-48-13}$$

其中 $$\tan\psi=\frac{|E_{\text{rp}}/E_{\text{rs}}|}{|E_{\text{ip}}/E_{\text{is}}|},\quad \text{e}^{\text{i}\Delta}=\text{e}^{\text{i}[(\beta_{\text{rp}}-\beta_{\text{rs}})-(\beta_{\text{ip}}-\beta_{\text{is}})]} \tag{7-48-14}$$

这时需测四个量，即分别测入射光中的两分量振幅比和相位差，以及反射光中的两分量振幅比和相位差。如设法使入射光为等幅椭偏光，$E_{\text{ip}}/E_{\text{is}}=1$，则 $\tan\psi=|E_{\text{rp}}/E_{\text{rs}}|$。对于相位角，有

$$\Delta=(\beta_{\text{rp}}-\beta_{\text{rs}})-(\beta_{\text{ip}}-\beta_{\text{is}}) \tag{7-48-15}$$

故 $$\Delta+\beta_{\text{ip}}-\beta_{\text{is}}=\beta_{\text{rp}}-\beta_{\text{rs}}$$

因为入射光（$\beta_{\text{ip}}-\beta_{\text{is}}$）连续可调，调整仪器，使反射光成为线偏光，即 $\beta_{\text{rp}}-\beta_{\text{rs}}=0$（或 π），则 $\Delta=-(\beta_{\text{ip}}-\beta_{\text{is}})$ 或 $\Delta=\pi-(\beta_{\text{ip}}-\beta_{\text{is}})$。可见 Δ 只与反射光的 p 波和 s 波的相位差有关，可从起偏器的方位角算出。对于特定的膜，Δ 是定值，只要改变入射光两分量的相位差（$\beta_{\text{ip}}-\beta_{\text{is}}$），肯定会找到特定值使反射光成为线偏振光，即 $\beta_{\text{rp}}-\beta_{\text{rs}}=0$（或 π）。

2. 实际检测方法

（1）等幅椭圆偏振光的获得

实验光路如图 7-48-2 所示。

① 使平面偏振光通过 1/4 波片，具有 $\pm\pi/4$ 相位差。

② 使入射光的振动平面和 1/4 波片的主截面成 45°角。

（2）反射光的检测

如图 7-48-3 所示，将 1/4 波片置于其快轴方向 f 与 x 轴的夹角 α 为 $\pi/4$ 的方位，

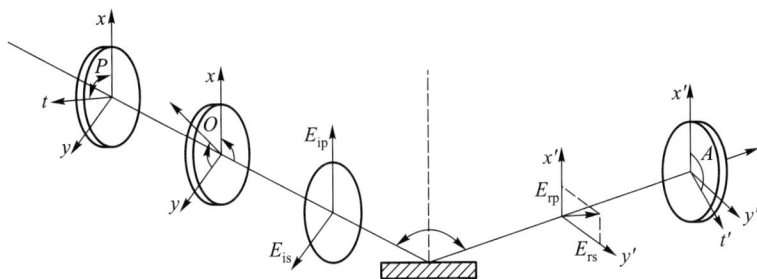

图 7-48-2

E_0 为通过起偏器后的电矢量，P 为 E_0 与 x 轴间的夹角。通过 1/4 波片后，E_0 沿快轴方向的分量与沿慢轴方向（图 7-48-3 中的 s）的分量相比，相位超前 $\pi/2$，故有

$$\begin{cases} E_f = E_0 e^{i\pi/2} \cos\left(P - \dfrac{\pi}{4}\right) \\[2mm] E_s = E_0 \sin\left(P - \dfrac{\pi}{4}\right) \end{cases}$$

E_0 在 x 轴、y 轴上的分量为

$$E_x = E_f \cos \pi/4 - E_s' \sin \pi/4 = \frac{\sqrt{2}}{2} E_0 e^{i\pi/2} e^{i(P-\pi/4)}$$

$$E_y = E_f \sin \pi/4 + E_s \cos \pi/4 = \frac{\sqrt{2}}{2} E_0 e^{i\pi/2} e^{-i(P-\pi/4)}$$

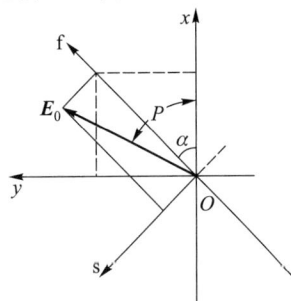

图 7-48-3

由于 x 轴在入射面内，而 y 轴与入射面垂直，故 E_x 就是 E_{ip}，E_y 就是 E_{is}，即

$$\begin{cases} E_{ip} = \dfrac{\sqrt{2}}{2} E_0 e^{i(\pi/4 + P)} \\[2mm] E_{is} = \dfrac{\sqrt{2}}{2} E_0 e^{i(\pi/4 - P)} \end{cases}$$

可见，当 $\alpha = \pi/4$ 时，入射光两分量的振幅均为 $\sqrt{2} E_0 / 2$，它们之间的相位差为（$2P - \pi/2$）。改变 P 的值，可得到相位差连续可变的等幅椭圆偏振光。这一结果可写成

$$|E_{ip}/E_{is}| = 1, \quad \beta_{ip} - \beta_{is} = 2P - \frac{\pi}{2}$$

同理，当 $\alpha = -\pi/4$ 时，入射光的两分量的振幅也为 $\sqrt{2} E_0 / 2$，相位差为（$\pi/2 - 2P$）。

【实验仪器】

椭偏仪平台（分光计）及配件，He-Ne 激光器及电源，起偏器，检偏器，1/4 波片等。

【实验内容】

1. 按调节分光计的方法调节好主机。
2. 调节水平度盘。

3. 调节光路。

（1）调节载物台水平。

（2）将游标盘 0° 对齐度盘 0°。

（3）调节两光管共轴。

4. 调节检偏器。

（1）将检偏器套在望远镜筒上，偏振片读数头朝上，起始读数为 90°。

（2）将望远镜筒转过 66°，在载物台上放置黑色反光镜，此时光线以布儒斯特角入射黑色反光镜。

（3）转动检偏器（保持读数头 90° 位置不变），使反射光线最暗。锁紧检偏器的固定螺丝。

（4）将望远镜筒转回原位，移走黑色反光镜。

5. 调节起偏器。

（1）将起偏器套在平行光管上，起偏器读数头朝上，上下起始读数均为 0°。

（2）转动起偏器，使检偏器出射光最暗，锁紧起偏器的固定螺丝。

6. 调节 1/4 波片。

将 1/4 波片套在起偏器上，快轴对准起偏器的 0°，微调波片，使检偏器出射光最暗。

7. 测量薄膜样品。

（1）将薄膜样品放置在载物台中央。

（2）望远镜筒转过 40°（此时光线以 70° 角入射薄膜表面），并使反射光在白屏上形成一个亮点。

（3）为了尽量减小系统误差，取四点测量。1/4 波片置 +45°，仔细调整起、检偏器角度同时大于 90°，使检偏器出射光强最弱。分别读出检、起偏器偏转角度 A_1、P_1（A_2、P_2）。

（4）1/4 波片置 -45°，重复上述操作，测出 A_3、P_3、A_4、P_4。

8. 将相关数据输入"椭偏仪数据处理程序"，确定范围后，可利用逐次逼近法求出相应的 d 和 n。由于仪器本身的精度的限制，可将 d 的误差控制在 0.1 nm 左右，n 的误差控制在 0.01 左右。

实验重点:偏振光束在界面或薄膜上的反射时出现的偏振变换的过程和数字化的处理思想。

实验难点:对用椭偏仪测量薄膜参量的原理的理解。

【思考题】

1. 1/4 波片的作用是什么？

2. 用椭偏仪测量薄膜厚度的基本原理是什么？

3. 用反射型椭偏仪测量薄膜厚度时，对样品的制备有什么要求？

4. 为了使实验更加便于操作及提高测量的准确性，你认为该实验中哪些地方需要改进？

实验 49　硅光电池相对光谱响应曲线的测量

光电池和光电倍增管等光电传感器是最基本、最重要的一类传感器,应用极为广泛。光谱响应是光电传感器最重要的性能,光谱响应的测量是光谱测量中一个比较典型的例子。了解光传感器的光谱响应及其测量方法,对于在实际中如何合理选用光传感器及了解光谱量的测量方法和特点是很有意义的。本实验将测定硅光电池的相对光谱响应曲线。

【实验目的】

1. 熟悉光谱响应的测量原理和方法,了解光谱测量的特点;
2. 进一步了解单色仪的结构及其使用方法;
3. 初步了解硅光电池的工作原理、性能及使用方法。

【实验原理】

光电传感器是指将辐射能转换成电学量的一种器件。光电传感器的传出信号(设为光电流)i 与入射的辐射能通量 Φ 之比称为光电传感器的灵敏度,记作 S:

$$S = \frac{i}{\Phi} \qquad (7\text{-}49\text{-}1)$$

如果入射光为单色光,则称 S 为光谱灵敏度,并记为 $S(\lambda)$,表明它与单色光的波长有关。光电传感器灵敏度的常用单位为 A/lm。

对于有选择性的光电传感器(如光电池和光电管等),其灵敏度与入射光波长的关系更为密切。光谱灵敏度按波长的分布称为光谱响应,或光谱灵敏度分布。光谱灵敏度与波长的关系曲线称为光谱灵敏度曲线,或称光谱响应曲线。实际中,通常将光谱响应曲线的最大值定为 100%,并求出其他波长下的光谱灵敏度对于这一最大值的相对值,据此作出的曲线称为相对光谱响应曲线,或称相对光谱灵敏度分布曲线。

选择光电传感器时,其灵敏度分布应与光源的光谱能量相匹配,否则会降低光传感器的使用效率。

本实验用相对光谱响应已标定的光电池(标定的数据由实验室给出)来测定待测光电池的相对光谱响应曲线。

设在波长为 λ,辐射能通量一定的单色光(由单色仪获得)照射下,相对光谱响应已标定的光电池和待测光电池的光电流分别为 $i_c(\lambda)$ 和 $i_x(\lambda)$,其光谱灵敏度分别为 $S_c(\lambda)$ 和 $S_x(\lambda)$。在光电池的光照特性为线性的条件下,光电池产生的光电流与光源的光谱分布 $P(\lambda)$、单色仪的光谱透射率 $T(\lambda)$、光电池的光谱灵敏度 $S(\lambda)$ 成正比,即

$$i_x(\lambda) \propto P(\lambda)T(\lambda)S_x(\lambda) \qquad (7\text{-}49\text{-}2)$$

$$i_c(\lambda) \propto P(\lambda)T(\lambda)S_c(\lambda) \qquad (7\text{-}49\text{-}3)$$

对于辐射能通量不变的同一光源和同一单色仪,式(7-49-2)和式(7-49-3)中的 $P(\lambda)$ 和 $T(\lambda)$ 都相等,因此

$$S_x(\lambda) = KS_c(\lambda)\frac{i_x(\lambda)}{i_c(\lambda)} \qquad (7\text{-}49\text{-}4)$$

式中 K 为比例常量。设待测光电池的最大光谱灵敏度为 S_m，待测相对光谱灵敏度为 $R_x(\lambda)$，则

$$R_x(\lambda) = \frac{S_x(\lambda)}{S_m} = R_c(\lambda)\frac{i_x}{i_c} \Big/ \left[R_c(\lambda)\frac{i_x(\lambda)}{i_c(\lambda)} \right]_m \tag{7-49-5}$$

式中，$R_c(\lambda)$ 为已标定光电池的相对光谱灵敏度，$[R_c(\lambda)i_x(\lambda)/i_c(\lambda)]_m$ 表示从不同波长下的 $R_c(\lambda)i_x(\lambda)/i_c(\lambda)$ 值中取最大值。

【实验仪器】

如图 7-49-1 所示，实验仪器主要由溴钨灯、聚光透镜、单色仪、光电池和指示电路等组成。单色仪将溴钨灯发出的白光分成单色光。本实验中使用的单色仪为 WDG30 型光栅单色仪，其构造和使用方法见仪器说明书。由于经过单色仪分光后的单色光很弱，故要求光源的辐射功率较大。本实验中使用的溴钨灯（6 V，30 W）能辐射较强的连续光谱。溴钨灯的工作电流由变压器和调压器（图中未画出）提供和控制。已标定光电池和待测光电池都是硅光电池。本实验中使用的指示仪表为 AC15 型检流计。会聚透镜将光源发出的光会聚到单色仪的入射狭缝 S_1 上，单色仪将入射白光分成一系列的单色光，并可依次从出射狭缝中射出。

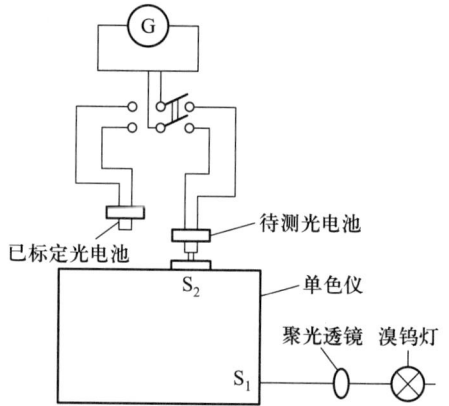

图 7-49-1　实验装置示意图

【实验内容】

1. 单色仪的调节和波长示值的校对（详见实验 47）。

（1）利用汞灯作光源校准单色仪波长示值。

单色仪在出厂前和使用过程中都需要对主要技术指标进行检定。本实验中不要求对单色仪的各项指标进行检定，仅要求对它的波长示值进行校准。

校准时，将单色仪的波长读数转到 577.0~579.1 nm 之间的某一位置。将汞灯放在入射狭缝前，狭缝 S_1、S_2 的宽度暂时调至约 2 mm。用眼睛迎着出射光方向观察 S_2 上汞的黄色谱线（577.0 nm 和 579.1 nm），用显微镜对准出射狭缝，调小入射狭缝使两条谱线分开且直到谱线达到最细。调小出射狭缝，同时微动手轮使其中一条谱线始终在出射狭缝中间。调节出射狭缝与谱线同宽，读出此时单色仪的示值。转动手轮，测量一条谱线。测完汞灯谱线，校准测量值与标准值（435.8 nm、549.1 nm、577.0 nm、579.1 nm）之差，即仪器系统偏差。对于一台合格的单色仪，要求此项偏差 ≤0.2 nm。

（2）调节狭缝宽度。

单色仪校准完毕后，为了后续的测量，要重新调节狭缝宽度。转动单色仪的波长手轮使示值在 577.0~579.1nm 之间的某一位置。将出射缝 S_2 的宽度暂时调至约 2 mm。

用眼睛迎着出射光方向观察 S_2 上汞的两条黄谱线（577.0 nm 和 579.1 nm），用显微镜对准出射狭缝。调节出射狭缝 S_2 的宽度，同时微调手轮，使出射狭缝宽度与谱线宽度相同，此时出射狭缝与入射狭缝同宽，约为 0.8 mm，显微镜的读数为每大格 0.5 mm。

（3）调节溴钨灯光路。

保持已调好的狭缝宽度不变。为了减小单色仪的光能损失，提高透光效率（充分利用单色仪的全孔径和相对孔径），根据实验室给出的数据计算出聚光透镜的合理位置。

将光源聚焦在狭缝前。聚光镜的通光孔径 $d = 30$ mm，焦距 $f = 60$ mm，单色仪球面镜（准直镜）的光阑宽度 $D = 50$ mm。成像规律遵守高斯公式。为了使球面镜充分照明，应有关系 $d/D = a/b$。使聚光镜靠近光源可提高光源发光立体角的利用率。

2. 在 400~960 nm 波长范围内测定硅光电池的相对光谱灵敏度并作相对光谱响应曲线。每隔约 20 nm 测一次数据。

【注意事项】

1. 实验前应先考虑思考题 1—3。实验时应先阅读单色仪的仪器说明书，了解单色仪的结构和使用方法。

2. 汞灯和溴钨灯的灯丝结构是不同的。为了使尽量多的光尽可能均匀地照射入射狭缝 S_1，校准波长示值时应将会聚透镜产生的汞灯的小像成在 S_1 上（其小像几乎是一个点），而测量时应将溴钨灯的大像成在 S_1 上。

3. 将光电池套在单色仪的出射狭缝上后，检流计置工作挡，用挡光物（如黑纸）盖在单色仪的入射狭缝上以挡住任何入射光，选定好检流计光标的起始位置。然后移去挡光物，让溴钨灯照亮入射狭缝，定性观察并选定溴钨灯的工作电流。溴钨灯的工作电流不得超过其额定值。

4. 为减少因光源发光不稳定而引入的误差，应在每一波长下分别对两个光电池相继进行测量。

5. 当单色仪的波长读数装置出现 99 999 时应停止转动手轮，否则会损坏仪器。单色仪两狭缝的宽度不得超过 3 mm。实验完毕，将缝宽调至 0.2 mm 左右。

【思考题】

1. 光电传感器的相对光谱响应是如何定义的？

2. 检流计光标的起始位置定在标尺的什么位置较好？说明理由。

3. 若溴钨灯的工作电流已达到额定值，但检流计光标的偏转仍然较小，可能是什么原因？

4. 硅光电池相对光谱的峰值波长约为 880 nm，可是在测量中，无论是已标定的光电池还是待测光电池，检流计光标的最大偏转并不出现 880 nm 附近。这是为什么？

实验 50　用准稳态法测比热容、导热系数

热传导是热传递三种基本方式之一。导热系数定义为单位温度梯度下每单位时间内由单位面积传递的热量，单位为 W／(m·K)。它表征物体导热能力的大小。

　　比热容是单位质量物质的热容。单位质量的某种物质,在温度升高(或降低)1℃时所吸收(或放出)的热量,叫做这种物质的比热容,单位为 $J/(kg \cdot K)$。

　　以往测量导热系数和比热容的方法大都是稳态法,使用稳态法要求温度和热流量均要稳定,但在学生实验中实现这样的条件比较困难,因而导致测量的重复性、稳定性、一致性差,误差大。为了克服稳态法测量的误差,我们使用了一种新的测量方法——准稳态法,使用准稳态法只要求温差恒定和温升速率恒定,而不必通过长时间的加热达到稳态,就可通过简单计算得到导热系数和比热容。

【实验目的】

1. 了解用准稳态法测量导热系数和比热容的原理;
2. 学习热电偶测量温度的原理和使用方法;
3. 用准稳态法测量不良导体的导热系数和比热容。

【实验原理】

1. 准稳态法测量原理

考虑如图 7-50 1 所示的一维无限大导热模型:一无限大不良导体平板厚度为 $2R$,初始温度为 t_0,现在平板两侧同时施加均匀的指向中心面的热流密度 q_c,则平板各处的温度 $t(x,\tau)$ 将随加热时间 τ 而变化。

以试样中心为坐标原点,上述模型的数学描述可表达如下:

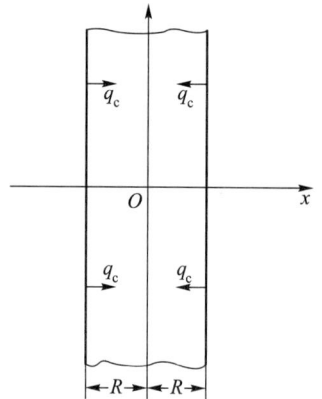

图 7-50-1　理想中的无限大不良导体平板

$$\begin{cases} \dfrac{\partial t(x,\tau)}{\partial \tau} = a\dfrac{\partial^2 t(x,\tau)}{\partial x^2} \\[2mm] \dfrac{\partial t(R,\tau)}{\partial x} = \dfrac{q_c}{\lambda} \quad \dfrac{\partial t(0,\tau)}{\partial x} = 0 \\[2mm] t(x,0) = t_0 \end{cases}$$

式中 $a = \lambda/\rho c$,λ 为材料的导热系数,ρ 为材料的密度,c 为材料的比热容。

可以给出此方程的解为(参见附录):

$$t(x,\tau) = t_0 + \frac{q_c}{\lambda}\left(\frac{a}{R}\tau + \frac{1}{2R}x^2 - \frac{R}{6} + \frac{2R}{\pi^2}\sum_{n=1}^{\infty}\frac{(-1)^{n+1}}{n^2}\cos\frac{n\pi}{R}x \cdot e^{-\frac{an^2\pi^2}{R^2}\tau} \right) \qquad (7\text{-}50\text{-}1)$$

考察 $t(x,\tau)$ 的解析式(7-50-1)可以看到,随加热时间的增加,样品各处的温度将发生变化,而且我们注意到式中的级数求和项由于指数衰减,会随加热时间的增加而逐渐变小,直至所占份额可以忽略不计。

定量分析表明当 $\dfrac{a\tau}{R^2} > 0.5$ 时,上述级数求和项可以忽略。这时式(7-50-1)变成:

$$t(x,\tau) = t_0 + \frac{q_c}{\lambda}\left(\frac{a\tau}{R} + \frac{x^2}{2R} - \frac{R}{6} \right) \qquad (7\text{-}50\text{-}2)$$

这时,在试件中心处有 $x=0$,因而有

$$t(x,\tau) = t_0 + \frac{q_c}{\lambda}\left(\frac{a\tau}{R} - \frac{R}{6}\right) \tag{7-50-3}$$

在试件加热面处有 $x=R$,因而有

$$t(x,\tau) = t_0 + \frac{q_c}{\lambda}\left(\frac{a\tau}{R} + \frac{R}{3}\right) \tag{7-50-4}$$

由式(7-50-3)和式(7-50-4)可见,当加热时间满足条件 $\frac{a\tau}{R^2} > 0.5$ 时,在试件中心面和加热面处温度和加热时间成线性关系,温升速率同为 $\frac{aq_c}{\lambda R}$,此值是一个和材料导热性能和实验条件有关的常量,此时加热面和中心面间的温度差为

$$\Delta t = t(R,\tau) - t(0,\tau) = \frac{1}{2}\frac{q_c R}{\lambda} \tag{7-50-5}$$

由式(7-50-5)可以看出,此时加热面和中心面间的温度差 Δt 和加热时间 τ 没有直接关系,保持恒定。系统各处的温度和时间是线性关系,温升速率也相同,我们称此种状态为准稳态。

当系统达到准稳态时,由式(7-50-5)得到

$$\lambda = \frac{q_c R}{2\Delta t} \tag{7-50-6}$$

根据式(7-50-6),只要测量出进入准稳态后加热面和中心面间的温度差 Δt,并由实验条件确定相关参量 q_c 和 R,则可以得到待测材料的导热系数 λ。

另外,在进入准稳态后,由比热容的定义和能量守恒关系,可以得到下列关系式:

$$q_c = c\rho R \frac{\mathrm{d}t}{\mathrm{d}\tau} \tag{7-50-7}$$

比热容为

$$c = \frac{q_c}{\rho R \dfrac{\mathrm{d}t}{\mathrm{d}\tau}} \tag{7-50-8}$$

式中 $\dfrac{\mathrm{d}t}{\mathrm{d}\tau}$ 为准稳态条件下试件中心面的温升速率(进入准稳态后各点的温升速率是相同的)。

由以上分析可以得到结论:只要在上述模型中测量出系统进入准稳态后加热面和中心面间的温度差和中心面的温升速率,就可由式(7-50-6)和式(7-50-8)得到待测材料的导热系数和比热容。

2. 热电偶温度传感器

热电偶结构简单,具有较高的测量准确度,可测温度范围为 $-50 \sim 1600\ ^\circ\text{C}$,在温度测量中应用极为广泛。

由 A、B 两种不同的导体两端相互紧密地连接在一起,组成一个闭合回路,如图

7-50-2(a)所示。当两接点温度不等($T>T_0$)时,回路中就会产生电动势,从而形成电流,这一现象称为热电效应,回路中产生的电动势称为热电势。

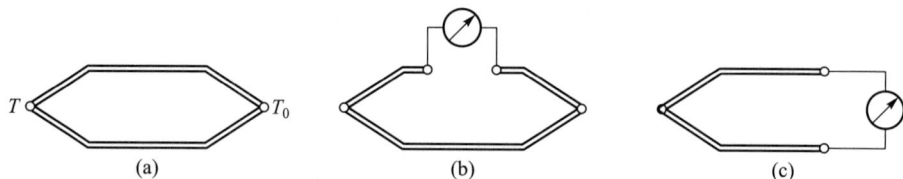

图 7-50-2　热电偶原理及接线示意图

上述两种不同导体的组合称为热电偶,A、B 两种导体称为热电极。两个接点,一个称为工作端或热端(T),测量时将它置于被测温度场中,另一个称为自由端或冷端(T_0),一般要求测量过程中恒定在某一温度。

理论分析和实践证明热电偶的如下基本定律:

热电偶的热电势仅取决于热电偶的材料和两个接点的温度,而与温度沿热电极的分布以及热电极的尺寸和形状无关(热电极的材质要求均匀)。

在 A、B 材料组成的热电偶回路中接入第三导体 C,若引入的第三导体两端温度相同,则对回路的总热电势没有影响。在实际测温过程中,需要在回路中接入导线和测量仪表,相当于接入第三导体,常采用图 7-50-2 中(b)或(c)的接法。

热电偶的输出电压与温度并非线性关系。对于常用的热电偶,其热电势与温度的关系由热电偶特性分度表给出。测量时,若冷端温度为 0℃,由测得的电压,通过对应分度表,即可查得所测的温度。若冷端温度不为零,则通过一定的修正,也可得到温度值。在智能式测量仪表中,将有关参量输入计算程序,则可将测得的热电势直接转换为温度显示。

【实验仪器】

1. 准稳态法比热容导热系数测定仪

2. 实验装置一个,实验样品两套(橡胶和有机玻璃,每套四块),加热板两块,热电偶两只,导线若干,保温杯一个

【实验内容】

一、仪器介绍

1. 设计理念

仪器设计尽可能满足理论模型。

无限大平板条件是无法满足的,实验中总是要用有限尺寸的试件来代替。根据实验分析,当试件的横向尺寸大于试件厚度的六倍以上时,可以认为传热方向只在试件的厚度方向进行。

为了精确地确定加热面的热流密度 q_c,我们利用超薄型加热器作为热源,其加热功率在整个加热面上均匀并可精确控制,加热器本身的热容可忽略不计。为了在加热器两侧得到相同的热阻,采用四个样品块的配置,可认为热流密度为功率密度的一半。

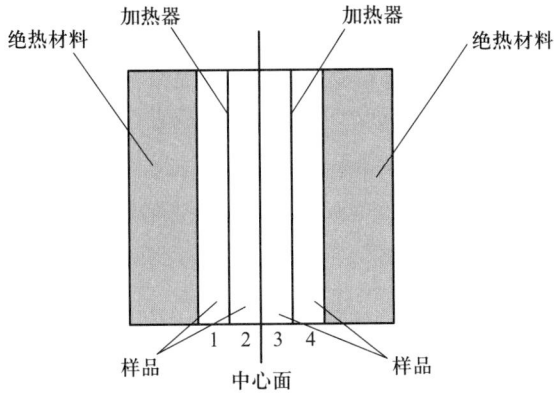

图 7-50-3　被测样件的安装原理示意图

为了精确地测量出温度和温差,用两个分别放置在加热面和中心面中心部位的热电偶作为传感器来测量温差和温升速率。

实验仪主要包括主机和实验装置,另有一个保温杯用于保证热电偶的冷端温度在实验中保持一致。

2. 主机

主机是控制整个实验操作并读取实验数据装置,主机面板如图 7-50-4 所示。

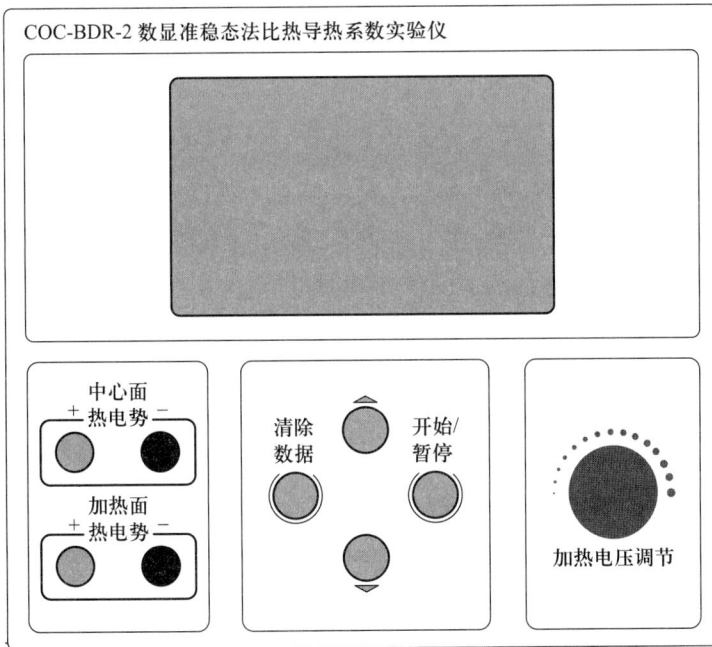

图 7-50-4　主机面板

上半部为显示屏,用于进行参量设置,实验图像和数据的记录。

下方左侧插孔用于连接保温杯对应接线,通过中间的按钮对实验过程和数据进行操作,右侧旋钮用于调整加热电压。

在实验过程中,显示屏显示如图 7-50-5 所示。

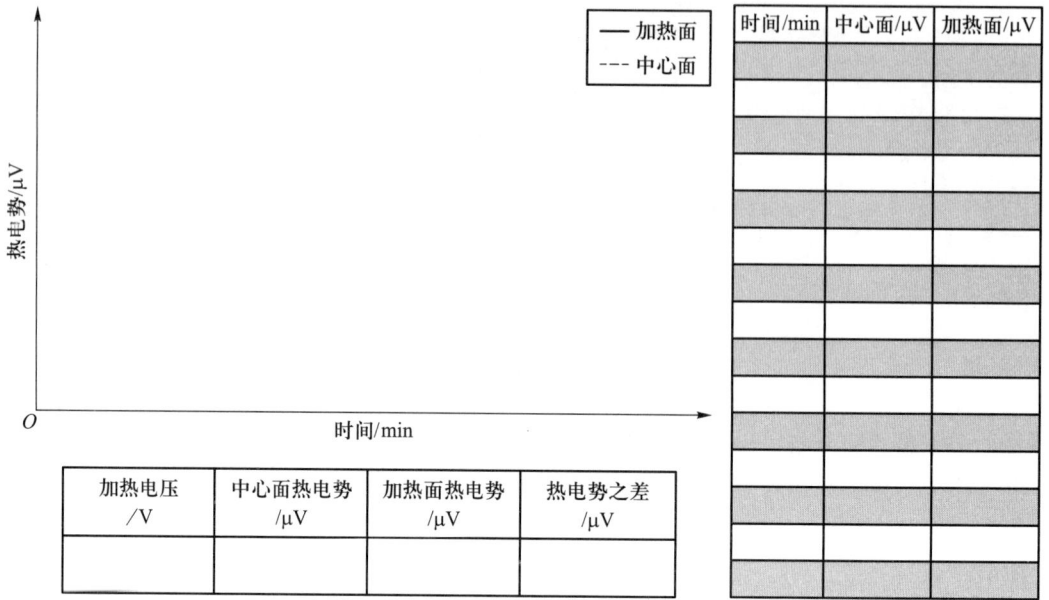

时间/min	中心面/μV	加热面/μV

（——加热面，--- 中心面）

纵轴：热电势/μV　横轴：时间/min

加热电压 /V	中心面热电势 /μV	加热面热电势 /μV	热电势之差 /μV

图 7-50-5　显示屏界面

3. 操作说明

打开主机,按下"开始/暂停"按钮后,屏幕上方显示"加热中。。。"主机开始记录数据并绘制曲线,但此时加热电压仍然为零。

调节右侧旋钮使加热电压(调节范围:0.00~19.00 V)到达目标值,加热膜开始加热,中心面和加热面温差开始增大。

屏幕右侧每隔 1 min 记录一次中心面和加热面热电势的实时值,总共可记录 60 min 的数据。

完成实验后,可按下"开始/暂停"按钮停止加热,可通过主机上的"▲ ▼"按钮翻看前后时段的数据,选取合适的数据进行记录。按下"清除数据"按钮清除数据和曲线。

4. 实验装置

实验装置(图 7-50-6)是安放实验样品和通过热电偶测温并放大感应信号的平台;实验装置采用了卧式插拔组合结构,直观,稳定,便于操作,易于维护。

1—保温杯:在保温杯中将热电偶感应的电压信号进行转换,以接插线输出;

2—中心面样品试件:含中心面样品、加热膜及热电偶;

3—加热面样品试件:含加热面样品、加热膜及热电偶;

4—加热薄膜(样品内);

5—锁定杆:用于锁定样品和隔热层;

6—隔热层:防止加热样品时散热,从而保证实验精度;

7—螺杆旋钮:推动隔热层压紧或松动实验样品和热电偶。

二、实验内容与步骤

1. 安装样品并连接各部分连线

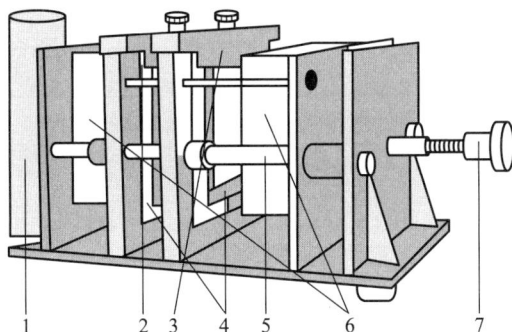

图 7-50-6 实验装置

按图 7-50-6 将冷却至常温的中心面样品和加热面样品试件放入样品架中,注意:中心面热电偶的位置需位于四块样品的中心位置,放置好样品后,转动螺杆旋钮,使加热膜、热电偶、待测样品和隔热层紧密接触,注意:不可压得太紧,以免损坏热电偶。

按图 7-50-7 所示接线。将样品上加热面和中心面的正极(红色)直接接入主机正极插孔(红色)。样品上加热面和中心面的负极(黑色)插孔接入保温杯负极(黑色)对应孔位,保温杯正极(红色)孔位用两根线分别接入主机面板的中心面和加热面负极(黑色)。

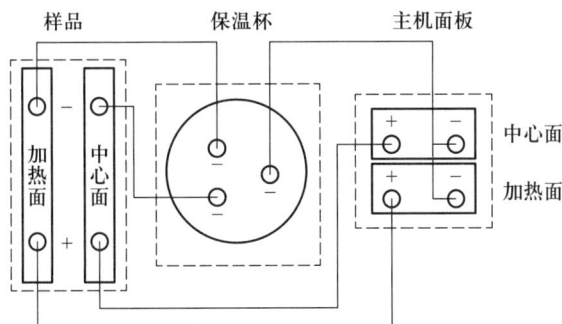

图 7-50-7 连线示意图

2. 加热样品并测量热电势

打开主机电源,进入实验界面,屏幕下方的表格会显示实时的加热电压、两个热电偶的热电势和热电势差,此时加热电压为 0,中心面和加热面热电势也均在 0 上下。

按下"开始/暂停"按钮,主机屏幕上方显示"加热中。。。",并开始记录温度曲线。确认曲线已开始记录后,可调节旋钮,将加热电压调节至目标值(参考电压:18 V),加热膜开始工作。

中心面和加热面的热电势均开始增大,屏幕下方可读取中心面和加热面热电势之差 ΔV,通常 ΔV 会在 5-10 min 内趋于稳定。屏幕右侧表格会每隔 1 min 记录一次中心面和加热面热电势的值。保持加热电压不变,连续记录约 30 min 后,选取其中 ΔV 较为稳定的时间段数据计入表 7-50-1 进行后续处理。

表 7-50-1　导热系数及比热容测定

时间 τ/min	1	2	3	4	5	6	7	8	9	10	11	12	13	14	15
温差热电势 V_t/mV															
中心面热电势 V/mV															
每分钟温升热电势 $\Delta V = V_{n+1} - V_n$															

完成当前样品测量后,按下"开始/暂停"按钮,加热和数据记录停止,此时可通过主机上的"▲▼"按钮翻看前后时段的数据,选取合适的数据进行记录。确认数据记录无误后,可按下"清除数据"按钮将主机上的数据清零。松开螺杆旋钮,取出样品试件,敞开隔热层进行冷却,待隔热层恢复室温,可放入下一组待测样品试件进行测量。

【数据处理】

准稳态的判定原则是温差热电势和温升热电势趋于恒定。实验中有机玻璃一般在 8~15 min,橡胶一般在 5~12 min,处于准稳态状态。有了准稳态时的温差热电势 V_t 值和每分钟温升热电势 ΔV 值,就可以由式(7-50-6)和式(7-50-8)计算最后的导热系数和比热容数值。

式(7-50-6)和式(7-50-8)中各参量如下:

样品厚度　$R = 0.010$ m,有机玻璃密度 $\rho = 1124$ kg/m^3,橡胶密度 $\rho = 1304$ kg/m^3,

热流密度　$q_c = \dfrac{V^2}{2Fr}$ W/m^2

式中 V 为两并联加热器的加热电压,$F = A \times 0.09 \times 0.09$ m^2

为边缘修正后的加热面积,A 为修正系数,对于有机玻璃和橡胶,$A = 0.85$,r 约 110 Ω(以样件实际标注为准)为每个加热器的电阻。

铜-康铜热电偶的热电常量为 0.04 mV/K。即温度每差 1 ℃,温差热电势为 0.04 mV。据此可将温度差和温升速率的电压值换算为温度值。

温度差　$\Delta t = \dfrac{V_t}{0.04}$ K，　温升速率　$\dfrac{dt}{d\tau} = \dfrac{\Delta V}{60 \times 0.04}$ K/s。

【思考题】

1. 实验过程中,环境温度的变化对实验有无影响? 为什么?
2. 本实验中,如何判断系统进入准稳态?

【附录】

热传导方程的求解

在我们的实验条件下,以试样中心为坐标原点,温度 t 随位置 x 和时间 τ 的变化关

系 $t(x,\tau)$ 可用如下的热传导方程及边界,初始条件描述:

$$\begin{cases} \dfrac{\partial t(x,\tau)}{\partial \tau} = a\,\dfrac{\partial^2 t(x,\tau)}{\partial x^2} \\[3mm] \dfrac{\partial t(R,\tau)}{\partial x} = \dfrac{q_{\mathrm{c}}}{\lambda} \qquad \dfrac{\partial\ t(0,\tau)}{\partial x} = 0 \\[3mm] \qquad\quad t(x,0) = t_0 \end{cases} \qquad (7\text{-}50\text{-}9)$$

式中 $a = \lambda/\rho c$,λ 为材料的导热系数,ρ 为材料的密度,c 为材料的比热容,q_{c} 为从边界向中间施加的热流密度,t_0 为初始温度。

为求解式(7-50-9),应先作变量代换,将式(7-50-9)的边界条件换为齐次的,同时使新变量的方程尽量简洁,故此设

$$t(x,\tau) = u(x,\tau) + \frac{aq_{\mathrm{c}}}{\lambda R}\tau + \frac{q_{\mathrm{c}}}{2\lambda R}x^2 \qquad (7\text{-}50\text{-}10)$$

将式(7-50-2)代入式(7-50-1),得到 $u(x,\tau)$ 满足的方程及边界,初始条件

$$\begin{cases} \dfrac{\partial u(x,\tau)}{\partial \tau} = a\,\dfrac{\partial^2 u(x,\tau)}{\partial x^2} \\[3mm] \dfrac{\partial u(R,\tau)}{\partial x} = 0 \qquad \dfrac{\partial u(0,\tau)}{\partial x} = 0 \\[3mm] \qquad u(x,0) = t_0 - \dfrac{q_{\mathrm{c}}}{2\lambda R}x^2 \end{cases} \qquad (7\text{-}50\text{-}11)$$

用分离变量法解式(7-50-11),设

$$u(x,\tau) = X(x) \times T(\tau) \qquad (7\text{-}50\text{-}12)$$

代入式(7-50-11)中第 1 个方程后得出变量分离的方程

$$T'(\tau) + \alpha\beta^2 T(\tau) = 0 \qquad (7\text{-}50\text{-}13)$$

$$X''(x) + \beta^2 X(x) = 0 \qquad (7\text{-}50\text{-}14)$$

式(7-50-13),式(7-50-14)中 β 为待定常量。

式(7-50-5)的解为

$$T(\tau) = \mathrm{e}^{-\alpha\beta^2\tau} \qquad (7\text{-}50\text{-}15)$$

式(7-50-14)的通解为

$$X(x) = c\cos\beta x + c'\sin\beta x \qquad (7\text{-}50\text{-}16)$$

为使式(7-50-4)是式(7-50-11)的解,式(7-50-16)中的 c,c',β 的取值必须使 $X(x)$ 满足式(7-50-11)的边界条件,即必须 $c' = 0$,$\beta = n\pi/R$。

由此得到 $u(x,\tau)$ 满足边界条件的一组特解:

$$u_n(x,\tau) = c_n\cos\frac{n\pi}{R}x \cdot \mathrm{e}^{-\frac{an^2\pi^2}{R^2}\tau} \qquad (7\text{-}50\text{-}17)$$

将所有特解求和,并代入初始条件,得

$$\sum_{n=0}^{\infty} c_n\cos\frac{n\pi}{R}x = t_0 - \frac{q_{\mathrm{c}}}{2\lambda R}x^2 \qquad (7\text{-}50\text{-}18)$$

为满足初始条件,令 c_n 为 $t_0 - \dfrac{q_c}{2\lambda R}x^2$ 的傅氏余弦展开式的系数:

$$c_0 = \frac{1}{R}\int_0^R \left(t_0 - \frac{q_c}{2\lambda R}x^2\right)\mathrm{d}x$$

$$= t_0 - \frac{q_c R}{6\lambda} \qquad (7\text{-}50\text{-}19)$$

$$c_n = \frac{2}{R}\int_0^R \left(t_0 - \frac{q_c}{2\lambda R}x^2\right)\cos\frac{n\pi}{R}x\,\mathrm{d}x$$

$$= (-1)^{n+1}\frac{2q_c R}{\lambda n^2 \pi^2} \qquad (7\text{-}50\text{-}20)$$

将 C_0, C_n 的值代入式(7-50-17),并将所有特解求和,得到满足式(7-50-11)条件的解为

$$u(x,\tau) = t_0 - \frac{q_c R}{6\lambda} + \frac{2q_c R}{\lambda\pi^2}\sum_{n=1}^{\infty}\frac{(-1)^{n+1}}{n^2}\cos\frac{n\pi}{R}x\cdot \mathrm{e}^{-\frac{an^2\pi^2}{R^2}\tau} \qquad (7\text{-}50\text{-}21)$$

将式(7-50-21)代入式(7-50-10)可得

$$t(x,\tau) = t_0 + \frac{q_c}{\lambda}\left[\frac{a}{R}\tau + \frac{1}{2R}x^2 - \frac{R}{6} + \frac{2R}{\pi^2}\sum_{n=1}^{\infty}\frac{(-1)^{n+1}}{n^2}\cos\frac{n\pi}{R}x\cdot\mathrm{e}^{-\frac{an^2\pi^2}{R^2}\tau}\right]$$ 上式即正文中的

式(7-50-9)。

实验 51　电光调制实验

电光调制是一种利用电场对光进行调制的技术,广泛应用于通信、光学传感和光学信息处理等领域。本实验旨在通过搭建电光调制实验装置,探究电场对光的调制效果,并分析其应用前景。

【实验目的】

1. 掌握晶体电光调制的原理和实验方法;
2. 观察电光调制实验现象,并测量电光晶体的各参量;
3. 实现模拟光通信。

【实验原理】

铌酸锂晶体具有优良的压电、电光、声光、非线性等性能。本实验仪中采用的是 LN(电光)晶体. 它的工作原理如下:

LN 晶体是三方晶体 $n_1 = n_2 = n_o$,$n_3 = n_e$,折射率椭球为以 z 轴为对称轴的旋转椭球,垂直于 z 轴的截面为圆,如图 7-51-1 所示。

其电光系数为

$$
\begin{bmatrix}
0 & -\gamma_{22} & \gamma_{13} \\
0 & \gamma_{22} & \gamma_{13} \\
0 & 0 & \gamma_{33} \\
0 & \gamma_{51} & 0 \\
\gamma_{51} & 0 & 0 \\
-\gamma_{22} & 0 & 0
\end{bmatrix}
$$

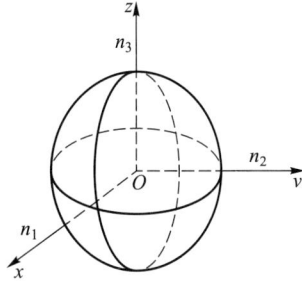

图 7-51-1　折射率椭球

没有加电场之前，LN 晶体的折射率椭球为

$$
\frac{x^2+y^2}{n_o^2}+\frac{z^2}{n_e^2}=1
$$

加上电场之后，其折射率椭球变为

$$
\left(\frac{1}{n_o^2}-\gamma_{22}E_2+\gamma_{13}E_3\right)x^2+\left(\frac{1}{n_o^2}+\gamma_{22}E_2+\gamma_{13}E_3\right)y^2+\left(\frac{1}{n_e^2}+\gamma_{33}E_3\right)z^2+
$$

$$
2\gamma_{51}E_2yz+2\gamma_{51}E_1zx-2\gamma_{22}E_1xy=1
$$

在本实验中，我们采用的是 y 轴通光，z 轴加电场，如图 7-51-2 所示，也就是说，$E_1=E_2=0$，$E_3=E$，那么上式就可以变为

$$
\left(\frac{1}{n_o^2}+\gamma_{13}E_3\right)(x^2+y^2)+\left(\frac{1}{n_e^2}+\gamma_{33}E_3\right)z^2=1
$$

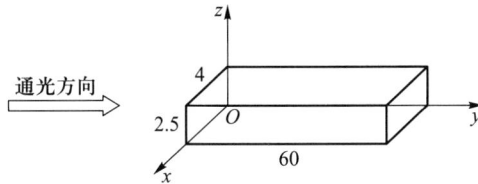

图 7-51-2　晶体尺

式中没有出现交叉项，说明新折射率椭球的主轴与旧折射率椭球的主轴完全重合，所以新折射率椭球的主轴折射率为

$$
\begin{cases}
n_x'=n_y'=\left(\dfrac{1}{n_o^2}+\gamma_{13}E\right)^{-\frac{1}{2}}\approx n_o-\dfrac{1}{2}n_o^3\gamma_{13}E \\[4mm]
n_z'=\left(\dfrac{1}{n_e^2}+\gamma_{33}E\right)^{-\frac{1}{2}}\approx n_e-\dfrac{1}{2}n_e^3\gamma_{33}E
\end{cases}
$$

沿着三个主轴方向上的双折射率为

$$
\begin{cases}
\Delta n_x'=\Delta n_y'=(n_o-n_e)+\dfrac{1}{2}(n_e^3\gamma_{33}-n_o^3\gamma_{13})E \\[4mm]
\Delta n_z'=0
\end{cases}
$$

上式表明，LN 晶体沿 z 轴方向加电场之后，可以产生横向电光效应，但是不能够产生纵向电光效应

经过晶体后，o 光和 e 光产生的相位差为

$$\delta = \frac{2\pi l}{\lambda}(n_{\mathrm{o}} - n_{\mathrm{e}}) + \frac{\pi}{\lambda}n_{\mathrm{o}}^3 \gamma_{\mathrm{c}} l \frac{U}{d}$$

其中，$\gamma_{\mathrm{c}} = \left(\dfrac{n_{\mathrm{e}}}{n_{\mathrm{o}}}\right)^3 \gamma_{33} - \gamma_{13}$ 称为有效电光系数。

入射光经起偏振片后变为振动方向平行于 x 轴的线偏振光，它在晶体的感应轴 x' 和 y' 轴上的投影的振幅和相位均相等，设分别为

$$e_{x'} = A_0 \cos \omega t, \quad e_{y'} = A_0 \cos \omega t$$

或用复振幅的表示方法，将位于晶体表面$(z=0)$的光波表示为

$$E_{x'}(0) = A, \quad E_{y'}(0) = A$$

所以，入射光的强度是

$$I_i \propto \boldsymbol{E} \cdot \boldsymbol{E} = |E_{x'}(0)|^2 + |E_{y'}(0)|^2 = 2A^2$$

光通过长为 l 的电光晶体后，x' 和 y' 两分量之间就产生相位差 δ，即

$$E_{x'}(0) = A, \quad E_{y'}(0) = A\mathrm{e}^{-\mathrm{i}\delta}$$

通过检偏振片出射的光，是该两分量在 y 轴上的投影之和：

$$(E_y)_0 = \frac{A}{\sqrt{2}}(\mathrm{e}^{\mathrm{i}\delta} - 1)$$

其对应的输出光强 I_t 可写成

$$I_t \propto [(E_y)_0 \cdot (E_y)_0^*] = \frac{A^2}{2}[(\mathrm{e}^{-\mathrm{i}\delta} - 1)(\mathrm{e}^{\mathrm{i}\delta} - 1)] = 2A^2 \sin^2 \frac{\delta}{2}$$

所以光强透过率 T 为

$$T = \frac{I_t}{I_i} = \sin^2 \frac{\delta}{2} \qquad\qquad (7\text{-}51\text{-}1)$$

将 $\delta = \dfrac{2\pi l}{\lambda}(n_{\mathrm{o}} - n_{\mathrm{e}}) + \dfrac{\pi}{\lambda}n_{\mathrm{o}}^3 \gamma_{\mathrm{c}} l \dfrac{U}{d}$ 代入上式，就可以发现，透过率与加在晶体两端的电压是上面的函数关系. 也就是说，电信号调制了光强度，这就是电光调制的原理.

改变信号源各参量对输出特性的影响如下：

1. 当 $U_0 = \dfrac{U_\pi}{2}$、$U_{\mathrm{m}} \ll U_\pi$ 时，将工作点选定在线性工作区的中心处，如图 7-51-3(a) 所示，此时，可获得较高效率的线性调制，把 $U_0 = \dfrac{U_\pi}{2}$ 代入式(7-51-1)，得

$$
\begin{aligned}
T &= \sin^2\left(\frac{\pi}{4} + \frac{\pi}{2U_\pi}U_{\mathrm{m}}\sin \omega t\right) \\
&= \frac{1}{2}\left[1 - \cos\left(\frac{\pi}{2} + \frac{\pi}{U_\pi}U_{\mathrm{m}}\sin \omega t\right)\right] \\
&= \frac{1}{2}\left[1 + \sin\left(\frac{\pi}{U_\pi}U_{\mathrm{m}}\sin \omega t\right)\right] \qquad\qquad (7\text{-}51\text{-}2)
\end{aligned}
$$

由于 $U_{\mathrm{m}} \ll U_\pi$ 时

$$T \approx \frac{1}{2} \left[1 + \left(\frac{\pi U_{\mathrm{m}}}{U_{\pi}} \right) \sin \omega t \right]$$

即
$$T \propto \sin \omega t \tag{7-51-3}$$

这时,调制器输出的信号和调制信号虽然振幅不同,但是两者的频率却是相同的,输出信号不失真,我们称为线性调制。

2. 当 $U_0 = 0$、$U_{\mathrm{m}} \ll U_{\pi}$ 时,如图 7-51-3(b)所示,把 $U_0 = 0$ 代入式(7-51-1):

$$T = \sin^2 \left(\frac{\pi}{2U_{\pi}} U_{\mathrm{m}} \sin \omega t \right) = \frac{1}{2} \left[1 - \cos \left(\frac{\pi}{U_{\pi}} U_{\mathrm{m}} \sin \omega t \right) \right]$$

$$\approx \frac{1}{4} \left(\frac{\pi}{U_{\pi}} U_{\mathrm{m}} \right)^2 \sin^2 \omega t \approx \frac{1}{8} \left(\frac{\pi U_{\mathrm{m}}}{U_{\pi}} \right)^2 (1 - \cos 2\omega t)$$

即
$$T \propto \cos 2\omega t \tag{7-51-4}$$

从式(7-51-4)可以看出,输出信号的频率是调制信号频率的 2 倍,即产生"倍频"失真。若把 $U_0 = U_{\pi}$ 代入式(7-51-1),经类似的推导,可得

$$T \approx 1 - \frac{1}{8} \left(\frac{\pi U_{\mathrm{m}}}{U_{\pi}} \right)^2 (1 - \cos 2\omega t) \tag{7-51-5}$$

即 $T \propto \cos 2\omega t$,输出信号仍是"倍频"失真的信号。

3. 直流偏压 U_0 在 0 V 附近或在 U_{π} 附近变化时,由于工作点不在线性工作区,输出波形将失真。但不满足小信号调制的要求,式(7-51-2)不能写成式(7-51-3)的形式。因此,工作点虽然选定在了线性区,输出波形仍然是失真的。

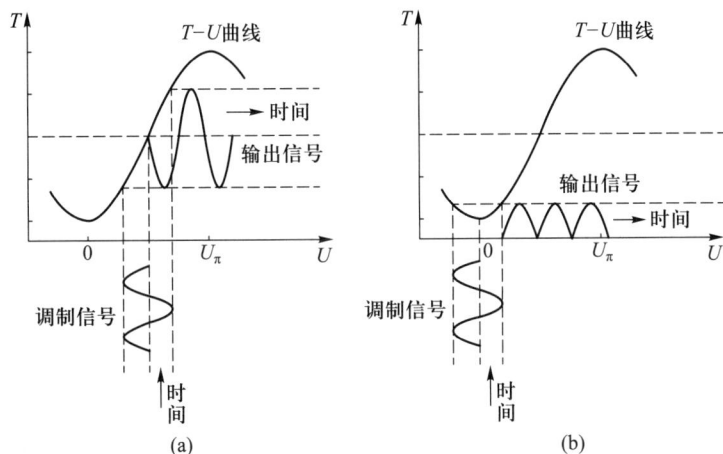

图 7-51-3　晶体调制曲线

【实验仪器】

光学导轨,滑座,起偏器,检偏器,1/4 波片,激光器,激光器电源,电光调制实验仪,光电探测器,电光调制实验仪信号源,BNC 屏蔽连接线,白屏,示波器。

【实验内容】

本实验内容主要包括:观察电光调制现象;计算电光晶体的消光比、透过率,测量晶体的半波电压;进行电光调制与光通信实验演示。具体步骤如下:

1. 按照系统连接方法将激光器,电光调制实验仪,光电探测器等部件连接到位。系统连接方法如图 7-51-4 所示,其中激光器通过二维调整架固定,电光调制实验仪二维俯仰可调且滑座是一维移动平台,与其他的滑座有所不同。

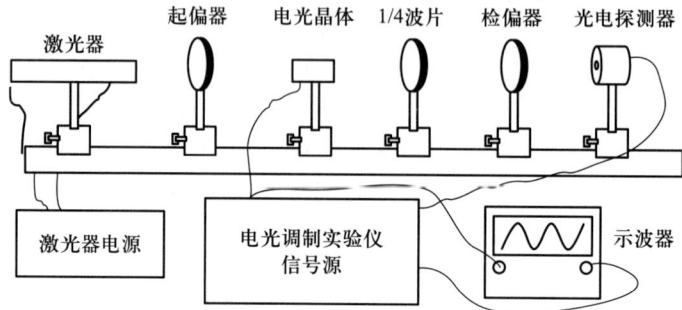

图 7-51-4 系统连接方法

如图 7-51-5 所示为电光调制实验仪的前面板。

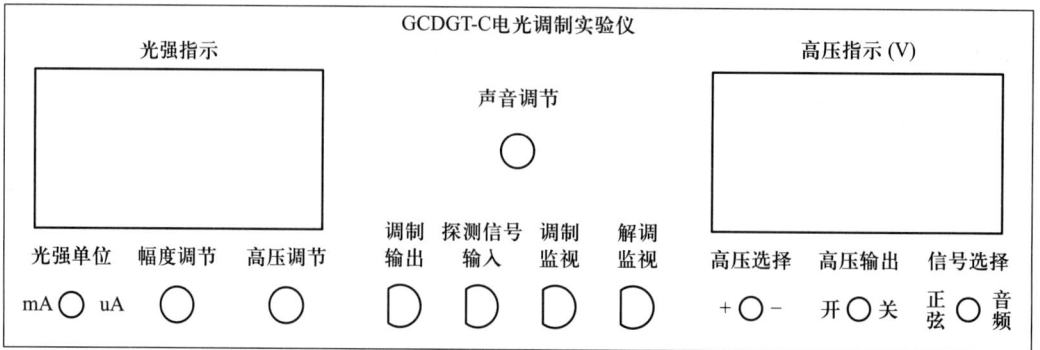

图 7-51-5 前面板

"光强单位"探测器接收到光强信号;

"幅度调节"改变调制信号幅度输出;

"高压调节"改变输出电压,0~500 V 可调;

"信号选择"开关用于选择输出正弦波或是音频信号;

"调制输出"口用于输出晶体调制信号;

"探测信号输入"口接光电探测器的输出;

"调制监视"口用于示波器观察调制信号;

"解调监视"对探测器输入的微弱信号进行处理后通过输出,连接至示波器上观察;

"高压选择"开关用于切换直流偏压的方向,即选择正高压或负高压;

"高压输出"拨向左为打开,拨向右为关闭,如果打开"高压输出"那么输出的调制电

压上就会叠加一个直流偏压,用于改变晶体的调制曲线;

"正弦/音频"切换到正弦信号时,调制输出为正弦波,切换到音频时,输出方波。

在具体的连接中,由于调制输出与调制监视所输出的信号呈 10 倍关系,所以实验中必须以"调制输出"接晶体调制器,"调制监视"接示波器观察。在观察电光调制现象时,"光电探测器"通过一根两端都是 BNC 头的连接线连接至信号源的"探测信号输入","解调监视"信号接至示波器观察。在进行音频实验时,则不需要示波器。

2. 光路准直。打开激光器电源,调节光路,保证光线沿光轴通过。在光路调节过程中,先将波片、起偏器和检偏器移走,调整激光器、电光晶体和探测器三者的相对位置,使激光能够从晶体光轴通过;调整好之后,再将波片、起偏器和检偏器放回原位,再调节它们的高度,因为它们的通光孔很大,调节相对容易。调节完毕后,锁紧滑座和固定各部件。

3. 选择信号为"正弦"信号。将"调制输出"口输出的正弦波信号加在晶体上,并将"解调监视"信号接到示波器上,调节波片,观察输出信号的变化,记下调节最佳时输出信号的幅值;改变信号源输出信号的幅值,观察探测器输出信号的变化;去掉 1/4 波片,加上直流偏压,改变其大小,观察输出信号的变化,并与加波片的情况进行比较。

4. 测量半波电压。测量晶体的半波电压的方法有两种:

(1) 极值法,即晶体上只加直流电压,不加交流信号,把直流电压从小到大逐渐改变,输出的光强将会出现极大极小值,相邻极大极小值之间对应的直流电压之差就是半波电压。具体步骤是:去掉 1/4 波片,调节检偏器使输出光强最小,然后将信号源中正弦波的输出幅度调节至零,打开高压开关,选择"正高压",逐渐增加直流偏压,同时读出光强指示表头显示的电流值,当输出电流值为极大值时,记下"高压指示"表头的读数,此读数即该晶体的半波电压。(亦可将高压选择开关切换为"负高压",重复以上步骤,测得半波电压。若正、负高压下测得的半波电压值相同,则该值就是晶体的实际半波电压值。)

(2) 调制法,即将直流电压与交流电压同时加在晶体上,改变直流偏压的大小,解调出现两次倍频现象之间的直流电压之差即半波电压。具体步骤是:去掉 1/4 波片,关闭高压输出开关且将高压旋钮逆时针旋到底,调节检偏器直至出现倍频(此时光强很小),然后打开高压开关,选择"正高压",逐渐增加直流偏压,当出现第一次倍频现象时,记录"高压指示"表头的读数 U_1;继续加大电压,直到出现第二次倍频现象,记录此时"高压指示"表头的读数 U_2。"U_2-U_1"即该晶体的半波电压。(亦可将高压选择开关切换为"负高压",重复以上步骤,测得半波电压。若正、负高压下测得的半波电压值相同,则该值就是晶体的实际半波电压值)。

5. 测电光晶体的消光比和透过率

通过极值法测得探测器输出光电流的极大极小值(由光强指示表头读出)。

由输出光电流的极大极小值得

$$消光比\quad M=\frac{I_{\max}}{I_{\min}}$$

将电光晶体从光路中取出,旋转检偏器,测出探测器输出的最大光强值 I_0(由光强

指示表头读出),那么透过率为

$$T = \frac{I_{max}}{I_o}$$

6. 电光调制与光通信实验演示

在倍频实验的基础上,保持光路组件位置不变,将"信号选择"旋钮开关拨到"音频"信号,即可以使扬声器播放音乐。改变偏压(即调节声音调节电位器)或旋转波片试听扬声器音量与音质的变化。用不透光物体遮住激光光线,声音消失,说明音频信号是调制在激光上的,验证光通信。

【注意事项】

1. 本实验使用的晶体根据其绝缘性能最大安全电压约为 500 V,超值易损坏晶体.
2. 在实验过程中,应避免激光直射到人眼,以免对眼睛造成伤害。
3. 本实验仪所用光学器件均为精密仪器,在使用时应十分小心。
4. 本实验所设计的光强指示表头,只在直流条件下的读数为有效值。
5. 光路轴向要求较高,反复调整光路测量才能得到相对可靠的实验数据。

【思考题】

1. 如何保证光束正入射于晶体的端面?怎样判断?不是正入射时有何影响?
2. 起偏器和检偏器既不正交又不平行时,会出现何种情况?
3. 1/4 波片改变工作点,观察调制现象时为何只出现线性调制和倍频失真,而没有其他失真?

实验 52　全息照相实验

【实验目的】

1. 了解全息照相的基本原理,拍摄合格的全息图。
2. 掌握全息照相的记录和再现技术。

【实验原理】

全息照相技术,作为 20 世纪光学领域的重大发明,彻底改变了我们对摄影和视觉再现的认知。它的起源可追溯到 1947 年,当时英国科学家丹尼斯·伽博(Dennis Gabor)首次提出了全息术的概念,并成功记录了第一张全息图。尽管早期的全息图受到光源和记录介质的限制,质量并不理想,但这一创新为光学成像技术开辟了新的道路。随着激光的发明和普及,全息照相技术在 20 世纪 60 年代得到了迅速发展。激光的相干性为全息记录提供了理想的光源,使得全息图的清晰度和稳定性大大提高。同时,新型记录介质如银盐全息干板和光致聚合物等也相继问世,推动了全息技术的实用化进程。进入 21 世纪,数字全息技术的出现为全息照相带来了新的生机。通过将全息图数字化,不仅可以实现高质量的图像再现,还可以进行图像处理、数据存储和远程传输等操作。此外,计算机生成全息图(CGH)技术的发展,使得人们可以无需实际物体就能生成全息图,进一步拓宽了全息技术的应用领域。

下面我们分别介绍全息照相记录和复现的原理。

1. 全息照相记录

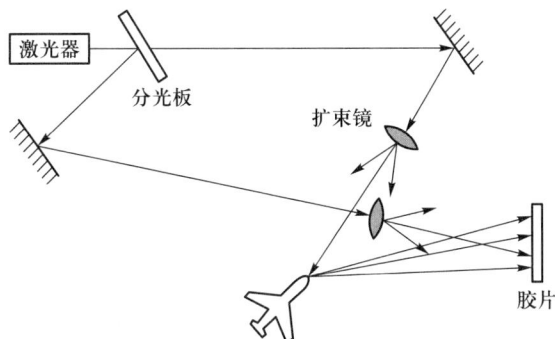

图 7-52-1　全息照相光路图

全息照相记录的原理主要基于光的干涉和衍射。在全息照相过程中,激光束被分为两束:一束直接照射在记录介质(通常是感光胶片或数字记录设备)上,称为参考光束;另一束则照射在被摄物体上,经过物体的反射或透射后形成物光束。这两束光在记录介质上相遇并产生干涉,形成干涉条纹。

下面重点来研究两束光是如何叠加的,为了计算简便,我们不妨假设参考光为平行光,这个假设不影响后续对现象的理解。我们用光波的叠加原理进行计算。

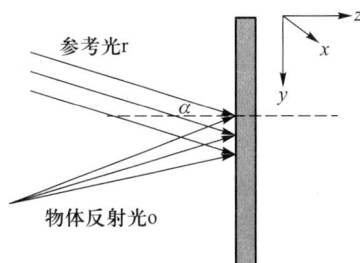

图 7-52-2　全息照相示意图

我们设参考光束 r 在空间中产生的光场为

$$U_r = A_r \exp[\mathbf{i} \boldsymbol{k} \cdot \boldsymbol{r}] \tag{7-52-1}$$

设胶片所在位置 $z=0$,参考光和胶片夹角为 α,则式(7-52-1)可以整理为

$$U_r = A_r \exp[\mathbf{i} k y \sin \alpha] \tag{7-52-2}$$

同理,物体反射光 o 在空间中的光场可以表示为

$$U_o = A_o(x,y,z) \exp[\mathbf{i} \boldsymbol{k} \cdot \boldsymbol{r}] = A_o(x,y,z) \exp[\mathbf{i}\varphi_o] \tag{7-52-3}$$

那么,两束光在胶片上相遇时,总的光场为

$$U = U_r + U_o = A_r \exp[\mathbf{i} k y \sin \alpha] + A_o \exp[\mathbf{i}\varphi_o] \tag{7-52-4}$$

胶片位置处的光强为

$$I = |U|^2 = A_r^2 + A_0^2 + A_r A_o \cos(k y \sin \alpha - \varphi_o) \tag{7-52-5}$$

由此,我们可以发现感光胶片上无法呈现出传统胶片的样貌,而是出现一系列明暗交叠的干涉条纹状图样。这个新的光波的振幅和相位由原始光波的振幅和相位决定。在全息照相中,参考光束和物光束在记录介质上叠加,形成干涉条纹,这些干涉条纹就记录了物体光波的振幅和相位信息。

胶片在经过显影和定影等暗室技术处理后,其透射率为

$$t = t_0 - \beta I \qquad (7\text{-}52\text{-}6)$$

其中 t_0 为胶片原始透光率，β 为一常量。

2. 全息照相复现

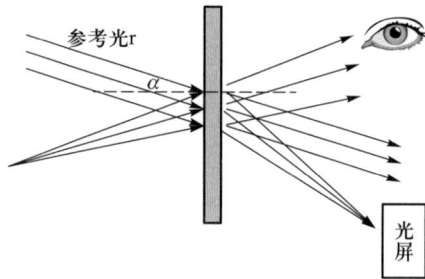

图 7-52-3　全息照相原理示意图

全息照相胶片无法像传统胶片一样直接从中读到像，而只能通过特殊的手段将存储在胶片中的光场振幅和相位信息读出，为此用完全相同的参考光照射胶片，在胶片后的光场为

$$U = U_r \cdot t = \left[t_0 - \beta \left(A_r^2 + A_o^2 \right) A_r \exp\left[iky\sin\alpha \right] - \beta A_r^2 A_o \exp\left[i\varphi_o \right] - \beta A_r^2 A_o \exp\left[-i\varphi_o \right] \exp\left[iky\sin\alpha \right] \right]$$

$$(7\text{-}52\text{-}7)$$

式（7-52-7）右侧分为三项，第一项，表示一束继续沿参考光方向传播的光（胶片右侧中间束光），这束光不包含物体反射光束 o 的所有信息，显然我们可以忽略该方向的光；第二项是则包含了物体反射光束 o 的全部信息（胶片右侧最上面一束光），只是额外的多了一个 βA_r^2 的系数，使得光束整体变暗，该光束的传播方向仍为物体反射光束 o 的方向，呈发散状，故人眼在这个方向可以观察到物体的三维虚像；第三项则包含了物体反射光束 o 的共轭光线的信息，方向沿斜下方传播，在该方向呈现物体的全息实像。

以上就是全息照相和成像技术的主要原理，除此之外，全息照相技术还包含全息白光照相技术以及反射式全息照相技术等。全息照相技术已广泛应用于科研、教育、娱乐、广告等多个领域，为人们带来了前所未有的视觉体验。从微观粒子的观测到宏观场景的再现，从静态物体的展示到动态过程的模拟，全息照相技术以其独特的成像方式和逼真的三维效果，让我们能够更加深入地认识和理解这个世界。

【实验仪器】

光学平台，半导体激光器，反射镜（三维可调），扩束镜，干板固定架及载物台，激光功率探测器，光屏（含调节激光准直的通光孔），全息底片，暗室，显影液，方形器皿若干。

【实验内容】

1. 光路调整，使得各光学元件的光学中心共轴。具体方法为：

首先固定激光器的高度，然后用连接线将半导体激光器与主机"曝光定时控制激光器"模块的"激光器"端口相连，将光电探测器与主机"激光功率测量"模块的"输入"端口相连，接通主机电源。反复调节各光学器件的俯仰使得光通过带孔光屏前后功率计显示数值近似相等,则可认为全部器件均与光屏小孔同高。调整物体距离使得参考光和物体反射光的光强比为 4 : 1。

2. 根据光强及显影液的要求确定曝光时间。

3. 遮挡快门,将底边夹到光屏上,然后打开快门,静置曝光 2~3 min。

4. 利用暗室对胶片进行显影、定影、漂白处理后晾干成全息照片。

5. 用参考光再次照射全息相片,二者夹角与成像时保持一致,人眼从另一侧观察像。改变观察角度、距离等,观察全息成像是否有变化。

【注意事项】

1. 激光器勿直接照射到人眼,需用光屏、功率探测计等进行观察;

2. 光学元件需保持洁净,应使用镊子等进行夹取;

3. 应合理估计曝光时间,避免欠曝和过曝现象的发生。

【思考题】

1. 若不使用单色激光器,而使用白光光源,是否还可以实现全息照相?

2. 若将全息底片打碎,那么每个碎片是否可以实现全息重现?

实验 53 　 LED 光谱特性测量实验

【实验目的】

1. 了解 LED 的光谱特性及其测试方法

2. 测量 LED 在不同工作条件下的光谱分布,从而了解其发光颜色、色纯度、光强分布等关键参量。

【实验原理】

LED(发光二极管)的发光机制是建立在半导体材料的电致发光效应之上的。它由特定的半导体材料构成,常见的如砷化镓(GaAs)和氮化镓(GaN)等。这些半导体材料经过特殊的掺杂处理,形成 P 型半导体和 N 型半导体。当在两者间施加正向电压时——阳极与 P 型半导体相连,阴极与 N 型半导体相连——电子从 N 型半导体迁移到 P 型半导体,而空穴则从 P 型半导体迁移到 N 型半导体。在半导体材料的发光层内,电子与空穴相遇并结合,从而释放能量。这些被释放的能量以光子的形态展现,为我们所见的光。光的颜色(或波长)由半导体材料的禁带宽度(或能隙)决定,通过调整材料和掺杂元素,可以产生从紫外到红外范围的各种颜色的光。LED 在发光效率上远超传统白炽灯,因为它直接将电能转化为光能,避免了白炽灯中电能先转化为热能再转化为光能的能量损失。

如图 7-53-1 所示,LED 的光谱特性描述了其发射光在不同波长上的强度分布,这一特性可划分为窄带与宽带两大类。窄带光谱意味着 LED 所发射的光线主要集中在相对狭窄的波长区间内,这种特性常被应用于特定领域,例如成像技术和通信领域。由于其光谱的集中性,窄带 LED 能够提供更高的发光亮度和更出色的色彩还原能力。相反,宽带光谱则表明 LED 所发射的光线分布在一个较宽的波长范围内,这种 LED 通常被用于照明领域。由于其光谱的广泛性,宽带 LED 能够产生更加自然和均匀的光照效果。

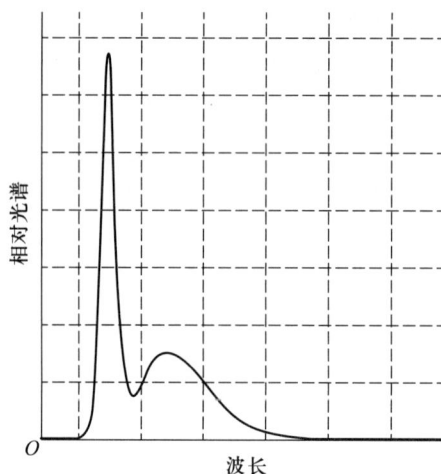

图 7-53-1　白色 LED 典型光谱

【实验内容】

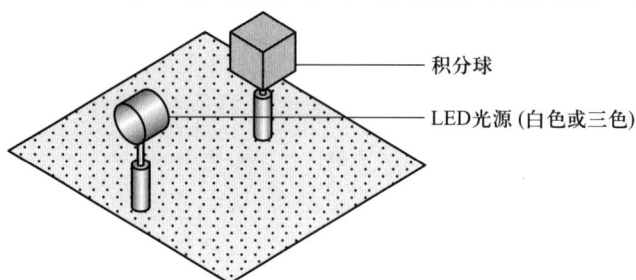

图 7-53-2　实验示意图

如上图搭建光路,打开 RLE-SPEC 软件,点击"New Measurement",选择"Color Absolute Irradiance(色度测量,绝对强度)",此时光源处于关闭状态,点击"Store Reference Spectrum",点击"Browse"导入补偿文件。点击"next",Observer 选择 2 Degree,Illuminant 选择 D65,点击"Finish"。

记录单色 LED 的三刺激值、色品坐标、主波长;记录白光 LED 的三刺激值、色品坐标、色温。

【数据处理】

表 7-53-3

	X	Y	Z	色品坐标	主波长	色温
白光 LED					/	
红光 LED						/

续表

	X	Y	Z	色品坐标	主波长	色温
蓝光 LED						/
绿光 LED						/

【注意事项】

1. 实验测量环境需为暗室。
2. 注意安全用电。

【思考题】

不同颜色 LED 的发光主波长分别是多少?

实验 54　光纤中光速的测定实验

【实验目的】

1. 学习光纤中光速测量技术的基本原理;
2. 学习占空比 50% 的方波信号的电光、光电转换及再生调节技术;
3. 学习数字式光纤长度测量仪的基本原理及应用技术;
4. 了解实验研究信号传输过程中影响电路延时的主要因素。

【实验原理】

光速测定实验是一个经典的物理实验。但传统的实验项目中,只有光在真空中传播速度的实验项目,测量结果的公认值 $c = 3 \times 10^8$ m/s。没有透明介质中光速测定的实验项目。光在透明介质的传播速度不是 c,而是 c/n,n 是透明介质的折射率。光纤是一种透明介质,光纤中光速测定实验填补了这一空白。

与传统的空气中光速测定实验项目比较,光纤中光速测定实验中的物理现象更为直观,测量方法和测量技术具有新的特点。

一、基本理论

光导纤维的结构如图 7-54-1 所示,它由纤芯和包层两部分组成,纤芯半径为 a,折射率为 $n_1(p)$,包层半径为 b,折射率为 n_2,且 $n_1(p) > n_2$。从物理光学的角度考虑,光波实际上是一种振荡频率很高的电磁波,当光波在光导纤维中传播时,光导纤维就起着一种光波导的作用。应用电磁场理论中 E 矢量和 H 矢量应遵从的麦克斯韦方程及它们在芯纤和包层面处应满足

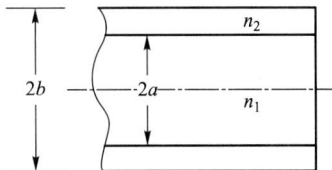

图 7-54-1　阶跃型多模光纤的
结构示意图

的边界条件可知:在光导纤维中主要存在着两大类电磁场形态。一类是沿光纤横截面呈驻波状、而沿光导纤维轴线方向为行波的电磁场形态。这种形态的电磁场,其能量沿横向不会辐射,只沿轴线方向传播,故称这类电磁场形态为**传导模式**。另一类电磁场形

态,其能量在轴线方向传播的同时沿横向方向也有辐射,这类电磁场形态称为**辐射模**。利用光导纤维来传输光信息就是依靠光纤中的传导模式。随着光导纤维纤芯径 α 和纤芯折射率 n_1 与包层折射率 n_2 差值 Δn 的增加,光导纤维中允许存在的传导模式数量也会增多。纤芯中存在多个传导模式的光纤称为**多模光纤**。当光纤芯径小到某一程度后,纤芯中只允许称为基模的一种电磁场形态存在,这种光纤就称为**单模光纤**。目前光纤通信系统上使用的多模光纤纤芯直径为 50 μm 或 62.5 μm,包层外径为 125 μm。单模光纤的芯径在 5~10 μm 范围内,包层外径也是 125 μm。在纤芯范围内折射率不随径向坐标 ρ 变化,即 $n_1(\rho)$ = 常量的光纤,称为阶跃型光纤,否则称渐变型光纤。

一束光由光纤入射端耦合到光纤内部之后,会在光纤内同时激励起传导模式和辐射模式,但经过一段传输距离,辐射模的电磁场能量沿横向方向辐射尽后,只剩下传导模式沿光纤轴线方向继续传播,在传播过程中只会因光导纤维纤芯材料的杂质和密度不均引起的吸收损耗和散射损耗,不会有辐射损耗。目前的制造工艺能使光导纤维的吸收和散射损耗做到很小的程度,所以传导模式的电磁场能在光纤中传输很远的距离。

根据光波导理论分析,多模光纤中每个模式携带的光功率沿光纤具有不同的传播速度,从光纤起点同时出发的各个模式到达光纤终点的时间不同。所以光脉冲在光纤中传输时,随着传输距离的增加光脉冲就会变宽。这一现象称为光纤中的色散现象。光纤的色散特性对光纤传输数字信号的传输容量具有很大影响。这就是为什么在高速光纤传输系统中总是采用单模光纤的原因。在多模光纤中为了尽可能减少模式色散,制造光纤时把纤芯折射率 n_1 与包层折射率 n_2 差值 Δn 做得很小,这种光纤称为弱波导光纤。据理论分析:

在**弱波导结构光纤**中,各模式光功率的传播速度近似相等,其值就是:

$$V_G = c / n_1 \qquad (7\text{-}54\text{-}1)$$

其中 c 就是光波在真空中的传播速度,n_1 是光纤纤芯折射率。

特别说明:在测量光纤中光速的实验项目中,在测量系统的误差范围内以上近似是允许的。但在分析光纤的色散特性时,不能作这种近似!

二、光纤中光速测定的实验技术

1. 实验装置的方框图

图 7-54-2 是测定光导纤维中光速的实验装置的方框图,在该图中由调制信号源提供的周期为 T,占空比为 50%的方波时钟信号对半导体激光二极管 LD 的发光强度进行调制。调制后的光信号经光导纤维、PIN 光电二极管和调制信号**再生调节电路**再次变换成一个周期为 T、占空比为 50%的方波序列。但这一方波序列,相对于作为**参考信号**的原始方波序列有一定的延时 τ,可用数字示波器直接测得。这一延时既包括了测量系统的**电路延时**,也包括调制光信号在光纤中所经历的传输时间。在保持**电路延时**不变的状态下,用长度分别为 L_1 和 L_2(L_1 远大于 L_2)的双光纤信道进行两次测量。所得的延时 τ_1 和 τ_2 之差,就是光信号在长度为(L_1-L_2)的光纤中所经历的传输时间。在测量 τ_1 和 τ_2 的同时,利用数字式光纤长度测定仪把 L_1 和 L_2 的具体数字测出就可算出光纤中的光速。

2. 光源器件调制与驱动电路及参考信号的选择

光源器件调制与驱动电路如图 7-54-3 所示,光源器件采用中心波长 1550 nm 的半

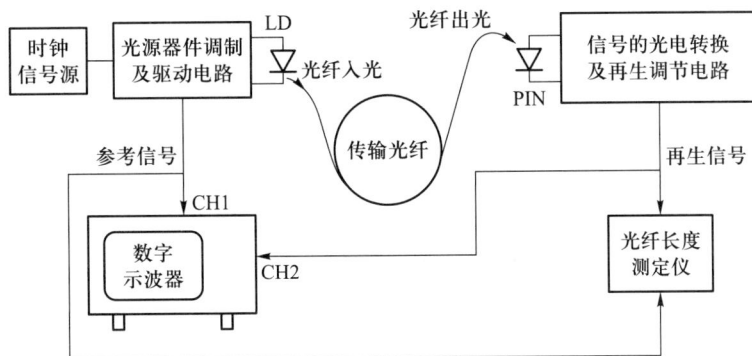

图 7-54-2   测定光纤中光速实验装置的方框图

导体激光器 LD。调节图 7-54-3 中的 W1 电位器的电阻值,就可改变 LD 的工作电流及其发光功率。**为了减少调节 LD 工作电流时对测量系统**电路延时的**影响**,要求参考信号与由 LD 发出的光信号之间的相移尽量做到不随 W1 的调节状态变化。如图 7-54-3 所示的"参考信号",就能很好地满足这一要求。

3. 调制信号光电转换及再生电路的工作原理

光电转换及再生调节电路的任务就是把光纤信道输出的光信号(占空比为 50%)在接收端经过 PIN 光电二极管和再生调节电路(如图 7-54-4 所示)变换成占空比仍然是 50% 的电信号。

其工作原理如下:当方波调制信号为低电平时,传输光纤中无光,PIN 光电二极管中无光电流,这时只要 R_c 和 R_{b2} 的阻值适当,晶体管 BG2 就有足够大的基极电流 I_b 注入,使 BG2 处于**深度饱和状态**,因此它的集电极和发射极之间的电压极低,既使经过

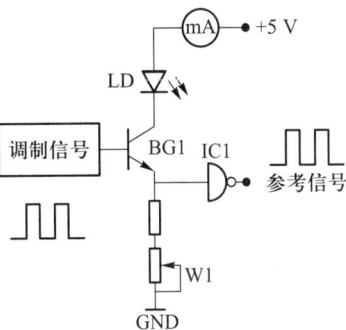

图 7-54-3   光源器件调制与驱动电路

后面的放大电路高倍放大后也会使反相器 IC2 的输出电压维持在高电平状态。当方波信号为高电平时,发送端的 LD 发光、接收端 PIN 光电二极管有光电流 I_0 产生,它是从 PIN 光电二极管的负极流向正极,对 BG2 的基极电流 I_b 具有拉电流作用,使 BG2 的基极电流减小。由于 PIN 结电容、出脚连接线的线间电容以及 BG2 基-射极间杂散电容的存在(在图 7-54-4 中用 C_a 表示以上三种电容的总效应),使得 BG2 基极电流的这一减小过程不是突变的,而是按某一时间常量的指数规律变化。随着 BG2 基极电流的减小,BG2 逐渐脱离深度饱和状态,向浅饱和状态和放大区过渡,其集电极-发射极间的电压 V_{ce} 也开始按指数规律逐渐上升,由于后面的放大器放大倍数很高,故还未等到 V_{ce} 上升到其渐近值,放大器输出电压就达到使反相器 IC2 状态翻转的电压值,这时 IC2 输出端为低电平。在调制信号的下一个低电平到来时,接收端的 PIN 光电二极管无光电流,BG2 的基极电流 I_b 又按指数规律逐渐增加,因而使 BG2 原本按指数规律上升的 V_{ce} 在达到某一值时就停止上升,并开始按指数规律下降。V_{ce} 下降到某一值后,IC2 由低电平翻转成高电平。**适当调节发送端 LD 导通时的工作电流和接收端 PIN 无光照射时 BG2**

的饱和深度,就能使光电转换和再生电路输出的方波序列占空比为 **50%**。

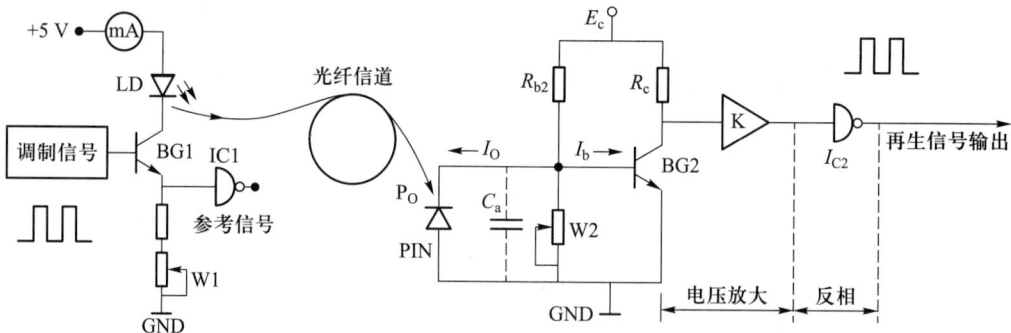

图 7-54-4 调制信号的电光转换及再生 u 调节

4. 数字式光纤长度测定仪的结构与工作原理

结构 光纤长度测定仪的结构如图 7-54-5 所示,由异或逻辑光纤长度传感器与 7107 双斜式模数转换电路组成。异或逻辑电路两个输入端分别接参考信号和再生信号,输出端经分压后接双斜式模数转换器的 Vin+端。双斜式模数转换器的 Vin−端,接可调的补偿电压 V_b,供光纤长度测量仪零点调节使用。

5. 异或逻辑光纤长度传感器的工作原理

把图 7-54-5 中的**参考信号和再生信号**(它们的周期为 T)接到异或逻辑电路两个输入端时,其输出波形就是一个周期为 $T/2$ 的方波序列。在延时不超过 $T/2$ 的范围内,这一方波序列的脉宽与它们的相对延时成正比,如图 7-54-6 所示。

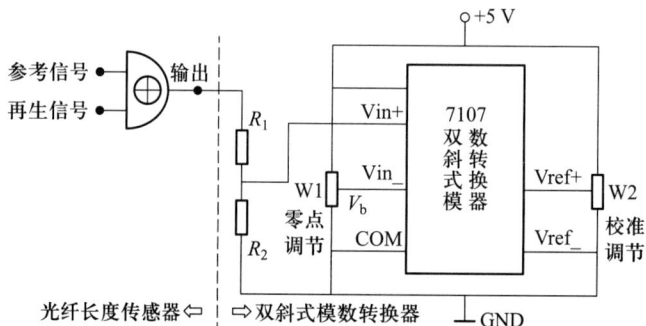

图 7-54-5 异或逻辑数字式光纤长度测量仪的结构图

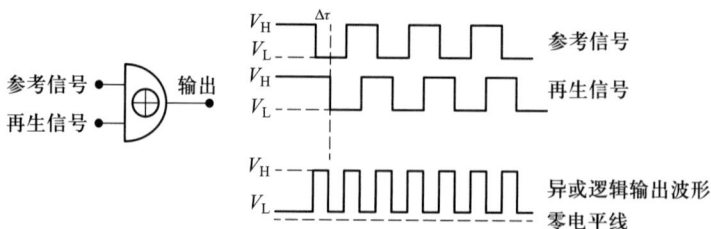

图 7-54-6 异或逻辑光纤长度传感器的工作原理

也即这一方波序列的直流电平值 V_0 在 V_L 与 V_H 范围内就与它们的相对延时 τ 成正比,其数学表达式为

$$V_0 = V_L + [\, 2(\, V_H - V_L)\, \tau / T\,] \qquad (7\text{-}54\text{-}2)$$

其中,V_L 是两路输入信号同相时异或门输出的低电平值,V_H 是两路输入信号反相时异或门输出的高电平值。

所以,异或逻辑电路在图 7-54-6 示的应用中,就是一种延时传感器。由于异或逻辑电路两路输入信号的相对延时中,包括电路延时和光路延时两部分,其中光路延时与光纤信道的长度成正比。光纤长度在 0—L_{MAX}(L_{MAX} 是不会使测量系统总延时超过 $T/2$ 的最大长度)范围内,式(7-54-2)也可改为

$$V_0 = a + K * L \qquad (7\text{-}54\text{-}3)$$

所以异或逻辑电路的上述用法,也是一个光纤长度传感器,传感特性如图 7-54-7 所示。其中截距 a(量纲:V),与测量系统的电路延时、调制信号的周期 T 有关;斜率 K(量纲:V/m)与待测的光速、调制信号的周期 T 和异或逻辑电路的高低电平 V_H、V_L 有关。目前,尽管 a 和 K 还是未知量,**但在测量系统电路延时和调制信号周期 T 固定情况下,它们是一确定值**,$(V_0 - a)$ 随光纤长度增加具有线性增长关系。

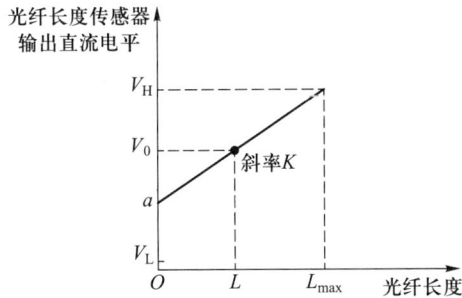

图 7-54-7　光纤长度传感器传感特性

6. 光纤长度数字化测量技术

异或逻辑电路只是光纤长度传感器,要实现光纤长度的数字化测量还必须应用双斜式 7107 模数转换芯片及配套的数码管。理论上证明:调制信号的周期 T 远小于双斜式模数转换电路测量过程中积分电容的充电时间(对于本测量系统,是满足这一要求条件),双斜式模数转换电路就可用来测量异或逻辑电路输出的直流电平。测量电路的具体连接如图 7-54-5 示:异或逻辑输出经过电阻 R_1、R_2 组成的分压电路分压后接至 7107 芯片 V_{in+} 脚、由电位器 W1 构成的补偿电压调节电路输出的 V_b 接至 7107 芯片 V_{in-} 脚、由电位器 W2 构成的校准调节电路的输出(W2 的活动端)接至 7107 芯片 V_{ref+} 脚。**这样,图 7-54-5 所示电路就是一个光纤长度比较电路。在这个光纤长度比较电路的基础上,经过零点调节和用已知长度的光纤作为标准长度光纤进行定标校准后就构成了一个数字式光纤长度测量仪。**本仪器的光纤长度测量仪出厂已校准,使用前只进行零点调节。光纤长度测量仪的零点调节具体操作如下:

按图 7-54-8 示连接测量系统,完成调制信号的再生调节后,调节图 7-54-5 中的电位器 W1,使 7107 模数转换的数显为 0000。

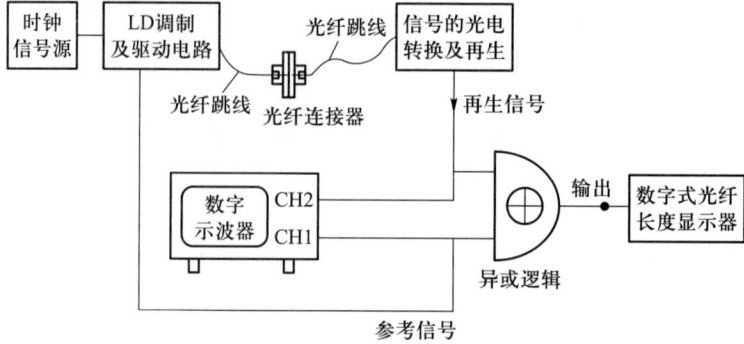

图 7-54-8 光纤长度测量仪的零点调节

7. 光纤长度的测量

测量光纤长度的具体操作如下:

按图 7-54-8 示连接测量系统,完成零点调节后,保持图 7-54-5 中的电位器 W1 调节状态不变。

按图 7-54-9 示连接测量系统,调节图 7-54-4 中的光信号幅度调节电位器 W1 进行调制信号的再生调节。为了准确判断接收端光电信号是否调节到再生状态,在上述测量过程中,必须把双踪示波器的 CH1 和 CH2 输入通道接到异或逻辑电路两个输入端。CH1 接"**参考信号**"端,CH2 接"**再生信号**"端。当再生输出信号的正脉宽与参考信号的正脉宽相等时,光纤长度测量仪显示的数字就是光纤的长度的数字。

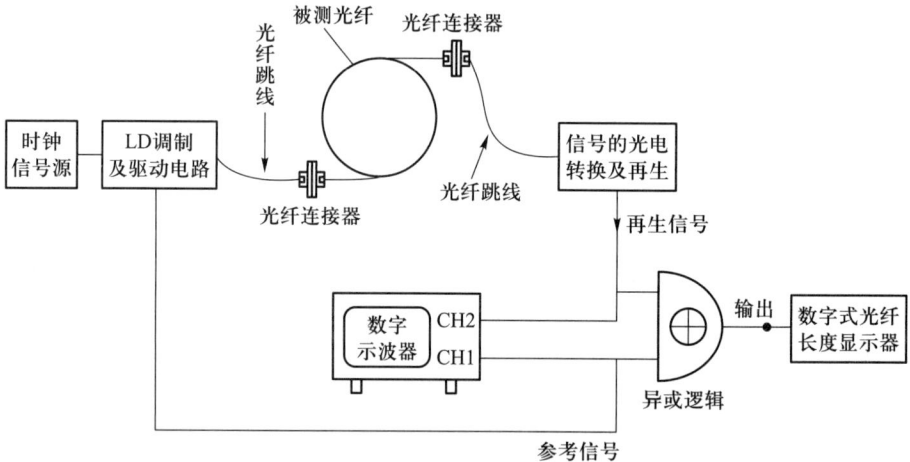

图 7-54-9 光纤长度的测量

8. 光信号在光纤信道中传输时间的测定(见[实验内容])

三、实验仪器说明

1. 主机 FOV-B 型光纤中光速测定实验仪主机,其前面板布局如图 7-54-10 示。

2. 光纤信道及连接跳线

如图 7-54-11 所示。

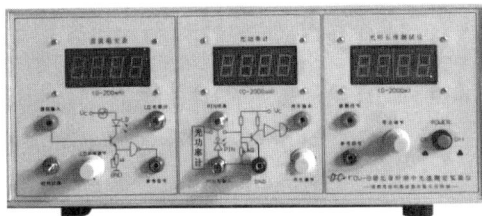

图 7-54-10　FOV-B 型光纤中光速测定实验仪前面板

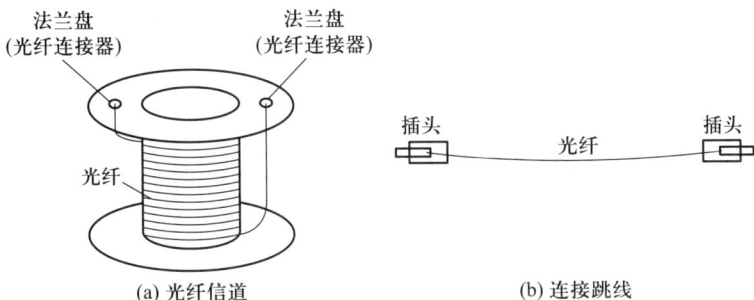

(a) 光纤信道　　　　　　　(b) 连接跳线

图 7-54-11　光纤信道及连接跳线

【实验仪器】

1. FOV-B 型光导纤维中光速测定实验仪
2. 光纤信道
3. 双迹示波器

【实验内容】

1. 实验系统的光路连接

（1）把随仪器配置的两条光纤跳线的一端分别插入仪器前面板的"LD 出光"口和"PIN 入光"口。以后实验过程中,保持这一连接不变。

（2）需要组成短光纤信道光路连接时,在以上连接基础上,把两条光纤跳线另外一端插入已安装在光具架上的光纤活动连接器（如图 7-54-12 所示）。

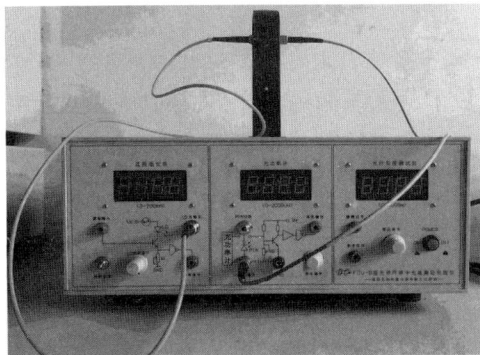

图 7-54-12　光源器件、光电检测器件、短光纤信道的光路连接

（3）需要组成长光纤信道的光路连接时,在以上连接基础上,把两条光纤跳线与光具架上的光纤活动连接器连接断开,然后插入长光纤信道两端的光纤活动连接器(如图7-54-13示)。插入时需特别仔细! 具体操作听指导教师详细讲解。学生先不要盲目操作。否则,若损坏光纤活动连接器,使光信号传输通道受阻,则不能正常进行实验。

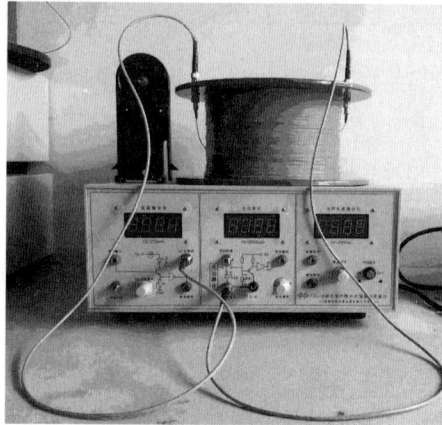

图 7-54　13　光源器件、光电检测器件、与长光纤信道的光路连接

（4）实验系统平时处于空闲状态时,应注意保护好光纤跳线的进出光端面,免受污染和机械损伤。

2. 实验系统的电路连接

（1）如图 7-54-14 示,用导线把仪器前面板的**再生输出**插孔与**待测信号**插孔连接;

（2）如图 7-54-14 示,用导线把仪器前面板的两个标有**参考信号**字符的插孔连接;

（3）示波器 CH1 通道接**参考信号**插孔,示波器 CH2 通道接**待测信号**插孔,示波器两个通道的地线接仪器主机的"GND"插孔。

图 7-54-14　实验系统的电路连接

3. 检查测量系统光路连接是否正常

按图 7-54-12 示完成测量系统的短光纤信道的光路连接和按图 7-54-14 示完成测量系统的电路连接后。仪器主机前面板的开关 S1 拨到"光功率计"一侧,开启仪器电源。调节"LD 电流调节"旋钮,使毫安表读数为 14 mA。这时光功率计读数应有几百微瓦的指示。否则说明光路有问题,有待进一步检查原因。

以上连接正常情况下,把图 7-54-12 中的光纤跳线从光具架上的光纤活动连接器处拆开,按图 7-54-13 所示把长光纤信道接入测量系统。在 LD 同样电流下,光功率计也应有数百微瓦的指示。否则光路连接有问题,有待进一步检查原因。

4. 光纤中光速的测定

（1）光纤长度测量仪的零点调节及测量系统电路延时的测定

把仪器前面板左下侧的**时钟切换**开关打到 8 μS 时钟信号一侧（左侧）。因为光纤长度测量仪是在这一条件下进行校准的。

按图 7-54-12 所示进行测量系统短光纤信道的光路连接、按图 7-54-14 所示进行测量系统的电路连接。调节"LD 电流调节"旋钮，使毫安表读数为 14 mA。开关 S1 拨到"光功率计"一侧，观测并记录下 PIN 光电二极管的入照光功率。然后把开关 S1 拨到右侧。

示波器 CH1 通道接**参考信号**插孔，测量参考信号的正脉宽的宽度。

调节仪器前面板上的**再生调节**旋钮，使示波器 CH2 通道的再生信号正脉宽与参考信号的正脉宽一样。记录 CH2 通道波形相对于 CH1 通道波形的延时 τ_1。

调节仪器前面板的"**零点调节**"旋钮，使光纤长度测量仪的读数为零。

（2）光纤信道长度及光信号传输时间的测定。

保持"**再生调节**"电位器原来的调节状态不变。按图 7-54-13 所示把长光纤信道接入测量系统。调节 LD 电流调节旋钮，当示波器 CH2 通道的方波序列正脉宽与参考信号的正脉宽一样时，读取并记录光纤长度测量仪的读数 L 和示波器 CH2 通道波形相对于 CH1 通道波形的延时 τ_2。光信号在待测光纤信道中的传输时间等于 $\tau_2-\tau_1$。

（3）按以下关系式计算光纤中的光速 V_g 和光纤纤芯折射率 n_1：

$$V_g = L/(\tau_2-\tau_1)$$
$$n_1 = c/V_g$$

（4）改变短纤连接状态下 LD 电流值（14 mA，16 mA，18 mA，20 mA 等），重复步骤（2），测量 τ_1、L 和 τ_2。并把测量数据记录在表 7-54-4 中。

表 7-54-4　测量结果及记录

短纤连接时 LD 电流功率/mA 延时/μs	14	16	18	20
$T1$				
$T2$				
光纤长度显示/m				
ΔT				

测试条件：对应 PINI 同一个照光功率的长、短光纤信道的两次测量，"再生调节"电位器的调节状态必须相同

附录

物理实验选课方法及选课记录

附录 A　大学物理实验报告要求

附录 B　在线学习平台使用说明

附录 C　虚拟仿真平台介绍

附录 D　CASIO fx-999CN CW
计算器大学物理实验应用案例

附录 E　中华人民共和国法定计量单位

附录 F　常用物理数据

附录 G　常用测量设备
最大允许误差表

郑重声明

高等教育出版社依法对本书享有专有出版权。任何未经许可的复制、销售行为均违反《中华人民共和国著作权法》，其行为人将承担相应的民事责任和行政责任；构成犯罪的，将被依法追究刑事责任。为了维护市场秩序，保护读者的合法权益，避免读者误用盗版书造成不良后果，我社将配合行政执法部门和司法机关对违法犯罪的单位和个人进行严厉打击。社会各界人士如发现上述侵权行为，希望及时举报，我社将奖励举报有功人员。

反盗版举报电话　（010）58581999　58582371
反盗版举报邮箱　dd@hep.com.cn
通信地址　北京市西城区德外大街 4 号
　　　　　高等教育出版社知识产权与法律事务部
邮政编码　100120

读者意见反馈

为收集对教材的意见建议，进一步完善教材编写并做好服务工作，读者可将对本教材的意见建议通过如下渠道反馈至我社。

咨询电话　400-810-0598
反馈邮箱　hepsci@pub.hep.cn
通信地址　北京市朝阳区惠新东街 4 号富盛大厦 1 座
　　　　　高等教育出版社理科事业部
邮政编码　100029

防伪查询说明

用户购书后刮开封底防伪涂层，使用手机微信等软件扫描二维码，会跳转至防伪查询网页，获得所购图书详细信息。

防伪客服电话
（010）58582300